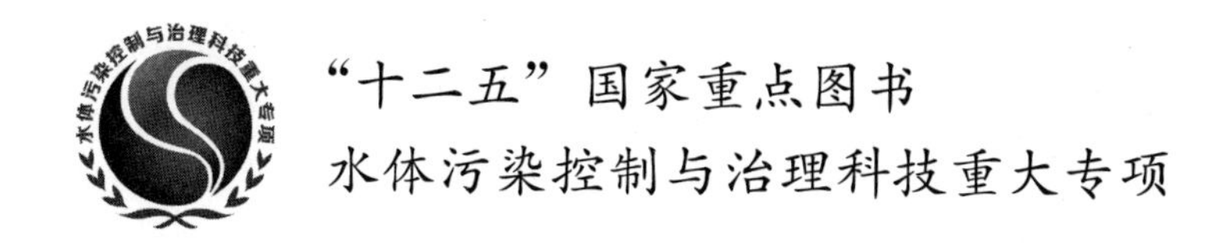

饮用水安全输配技术

张土乔　等编著

中国建筑工业出版社

图书在版编目(CIP)数据

饮用水安全输配技术/张土乔等编著. —北京：中国建筑工业出版社，2016.9

“十二五”国家重点图书. 水体污染控制与治理科技重大专项

ISBN 978-7-112-19528-2

Ⅰ. ①饮… Ⅱ. ①张… Ⅲ. ①饮用水-输水-水处理②饮用水-配水-水处理 Ⅳ. ①TU991.2

中国版本图书馆CIP数据核字（2016）第139061号

本书为“十二五”国家重点图书水体污染控制与治理科技重大专项研究成果之一。针对饮用水输配环节漏损严重、爆管频发、水质下降、管理落后等问题，吸纳国内外的最新技术成果和工程实践经验，总结了管网水质保持、优化调度、二次供水、抗震设计、城乡统筹一体化供水、跨区域调水和多水源供水等方面的研究成果和工程应用，力求使本书内容充分反映当前饮用水安全输配技术领域的新理论和前沿技术，促进饮用水安全保障事业科技进步。

责任编辑：俞辉群　石枫华

责任校对：王宇枢　张　颖

“十二五”国家重点图书

水体污染控制与治理科技重大专项

饮用水安全输配技术

张土乔　等编著

*

中国建筑工业出版社出版、发行（北京海淀三里河路9号）

各地新华书店、建筑书店经销

北京红光制版公司制版

北京圣夫亚美印刷有限公司印刷

*

开本：787×1092毫米　1/16　印张：20¼　字数：466千字

2017年6月第一版　2017年6月第一次印刷

定价：**68.00**元

ISBN 978-7-112-19528-2

(28815)

国家水体污染控制与治理科技重大专项

丛书编委会

前　言

“十一五”期间，根据《国家中长期科学和技术发展规划纲要（2006～2020）》设立的国家水体污染控制与治理科技重大专项（简称水专项），包括了湖泊、河流、城市、饮用水、监控预警和经济政策六个主题。其中饮用水主题主要针对我国饮用水源污染普遍，水污染事件频繁发生，供水系统适应性差，监管技术体系不健全等突出问题，以《生活饮用水卫生标准》（GB 5749—2006）为依据，通过关键技术研发、技术集成和应用示范，构建针对水源保护—净化处理—安全输配全过程的工程技术体系，以及涵盖供水系统风险管理—水质监测预警—应急保障各环节的监管技术体系，为不断提升我国饮用水安全保障能力，推动相关产业发展和技术进步提供强有力的科技支撑。

“十一五”期间，饮用水主题在水源保护、水厂净化、安全输配、风险管理、检测预警、应急保障等各个环节开展系统研究，初步形成了饮用水安全保障“从源头到龙头”全流程的工程技术体系和以风险评估为基础多层级的监管技术体系。在确保饮用水安全的三个重要环节——“水源保护—净化处理—安全输配”中，管网输配是最后的一环，也是最复杂的一环，更是投资最大的一环，必须保证供水畅通，水质不受污染，并确保用户对水量、水压的要求，以及各种应急要求。饮用水输配系统作为城市供水系统的重要组成部分，是现代社会进步和可持续发展的重要基础设施。研究饮用水安全输配技术的重大意义在于：提升管网输配环节的水质，提高龙头水达标率；节约水资源，减缓城市供水能力不足；避免管网爆管造成的次生灾害及其他社会损失。

管网输配技术的进步反映在我国供水事业的壮大与发展上。伴随着近年来科技的进步，尤其是计算机技术、信息通信、控制与自动化技术的发展及其在供水行业的应用，把管网输配系统的计算、理论与分析推向一个新的层次，不仅丰富了其涵盖的内容，而且拓展了研究的空间。随着管网模型、地理信息系统（GIS）、监视控制与数据采集系统（SCADA）与管网实时控制技术的融合，饮用水安全输配系统发展至今，已构成多学科交叉、集合的系统。

作为水专项饮用水主题专项技术成果丛书的组成部分，本书的编写目的在于，针对饮用水输配环节漏损严重、爆管频发、水质下降、管理落后等问题与需求，以饮用水主题“十一五”相关课题研究成果为基础，吸纳国内外的最新技术成果和工程实践经验，总结和凝练管网水质保持、优化调度、二次供水、抗震设计、城乡统筹一体化供水、跨区域调水和多水源供水等方面的研究开发成果与工程应用成就，力求使本书充分反映当前饮用水安全输配技术领域的新理论和前沿技术，并提出战略发展方向，促进饮用水安全保障事业科技进步，引导和培养人才。

全书共分9章：第1章简要分析了饮用水安全输配技术发展概况，存在的主要问题及其应对策略；第2章 阐述了供水管网建模技术、模型应用与维护；第3章阐述了给水管网规划与优化设计技术；第4章 结合水专项在绵阳的案例，全面阐述了供水管网抗震优化设计技术；第5章 通过重庆山地多级加压供水系统、济南开放式局域管网、嘉兴多水源供水系统和广州大型管网运行监控及优化调度系统，论述了给水管网的优化调度技术；第6章 围绕管网水质问题，以北京市和广州市为例，从供水管网水质影响因素、安全性评价、生物稳定性等方面论述了给水管网水质保持与控制技术；第7章 阐述了管网二次供水改造优化和管理技术，并探讨了上海和深圳的工程实践；第8章 围绕浙江大学管网卫生学综合实验平台和南水北调受水区丹江口管网中试基地，介绍了供水管网水质中试平台和基地的建设情况；第9章 提出了供水管网输配技术的发展战略。

本书由张土乔教授负责编写与定稿，各章节主要撰写人员为：第1章，张土乔、王荣和、邵煜；第2章，张土乔、程伟平、俞亭超、信昆仑、王荣和；第3章，张土乔、莫罹、常魁、田胜海、姜文超、吕谋；第4章，胡云进、杨玉龙、蒋建群、陈春光；第5章，吕谋、袁一星；第6章，顾军农、白晓慧、林浩添；第7章，白晓慧、顾玉亮、孟明群、许刚、林浩添；第8章，张土乔、邵煜、顾军农；第9章，张土乔、邵煜、王荣和。在编写过程中，水专项相关课题研究人员参加了前期准备和讨论工作。

本书的编写工作得到了住房城乡建设部水专项办公室、水专项总体专家组和饮用水主题专家组的大力支持，水专项饮用水主题相关项目（课题）承担单位提供了“十一五”研究成果与示范工程资料，北京市自来水集团、广州自来水公司、青岛理工大学、清华大学深圳研究生院、上海交通大学、同济大学、浙江大学、郑州自来水投资控股有限公司、中国城市规划设计研究院、重庆大学、重庆市自来水公司等单位及相关示范工程单位提供了技术支持和帮助，在此谨表示衷心的感谢。

由于饮用水安全输配技术涉及的内容和知识领域广泛，加之编者水平所限，谬误在所难免，恳请本书的使用者和广大读者批评指正。

张土乔

2015年3月

目　　录

第1章　饮用水安全输配技术发展概况

1.1　饮用水输配系统概述

在给水工程总投资中，饮用水输配管网（包括管道、阀门、附属设施等）所占费用一般约70%～80%，并且输配环节消耗的能源占整个给水系统能耗的绝大部分。输配管网是一个非常复杂的系统，即使一个中等规模的城市，其输配管网也是由大量的配水管网以及管件、阀门组成，它们长期埋设于地下，分布于城市每个角落，经历时间的变迁。目前的给水管网系统，尤其是一些中小城市，普遍面临着各种各样的水力和水质问题：首先，管网配置不合理，缺少统一规划，运行能耗高。其次，管网漏损严重，爆管事故频发，部分区域供水压力不足、水量不够等水力问题；此外还有管网的水质问题，尽管出厂水符合国家生活饮用水水质标准并逐年有所提高，而且各地也投入大量资金对老旧管网进行改造更新，但管网水与出厂水的水质相比却明显下降，浊度比出厂水明显升高，管网水的细菌数较出厂水明显增多。因此，如何在管网输配环节保障饮用水安全是一个艰巨和重要的研究课题。

水体污染控制与治理国家重大专项（以下简称水专项）“十一五”期间安排了6个主要以研究管网输配系统为主的课题：

（1）长江下游地区饮用水区域安全输配技术与示范（2009ZX07421-005）；

（2）黄河下游城市给水管网水质保障技术研究与示范（2009ZX07422-006）；

（3）南方大型输配水管网诊断改造优化与水质稳定技术集成与示范（2009ZX07423-004）；

（4）城市供水系统规划调控技术研究与示范（2008ZX07420-006）；

（5）南水北调受水区饮用水安全保障共性技术研究与示范（2009ZX07424-003）；

（6）山地丘陵城市饮用水安全保障共性技术研究与示范（2009ZX07424-004）。

1.1.1　饮用水输配系统的功能与组成

1. 给水管网系统功能

饮用水输配系统要保持结构完整，即管道、管件以及附属构筑物不能出现结构上的破坏。结构完整是饮用水输配系统的物质基础。在此基础上通过设计管网尺寸、加压泵组、消毒工艺等达到水力保障和水质安全，最终实现饮用水输配系统经济性、可靠性和安全性三目标（图1-1）。从饮用水角度，管网供水安全应从水量、水压和水质三方面来考虑，管网输配水系统应具有水量、水压和水质保障功能：

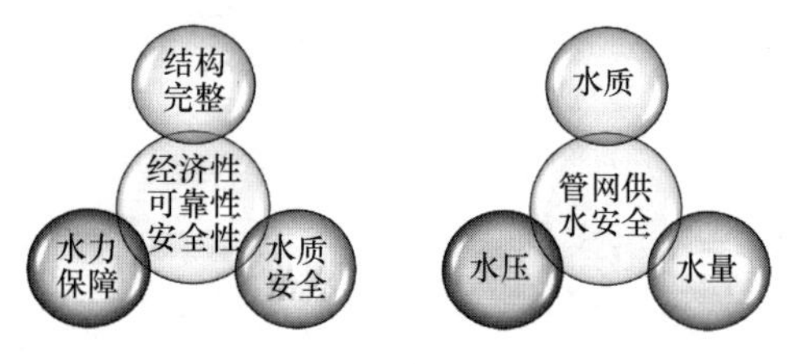

图 1-1　饮用水输配系统的目标和功能

（1）水量保障，是指向用户及时可靠地提供满足用户需求的用水量，即通过用水量规划设计和输配水管网系统优化调配，使得用水量满足用户需求。

（2）水压保障，是指向用户提供符合标准的用水压力，使用户在任何时间都能取得充足的水量，即通过加压水泵或减压阀等调压设施进行压力管理，以保证用水设施安全和用水舒适。

（3）水质保障，是指向用户提供符合水质标准的水，即通过设计和优化运行输配水管网系统，有效控制水质变化，把经过水厂净化处理措施后合格的饮用水输送到用户，并保证末梢水质达到或超过饮用水标准。

2. 给水管网系统组成

整个给水系统可划分为取水、处理和输配 3 个子系统：

（1）水源取水系统，即利用取水设施、提升设备和输水管渠把各种水资源（一般河流、湖泊、水库等地表水资源和地下水）输送到水厂。

（2）给水处理系统，即利用各种物理、化学、生物等水质处理技术和设备对原水进行处理，包括絮凝、沉淀、过滤、消毒等常规和深度处理工艺。

（3）输配管网系统，包括输水管渠、配水管网、水压调节设施（泵站、减压阀）及水量调节设施（清水池、水塔等），水质调节设施（二次加氯站、消毒副产物消除设施）等，又称为输水与配水系统。

图 1-2 为一个典型的输配水管网系统，以下简要介绍其组成。

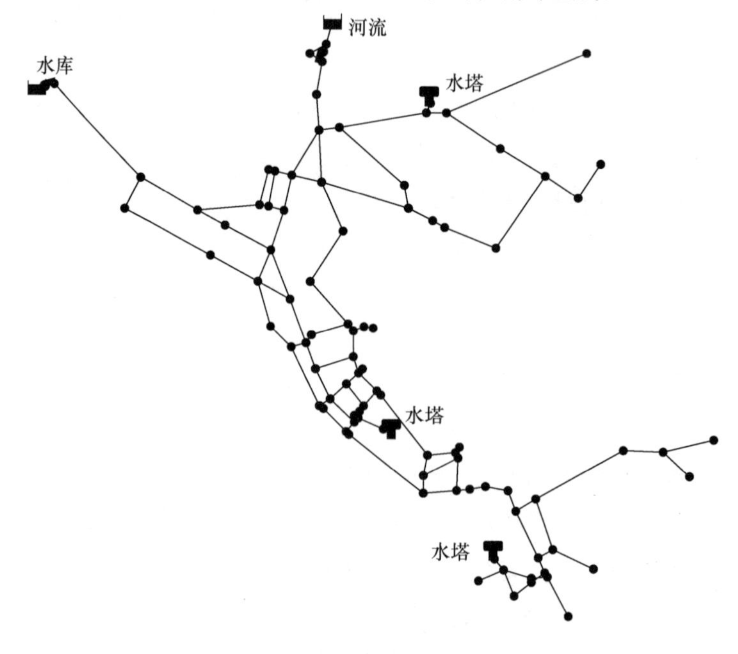

图 1-2　管网输配系统的组成

（1）输水管：是指在较长距离内输送水的管道或渠道，一般不沿线向外供水。如从水厂将清水输送至供水区域的管道或区域给水系统中连接各区域管网的管道等。

（2）配水管网：分布在供水区域内的配水管道，将输水管末端的水量分配供水区域的用户。配水管网由主干管、干管、支管、连接管和分配管等构成。配水管网中还需要安装消火栓、阀门和监测仪表（压力、流量、水质检测等）等附属设施，以保证消防供水和满足生产调度、故障处理、维护保养等管理需要。

（3）泵站：泵站是输配水系统中的加压设施，一般由多台水泵并联组成泵组。泵组提供水流机械能克服管道内壁的摩擦阻力和用户所需的最低用水压力。给水管网系统中的泵站有供水泵站（又称二级泵站）和加压泵站（又可称三级泵站）两种形式。

（4）水量调节设施：有清水池和水塔等形式，其主要作用是调节供水与用水的流量差。水量调节设施也可用于贮存备用水量，以保证消防、检修、停电和事故等情况下的用水，提高系统的供水安全可靠性。

（5）减压设施：用减压阀、流量控制阀等稳定输配水系统局部的水压，以避免水压过高造成管道或其他设施的漏水、爆裂；另外排气阀等调节设施用来保护管网免受水锤破坏。

（6）水质调节设施：有二次加氯泵站、末端放水设施、消毒副产物消除设施等多种形式，用以调节由于水体在管网中停留时间过长而形成的水质下降。

1.1.2 给水管网系统工作原理

1. 给水管网系统的水力计算原理

从水源开始，水流到达用户前一般要经过多次提升（特殊情况全重力输送除外）：水流在水源取水时经过第一级加压，提升到水厂进行处理，处理后的清水贮存于清水池中，清水经过第二级加压进入输水管和管网，供用户使用。第一级加压的目的是取水和提供原水输送与处理过程中的能量要求，第二级加压的目的是提供清水在输水管与管网中流动所需要的能量，并提供用户用水所需的水压。如果水源离水厂很远时，原水需经多级提升输送到水厂，或水厂离用水区域很远时，清水需要多级提升输送到用水区的管网。

管网水力计算需满足流量连续性和水头损失方程组。水力计算模型目前主要有流量驱动模型和压力驱动模型。流量驱动模型假定管网节点的用水量为给定值，采用梯度法迭代求解管网节点的水压和管道流量。EPAENT 计算引擎就是采用了流量驱动模型。压力驱动模型假定节点用水量不是恒定的，与节点水压存在一定关系，目前国内外学者发展了相关的压力驱动模型，相比较流量驱动模型，压力驱动模型更符合实际情况，对比消防供水模拟，漏损预测等具有较好的模拟效果。

2. 给水管网系统的水质计算原理

给水管网的计算服从质量守恒原理和各种反应动力学原理。溶解在水体的物质将具有与携带流体相同的平均流速，沿着管道长度迁移，水体中各种化学组分之间，以及化学组分与管壁之间按反应动力学规律发生反应。在多数运行条件下，认为纵向扩散不是重要的迁移机制，即假定管道输送的相邻水体之间没有质量混掺。

水质在节点混合：不同水质的水体在管道节点中的混合，通常认为是瞬间混合的。于是离开节点的物质浓度，简化为节点进流管段浓度的流量权重之和。而实际上，在一些十字节点和双T形节点，在多个管道流入节点混合并具有多个管道流出情况下，并不满足节点完全混合假定，实际节点的混合程度跟流速和管径等影响因素存在复杂的关系。但大多数情况下，完全混合假定简化了管网水质计算，且对管网水质计算的精度影响不是很大。

蓄水设施中的混合：通常假设蓄水设施（水池和水库）中的物质是完全混合的，对于许多在注水和放水条件下的水池是合理的（Rossman&Grayman，1999）。在完全混合状态下，通过水池的物质浓度是当前浓度与任何进水浓度的混合。

主体水反应与管壁反应：当物质在管道中向下游移动或者驻留在蓄水池中时，水中各成分之间发生物理、化学和生物的反应，同时各成分与管壁之间也发生了反应。通常我们用常微分方程组来表述各个成分之间的反应。图1-3为输配管网影响水质因素及相互反应示意图。初始水质、温度和流速是影响主体水反应与管壁反应的主要因素。当溶解物质流过管道时，可以迁移到管壁并与管壁材料（例如位于管壁上或者靠近管壁的腐蚀产物或者生物膜）反应。同时管壁的微生物可以进入到主体水中与主体水一起反应。

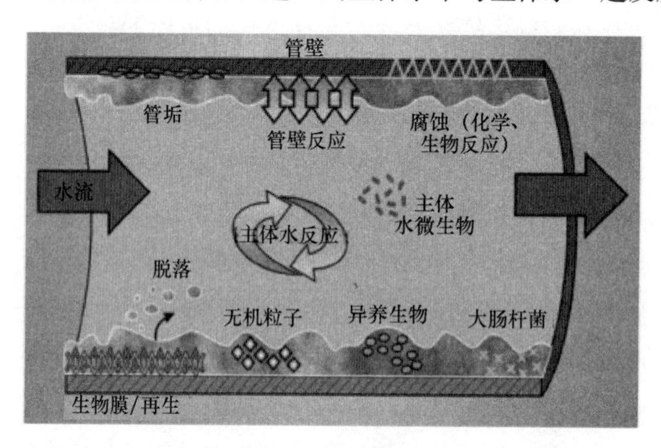

图1-3 输配管网影响水质因素及相互反应示意图

管网水质数值算法：管网水质数值算法有欧拉算法（有限体积算法和有限差分算法）和拉格朗日迁移算法等多种形式，各有优缺点。目前较为常用的是采用拉格朗日迁移算法。EPANET以及EPANET-msx，为了跟踪离散水体在管道中移动的变化，以及节点处固定长度时间步长下的混合（Liou&Kroon，1987），使用了基于拉格朗日时间的方法。

1.2 给水管网数字化新技术

1.2.1 地理信息系统

地理信息系统（Geographic Information System，简称GIS）是一种综合图形表达、

空间数据分析和专业技术管理的计算机软件系统。它是以对地形、地貌的测绘测量为基础，把海量数据存贮于关系数据库中，应用数据库的存贮、搜索、分析等功能，通过图形、图表等计算机工具直观表达出来，为专业领域的应用提供辅助决策的工具系统。GIS系统广泛应用于资源管理、城市规划、环境评价、商业决策、市政建设等领域。在给水管网领域，我们通过GIS进行事故影响范围分析、用水量计算与预测、用水收费管理等。

GIS的功能主要表现在四个方面，即：数据采集、图形表达、数据库管理与空间分析。数据采集是将地面实物的测量信息，以一定的格式，如数据、文字、图片、影像等，输入到计算机中去，这是建立GIS的第一步；图形表达是把地理信息，通过“层”组织，并以透明的方式叠加，通过开关方式把想要展示的层显现出来（如道路为一个层，给水管线为一个层，阀门为一个层），可以同时显示所有层，也可以只显示一个层；数据库管理是把所采集的信息，以一定的规则管理起来，便于不同目的的应用。图形中的一个点，不只是几何图形的一个点，它还包括大量的属性信息。如一个给水管网节点，它不但包括节点的坐标、高程，还包括节点流量、用水量变化曲线、服务人口、接入水表等。通过数据库管理功能，就可以方便检索、提取、修改和应用等；空间分析是GIS的最终目标。通过空间分析，把系统中的点、线、面、物体等结合在一起，从而实现专业分析功能。如可以通过拓扑分析，确定节点和管线是否相连，两条管线是否相交相连，一个节点的服务面积上有多少用户，一条管线施工的工程量大小等。

1.2.2 监视控制、数据采集系统与物联网

1. 监视控制与数据采集（SCADA）系统

SCADA（Supervisory Control And Data Acquisition）系统，即监视控制与数据采集系统，通过对现场的运行设备进行监视和数据采集，在专业分析的基础上，进行参数调节、信号报警、设备控制等决策操作。SCADA系统的应用领域很广，如工业生产、基础设施管理、设备管理等，最广泛的应用是线性资产的管理，如给水管网、电力系统、铁路系统、石油管道等。

SCADA由如下几个子系统组成：

（1）人机交互界面，用于监测数据显示、中央信息处理和过程控制；

（2）实时控制系统，用于数据采集和控制指令传输；

（3）远程终端（Remote Terminal Unit，简称RTU），与感知器相连，把监测信号转换成数据，并传送至实时控制系统；

（4）可编程逻辑控制器（Programmable Logiva Controller，简称PLC），用于现场设施上，比专用RTU经济实惠，适用性广；

（5）通信系统，用于实时控制系统和远程终端之间的数据通信。

SCADA系统采集的数据是基于时间序列的，不同的终端可能采集不同的数据，如节点处的水压、阀门处的阀门开启度、泵站处的水泵开关和转速、管段处的流量等。由于信号格式和时间的不一致，接收的信息往往以ASCII文本的格式存放于不同的文件之中，

应用时还须进行必要的数据管理与处理。

SCADA 应用的一个重要问题，就是噪声处理。在数据传输过程中，会存在大量的错误，如某个点的数据没有传送出来，某个点的设备故障，时间错位，监测数据异常等，在应用时，必须对数据进行噪声处理，做到既能不错过重要信号，又对捕捉的实时信号给出正确的指令。

在给水管网运行管理方面，SCADA 广泛应用于辅助调度决策中。在给水管网模型应用方面，SCADA 的重要作用之一，就是校核模型系统，使模型与物理系统相吻合，从而能够通过模型系统准确预测下一时刻管网的运行状态。SCADA 目前成为给水管网不可或缺的组成部分，在规模以上供水企业中，几乎全部采用 SCADA 系统进行辅助调度管理。但 SCADA 系统的应用，在国内目前仍处于基本的数字显示、人工经验调度的水平，基于给水管网模型系统的预案科学调度，在少数大的供水企业中，逐步开始应用，如深圳、上海、郑州等城市。基于物联网技术的自动抄表系统，已在深圳、上海浦东等地应用，但基于物联网的给水管网优化调度，目前还没有成功案例，在一定时期内，仍是管网工作者的努力方向。

2. 物联网（Internet of Things）

物联网是通过各种信息传感设备，如传感器、射频识别（RFID）技术、全球定位系统等装置与技术，实时采集任何需要监控、连接、互动的物体或过程中需要的各种信息，并与互联网结合，形成的一个物物相连的网络，其目的是通过物与物、人与物、物与网络的互动，实现对物体的识别、管理和控制。SCADA 系统是物联网的一种。

从技术架构上来看，物联网可分为三层：感知层、网络层和应用层。感知层由各种传感器以及传感器网关构成，包括诸如给水管网系统的水压传感器、水质传感器、水位传感器、阀门等设备的二维码标签、RFID 标签和读写器、摄像头、GPS 等感知终端。感知层的功能是识别物体，采集信息。网络层由各种专用网络、互联网、有线和无线通信网、网络管理系统和云计算平台等组成，负责传递和处理感知层获取的信息。应用层是物联网和用户的接口，它与行业需求结合，实现物联网的智能应用，如给水管网系统的调度管理、模型应用、资产管理等。

由于给水管网模型系统中存在大量不确定信息，如节点用水量、管段摩阻系数、用水量变化系统、阀门开启度等。物联网技术的应用，将可以提供准确的实测信息，从而为给水管网系统的精细化和准确化管理提供科学依据，如智能水网系统、自动抄表系统、优化调度系统等。

1.2.3　给水管网水力模型

管网建模与模型校核是模型应用的关键，成功与否关系到其生命周期内各项工作的准确度与合理性。模型的作用不仅仅是调度与检漏，而且还包括规划、设计、应急处理、日常维护等用途。模型应用不是一个简单的如何使用程序的过程，而是一个应用软件技术，在给水排水管网生命周期内，进行系统研究、创造和发挥的过程。

1. 国内外模型发展足迹

人类文明的发展是与给水排水科技发展密切相关的，不管是古埃及、古罗马，还是几千年前的中国，给水排水科技发展史都是其历史发展的一个重要组成部分。自20世纪40年代发明ENIAC计算机以及Hardy Cross 1935年建立以他名字命名的水力计算方法以来，给水排水模型系统一直在随计算机科技的发展而发展，从未停止。1965年Don J. Wood提出数字模型方法，并开发出KYPIPE系统，从此开启了现代给水排水管网系统模拟技术。1974年9月，杨钦教授编写的“749”计算程序，开始了我国在这一领域的研究，最有影响的“7512”计算程序，成为我国的里程碑。

给水排水管网模拟技术从科研到商品化，也经历了一个漫长的过程。1965～1983年，在世界范围内，发表了数百篇有影响的论文，在给水排水管网的各个领域，提出各种各样的计算方法、优化理论和实际应用成果等，最有影响的就是节点计算法和有限元分析优化技术。1993年，美国环境保护局（EPA）开发了世界上最有影响的EPANET，从此建立了给水管网软件计算标准。因为专业软件系统的发展，企业模型应用技术也随之提高。目前，专业软件系统已经成为美国、欧洲等发达国家给水排水企业不可缺少的工具，不管是设计、日常运行与维护，还是管理与技术监督，都是在模型的基础上进行。

2. 给水管网建模技术

确定数据源是管网建模的第一步，随着计算机技术的发展而不断变化，数据源从最初的数据文件输入，到施工图纸处理、卡片输入，再到现在的CAD图转化、GIS数据、航空照片、Google Map、Google Earth等数据源。建模过程的数据处理就是把各种数据源的信息，通过专业的分析与综合，在管网模型中反映表达出来，主要表现在以下几个方面：

模型与GIS系统集成：能够把地理地貌的信息，通过数字化处理，转化成管网模型节点数据的地面标高；把管线图形信息，转化成模型中的管线；把管配件信息转化成模型相应的元素。所有这些数据的处理都是一次连接，永远受益。例如，要把GIS数据库中的水塔点元素，转化成给水管网模型的水塔，只需要把两个数据库相应的字段一一相连，系统就可以把GIS数据转化成模型数据。

节点流量分配：对于不同工作目标的模型，其节点流量分配方法也不同，常用的是水表数据源。对给水系统，直接把水表分配到节点上去，这样可以随抄表周期而自动更新节点流量；对于污水系统，也可以利用给水抄表数据，以一定的损耗系数，按给水系统的方式计算污水量。其他节点流量分配方法，还有土地规划法、人口规划法、沿线流量法等。

模型简化：按照GIS数据的全面程度、管网规模和应用目标，要对管网系统进行一定程度的简化，从而达到提高计算速度和减少工作强度的目的。模型简化按应用目的的不同而采用不同的简化方式，但一个总原则是水力条件不变。常用的简化方式有切除支管法、节点合并法、管线合并法等。

模型与SCADA系统集成：管网SCADA监测数据，包括水量、水质、水压、水泵运行、水库水位等，是十分珍贵的，在现实工作中如何应用，存在很多问题。原因之一就是没有与模型系统有效地结合。模型系统要按一定的原则，把实测数据与系统连接。

3. 给水管网模型应用技术

给水管网水力模拟是指用计算机技术来描述物理管网，把给水管网的各种运行状态，由计算机方式表达出来。由于在现实情况下，无法或不可能真实了解管网的运行状态，如最大用水工况、消防工况、事故工况等，通过计算机模拟，人们可以预测在可能发生情况下管网的状态，从而为管网的设计、运行、管理等提供科学依据。管网水力模拟的常规方式有三种，即稳定流状态、延时模拟状态和瞬变流状态。

稳定流状态运行：是指在初始条件和边界条件恒定不变的情况下进行管网水力模拟，从而了解管网系统在相对稳定条件下的状态。这种运行适用于对最大用水、消防、管道冲洗等工况分析。

延时模拟运行：是指在人工确定初始边界条件下，系统模拟当前及以后一定时间段的管网运行状态。这种运行方式的基础仍然是稳定流理论，而不是动态模拟。这种运行方式适用于水塔水池的进出水过程、阀门的开关过程，以及节点流量变化过程等组合条件的工况分析。

瞬变流模拟运行：是指在人工确定初始边界条件下，应用动态模拟理论，如特征线法（Method of Characteristic，MOC）或声波法（Method of Wave，MOW），模拟下一短时间段的管网运行状态。这种方法适用于水泵启闭、断电、阀门操作等条件下产生的水锤分析。

4. 基于 SCADA 监测数据的模型校核

模型校核是模型应用成功与否的关键。如果模型与现实存在很大的差距，则在模型基础上所做的一切工作，其指导性和可靠性都将受到质疑。但要达到使模型与现实完全吻合，则又几乎是不可能的。在实际工作中，要利用工作经验，调整各个参数，使模拟结果与实测数据尽可能地接近。由于现实中，许多城市的管网设计不尽合理，有的地区管网管径过小，而有的地区管径过大，使校核工作变得复杂。

校核的方法，可以考虑如下几个步骤：

（1）输入错误检查：基础数据输入错误，是模型校核最耗时，但也是最容易做到的。水力计算后，人工检查节点流量和水压、管线流量和流速等最大和最小值，对结果不合理的节点、管段等进行检错分析（节点流量和地面高程输入错误、管径输入错误、摩阻输入错误、阀门状态错误、水塔设置错误、水泵状态错误、水泵特性曲线错误、防护设施状态错误等）。

（2）低谷用水工况校核：此时的用水量较小，计算结果与实测数据相近度高，检查其差别较大的节点和管段，是否存在基础数据输入错误，并记录差别较大的节点和管段。

（3）高峰用水工况校核：此时的用水量较大，计算结果与实测数据差别较大，检查数据差别大的节点和管段的基础信息，改正所有输入错误，并记录差别大的节点和管段。

（4）参数调整校核：利用前面的分析结果，对节点、管段等进行一定的分组处理，目的是为了减少计算量。通过一定的技术，最常用的是遗传算法，对节点流量、管道摩阻、水泵特性曲线、控制与防护设备状态等进行调整，从而做到模拟结果与实测数据最接近的目的。

5. 给水管网优化设计

基于给水管网水力模型的优化设计，可遵循现状分析、规划设计和多方案比较的原则进行。

现状分析是利用校核过的模型，对模拟结果进行分析，找出系统的薄弱环节和瓶颈点，如管径太小和摩阻系数超出正常范围的管，水压太低和可能存在漏损的点，出水量和水压与特性曲线不一致的泵等，并提出实地勘察测量的地区和范围，以及改造方案和措施等。

规划设计是在城市规划、区域规划和用地规划的基础上，在现状分析结果的指导下，进行给水排水管网的近期和远期规划设计。规划设计一般要遵从近远结合、逐步实施和沿路敷设的原则，通过系统模拟，实现合理规划。

多方案比较是对规划、设计、施工等生命周期内的不同阶段，都要从技术、经济、管理、社会效益等不同角度，进行多方案比较，以选择最优方案。

6. 节水节能与漏损管理

分区供水有压力分区、水质分区、管理分区、行政分区等，不管何种分区方法，在现实情况下不容易做到，但在模型中则非常方便与容易。方法有把所属区域的节点，通过人工的方法赋予一定的区名，或通过阀门等控制元素，运行管网孤立分区分析，或通过DMA 技术分区等。分区后，通过模型分析系统，可以方便地进行水压和水量控制、管线及贮水量等计算。

计算机模型实时调度系统，在现实世界中不容易做到，其原因就是由于模型与现实的差距，例如模型节点流量与现实不一致。另外，模型校核的精度也达不到实时调度的要求。模型的优势在于进行调度预案分析，可以帮助确定在不同工况下的最优预案，从而利用实测流量和水压，为实时控制提供依据。漏损是供水企业最为关心的，解决漏损的方法也多种多样，有听漏、超声波检漏、DMA 等，模型分析也是大范围检测漏损的方法之一。因为对实测数据要求高，以及模拟计算量大等原因，模型检漏并不是非常成功。模型检漏的方法，简单来说是把实测数据与模拟结果进行比较，对节点流量或管道摩阻超出正常范围的地方进行量化分析，从而判断漏损的方法。

1.2.4 给水管网水质模型

水质模型是描述水体中水质组分所发生的物理、化学、生物化学和生态学等方面的变化、内在规律和相互关系的计算机模型。水质模型可按其空间维数、时间相关性、数学方程的特征以及所描述的对象、现象进行分类和命名。从空间维数上可分为零维、一维、二维和三维模型；从是否含有时间变量可分为动态和稳态模型；从模型的数学特征可分为随机性、确定性模型和线性、非线性模型等。其目的主要是为了描述环境污染物在水中的运动和迁移转化规律，用于实现水质模拟和评价，进行水质预报和预测等。给水管网水质模拟以水力模型为基础，模拟水质在管网水的迁移、扩散过程中的变化规律。

1. 给水管网水质模型的发展

最早的水质模型是 Streeter 和 Phelps 在 1925 年建立的 Streeter-Phelps 公式，它是在美国俄亥俄河水质监测的基础上提出的 DO-BOD 数学模型，从而开创了水质模型的先河。至 20 世纪 60 年代，人们认识到河水的污染导致饮用水的污染，并开始了给水管网水质模型的研究，并用于预测用户通过给水管网摄入的污染物的量。20 世纪 80 年代初期，Don Wood 在长期给水管网水力模型研究的基础上，与美国环境保护局（EPA）共同研究，提出了给水管网稳态水质模型公式。在 1986 年的美国供水协会年会上，三个独立的研究团队分别提出了不同的给水管网动态水质模拟公式，从而开始了给水管网的动态水质模型研究。

1991 年的美国 AWWA 基金会和美国环保署（EPA）在辛辛那提联合年会上，提出共同开发给水管网水力水质模型 EPANet 的技术攻关研究，成为给水管网史上的重要的里程碑。经过 2 年的攻关研究，1993 年，美国环境保护局（EPA）正式推出了集水力和水质模拟为一体的给水管网软件系统（EPANet），成为当今给水管网软件发展的标准和旗帜。2001 年“9.11 事件”之后，基于国家安全考虑，世界各国进行了饮用水安全研究，并评价各供水设施的安全程度，提出相关的技术标准等。这一时期的研究，大多仍是基于 EPANet 的水质模拟工具进行的二次开发。至 2008 年，美国国土安全研究中心（National Homeland Security Research Center，NHSRC）推出 EPANET-msx，使给水管网系统可以同时进行多污染物的综合模拟。

2. 水质模型的校核

给水管网水质模型校核是保证水质模拟计算结果可接受与否的关键，如同前面所介绍的，水力模型的校核是以 SCADA 监测点的水压和管段流量为目标，而水质校核将以水质监测点的余氯、三卤甲烷等浓度为目标。水质模型校核方法主要有两种，即人工法和自动法。

人工法即人工调节影响水质模拟的相关参数，使计算结果与实测结果尽量吻合。人工校核法，在很大程度上依赖于模型应用者的经验，调整特定情况下水力和水质的特征参数，从而最快地达到模拟精度要求。人工法耗时多，结果粗糙，大多数情况下，不是全局最优解。因此，人工校核多作为自动校核的辅助手段。

自动校核法，是以建立相应的目标函数为基础，采取相应的优化技术，如遗传算法、神经网络法、蚂蚁算法等，在海量工况计算的基础上，找出相应的最优参数。自动校核计算量大，结果比人工校核更优，速度更快。

3. 水质模型的应用

水龄模拟：水龄是指水在管网中的停留时间，是给水管网系统中其他一些消毒副产物（DBP）的存在程度的指标，水龄越短，其危险程度越低。因此，如何调整水龄，是水质模拟的一个重要指标。一般情况，调整水龄的方法有优化的管网冲洗点，管网边界处的放水，增加水塔水的更换时间，调整水泵的运行，应用控制阀调整水流方向，减少死水区，多水源供水等。

物质浓度模拟：是指在实验理论分析的基础上，设定特殊物质（如氯、氟等）的传播特性，如扩散系数、反应级数、反应速率等，并对物质的投放点、投放方式加以设定，通过模拟可以预测某个特定时间段管网中节点和管网中物质的浓度。最常用的如水中余氯浓度模拟，用以保证管网水水质。

污染物追踪模拟：用于确定管网中所有节点和管段处各个污染源来水的百分数。在管网中设置一个或多个污染源，通过一定时间段的污染物追踪模拟分析，研究各个节点处的来水比例，从而确定污染范围、影响人口、采取的措施等。

水质监测点优化布置：用于准确掌握给水管网中水质情况，并且可以对可能出现的水质污染事件及时预警。确定最优监测点是非常富有挑战性的工作，因此，许多学者都在这一领域做了大量的工作。如 Lee 和 Deininger 在 1992 年建立的整数规划优化法，Kumar 在 1997 年提出的启发式优化法，Al-Zahrami 在 2001 年提出的遗传算法等。其优化目标也不尽相同，如基于污染时间最小的，基于影响人口最少的，基于监测点布置最少的等。对于物联网技术应用于水质监测，又提出了更新的要求和技术需求。

1.3 给水管网安全输配存在的主要问题及应对策略

1.3.1 城市给水管网模型存在的问题

城市给水管网建模的工作起步于 20 世纪 60 年代，随着最优化理论的发展及计算机的广泛应用，给水管网模型日益成熟，其应用也日益得到重视。目前的给水管网模型在规划设计、资产管理、日常维护等领域已有长足的发展，但管网模型在实际运用中发挥的作用往往与人们的期望存在差距。由于管网设施的动态变化和物探资料的不准确等原因，静态模型系统与真实的动态给水管网之间存在较大差异。而且，由于模型的精度往往难以保证，其模拟结果的指导性也会受到影响。因此模型的校核是应用的第一步。一旦给水管网模型经过校核，并且满足一定精度后，就可以应用模型进行相应的分析模拟工作。常用的水力模型应用包括管网的现状模拟、规划设计、压力和 DMA 分区、运行费用分析、事故分析、管网更新分析、消防分析、管道冲洗分析、管线可靠度分析、调度预案分析、水龄分析、水质扩散与溯源分析、污染物浓度分析、SCADA 监测点设置分析、用户通知分析、水表收费分析等等。

目前给水管网模型领域需要解决的问题有：供水系统模型如何实现基于动态参数的优化调度，实现节能节水、设计优化给水管网的全生命周期，全面发挥管网模型的作用等；模型的高效计算/平行计算等问题，使得模型能够达到实时调度和优化计算的需求；管网瞬态模型的利用和开发仍处于初级阶段，还未形成比较有效的针对管网爆管的预测与应急指挥系统；模型节点用水量的预测和调整分配问题；高精度和高效率的管网水质模型，对管网水质分析和控制提供支持；管网模型与 SCADA 系统等的集成问题。

1.3.2　城市给水管网规划与优化设计问题

随着经济的发展、社会的进步以及城市的高速扩张，城市人口密度越来越大，对城市供水水质和水量的要求也越来越高。但是由于城市发展的不确定性，城市供水设施建设中只顾眼前盲目建设，头痛医头脚痛医脚，缺乏整体优化的问题时有发生，出现了上下游配水能力不衔接，重复开挖敷设管网，局部地区水压供不上，管网水质二次污染等等问题，不能够实现对水源的有效配置和满足各类用户的用水需求，从而大大影响了城市供水设施建设整体效益的发挥，因此依据城市总体规划，科学合理地进行城市给水管网的规划与优化设计意义重大。

城市给水管网的管径按远期规划设计，管径一般会偏大，因此管道中水流速度就比较小，水在管道中长时间停留会导致水质问题。然而，若管径设置过小，则远期供水得不到保证，会存在水量不足的问题。因此如何近远结合合理地设置管径，同时保证水质和水量是给水管网安全输配面临的问题之一。

随着城市人口密度越来越大，用水需求也随之增大，再加上高层建筑变多，城市用地扩大，且城市发展现状与管网规划不符，所以某些区域消防用水的水量和水压得不到保证，存在消防隐患。这也是供水系统设计时需要考虑的问题之一。

因此，应十分重视城市给水管网规划与优化设计问题，通过对给水管网系统进行动态模拟，建立给水管网系统分析平台，了解管网整体的运行情况，将为城市供水系统规划、设计和运行优化等提供技术支撑。以往的给水管网规划，用手工法或凭人工经验及基于单纯经济性目标的管网平差计算来确定管径，已越来越不能满足给水管网规划设计的要求。鉴于此，在规划层面迫切需要研究建立定量化分析的技术手段，即以给水管网水力模拟计算为核心，实现对不同规划方案多种工况运行状态的模拟和分析；在此基础上，通过建立给水管网多方案多目标比选的评价方法，优化规划调控方案为规划决策提供支持。提高城市供水规划决策的科学性，对指导供水设施的建设运行，保障供水服务水平，提高供水设施建设的经济效益意义重大。

1.3.3　管网水质问题与管网水质保持措施

相对而言，出厂水的水质比较好，而用户龙头放出的水问题不少。这里有管网的结构缺陷、管网运行管理存在的不足的问题，同时也有出厂水的水质稳定问题，包括化学稳定性及生物稳定性两个方面。水质对于供水系统服务质量好坏是一个相当重要的特征，许多用户的投诉都与水质有关。水质问题一般在管网的末端比较常见，部分原因是余氯在管网内的衰减导致余氯浓度的下降，使得水中的细菌繁殖，影响水质。此外，诸如悬浮颗粒物质在管网中积累，导致浊度、色度上升的现象也时有发生。

随着城市的发展，原有水源无法满足供水需求，不同类型的水源、不同区域调水的水源需要混合使用。在不同水源切换条件下，由于水质特征的差异，可能导致输配管网内铁腐蚀产物的释放升高从而产生管网“黄水”现象，影响给水管网水质稳定性。目前国内外对水源切换导致管网“黄水”产生的机制尚缺乏认识，不能对黄水的发生进行有效预测，也没有形成有效的预防和控制“黄水”的技术。水源调配使水中化学组分发生突变，如控制不当，将引发严重的管垢释放问题，在2008年9月底北京市调用河北水库水源时，由于国内对水质突变条件下管网水质稳定性控制问题缺少实际经验和理论指导，在10月初造成了大范围的“黄水问题”，影响范围达10万人。因此，面对水资源紧缺和多水源供水局面，急需研究多水源频繁切换条件下管网输配系统腐蚀产物释放与水质恶化规律控制技术对策。

在我国南方部分地区，水质呈低硬度低碱度的特点，水质化学稳定性差。腐蚀性的水体会对管网内壁产生腐蚀，导致管道寿命缩短，管材维护、更换费用增加。例如深圳作为最年轻的城市，每年管网维护费用就高达5000万元以上。金属管道产生的腐蚀产物，聚集在管道内壁，导致管道有效过水断面缩小，管道阻力增加，管道输水能力因此降低，能耗提高。此外，管道内壁腐蚀产物的释放，会使水质恶化，严重时产生“黄水”。2009年，深圳某城区自来水水质投诉907处，“黄水”问题838例，占总投诉量的92%。然而，腐蚀不仅是金属管道的问题，管道内壁水泥砂浆等非金属保护层均可受水体的侵蚀，内衬“脱落”，导致管网水pH、浊度上升，影响居民饮用水水质。

管道腐蚀对给水管网水质的影响较大，主要表现为管壁对氧化剂的消耗以及管材分子脱离到水中与水中的氧化剂反应。通过研究铸铁管构造的实验管网，考察pH、碱度和正磷酸盐对控制铁离子脱离的影响时发现，铁离子脱离与浊度联系紧密，并且浊度直接由三价铁离子浓度组成，铁离子脱离对碱度变化较为敏感。铁质管道的腐蚀对于水质具有消极的影响，它能够消耗水中的氧化剂和消毒剂；增加管道水锈面积，增加管道的糙率，进而增加管道的水头消耗；提供微生物生存的场所，促进生物膜生长；铁锈表面脱离的胶体会增加水的浊度，影响水的色度指标；铁锈的发展同样会破坏管道本身。

给水管网水质变化除了管网腐蚀外，还有管网水质参数在管网水输送过程的变化，如余氯的下降，浊度和消毒副产物的增加。对于长距离供水区域来说，通常是通过中间泵站二次加氯来保障管网末梢的余氯浓度。虽然，加氯且保持管网末梢一定的余氯可以控制细菌在管网中的生长，但并不一定能控制所有细菌在管网中的繁殖。最近十余年，人们认识到引起配水管网中细菌重新生长和繁殖的主要诱因是出厂水中含有残存的异养菌生长所需的有机营养基质。尽管自来水厂通常通过投加氯消毒灭活病原菌，同时保持管网末端一定的余氯量（我国规定0.05mg/L）来控制细菌在管网中的生长，但出厂水中仍残存有细菌；部分氯消毒后的受伤细菌也会在管网中自我修复，重新生长。当管网水中存在可生物降解有机物时，这些残存的细菌就能够获得营养重新生长繁殖，导致用户水质变坏。在给水管网内表面、锈瘤和冲洗下来的颗粒沉淀物上已检出细菌达21种。

1.3.4 二次供水系统存在问题及改善措施

二次供水系统是整个城市供水系统中的最终环节，是市政给水管网在小区用户管网的最后延伸部分，也往往是最容易出现问题，导致水质下降最严重的环节。二次供水的水箱承担着部分调峰的功能，由于管理和设计的问题，饮用水受二次污染通常发生在二次供水环节中。

例如若贮水池容积过大，水力停留时间过长，导致余氯耗尽，微生物繁殖；泄水管和溢流管等与污水管道连通，生活饮用水与消防用水共用蓄水池，工艺设计不合理导致死水区的产生以及贮水池位置不当等导致出现红虫及肉眼可见物，浑浊度及色度升高，余氯下降，有机物浓度增加；此外，由于区域性水压不足，给水管网漏损率居高不下，管径偏小，或管网布置不合理，城市部分小区经常性发生水量、水压不足的二次供水问题，影响居民的正常生活。

二次供水存在着技术问题，但更多的是管理上的问题。管理过程中责任不清，日常管理不到位，管理人员专业水平低及管理资金来源不明确也是比较突出的一个现象。产生的原因是没有完善的卫生管理制度，二次供水管理部门多，二次供水单位不明确，不便统一管理以及二次供水的外部执法环境不理想等。因此，需要一个综合系统的管理体系，包括管理模式的创新，管理规则（规范）的制定。

1.3.5 给水管网系统优化调度与运行管理问题

给水管网系统必须保证水压和水量以及水质安全，同时要求管网建设和运行经济成本低。因此，在满足供水流量、水压和水质的约束条件下，非常有必要通过整个管网系统的优化运行，达到有效减少运行费用和提高管网服务水平的目的。现阶段，管网用户节点用水量精度不够，国内外提出的校核用户用水量的方法各自存在不足，优化调度的自动控制技术亟待开发。近年来，给水管网水质优化调度越来越受到重视，水力—水质联合优化调度要建立可靠的管网水质模型。在管网水力和水质宏观运行方面，SCADA 系统能够很好地解决水力方面的问题，但是对水质模型的校核与应用还亟待完善。

自 20 世纪 60 年代起，一些发达国家就开始了以计算机作为供水系统辅助调度管理的理论研究与应用探索，广泛采用了线性规划、非线性规划、动态规划等传统优化方法研究优化控制问题。国内的管网优化控制研究起步于 20 世纪 70 年代末，自 80 年代至今，陈跃春、王训俭、吕谋等在这方面也进行了深入研究并取得一定的成果。随着计算机技术的进步和新兴最优化算法的出现和发展，对于给水管网优化控制的研究也出现了遗传算法、数据库控制、专家系统等全新的理论和方法。

给水管网优化控制计算的目标是对于给定城市给水管网以及控制时间范围内的用水量情况，通过数学寻优的手段产生满足管网运行可靠性要求的最优化的水泵组合、阀门设置和水库蓄水及向管网供水的方案。由于水泵是管网耗能的重要因素，关于水泵最优组合的计算方法是研究中最主要的内容。鉴于城市给水管网本身的复杂性和技术应用上的限制，目前的研究大都集中在给水管网的非实时优化控制方式上，即以预测管网用水量为前提，通过优化计算寻求调度周期内的水泵的组合运行方案。管网供水运行费用是优化控制问题的目标函数，主要包括制水成本和输水费用两部分，输水费主要集中在水厂的二级泵站内部，一级泵站的能量费用以单位流量的能耗费用计入制水成本，对于二级泵站，考虑相应水厂的制水成本。根据所选择决策变量及管网水力计算模型的不同，上述管网优化控制问题又可以表达成不同的形式。

第一种是基于管网宏观模型的优化控制方法。所谓的宏观模型是一种高度简化的管网模型，仅仅包含泵站、水池或者水库和连接它们的当量管道，管道之间的连接细节都被忽略。由于最优化方法及计算机处理能力的限制，最初的管网优化控制理论与应用研究大都基于宏观模型。此时，一般是以管网中各泵站的供水量及供水压力（或者水库的水位）作为最优控制模型中的决策变量，而不是直接以管网中水泵运行方案作为决策变量，在求出各泵站的供水参数后，再进行泵站内部的优化组合给出水泵运行方案。

第二种管网优化是基于微观模型。除宏观模型中的泵站、水池或水库等外，微观模型内还包括了泵站内水泵配置、关键阀门以及一定管径范围（通常指大于某一特定管径）的供水管道等，是对整个给水管网结构及信息的详细反映。通过水力平差计算即可求出特定的水泵组合情况下的整个管网的水状态数据。基于微观模型的最优化控制即是直接以水泵运行参数作为决策变量，通过水力计算求解管网运行状态并对目标函数进行评估，以特定的优化搜索策略寻找使管网处于最优化运行的水泵组合运行方案。

第三种方法是基于历史数据的优化。基于调度数据库的在线控制模型，这种模型的最大特点在于历史调度数据库的形成。它主要依赖于管网水力计算模型、SCADA 系统和模拟控制器。首先控制预处理器从历史调度方案中选择与当前水量（从 SCADA 或者预测方式获得）以及管网布置匹配的控制方案，然后利用水力计算模型对所选择的控制方案进行校核，选择计算结果与参考结果最为匹配的方案作为实际运行方案。当所选择方案都无法满足水库平衡或者水压约束条件时，由调度控制器进行调整，直至所产生的方案满足系统的水力约束。然而，过分依赖历史或者经验数据会对模型的灵活性造成影响，一旦管网进行较大规模的结构调整，基于旧管网的历史控制方案将不再适于新的管网结构，用于调度方案参考的调度历史数据库将不得不全面更新，这将又是一个耗时费力的过程。尽管如此，调度历史数据库的思想对于管网优化控制的初始解设置、可靠性保证、在线控制的可行性方面都有重要的借鉴意义。

综上所述，传统的研究大都基于管网的宏观模型，虽然宏观模型建模速度快，但也存在欠准确和适应能力差，缺乏通用性等问题，在计算机的计算速度和内存限制造成的瓶颈影响逐渐减弱的情况下，应着重研究基于微观模型的优化控制计算方法，以提高模型的通用性。同时，应针对问题的特点，深入研究新兴的智能搜索策略（比如遗传算法、模拟退火算法等）及专家系统在管网优化控制方面的应用与改进，充分利用其强大的全局寻优能力和易于实现的优势，加快计算方法的通用化进程。在深入研究更为实用的优化控制模型的同时，需要更进一步加强给水管网监测，通信等系统建设，开展在线实时优化调度模型与方法的研究，以真正早日实现城市供水系统的科学信息化管理，节约供水能耗，为供水行业创造巨大的经济效益。

1.3.6　给水管网抗震设计与漏损控制问题

地震对城市给水管网破坏极大，常导致大面积管网破损，进而导致大范围供水中断，或者引发管网二次污染。因此地震对给水管网的设计造成极大的难度，对给水管网系统的安全运行带来极大的安全隐患。如“5·12汶川大地震”就导致供水系统严重受损。开展地震频发区给水管网的规划与优化设计、管网破损定位与快速修复等技术的研究意义重大。

管道遭受地震破坏可以追溯到美国旧金山大地震（1906年），而管道的抗震设计得到真正的重视应该是在20世纪70年代以后。1971年加利福尼亚州圣费尔南多San Fernando地震给圣安德烈斯断层附近的管道造成了450处破坏，管网毁坏严重。在这次地震之后世界各国纷纷出台了管道的抗震设计规范。1994年日本神户地震、1999年我国台湾集集地震以及土耳其科贾埃利（Kocaeli）地震后，大量的管道在地震中发生破坏，这些地震经验教训促使人们不断地修订管道抗震设计规范。

在管道抗震设计方面，虽然我国起步较晚，但在吸收国内外管道震害经验和研究成果的基础上，我国的管道抗震设计规范已经从过去的应力设计（强度校核）发展到现在的应变设计（变形校核），如2003年出版的《室外给水排水和燃气热力工程抗震设计规范》(GB 50032—2003)。

在管道抗震工程的发展中，由于地震的复杂性，同时出现了许多有待解决和研究的问题：

（1）管道的地震灾害与场地的破坏密切相关，但目前场地破坏的分析结果满足不了管道的设计要求和需要。如对地表断裂发生时的位置、走向、可能性、错动量等可给出定性判断，但很难给出较为精确的定量估计。

（2）管道工程涉及的结构种类复杂，其中对很多结构在地震中的破坏机理及其分析方法上的研究还不够，地震时的表现也不甚清楚，但这却是制定抗震设计方法的基础。

（3）管道工程的震害资料和一般房屋相比要少得多，很难给出统计关系。抗震设计规范使用的是概率方法，概率分析方法的缺点是工作开展较难，其结果的物理意义不是非常明晰。概率分析方法不能够给出一特定发震断层对管道的影响，只是提供周围所有的地震潜源对管道的综合影响。所以只有通过不断地总结实际地震中的管道震害经验和教训，管道抗震设计规范才能得到完善和发展。

（4）关于给水管网抗震设计，目前只在国家标准《室外给水排水和燃气热力工程抗震设计规范》（GB 50032—2003）中有较少条文内容。在实际执行中还存在以下两方面的不足：规范缺乏具体的抗震计算与安全评价技术；给水管网设计、施工和运行管理中缺乏抵御地震灾害的技术措施和具体要求。

为了解决给水管网的抗震优化设计，编写适合于我国给水管网抗震设计的技术指南，其中所涉及的管道受地震破坏形式、作用模型、模型参数、管—土相互作用关系，各种管材接口抗震性能及计算参数等，均需进一步分析研究。

在管道漏损控制方面，管网漏损的智能控制已在发达国家成熟应用，相应的学术研究机构也随之成立：如漏损检测及计量委员会在美国供水协会（AWWA）成立；英国水业研究中心（WRC）专门撰写报告对漏损控制的方法、内容及对策进行论述；日本水道协会

（JWWA）也是着重对漏损问题进行研究，并在长期的工程实践中取得了良好的漏损控制效果。

英国水业研究中心（WRC）曾尝试将经济漏损分析作为漏损控制的目标，并尽可能地提高分析技术水平及其数据质量。有研究利用管网漏损年限统计数据建模以预测管道漏损发生的时间。研究认为管网漏失量与管网压力有直接关系，漏失水量随管网压力的增大而增大，若能将过剩的压力减少至正好满足用户所需求的程度，便可在保证安全性的前提下减少漏水量，减少管网漏失可以通过控制管网的压力来实现。国外以管网剩余压力平方和最小为目标函数，在满足系统约束条件下，控制自控阀的开启度，以降低管网压力，可使泄漏量减少20％～30％。美国Bentley Heastad研究中心发明了一种基于遗传复制及自然进化理论的搜索技术，称为水动力模型遗传算法，运用水动力遗传算法可以沿着管网模拟漏失，并将每个模拟结果同已知的计量流量与压力监测点进行比较。利用重复运行引入、模仿自然选择的方式获得更高的精度是其工作的主要思想。目前该技术已经在一个发现严重漏失的大型系统中得到应用，利用该项新技术可以探测存在的漏失。

近几年来管网漏损控制的理论研究在国内也得到了迅速发展，在给水管网漏损预测、漏损诊断定位及漏损控制技术等方面的研究取得了一定的成果。有研究应用多元线性回归分析理论，对供水管道投入使用后产生漏损的时间进行了预测，并建立了供水管道漏损控制预测模型。有研究通过引入自回归滑动平均混合过程时间序列预测模型，预测月漏损水量，并将管网供水压力引入该模型形成修正的预测模型，使模型精度有了较大的改善。有研究采用叠合模型的预测方法预测了给水管网漏损件数。有研究提出应用神经网络的自组织、自学习能力进行管网渗漏的诊断，通过将给水管网各种工况下对测压点造成影响的数据输入神经网络，让其充分学习直到收敛，然后在将来的检测中只需将测压点数据输入训练好的神经网络就可以判断管网是否发生泄漏，并确定漏点。此外，从瞬变流的角度研究管网漏失的物理特征，并采用反问题分析方法建立给水管网的瞬变流分析模型进行漏损分析也是漏损检测的一种方法。有研究通过建立漏失水量费用、漏失控制费用和漏失总费用与漏失程度关系的数学关系式，从经济角度以数学方式定量地描述了实际漏损控制投入与产出随漏损程度变化的关系。

第2章　给水管网水力与水质模型

2.1　给水管网模型概述

给水管网水力模型可指导给水系统的优化运行，是给水管网优化运行决策时的水力约束条件，建立精确、可靠的给水管网水力模型可直接提高给水系统优化决策方案的可靠性与实用性。建立水力模型后，通过输入的动态数据和静态数据并进行水力计算，可以及时了解整个管网系统的运行情况，为实现管网实时水力、水质模拟和优化调度奠定良好的基础。

建立管网水质模型是模拟水中物质（包括余氯及污染物）随时间在管网中的变化。管网水质模型是在水力分析的基础上，利用计算机模拟水质参数或某种污染物质在管网中随时间和空间的分布。

尽管对管网系统的水力模型的研究可以追溯到20世纪30年代，但管网系统的水质模型是最近才发展起来的。国外起步于20世纪80年代，理论研究比较深入。而20世纪80年代末国内学者对配水管网中的水质仅仅是具有初步的认识，直到20世纪90年代才开始着手研究。目前的研究主要集中在两个方面：化学及微生物方面的研究。化学方面主要是研究管网中余氯衰减及消毒副产物增长问题，微生物方面主要是研究细菌再生长及生物稳定性的问题。

目前，国外已把水质模型应用于实际生产并取得了较好的经济效益及社会效益。虽然国内在水质模型方面的研究取得了一些进展，但水质模型缺乏实用性，真正应用于生产实践上的水质模型基本还没有，还有待于各位同行的进一步努力。

给水排水管网是一类大规模且复杂多变的网络系统，为便于规划、设计和运行管理，应将其简化并抽象为便于用图形和数据表达和分析的系统，称为给水排水管网模型。给水排水管网模型主要表达系统中各组成部分的拓扑关系和水力特性，将管网简化并抽象为管段和节点两类元素，并赋予工程属性，以便用水力学、图论和数学分析理论等进行表达和分析计算。管网水力水质模型的主要目的在于通过水力、水质分析结合图形技术，建立反映给水管网实际运行状态的计算机仿真模型，其主要目的并不在于管网的管道、阀门等基础地理信息的掌握，而是聚焦于管网运行状态的模拟，为管理和控制人员提供全部管网范围内的压力、流量、流速、余氯变化等水力水质信息，为决策提供依据。管网水力模拟系统的功能从辅助给水管网运行管理和决策方面分为以下几个方面：

（1）管网静态信息管理：给水管网是个包括水池、水泵、管道、阀门、水表等在内的复杂系统，特定规模的管网水力模型记录了上述各种管网组件的位置、属性和状态。通过在管网中的查询可以方便地定位、了解这些管网组件。

（2）管网现状分析：给水管网系统的目的是为用户提供足够的水量、水压以及安全的水质。了解给水管网水压、水量的分布对于实现管网的可靠运行至关重要。了解管网压力分布，以设置测压点、测流装置的方法最为直接可靠，但测压、测流装置的数量有限，不能反映整个管网详细的水力状态。而管网水力平差可以弥补以上不足。

由于给水管道一般埋于地下，而且埋设年代各不相同，在给水管网长期运行的过程中，可能存在管道严重锈蚀乃至破损、管道堵塞、阀门长期关闭或者近似关闭等不正常的情况，由于给水管道埋设在地下，加上管网结构比较复杂，即使在管网存在少数测流、测压等监测仪表的情况下，技术人员也很难了解管网中管道水流流向、管网压力分布等动态的水力信息，更难以发现实际管网中所存在的上述问题。通过管网水力模拟，并与管网SCADA系统的实测数据相比较，可以全面了解管网的运行状况。

（3）管网实时水力模拟：建立准确可靠的管网模型后，可以实现管网实时动态水力模拟，连续24h模拟管网运行状况，并通过与SCADA实时监测数据的比较，分析管网的用水量时变化模式，对水压过低的节点以及可能出现事故的管段进行报警，以便及时处理。

（4）管网优化规划与设计：给水管网建设费用巨大，同时其规划设计的合理与否直接关系到社会生产和居民生活，通过给水管网水力模拟系统可以更加科学地进行给水管网的规划与设计，合理地确定管网管径，降低管网造价以及运行费用，提高管网运行的安全可靠性。

（5）管网优化调度：由于用水量随时间、季节、天气、经济发展等因素变化，如何在各供水厂之间合理调度，实现管网的合理经济运行是供水企业的主要任务之一。而目前由于条件限制，普遍采用经验调度的方式，通过建立完善的管网水力模拟系统，可以了解执行调度指令后的整个给水管网的水力状态，从而辅助人工调度决策，同时也是进一步实现科学的计算机优化调度的基础。

（6）管网事故分析：由于管道陈旧，管网压力分布不均及施工等各种原因造成的管网爆管事故给用户带来很大不便，同时也造成大量的经济损失。通过对爆管时的管网进行水力模拟，可以分析出爆管影响的服务区域，以便工作人员快速制定关阀策略，定位需要关闭的阀门，提高管网事故处理能力，提升管网服务质量。

给水管网水力模拟系统功能结构如图2-1所示。

随着优化数学和现代数学的发展，数学模型在专业领域中的应用越来越广泛，由于资金或其他条件等原因的限制，人们不可能靠试验检测获得所有数据，而只能在少量数据的基础上，建立数学模型，通过求解数学模型来获得所需数据。

要改善管网对水质的影响，提高用户节点供水水质，首先必须全面了解水在现有管网中水质变化的情况及各用户节点的水质状况。在复杂的城市输配水管网系统中，用水量具有较强的时空性，加上贮水设施的使用，更使管网水力情况变化多端。由于不可能现场监测所有管段和节点上的水质变化，配水系统的水质模型就成了一个备受关注的监测辅助手

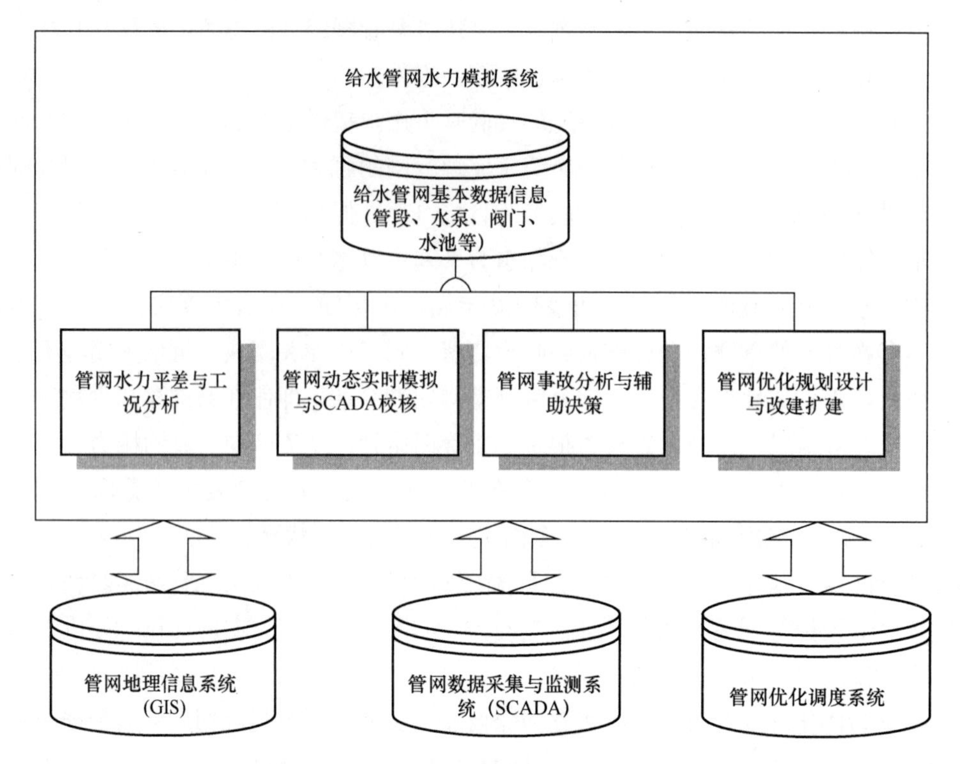

图 2-1　给水管网水力模拟系统功能结构图

段。所谓配水系统水质模型就是指利用计算机模拟水质参数和某种污染物质在管网中随时间、空间的分布，或者模拟某种水质参数产生变化的机理。

水质模型的主要作用：

（1）设计和修改系统的运行方案，调节各供水水源的供水量。

（2）计算水龄，分析系统的变化效果，改变系统的运行方式以减小水龄。

（3）应用管网水质模型进行管网水质分析，是一种有效的描述污染物运动的管网水质控制工具。如追踪污染物质的运动、混合及衰减情况，设计解决对策。

（4）优化加氯位置及其投加量，保证系统余氯量，同时使消毒副产物最小化。确定水质风险域，建立水质预警预报系统，为给水管网系统管理提供决策方案。

（5）为管网的日常维护、运行及管理提供决策依据。如借助模型寻找最佳的管道更换方案、管道改线方案、管道冲洗方案、评估系统对外来污染物的敏感程度等。管网水质数学模型是对管网水质管理的一种很好的手段。

（6）借助水质模型，还可对水力模型进行校正，同时还可验证水质采样点布置的合理性。

2.2　数据收集与水力建模过程

给水管网模拟系统的建立依赖于对管网数据的准确收集，其中管网 GIS 系统为建模提供了大部分的管道、节点、阀门等静态数据，用于模型校核的节点用水量、节点压力等动态数据则可由管网SCADA系统提供。此外，随着管道测流、数字化水表等新型技术、设备的开发与应用，也为管网建模提供了越来越准确、可靠和丰富的数据支持。然而，在数据收集方面还存在着一些问题：

1）管网GIS缺乏统一的行业标准

目前给水管网GIS系统在平台选用、开发方式、数据库选用等方面差异很大，所建立的管网GIS在系统升级与维护以及与其他系统交互等方面存在相当大的问题。此外，目前的管网GIS大部分仅限于管网基础数据资料信息的管理。供水行业投入大量的人力、物力通过购买地图、现场勘测、数据录入等建立的管网GIS系统，不应仅限于简单的查询浏览，应通过持续的维护、更新，保证GIS数据的时效性，同时积极开发、使用GIS所提供的高级分析功能，真正做到能够提高管网的信息化管理水平。鉴于此，积极发起并建立供水行业的GIS数据标准，统一规范包括数据编码、图层设置等核心内容的格式，对于提高管网GIS的开发效率，增强与其他系统数据的交互性能，减少重复开发具有极为重要的意义。

2）管网建模尚存在许多困难

基础资料的准确性是建模工作的第一个难题。随着GIS系统的逐渐普及，管网基础资料将越来越符合实际，但仍然存在部分地下管网信息失真的问题，没有准确的管网资料，管网建模就失去了意义。此外，管网模型的校核在理论和实际操作上都存在一定的复杂性。目前的管网模型校核尚缺乏一套成熟的操作流程，往往依靠针对某一管网的某些参数进行尝试性的调整，以使模拟结果与实际运行数据相符，而忽略了可能影响模型准确性的一些重要因素。例如，对于模型校核来说，实际的运行工况分类测试以及实测数据的分析鉴别往往更为关键。在积累经验的基础上，探索并形成一套成熟的管网建模技术路线，甚至更进一步上升为技术标准，是目前管网建模工作应重视的问题。

3）SCADA系统作用发挥尚不充分

SCADA系统的重要作用在于：为管网模拟系统提供用于管网校核的各种工况实测数据；为管网优化调度中用水量预测提供历史用水量数据；监控管网中的压力变化，及时发现管网供水可能存在的问题。目前管网供水末梢的水质监测尚不完善，作为管网供水安全的重要保证措施，通过SCADA系统实时掌握管网中余氯等的浓度变化，保障管网的水质安全，与提供可靠合理的压力保障供水安全同样重要。

建立管网模型步骤如下：

1）管网资料的收集

这些资料通常包括：管网管道、阀门的设计施工图纸，管网的市政规划图纸，管网中水泵的水力特性曲线，泵房布置，水池的面积、池底标高，水厂日常运行数据，包括出水量、出厂压力、开关水泵记录等，管网中测压点的压力记录，管网的用户抄表记录，管网的管道、阀门的事故以及维修记录等。

2）建立管网模型拓扑结构

通常可以通过数字化仪表输入或者建模软件与工程绘图软件（如AutoCAD）、地理系统软件（如MapInfo）的图形接口来完成。同时，由于管网内部结构复杂，特定规模的管网模型只能对管网中既定管径的管网进行模拟计算，这就需要进行管网的结构简化工作，通常这些简化包括去除枝状管，合并节点，合并邻近的平行管道等方法，在简化过程中还必须保留对管网水力状态有重要影响的管段、阀门或者大用户节点等。简化后需要对形成的管网图形进行元素的编号，一般来讲给水管网对模型中元素的编号并无特殊要求，但考虑到统计水量、校核管道系数等后续工作的开展，合理且科学的编号可能会更加快速有效地进行建模和模型的校核工作。

3）现场测试与模型校核

在进行完管网资料的收集和模型输入后，接下来的工作是针对管网数据的完整性和准确性进行大规模的现场测试，这也是整个管网建模过程中最为复杂和耗费人力物力的一个环节。现场测试主要包括以下主要内容：

（1）用水量统计

由于城市管网中自来水用户的性质复杂，其用水规律也存在相当程度的差异，因此需要对不同性质的用户进行分门别类的用水量曲线的调查工作，结合在资料收集阶段所获得的抄表数据，进行管网用水量的统计，节点用水量的分配，调查各类节点的用水变化模式、管网总用水变化模式等工作。

（2）管网测压与测流数据

管网测压与测流数据是进行管网模型校核，衡量管网模型计算准确性的重要依据，管网的测压、测流可以在规定时间集中进行，也可以根据日常SCADA数据整理得到。完善的SCADA系统是取得这些数据的重要渠道，在管网SCADA系统数据库中一般存储有管网日常运行中水厂的出水量、水厂水压、出厂水质、管网中测压点的压力、水厂内水泵的开关调度状态、水池或水库水位等数据，这些数据描述了管网当时的水力状态，只有在相同条件下，管网微观模型的水力计算结果与之相符合时，才可以说管网模型本身是准确的。当管网SCADA系统不完备时，也可以组织人力、物力对管网中的控制节点、典型管段进行集中测试，在测试时应注意测试过程的并发性，以确保所取得的数据来自管网同一个运行工况条件下。

（3）水泵特性曲线的测试

城市管网经过长时间的运行，管网中水泵的水力特性大多已经发生改变，依靠水泵样本特性曲线不能描述当前水泵的水力特性，因此需要组织实测。准确的水力特性曲线是正确建模的关键因素之一，也是优化调度计算的重要前提。

（4）管段摩阻系数的初步估计

管段摩阻系数在建立管网模型过程中是一个不易准确测量的参数，需要在随后的管网模型校核过程中进行进一步校核，但在初步建模阶段，通过对管道切片管垢的厚度测量，结合管材以及相关的经验公式可以对管段摩阻系数作出初步估计，这也是下一步对摩阻系数进行校核的基础。Ormsbee（1997）给出了对管段摩阻系数进行初步估计的一般方法。

此外，现场测试还包括对管段长度、管径、阀门开启度、管道间的拓扑结构等的检查、校核，现场测试的工作做得越细致、准确，越有利于管网微观模型的建立，基于正确的管网微观模型，进行管网用水量预测和管网优化调度才有其真正的实际意义。

系统建模流程如图 2-2 所示。

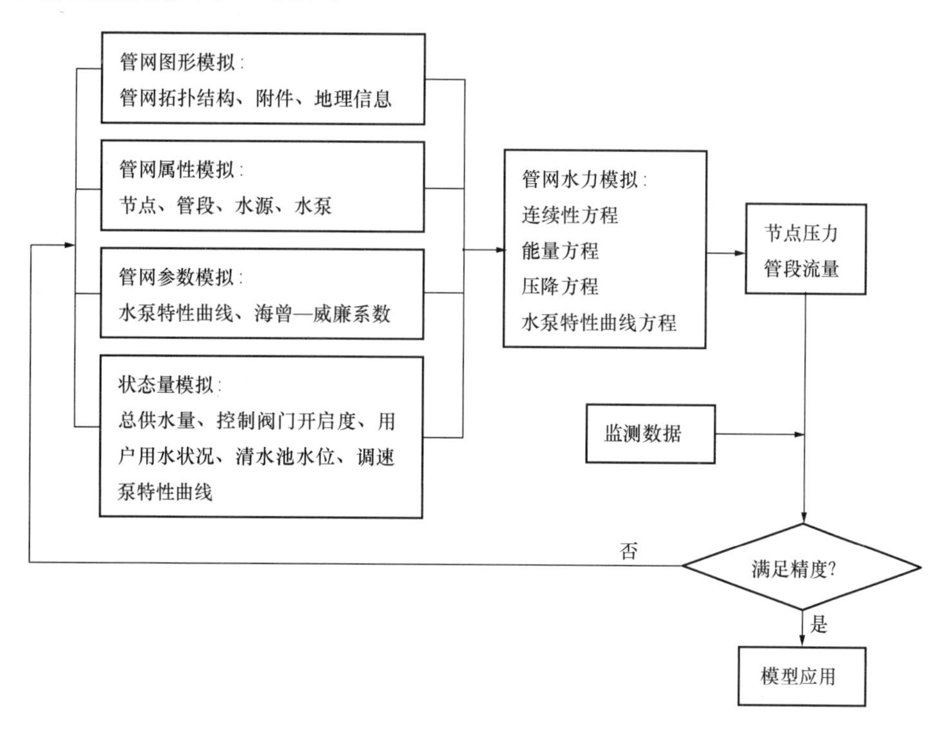

图 2-2　给水管网建模流程图

2.3　给水管网建模技术

2.3.1　稳态水力模型

国外自 20 世纪 70 年代就开始了管网的微观模型研究，配水管网的微观模型是在尽可能考虑管网拓扑结构及管网各元素间的水力关系的基础上，建立起的管网仿真模拟模型。建立管网微观模型常用的方法有节点方程法和环方程法。前者是根据质量守恒定律，对于管网系统中任一节点，流进该节点的流量之和等于流出该节点的流量之和；后者是指根据能量守恒定律，对于管网系统中的任一环，所有组成该环的管压降代数和为零。微观模型能给出整个管网内部的工作状况，直观性强，但是建立微观模型的前提是：管网拓扑结构比较清楚，各工况参数较易取得，并且管网规模较小，可以满足计算要求。对于完整的给水系统，其微观模型可描述如下：

节点方程：　　$A\overline{Q}=\overline{q}$

回路方程：　　$B\overline{h}=0$

压降方程：　　　　　　　　$h = sQ^n$

目前微观模型主要的求解方法有节点水压调整法、环流量调整法和管段流量调整法。管网微观模型是以管网拓扑结构为依据，应用水力学、网络图形理论和算法，进行给水管网中各管道、节点和区域水量和压力动态模拟计算的模型。它可以求解管网中管段流量、节点压力、泵站流量和扬程，可以建立管网供水电费最小和管网压力稳定安全为目标的优化调度模型，求解管网中泵站优化运行模式，达到管网优化调度的目标。

2.3.2　瞬变水力模型

据有压瞬变流理论，可近似认为非恒定流的摩擦阻力可用恒定流 Darcy-weisbach 阻力公式表达。对于管道为棱柱形及流体的可压缩性较低的情况，有压瞬变流控制方程可表示为以水头 H 和流量 Q 为变量的一维双曲型偏微分方程组：

$$\begin{cases} \dfrac{\partial H}{\partial t} + \dfrac{a^2}{gA}\dfrac{\partial Q}{\partial x} = 0 \\ \dfrac{\partial Q}{\partial t} + gA\dfrac{\partial H}{\partial x} + \dfrac{fQ|Q|}{2DA} = 0 \end{cases} \tag{2-1}$$

式中　a——水锤波速，m/s；

f——Darcy-weisbach 摩阻系数；

A——管道断面面积，m^2；

D——管径，m；

g——重力加速度（m/s^2）。

水锤计算的特征曲线法属于数值计算方法的一种，其主要思路是将以偏微分方程形式表示的水锤方程组转化为特征线上的常微分方程，然后采用有限差分数值计算。

其方程为：

$$C^+ : H_P = C_P - BQ_P \tag{2-2a}$$

$$C^- : H_P = C_M + BQ_P \tag{2-2b}$$

其中，$C_P = H_A + BQ_A - RQ_A \mid Q_A \mid$，$C_M = H_B - BQ_B - RQ_B \mid Q_B \mid$

$B = a/(gA)$，$R = f\Delta x/(2gDA^2)$

式中　H_P、Q_P——计算断面 i 在 t 时刻的水头和流量；

H_A、Q_A——断面 $i-1$ 在 $t-\Delta t$ 时刻的水头和流量；

H_B、Q_B——断面 $i+1$ 在 $t-\Delta t$ 时刻的水头和流量；

D、A、f——管道直径、过水断面积和摩阻系数；

a——水锤波速；

Δx——水锤分析管道分段长度；

g——重力加速度。

水锤波传递速度的计算公式为：

$$C = \frac{C_0}{\sqrt{1 + \varepsilon d/(E \cdot \delta)}} \tag{2-3}$$

式中 C_0——水中声音的传播速度，在平均情况下约为1425m/s；

ε——水中的弹性模量，kPa；

d——管子内径，mm；

δ——管壁厚度，mm；

E——管路材料的弹性模量，kPa。

水锤波传递速度公式中的数值 $d/(E\cdot\delta)$ 表示管材的硬度。管材硬度越大，压力波的传递速度越快，从而导致水锤的压强数值也越大。

瞬变流建模分析步骤如下：

1）瞬变流计算范围的确定和管网自动识别

根据给水管网的爆管分布规律，通过试运算来确定给水管网瞬变流分析的合理范围。确定了触发点和计算范围后，就可以进行管网自动识别。自动识别方法如下：

（1）为所有的稳态模型水力元素（如节点、管线、阀门、水泵、水池等）增加一个布尔型属性数据，作为瞬态建模标志，缺省值设为0；

（2）以触发点为中心，对在此分析范围内的所有水力元素（节点、管段、阀门等）都进行自动标示，将这些元素的信息由0改为1；

（3）将范围内的所有元素与触发点节点作管网连通性分析，将与触发点不连通的元素的标志信息改回0；

（4）标志信息仍为1的水力元素参与瞬变流计算。计算结束后所有水力元素的标志信息都改回0。

2）瞬态模型的数据组织

瞬态模型中的静态属性数据除继承稳态模型外，还必须补充更多数据才能够计算瞬变流。

3）初始条件和边界条件的确定

瞬变流的模拟计算以初始条件作为迭代计算的基础，初始条件包括管线的初始流量、节点的初始压力、水泵和阀门的初始状态、水池的初始水位等，这些数据可以从稳态模型中获得。管网中的瞬变流都是在特定条件下发生的，瞬变流的计算必然与边界条件的约束联系在一起。常见的边界约束条件包括管道变径点和交叉点、固定水位的水池、开度变化的阀门、工作状态改变的水泵等。

4）瞬态模型系统参数的计算和估算

瞬态模型最重要的两个系统参数就是水锤压力波速和计算时间步长。

（1）管网的水锤波速

$$a=\sqrt{\frac{k/\rho}{1+\left(\frac{D}{e}\right)\left(\frac{K}{E}\right)}} \tag{2-4}$$

式中 a——水锤波速，m/s；

ρ——液体密度，kg/m^3；

D——管径，m；

e——管壁厚，m；

K——液体的体积弹性模量，N/m^2；

E——管段的弹性模量，N/m^2。

根据上式的计算，水温 20℃时钢管中的波速约为 1000m/s。实际上对于城市给水管网而言，受管材、水温、水流中含有的气体等因素的影响，管网中波速一般很少超过 1000m/s。但由于最大水锤压力与波速呈正相关关系，因此为了加快计算速度并使计算结果偏于保守和安全，在计算中一般取水锤波速为 1000m/s。

（2）管段的计算时间步长

一般对于复杂管道系统而言，各管道长度和水锤波速都不相同，求得一个合适的 Δt 通常很困难。但波速的计算本来也不精确，因此局部调整不会对最后结果产生显著影响，故以基准水锤波速为基础在一定幅度内修正波速值。

2.3.3　水质模型

按所模拟管网的水力工况划分，管网水质模型分为稳态水质模型和动态水质模型。

1. 稳态水质模型

管网稳态水质模型是在静态水力条件下利用质量守恒原则，确定溶解物（污染物或消毒剂）浓度的空间分布，跟踪管网中溶解物的传播、流经路径和水流经管道的传输时间，用一组线性代数方程来描述某种组分在管网节点处的质量平衡。获得节点浓度可以利用组分节点方程的迭代法解稀疏短阵，或者用简单图论单步替代过程等。

根据节点质量平衡，写出典型的稳态水质模型如下：

$$(\Sigma QC)_{in} - (\Sigma QC)_{out} = Q_{ext}C_{ext} \tag{2-5}$$

式中　Q——进入或流出节点的流量；

C——进入或离开节点的浓度；

Q_{ext} 和 C_{ext} ——在这个节点处进入或离开系统的流量和浓度。

管网稳态水质模型为管网的一般性研究和敏感性分析提供了有效的手段，稳态水质模型一般用在管网系统水质分析阶段。但目前广泛认识到，即使是管网运行状态接近恒定时，在用户水量变化之前，管网中的物质没有足够的时间传播和达到某种均衡分布，因此，稳态水质模型仅能够提供周期性的评估能力，对管网水质预测缺乏灵活性。

2. 动态水质模型

动态水质模型是在配水系统水力工况变化条件下，动态模拟管网中物质的移动和转变。变化因素包括水量变化、蓄水池的水位变化、阀门设置、蓄水池和水泵的开启与停止以及应急需水量的变化等。管网水中物质的传输由三个基本过程组成：管段内物质的对流传输过程；物质动态反应过程；物质浓度在节点的混合。讨论管网水质模拟过程通常基于以下假设：

在一个水力时间段内，沿管道水流的对流传输过程是一维传输状态。

在管网交叉节点处，物质在节点断面上完全和瞬间的混合，在节点的纵向传播和蔓延被忽略。

管网系统中的任何溶解物（如余氯、氟、氮等）动态反应遵循一阶反应定律（指数衰减或指数增加）。

（1）水中溶解物质在管段里的扩散模型（普遍采用的是忽略分子扩散作用的一维推移扩散模型）：

$$\frac{\partial C_i}{\partial t}=-u_i\frac{\partial C_i}{\partial x}+r(C_i) \tag{2-6}$$

（2）物质在节点处的混合模型（瞬间完全混合模型）：

$$C_{i|x=0}=\frac{\sum_{j\in I_k}Q_jC_{j|x=L_j}+Q_{k,\mathrm{ext}}C_{k,\mathrm{ext}}}{\sum_{j\in I_k}Q_j+Q_{k,\mathrm{ext}}} \tag{2-7}$$

（3）物质在水箱内的浓度变化模型：

$$\frac{\partial(V_sC_s)}{\partial t}=\sum_{i\in I_s}Q_iC_{i|x=L_i}-\sum_{j\in o_s}Q_jC_s-r(C_s) \tag{2-8}$$

目前，出厂水余氯的控制大都在经验性阶段，缺乏足够的科学依据。要想科学地优化加氯，首先必须了解余氯在管网中的衰减情况。由于配水管网的复杂性和余氯消耗反应的不确定性，使得氯衰减机理还不是很明确，众多学者经过大量研究，提出了各种各样的经验和半经验的氯衰减动力学模型。总的来说，模型参数越多，模拟的结果也就越准确，但参数的确定也带来了更多的难度。因此，余氯衰减模型的技术关键就是确定一个最适合某管网的动力学模型，同时对模型中各参数值进行现场实验测定或者通过计算机进行动态模拟修正，使水质模型具有真正的实用性。

管网水质数学模拟需要如下三类的基础数据：

（1）水力学数据

水质模型以水力模型的结果作为它的输入数据，动态模型需要每一管道的水流状态变化和容器的储水体积变化等水力学数据，这些数值可以通过管网水力分析计算得到。大多数管网水质模拟软件包都将水质和水力模拟计算合而为一，因为管网水质模拟计算需要水力模型提供的流向、流速、流量等数据，因此水力模型会直接影响到水质模型的应用。

（2）水质数据

动态模型计算需要初始的水质条件。有两种方法可以确定这些条件，一是使用现场检测结果，检测数据经常用来校正模型。现场检测可以得到取样点的水质数据，其他点的水质数据可以通过插值方法计算得到。当使用这种方法时，对容器设备中的水质条件必须要有很好的估计，这些数值会直接影响到水质模拟计算的结果。另外一种方法是在重复水力模拟条件下，以管网进水水质为边界条件，管网内部节点水质的初始条件值可以设为任意值，进行长时段的水力和水质模拟计算，直到水质以一种周期模式变化为止。应该注意的是，水质变化周期与水力周期是不同的。对初始条件和边界条件的准确估计可以缩短模拟系统达到稳定的时间。

（3）反应速率数据

水中物质的反应速率数据主要依赖于被模拟的物质特性，这些数据会随着不同的水源、处理方法以及管线条件而不同。实验结果表明，测得的水中余氯量与时间成自然对数关系。反应速率为曲线上对应点的斜率。

2.4　基于管网在线监测信息的模型校验

2.4.1　管网模型的校验简介

目前许多自来水公司引进先进设备和软件系统，投入大量的人力、物力和财力勘察清楚地下给水管网的分布，建立好给水管网地理信息系统（GIS）并试图用给水管网建模软件建立管网模型系统时，常常发现管网模型难以实现规划、辅助调度和事故模拟等功能。究其原因，主要因为管网模型的建立是一个涉及大量城市管网基础数据的工作，在没有完善数据支持的情况下，管网模型很难达到预期的效果。这些基础数据可以分为管网构造属性数据（包括静态数据和动态数据）、管网拓扑属性数据。一般而言，通过管网地理信息系统的建立获得管网的拓扑属性数据和主要的管网静态数据，通过营业收费数据获得用户用水量的空间分布，再通过抽样调查获得管段的粗糙系数（管网构造属性数据）以及用户用水量的变化模式（管网水力属性数据），在此基础上建立管网模型。其中，由于管道粗糙难以全部测试，用户用水量的时间、空间分布是经常变化的，所以不可避免对管网模型的准确度产生影响。而目前我国供水行业的普遍情况是，地下管网基础资料不完整，管道材料、敷设年代、腐蚀情况不甚清楚，管网漏损率比较高，营业收费系统完善程度不够，用户用水模式情况不明，缺乏相应的调查数据。一般而言，目前管网基础数据收集只能获得管网拓扑关系、管径、管长、地面标高、营业收费等最基本的数据，而对于管道粗糙系数、用户用水模式等，一般只能通过抽样调查来获得特定时间的少量数据。由于管道腐蚀，管道粗糙系数也逐年变化，对于水质稳定性差的地区，管道内壁情况更为复杂，甚至堵塞，更难获得准确的粗糙系数。节点流量则随机性强，变动大，难以实测。

管网模型校验作为管网建模的重要一环，只有经过校验的管网模型才能运用到实际工作中。管网模型校验不仅需要丰富的工程实践经验，还需要掌握校验的方法和流程，用科学方法解决管网模型校验问题。但是，由于给水管网是一个结构复杂，规模庞大，用水随机性强，并且管网中实测的压力、流量数据远小于待校验的参数数量，所以适合简单管网的校验方法运用到大型复杂的管网，效果不一定好，管网模型校验的方法与算法还在探索过程中。

另一方面，当前城市给水管网的监测设备的标准是给水管网必须按供水面积每 $10km^2$ 设置 1 处测压点，供水面积不足 $10km^2$ 的，最少要设置 2 处测压点。而对于管网模型的建立，一般校核点数目应为管网模型节点数的 15%以上，并且测点要均匀地分布在管网模型中。对于一个 50～100 万 t 的第二类供水企业，所建立的管网模型节点数约在 1000～6000 之间，这样 10%的校核点数目约为 100～600 个。但是，目前国内大部分水司的经济实力和管理水平尚难以提供这么多的实时监测点。只能通过一些临时性的测压测流方法，获得足够的实测数据，为管网模型的建立提供支持，如通过消火栓的测压方式。在管网模型建立中，把这类临时的压力、流量测量日，称为模型的校验日。

近年来，随着计算机技术、优化方法和控制理论的发展，国内外对有关管网模型的课题进行了深入研究。管网建模技术自 20 世纪 90 年代引入到我国后，已逐渐得到自来水公司的认可，对给水管网水力模型的关注也从宏观模型转到了微观模型，并开展了管网模型的建设工作。然而，成功建模的实例并不多，究其原因，有的是由于缺乏翔实、准确的基础资料和现场数据；有的是由于缺乏有力的技术支持，对建模过程中出现的诸多问题不能提出适合实际情况的解决方案：有的则是在管网模型建立以后由于缺乏必要的更新维护，使得管网模型逐渐不能反映管网运行的实际状态而失去原有价值。总之，管网建模是一个系统工程，它需要管理、技术和资金等诸多方面的支持。管网模型校验是其中必不可少的一环，并且需要长期校验，保证模型的准确性，需要高度重视管网模型校验在管网信息化管理工作中的重要地位。

2.4.2 管网模型校验方法

管网模型的应用关键在于模型的准确性，管网模型的准确程度主要由管网基础资料的准确程度所决定，即管网构造属性数据和拓扑属性数据的准确程度。根据影响模型准确度的原因和程度的不同，可以对管网模型分别进行手工校验和自动校验。

手工校验是指对管网拓扑关系、管径、管长、阀门开启度、水泵特性曲线等相对确定因素的核查，以确保管网基础数据的准确性，同时还应包括对仪表准确性、实测数据的可信度的核查。对于手工校验检查发现的错误，可以通过现场勘测、经验分析等手段更正错误。

自动校验指在手工校验的基础上，对管网中管道粗糙系数、节点流量等参数进行细微调整，使管网模型与实际管网的运行状况达到最大程度的吻合，也就是对影响模型准确性因素中的管道摩阻系数及节点流量等不确定参数的准确估计，这也是给水管网理论研究领域的重要课题。

手工校验主要依赖大量的、细致的调查和现场测试，是一项复杂、烦琐的任务，很大程度上依赖于供水企业的资料的完备程度、技术水平、管理水平以及投入的人力和物力，对于管网了解得越翔实，掌握的资料越完整，技术人员的经验越丰富，所建立的管网模型就越准确。手工校验的对象是管网中相对确定性的因素，如管网拓扑关系、管径、管长、阀门开启度、水泵特性曲线等。这些都是较为方便获得真实情况的参数，常常由于人为的疏忽而导致数据错误，并且这些错误对模型的影响程度一般较大，如管网阀门开关状态不明，管网拓扑关系混乱等。手工校验的重点在于根据模型的模拟值和实测值差异较大的地方对相应的管网拓扑关系、泵站布置情况、管径、标高等数据进行排查，发现问题，消除管网模型中较大的差异。

管网模型在手工校验结束后要进行自动校验，一般校验对象为管道粗糙系数和节点流量。有的学者也考虑了管道腐蚀引起的内径变化，把管道计算内径也作为校验参数，但这些也可以通过管道粗糙系数体现出来，而不需单独设置。因此多数研究人员只考虑管道粗糙系数和节点流量的影响。这两者的特点是难以全部实测，并较易变动。其中，管道粗糙系数变化较为缓慢，可以通过抽样调查的方式获得少量数据，通过分组的形式推断管网中各类管道粗糙系数的初值。目前我国管网的年代久远，资料欠缺，且部分管线由于没有内衬，管道内壁情况复杂，使得管道粗糙系数的推定更有难度。节点流量则由于数据量更为庞大，并且随机性强，只能通过统计规律获得一个均值估计值，同时对于某特定时间的模拟还受到当时的季节、气候、节假日等因素的影响。因此，自动校验的目的就是对管道粗糙系数和节点流量进行合理而准确的估计。自动校验在很大程度上依赖于所采用的校验方法和计算机的运算能力。如今，计算机技术的发展日新月异，不再成为研究工作中明显的瓶颈，因此，选择合适的校验方法更好地进行校验工作，是我们研究的重点。

针对上述情况，需要不断对管网模型进行修正，并且不能仅仅针对模型校验日进行修正，而且要以给水管网的 SCADA 系统实时监测的流量压力数据为基础，进行多工况和延时模拟动态校验。

2.4.3 管网模型参数自动率定原理

管网模型中的管道糙率和节点流量参数是影响管网模拟精度的主要因素。一般情况下，管道糙率变化范围不大，随时间变化也非常稳定，而节点流量随时间和空间变化非常大。传统的管网建模过程时节点流量的校验是非常复杂的过程，需要进行现场实测和提取典型用水模式。然而现场实测的典型用水模式往往不能准确地反映所有节点的用水特征。模型校验时需要人工调整，如果节点数越多，复杂度越大，工作量很大，往往需要数月才能完成。即便经过校验后的模型，一般在半年之后误差变大，需重新校验，人力物力投入很大，该问题一直是管网水力建模的瓶颈。为解决该问题，通过开展建立大规模管网节点流量的校验技术研究，解决了超大规模管网模型的节点流量校验技术，摆脱了烦琐的人工调试，实现给水管网的快速校验。

通过建立 SCADA 系统监测数据为基础的实时节点流量校验系统，系统首先从SCADA系统提取实时的管网运行数据，然后服务器上进行实时的数据同化，对管网模型进行修正，修正后的模型进行水力平差，平差结果直接提供给客户端使用。系统体系结构如图 2-3 所示。

给水管网的节点流量校核通常是建立最小化计算结果和实测结果，可以表述为数学模型：

$$\min_{Q\in R^{n}} J(Q)=\sum_{i=1}^{nh}(W_{i}^{\mathrm{h}})^{2}(h_{i}^{\mathrm{o}}-h_{i}^{\mathrm{p}}(Q))^{2}+\sum_{j=1}^{nq}(W_{j}^{\mathrm{q}})^{2}(q_{j}^{\mathrm{o}}-q_{j}^{\mathrm{p}}(Q))^{2}+\sum_{k=1}^{nk}(W_{\mathrm{k}}^{\mathrm{qt}})^{2}(qt_{\mathrm{k}}^{\mathrm{o}}-qt_{\mathrm{k}}^{\mathrm{p}}(Q))^{2} \tag{2-9}$$

约束：

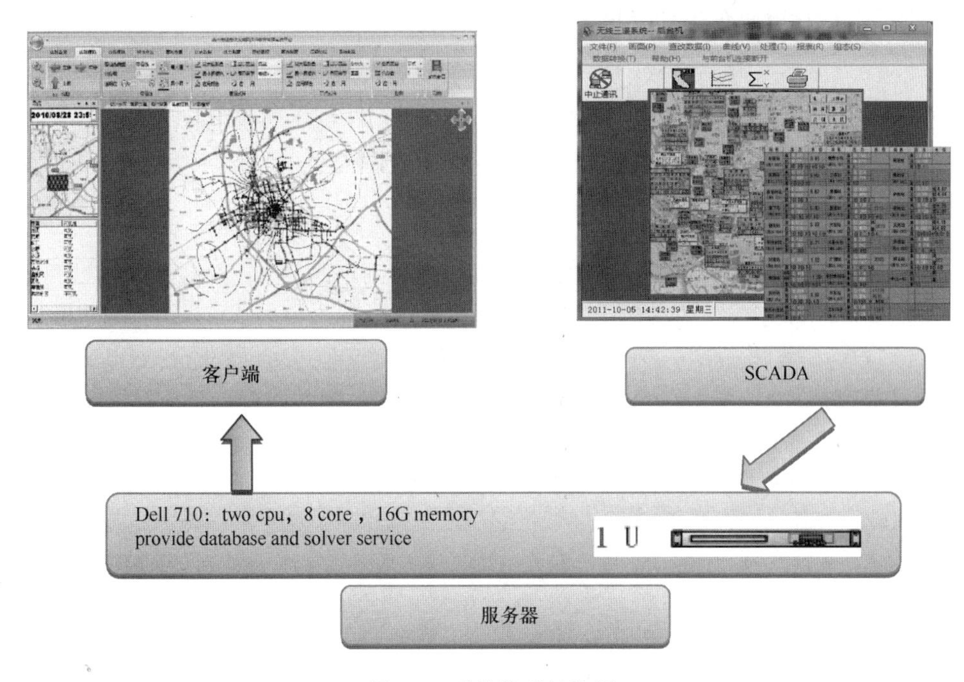

图 2-3　系统体系结构图

$$G(H,Q,RC)=0 \tag{2-10a}$$

$$Q_l \leqslant Q \leqslant Q_u \tag{2-10b}$$

式中　J——目标函数；

h_i^o 和 h_i^p——水头监测资料和计算结果；

q_j^o 和 q_j^p——流量监测资料和计算结果；

qt_k^o 和 qt_k^p——高位水池、水源的供水量实测值和计算值；

W_i^h，W_j^q，W_k^{qt}——对应权重函数；

nh，nk，nq——被测量的节点水头数、管线流量数和水源数；

H——节点水头向量；

Q——节点流量向量；

Q_l 和 Q_u——节点流量上限和下限；

G——管网水力学方程。

给水管网节点流量校核模型的求解方法：

给水管网节点流量校核的核心是如何求解一个有数千个状态变量的数学模型，这是对供水系统数值分析的严峻挑战。通过研究，课题组发展了矩阵求解法。通常给水管网模型可以表述为：

$$BCB^{T}H^{*}=Q^{*} \tag{2-11}$$

式中　B——邻接矩阵；

C——反应管道糙率长度和水力坡降的非线性矩阵；

Q^* 和 H^*——实际节点流量和节点水头；

H^p 和 Q^p ——计算节点水头和节点流量；
DQ 和 DH ——计算值与实测值之差。

上式可以表示为：

$$A(H^p + DH) = Q^p + DQ \tag{2-12}$$

其中 $A = BCB^T$，上式可以表述为：

$$DH = A^{-1}DQ \tag{2-13}$$

A_{sh}，DH_{sh} 分别是从 A^{-1} 和 DH 提取出来的与监测点相关的子矩阵。

$$DH_{sh} = A_{sh}DQ \tag{2-13a}$$

$$Dq_s = A_{sq}DQ \tag{2-13b}$$

$$Dq_{st} = A_{sqt}DQ \tag{2-13c}$$

另一个约束为：

$$IDQ = 0 \tag{2-14}$$

式中 $I = [1\ 1\ K\ \ 1]$，综合以上的分析，可得到矩阵

$$\begin{bmatrix} A_{sh} \\ A_{sq} \\ A_{sqt} \\ I \end{bmatrix} DQ = \begin{bmatrix} DH_{sh} \\ D_{qs} \\ D_{qst} \\ 0 \end{bmatrix} \tag{2-15}$$

将上述矩阵带入到目标函数中可得到目标函数的有限差分格式：

$$DJ = DQ^T \begin{bmatrix} A_{sh}^T \\ A_{sq} \\ A_{sqt} \\ I \end{bmatrix} W^T W \begin{bmatrix} A_{sh} \\ A_{sq} \\ A_{sqt} \\ I \end{bmatrix} DQ \tag{2-16}$$

对上式进行求导，即可得优化函数的搜索方向：

$$W \begin{bmatrix} A_{sh} \\ A_q \\ A_{qt} \\ I \end{bmatrix} DQ = W \begin{bmatrix} DH_s \\ D_{qs} \\ D_{qst} \\ 0 \end{bmatrix} \tag{2-17}$$

在得到优化搜索方向后，进行一维搜索，得到最优解。在一维搜索时，对优化步长进行约束，表示如下：

$$Q_{r+1} = Q_r + \rho_r \Delta Q_r \tag{2-18}$$

其中

$$Q_{r,lb} \leqslant Q_{r+1} \leqslant Q_{r,ub} \tag{2-18a}$$

$$0 \leqslant \rho_r \leqslant \rho_{r,ub} \tag{2-18b}$$

通常情况下建议采用 $\rho_{\mathrm{r,ub}}\Delta Q_{\mathrm{r}} < 10\% \sim 30\% \overline{Q}$，$\overline{Q}$是平均节点流量。整个求解过程如图 2-4 所示。

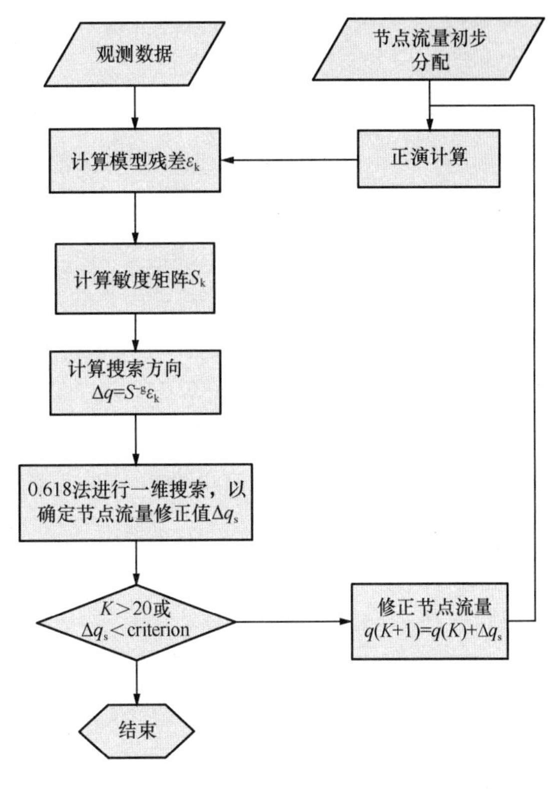

图 2-4　求解流程图

2.4.4　管网模型参数自动率定实例

1. 广州市实时水力模型

广州市自来水公司是中国最大供水企业之一，供水能力 448.5 万 m³/d。目前日均供水量 400 万 m³/d 以上，服务人口 1600 万。整个管网总长 5000 多公里，有 7 个水厂，21 个供水能力在 10 万 t 以上的大型加压泵站。广州市自来水公司以 CWaterNet 平台，建立了管径 *DN*300 以上（含 *DN*300）实时的供水调度模型（图 2-5）。CWaterNet 采用广州市 GIS 系统的管网数据作为基础，首先应用系统的自动简化功能，对模型进行适当简化形成管网模型，并对管网连通性进行自动校验。在此基础上进行人工数据核查，保证管网模型的准确性。目前建立的广州市管网模型中管道直径分布如下：*DN*300 以上的管线覆盖率达到 99%以上，*DN*300 管线覆盖率达到 95%以上，对于重要

图 2-5　广州市 *DN*300 管网模型图

的 $DN200$ 连通管道，模型中仍然保留。广州市中心城区 $DN300$ 管网模型的建模过程如下：

1）模型建立基础资料

课题组首先从广州市 GIS 系统提取全部管线资料，提取资料包括：管段几何信息；管段的材料信息；管道的管径；阀门资料：阀门位置，阀门所在管道、阀门开关状态，阀门类型。将基础资料进行格式转换，导入到 CW-Net 软件中进行分析和编辑。分析和编辑工作包括：

（1）管线资料的补全：在原有 GIS 系统中，由于各种原因，少量管线的管径资料未录入数据库或错误录入，通过 CW-Net 的自动错误查找功能，进行数据分析，在分析后，指导数据录入人员进行修正。

（2）管网模型的拓扑结构自动生成。原 GIS 系统中，管网的节点和管线是分离的，原有的阀门也是当作一个点。在 CW-Net 软件中，自动建立管网拓扑结构。

2）管网模型的简化

（1）管径小于 $DN300$ 管线的剔除，在进行管线剔除时，保留 $DN200$ 以上的连通管。

（2）管线的节点、管线合并：从 GIS 系统中导出的管线有 40 余万根，节点 40 余万个。直接进行水力计算显然不合适。采用 CW-Net 软件对此进行自动节点、管线结合，经过合并后，整个模型节点数规模大幅度减少。

3）管网水泵资料的整理

全市 7 个水源泵站，25 个加压泵站，一共有 154 台水泵。随着水泵的使用年限增加，水泵的切削和改造，水泵曲线与购买时相差很多，要建立整个广州市的水力模型，必须对所有的水泵曲线进行重新率定。传统的方法是进行现场测试。广州市水泵多，如果每天对一台水泵进行率定，至少需要 4 个月。由于供水系统的安全性必须得到有效保障，不能随意进行水泵的启闭、调整，而且水泵运行过程中，一般集中在很小的一个区段内进行运行，测试不方便得到整条曲线，因此必须考虑采用其他方法进行水泵曲线的率定。

广州市自来水公司的 SCADA 系统对广州市所有的水泵运行状态进行监控，同时对各个泵站的水位、总流量、进出水压进行监控，可建立数学模型，通过 SCADA 系统进行水泵曲线的率定，其数学模型如下所示：

$$\min \sum \left(Q_i^* - \sum_{j=1}^{jn} \pi_i^j q(h_i^j)\right)^2 \tag{2-19}$$

式中，Q_i^* 是泵站的总供水流量，$q(h_i^j)$ 是水泵曲线，通常可以用 $h = h_0 - sq^\alpha$ 表示水位流量曲线，采用优化算法进行优化计算，最终得到相应的水泵曲线。采用以上方法，一周内即完成广州市全部水泵曲线的率定。广州市新塘水厂（11 台水泵）和南洲水厂（9 台水泵）率定后水泵的供水量与实测供水量的拟合曲线如图 2-6、图 2-7 所示。

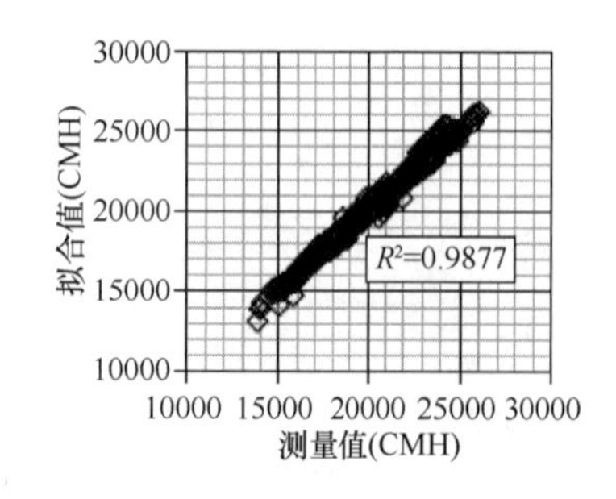

图 2-6　新塘水厂供水量实测与拟合曲线

4）广州市实时运行 $DN300$ 管网模型的校验

管网模型的误差最主要来自两个方面：管网中设备的参数、状态、拓扑关系是否正确；管网的节点流量是否正确。广州的给水管网模型的校正与传统的管网模型校验有一定的差别。广州市给水管网的水力模型校正过程分为2个阶段，即离线水力校验和在线水力校验。

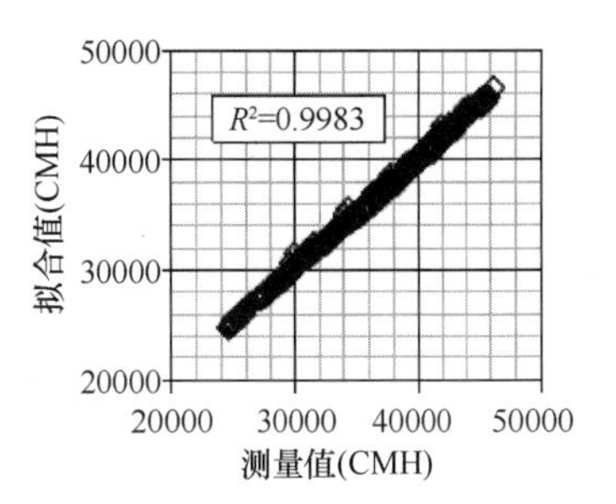

图 2-7 南洲水厂供水量实测与拟合曲线

（1）第一段是管网模型的离线水力校验。主要检查管网的拓扑结构和管网的阀门状态是否正确。通常错误的拓扑结构经过简单的水力计算之后即可发现与实际情况的差异性。通过采用CW-Net系统连接广州市SCADA监测数据对管网水力状态进行全自动校正，摆脱了人工进行节点流量、糙率调节的烦琐工作。整个离线校正的过程如图2-8所示。

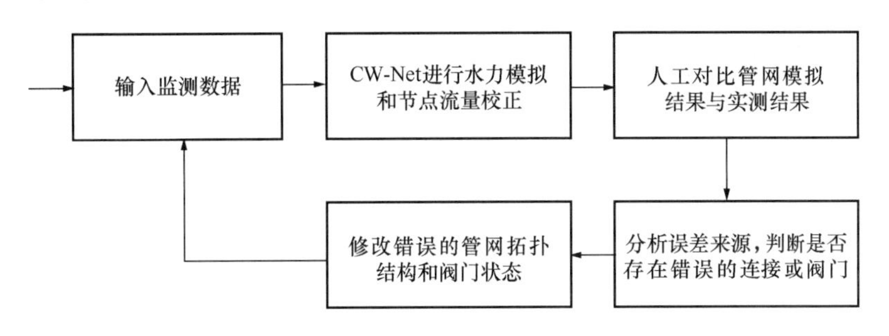

图 2-8 管网模型离线校验流程图

（2）第二阶段是管网模型的在线水力校验。广州市给水管网水力模型与传统的管网模型有一定的区别。广州市给水管网水力模型是建立在CWaterNet系统上的一个在线式系统，水力模拟与水力校正同步进行，保证模型与管网工作状态一致。该系统无人值守自动运行，每15min从SCADA系统提取一次管网所有被监控的水泵、阀门、清水池等重要设施的运行状态及管网中实测的压力和流量，根据这些信息进行模型节点流量校验（数据同化），在此基础上进行水力、水质模拟，提供较为准确的状态模拟。整个分析过程小于5min，并将所有计算的结果保存一周。

广州市的水力波动非常大。大部分监测点在一天之内水头变化可接近10m，达到供水系统总水头差的30%～40%。通过试运行，计算结果与实测结果吻合良好，大的水力波动也能很好地跟踪模拟。对应广州市给水管网水力模型的检验主要从广州市SCADA系统中提取实时监测数据与实时水力模型进行对比（图2-9）。因一共有100余个压力监测点，50余个流量监测点，因此只列举重要数据进行比较，主要对比数据包括：

（1）各水厂的供水量；

（2）管网中具有代表性的监测点和重要控制节点；

（3）具有代表性的管段流量。

图2-10～图2-12是仿真结果。广州市有7个水厂，图2-10是供水泵站实测与模拟供水量，计算结果显示水厂的供水量模拟与实际结果比较吻合。图2-11是管网中重要的控

图 2-9　广州市给水管网水力模型图考核点布置图

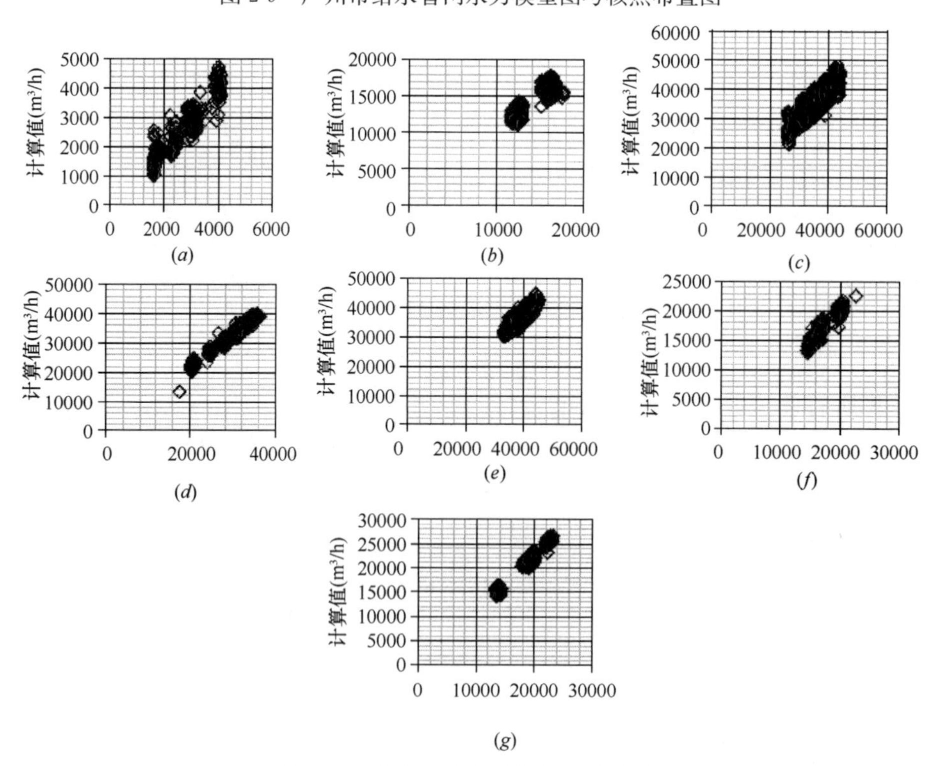

图 2-10　供水泵站实测与模拟供水量

(*a*) J1 水泵测量值 (m^3/h)；(*b*) J2 水泵测量值 (m^3/h)；(*c*) J3 水泵测量值 (m^3/h)；(*d*) J4 水泵测量值 (m^3/h)；(*e*) J5 水泵测量值 (m^3/h)；(*f*) J6 水泵测量值 (m^3/h)；(*g*) J7 水泵测量值 (m^3/h)

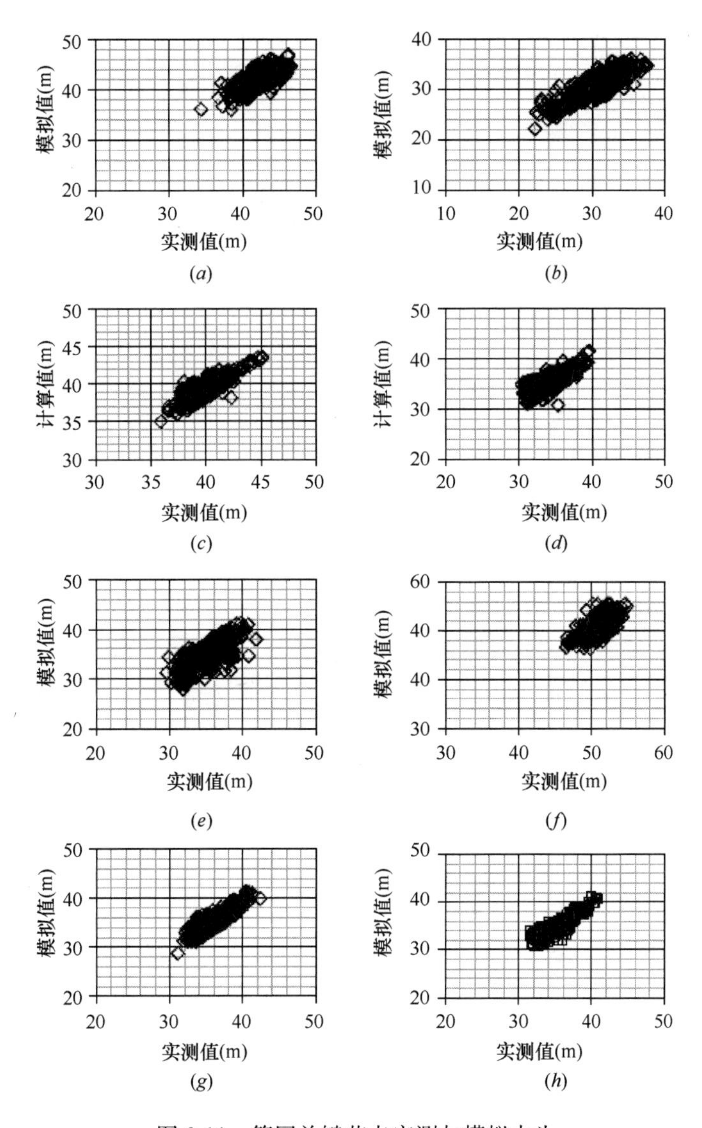

图 2-11　管网关键节点实测与模拟水头

(*a*) 节点 N1；(*b*) 节点 N2；(*c*) 节点 N3；

(*d*) 节点 N4；(*e*) 节点 N5；(*f*) 节点 N6；

(*g*) 节点 N7；(*h*) 节点 N8

制点，这些控制点分布在管网末梢和供水分界线的位置，调度员往往根据这些重要控制点进行决策。经统计 90%以上的计算结果误差都在 1.5m 以下。

2. 嘉兴市实时水力模型

针对嘉兴市 720km^2 范围内，包括 2 个供水水源的城乡一体化多水源给水管网系统建立了实时的管网水力水质模型，为国内外首个能够实现实时给水管网水力数据同化系统，为实现城乡一体化管网输配系统优化配置与调度提供了技术平台与基础。

嘉兴市管网在线管网建模过程：

(1) 提取嘉兴市供水系统地理信息系统，提取嘉兴市管网基础数据；

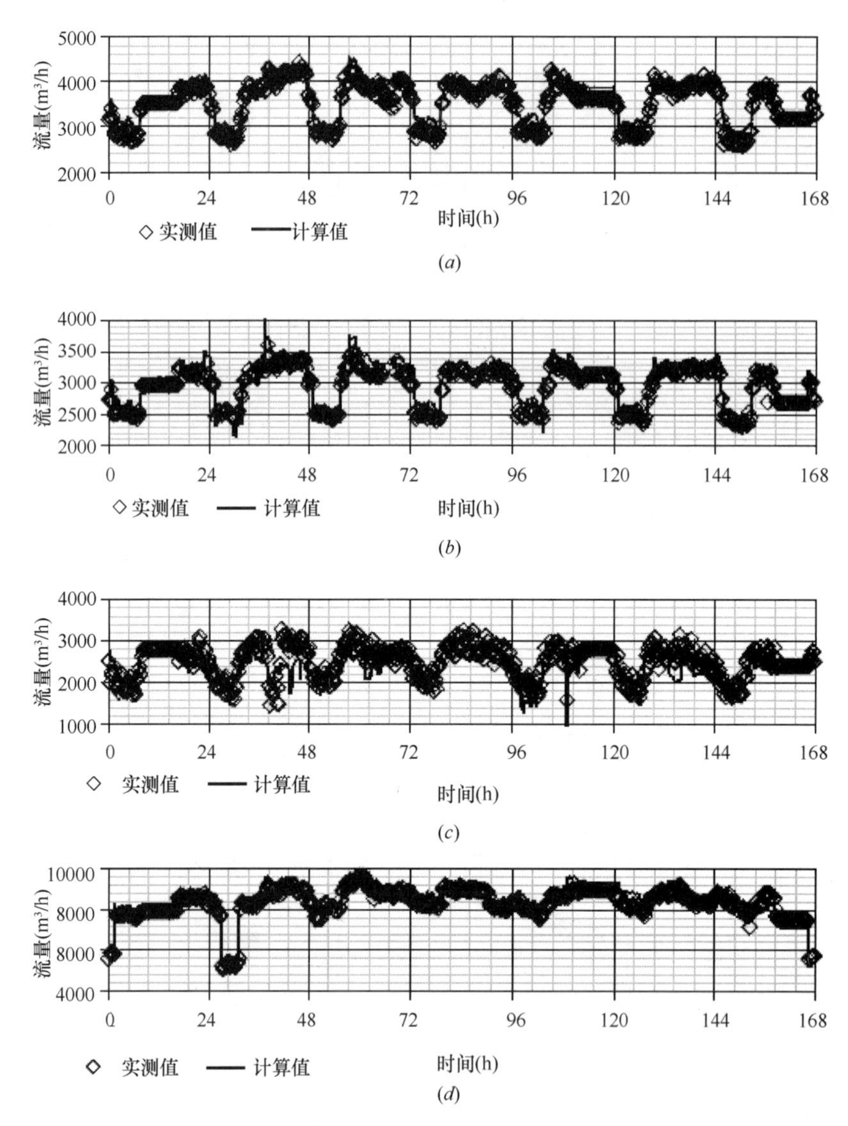

图 2-12　管网重要输水管线实测与模拟流量

(*a*) 管段 F1；(*b*) 管段 F2；(*c*) 管段 F3；(*d*) 管段 F4

(2) 根据嘉兴市供水系统地理信息系统，建立嘉兴市城乡一体的管网模型；

(3) 建立嘉兴市管网监控系统（SCADA）接口，实时提取管网监测信息；

(4) 依据嘉兴市管网监控系统的实时信息，设置管网模型运行状态，对管网模型进行实时数据同化。

嘉兴市实时水力模型的实时校验成果：

嘉兴市实时水力模型采取无人值守式后台服务形式，实现了完全自动化运行。首先将嘉兴市管网实时模型与嘉兴市监控系统（SCADA）进行了对接，编制了相应的实时管网水力数据同化程序进行管网系统状态追踪。将 SCADA 的基本信息连接到实时管网模型中，如管网总用水量，各水源的供水压力，设定管网的边界条件，并将管网的主要观察点信息与管网模型进行实时的数据同化，保证了模型与管网实时的状态相一致。系统在运行过程中不需要人员干预，利用SCADA监测数据，每15min进行一次数据同化，所有计算结果保存在数据库中，调度中心人员通过客户端查看计算结果。嘉兴市实时水力模型的实时校验成果主要通过计算结果与SCADA系统的测量结果进行比较。嘉兴市SCADA系统中对各水厂的供水量和管网中关键节点进行计量，图2-13、图2-14是水厂的实测供水量和计算供水量。计算结果显示水厂的实际供水量与计算值误差较小，完全在要求范围以内。

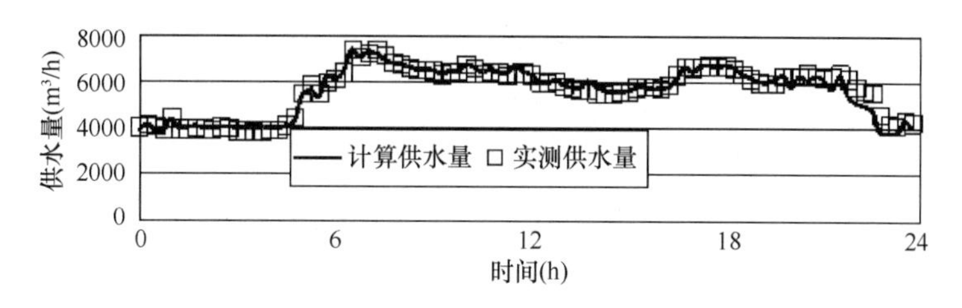

图2-13 石臼漾水厂计算成果

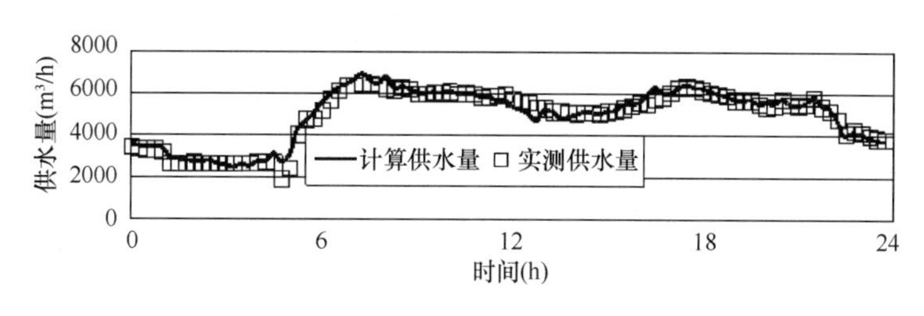

图2-14 南郊水厂计算成果

除了对各水源的水量进行评估，还需要对各测压点的压力计算结果进行评估，图2-15～图2-21是嘉兴市一些关键控制点的压力计算结果与实测结果，统计结果显示95%以上的计算结果与实测值的误差小于1.5m，采用该模型可以用于指导实时的管网水力调度。

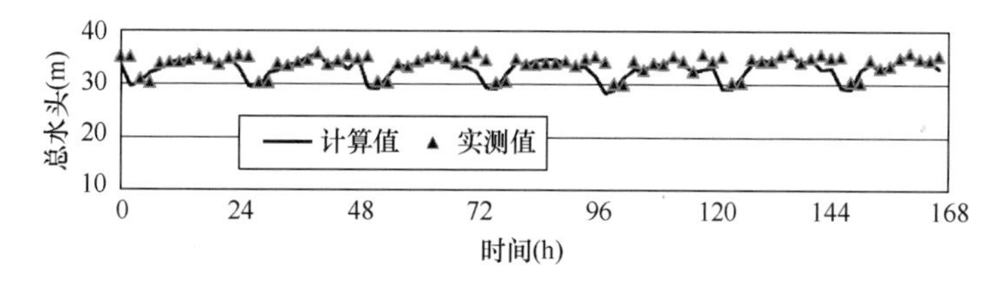

图2-15 中环南路测压点计算成果

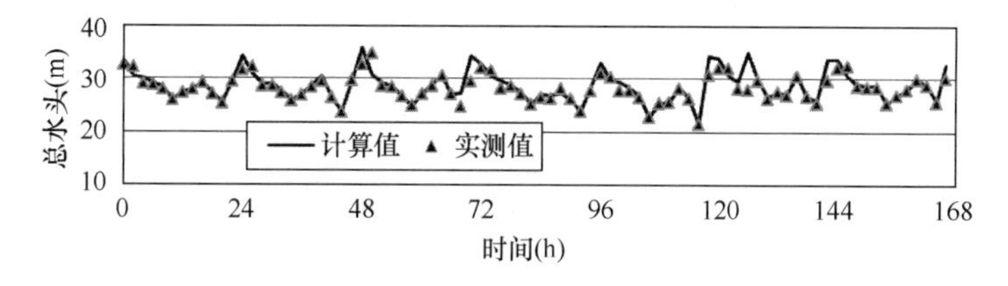

图2-16 新丰镇测压点计算成果

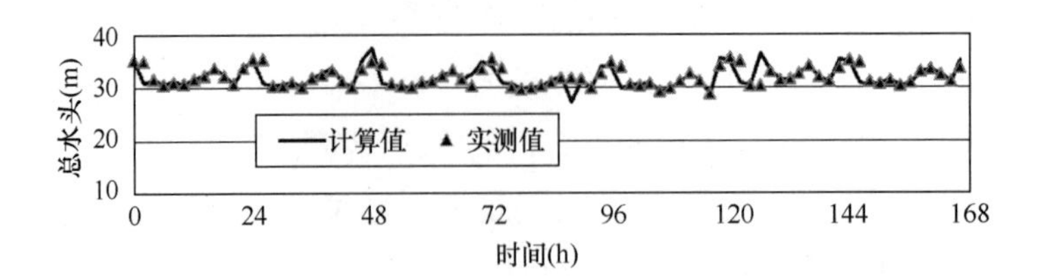

图 2-17　新丰镇测压点计算成果

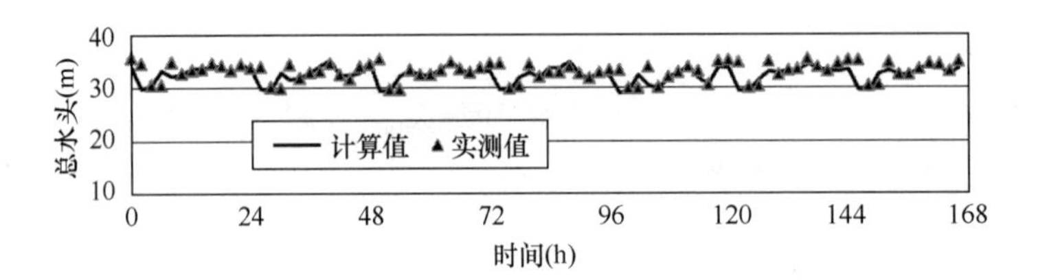

图 2-18　中环南路测压点计算成果

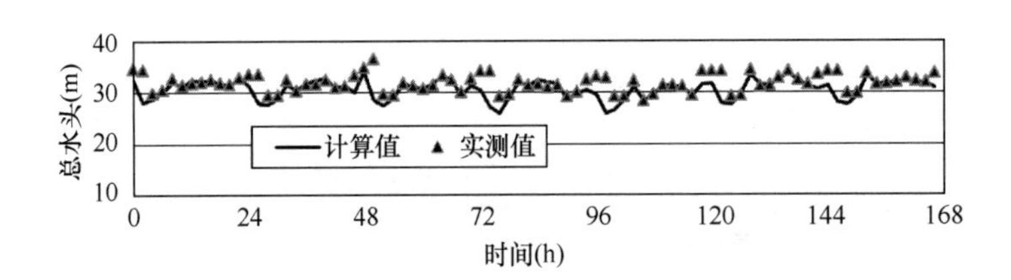

图 2-19　十八里桥西测压点计算成果

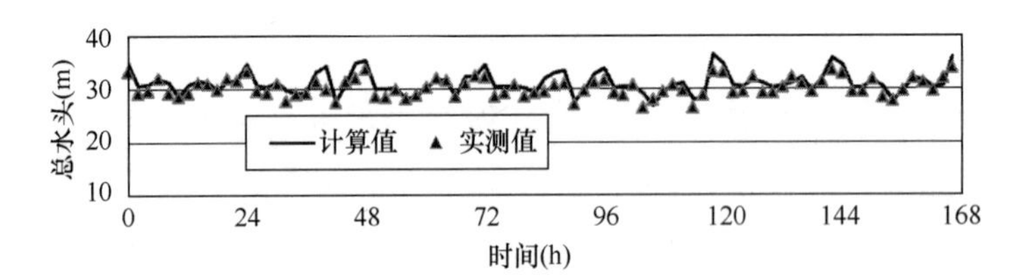

图 2-20　油车港测压点计算成果

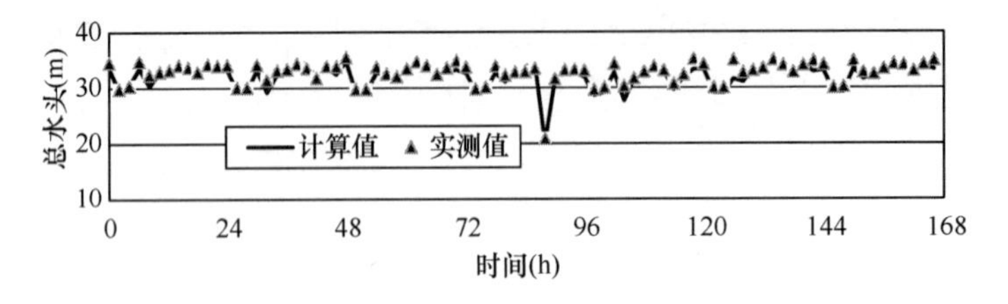

图 2-21　东大营测压点计算成果

第3章　给水管网规划与优化设计

3.1　给水管网规划

通常，一个完整的给水管网系统优化过程包括规划、设计、运行管理等三个阶段，贯穿于给水管网系统从建设到投入使用全过程。规划阶段主要是进行管网管线的路径布置，力求确定管网总长度最短或投资最小的管网布置形式；设计阶段以最优管线布置方式为依据，通过优化设计目标函数、约束条件和管网水力计算来解决管径最佳组合问题，寻求管网系统造价最低或年费用最小的最优管径组合设计方案；运行管理主要是依靠监控手段，采用计算机软硬件技术，通过水泵机组优化组合、阀门开启优化组合、水源联合优化调度等手段和方法使系统性能发挥到最佳，在满足供水要求的前提下使得管网运行费用最低。

从管网系统的规划、设计到运行管理，每个阶段的设计任务依赖于其他阶段的设计结果，彼此之间具有一定的相互影响和相互制约关系。由于在不同阶段对管网优化研究的对象和侧重内容不同，采用的优化模型和算法也不相同，故一般来说仍按相对独立的阶段分别进行研究。因此，给水管网系统的优化研究工作按照主要研究对象内容不同，一般可分为管网优化布置、管网优化设计和管网优化调度等三个方面。

3.1.1　供水系统规划概述

城市供（给）水系统（工程）规划，主要包括对于不同层次规划的城市供水工程（专业）规划和城市供水系统（工程）专项规划。经过多年实践，由城市总体规划、城市分区规划和城市详细规划的城市规划体系已经形成，在各层次的规划中，都会涉及城市水资源和供水工程的问题。因此对应于各层次的城市规划，城市供水规划也根据规划范围、内容、深度等的不同，分为不同层次，其中专业规划主要包括：城市供水工程总体规划、城市供水工程分区规划和城市供水工程详细规划。近些年来，随着城市水资源供需矛盾日益突出、供水系统日趋复杂，城市各类用户对于供水水量和水质的要求也日益提高，因此编制城市供水工程专项规划的必要性越来越突出，许多城市已经编制了供水系统专项规划。城市供水系统规划应与城市总体规划（法定规划）同步编制，按照城市总体规划统筹协调的相关要求开展工作，并将其主要内容纳入城市总体规划，作为城市总体规划的一部分一并审批，以指导下一步规划的逐步落实，最终为供水设施的建设与运行提供有力指导。

各层次城市供水工程规划的主要任务基本相同，包括确定用水量标准，预测与计算城市总用水量，进行区域水资源与城市用水量之间的供需平衡分析；研究各种用户对水量和水质的要求，合理地选择水源，提出水源保护及其开源节流的要求和措施；确定水厂位置和净化方法；确定供水系统组成；布置城市输水管道及给水管网；供水系统方案比较，论证各方案的优缺点和估算建设费用和运行费用，确定优化的规划方案。不同层次的供水规划对应于不同层次的规划，其内容和深度不尽相同：

1. 城市供水工程总体规划

根据城市总体规划方案，从城市给水系统的现状基础、发展趋势等方面论证城市经济社会目标的可行性、城市总体规划布局的可行性和合理性，并从供水系统层面提出对城市总体布局的调整意见和建议，主要内容和深度为：

（1）确定用水量标准，预测城市总用水量；

（2）平衡供需水量，选择水源，确定取水方式和位置；

（3）确定给水系统的形式、水厂给水能力和厂址，选择处理工艺；

（4）布局输配水干管、输水管网和给水重要设施，估算干管管径；

（5）确定水源地卫生防护措施。

2. 城市供水工程控制性详细规划

根据城市控制性详细规划确定的各级道路的红线位置、控制点坐标和标高，根据规划方案确定各类用水的需求量，确定工程管线的走向、管径和工程设施的用地界限，作为进一步工程设计的依据，有效地指导实施建设。主要内容和深度为：

（1）计算用水量，提出对水质和水压的要求；

（2）布局给水设施和给水管网；

（3）计算输配水管管径，校核配水管网水量及水压；

（4）选择给水管道管材；

（5）进行造价估算。

城市供水工程专项规划的内容深度一般介于上述两个层次规划之间。规划范围与城市总体规划的范围一致。

3.1.2 供水系统规划评估

利用给水管网微观水力模型对不同规划方案下给水管网的运行工况进行模拟和分析，包括管网中压力和管道流速的分布，供水范围的分析，可以灵活地调整规划方案，并通过建立规划方案的评估方法，进行多方案的比选，为城市给水管网规划设计方案的制定提供决策依据。

1. 管网规划方案宏观分析

规划范围内地形变化对管网规划方案制定具有重要影响，利用地形分析功能可以直观分析规划区内地形高程分布，为供水系统的合理分区、管网空间布置及泵站设置提供分析手段。通过管网微观模型可以对不同等级管径的管段进行区分显示，从宏观的角度分析规划区内给水管网主干管线分布状态。对于多水源管网系统，通过管道分级显示可以清晰地掌握不同水厂之间的连通情况，整体掌握各水厂协调供水能力，为规划管网应急方案制定提供思路。

2. 管网规划方案优化设计

利用管网微观模型可以对管网规划方案进行节点压力分析、管道流速分析，并将分析结果以色阶图的形式显示。通过节点压力、管道流速分析，可以及时发现规划设计方案中存在的压力和流速不合理的位置，对规划方案进行合理修正。由于管网模型构建过程中已生成管网数字信息，因此通过管网模型可以迅速方便地实现管网规划方案的变更，极大提高规划设计工作的效率。

3. 管网规划方案评价

传统管网规划设计过程对管网规划方案评价方法简单，利用管网模型可以实现对不同规划方案进行多角度评价。利用管网模拟计算结果可以对不同规划方案中节点压力、管道流速进行统计分析；对不同规划方案供水能耗进行科学评价；对不同规划方案中各水厂供水范围进行对比，评价各管网规划方案中水资源利用效率；从而为不同规划方案的比选提供定量化分析的手段。

3.1.3 规划方案多目标评估方法

城市供水系统（工程）规划的作用在于实现资源的高效利用、优化供水系统模式和供水设施的布局，其目标是在技术上满足城市供水水量、水压和水质要求，在经济上做到费用最小，并保证供水安全。因此，分析评价一个供水工程规划方案的优劣主要从技术性、经济性及安全性三方面考虑。技术性是指供水系统能以足够压力向用户输送充足的水量，主要以流量和压力作为参数从水力观点评价供水系统的可靠性能。经济性反映了不同规划方案的基建费用和日常运行中对能量的有效利用能力，主要是系统能耗方面。安全性是指给水管网在保证水质的前提下能够连续不间断地向用户输水，其主要是从供水系统各设施的安全保障能力来评价整个供水管网的安全性。

评价供水工程规划方案的目标是筛选相对优化合理的方案，以满足用户用水需求。其中，用户是供水系统的服务对象，从用户的观点出发，不间断地供水和优良的水质是供水服务中最重要的两个方面。良好的水力性能是保证给水管网具有高度安全性的前提，在系统安全性的基础上再追求运行的优化节能，这正是供水系统规划方案比较优化的综合体现。可见，供水系统规划方案的评价应以供水系统的技术性分析、安全性分析及经济性分析为三个基本体系，并遵循以安全性为前提，技术经济性分析为基础的原则，对给水工程规划方案进行综合的定量评价。

技术性是指供水系统以足够压力向用户输送充足的水量，即水压、水量的保障性：水压保障。为用户的用水提供符合标准的用水压力，使用户在任何时间都能取得充足的水量；水量保障。向用户及时可靠地提供满足需求的用水量。主要以流量和压力作为参数从水力观点评价给水系统的性能。在给定的规划方案的拓扑结构中管段流速与管段流量成正比，可以用管段流速来反映管段流量参数。而在压力指标的选取上需要综合反映单节点压力、同一节点不同工况下压力的波动及同一工况下不同节点压力的分散程度等多种情况。

所以选取节点压力、管段压力波动、节点压力标准差及管段流速作为技术性分析的评价指标。

根据国内外学者研究现状及国家的饮水安全评价指标体系，以及城市供水系统规划相关规范要求，供水系统规划从城市供水水源以及输配水过程对影响城市供水安全的因素进行分析和指标选取。城市供水系统是保证输水到给水区内，并且配水到所有用户的全部设施，包括：输水管渠、配水管网、泵站、水塔和水池等。对供水系统的总要求是供给用户所需的水量，保证配水管网足够的水压，并以最高效的方式供给用户优质水，保证系统不间断供水。为满足上述要求，从管网覆盖率、漏损情况、爆管率、末端水质、用水方便度及调蓄能力等各方面选取给水管网安全性指标。

给水系统工程规划方案的科学性和合理性是一个技术与经济可行性的综合体现，需要通过技术经济分析来确定最佳规划方案。在技术上可行的方案，可能在经济上不符合当时当地投资能力，而投资最省的规划方案在技术上可能不合理。通常情况下，给水系统工程规划是在多个方案中进行技术经济分析计算和比较，选择其中经济上最节省，技术上最可靠的作为最佳方案。因此经济性评价是给水系统规划方案制定的重要环节。在给水系统规划中，通常采用工程基建费用和年运行费用来表达。因供水系统运行过程中主要是泵站运行能耗费用较高，所以选取系统工程造价和水泵年运行电耗作为经济性评价指标。

3.1.4　多工况方案规划优化方法

以往的给水管网规划，用手工法或凭人工经验及基于单纯经济性目标的管网平差计算来确定管径，已越来越不能满足给水管网规划设计的要求。在规划层面迫切需要研究建立适用于管网规划决策的定量化分析的技术手段，即以给水管网水力模拟计算为核心，掌握系统的运行规律，了解管网的工作状况，实现对不同规划方案多种工况运行状态的模拟。基于此，通过建立给水管网多方案多目标比选的评价方法，为规划方案优化决策提供技术支持。城市供水系统模拟及规划决策支持系统结合可以进一步提高供水规划建设水平，保障供水水质和水压，提高经济效益，并提高供水安全可靠性。

供水工程规划就是针对水资源的优化配置，供水厂站及输配管网建设的综合功能优化和工程布局进行的专项规划，其目标是在技术上满足城市供水水量、水压和水质等服务要求。因此，给水管网规划方案的优化调整应从水资源的优化配置、供水厂站及输配管网建设的综合功能优化和工程布局等方面着手，通过对不同方案技术性、经济性、安全性的比选最终确定优化的规划方案。目前很多人工智能算法已应用于给水管网优化设计过程中，设计过程中通过智能算法获得一组优化的设计方案，设计者也需要通过对不同解进行分析后确定一组优化方案。以下主要考虑与供水厂空间布置和加压泵站布置优化相关的一些因素：

1. 水厂空间布置优化

水厂空间布置应在整个供水系统设计方案中全面规划、综合考虑，通过技术经济比较确定。在选址时，需要考虑水源的空间布局，以及城市地形、地质、水文、水质、地震、气象、供电、交通运输等状况。水厂布置根据其与水源、用水区的空间布局关系分为：

（1）当取水地点距离用水区较近时，水厂一般设置在取水构筑物附近，通常与取水构筑物建在一起。

（2）当取水地点距离用水区较远时，厂址选择有两种方案：

a. 将水厂设置在取水构筑物附近。这种布置形式的主要优点是：水厂和取水构筑物可集中管理，节省水厂自用水（如滤池冲洗和沉淀池排泥）的输水费用，并便于沉淀池排泥和滤池冲洗水排除，特别对浊度较高的水源而言，这种优势更加明显。但从水厂至主要用水区的输水管道口径要增大，管道承压较高，从而增加了输水管道的造价，特别是当城市用水量时变化系数较大及输水管道较长时；或者需在主要用水区增设配水厂（消毒、调节和加压），净化后的水由水厂送至配水厂，再由配水厂送入管网，这样也增加了给水系统的设施和管理工作。

b. 将水厂设置在距离用水区较近的地方。这种布置形式的优缺点与前者正相反。对于高浊度水源，也可将预沉构筑物与取水构筑物建在一起，水厂其余部分设置在主要用水区附近。

以上不同方案应综合考虑各种因素并结合其他具体情况，通过技术经济比较确定。

2. 供水加压泵站布置

加压泵站根据功能不同分为调度加压泵站、局部加压泵站和二次加压泵站。调度加压泵站主要功能是不同分区之间的供水调度；局部加压泵站主要功能是满足分区内局部区域用水需求；二次加压泵站主要功能是满足居住小区内市政压力不能满足的高层住宅用水需求。可以通过城市供水系统规划模型的工况模拟，确定城市加压泵站的规划布置方案。

影响因素包括以下几方面：

（1）地形地势因素：通过分析城市地形地势，不仅可以确定供水系统竖向分区的理想界限，为供水加压泵站的合理布置提供依据，而且根据加压区域控制点标高与加压泵站所属位置标高的差值可以确定加压泵站的出站压力。

（2）供水规模因素：加压泵站的设置需要整体考虑，不仅仅是泵站内部设置，更需要注重供水范围。根据加压泵站的供水范围内的需水量预测，确定泵站的级别。

（3）能耗因素：在供水系统中，泵站的动力费用在给水成本中占有很大的比重。所以泵站的供水能耗是影响泵站空间布置的重要因素，结合城市地形，通过多方案的能耗分析确定理想的分区界限。

（4）与周边管网衔接因素：加压泵站外围管网的衔接情况涉及片区的供水安全性问题，需在泵站建设同时检查或修整漏损管网。

综合以上各方面因素，才能确定泵站是否需要设置，确定级别、规模、压力，同时保证高地势供水的安全性和可靠性。

此外，为保证自然灾害、重大事件、管网事故情况下，给水管网系统平稳运行，居民基本生活不受影响，供水系统规划过程中也需考虑应急情况下管网运行方案。应急规划方案为紧急情况下应急响应提供依据。应急规划方案需进行应急条件下的水量测算，在此基础上进行应急方案模拟，计算应急条件下给水管网中压力分布情况，分析系统中的薄弱环节，在规划阶段予以解决。对于局部水质污染事件，需要经过示踪模拟，模拟管网中污染物扩散过程，以此为依据提出突发情况下管理部门应对措施。

3.2　基于水质安全的给水管网优化设计

3.2.1　给水管网优化设计的意义

在管网系统优化研究和发展过程中，管网优化设计对整个供水系统的投资和维护运行都有极大的影响，所产生的经济效益也比较显著。此外，一个科学、合理设计的管网系统，可以保证管网中各点水压分布相对均匀，避免水压落差起伏过大，减少爆管和漏水概率，增大在故障时管网供水可靠性。为此，管网系统的优化设计在管网建设中具有重要的地位和作用，愈加受到研究人员的重视和关注，其发展速度和取得的成果均优于对管网优化布置的研究，日趋成为管网系统优化的一个重要研究方向。

经济合理地进行给水管网的优化设计，既可以使有限的资金得到最大程度上的应用，又可以保证管网中各点的水压相对均匀分布，提高供水可靠性。经过科学设计的管网，是供水系统进行优化运行和调度的基本前提，使优化调度的效果发挥到最佳，很难想象一个设计不合理的管网能够可靠供水，更无从谈起优化运行和调度。在工程资金投入有限的情况下，进行管网系统的优化设计，对节约投资，降低能耗，降低漏水率，增大供水可靠性，提高经济效益和社会效益等方面都有着重要的现实意义。管网优化设计的研究成果，不仅适用于新建管网，对改建和扩建管网的优化设计同样具有参考和借鉴作用。

管网优化设计的目的，主要是在满足用户所需水量、水压及兼顾其他约束条件的前提下，求出一定年限内管网建造费用和管理费用之和为最小的管线直径，也就是经济管径。完整的管网优化设计模型须考虑以下四个方面的问题：即水压、水量的保证性，水质的安全性，可靠性和经济性。在这四个因素中，往往以经济性作为目标函数，而将其余因素作为约束条件，从而建立起包含目标函数和约束条件的管网优化设计数学模型，并采用适当的方法对所构建的优化设计模型进行求解。

但是，由于除了经济性以外，用水量变化和管道漏水等原因使计算流量不同于实际流量，泵站的运行方式、管网布置和流量分配可能有多种方案，部分影响因素难以用数学形式表达等等都会给给水管网的优化设计带来一定的困难。

3.2.2　给水管网优化设计模型

1. 优化设计的目标函数

目标函数是供水系统的年折算费用 W。由一台水泵加压的单水源管网可用下式表示：

$$W=\left(\frac{p}{100}+E\right)\sum_{i=1}^{P}(a+bd_i^{\alpha})l_i+K(H_0+\sum_{i\in LM}h_i)Q_P \tag{3-1}$$

第一项表示管网建造费用和折旧大修费用的年折算值，第二项表示泵站每年所需的能量费用。

式中 p——管网每年折旧和大修的百分率，以管网建造费用的百分比计；

$E=\frac{1}{t}$——基建投资效果系数；

t——基建投资回收期，年；

d_i, l_i——管段 i 的直径和长度，mm、m；

$a+bd_i^{\alpha}$——水管建造费用（包括水管材料费用和埋管施工等费用）公式，元/m；

$H_0=Z_m+H_\alpha-Z_p$——水泵静扬程，等于控制点所需自由水压 H_α 加上其地面标高 Z_m 再减去吸水井水位 Z_p，m；

LM——从泵站到控制点的任一条管线上的管段集合；

P——管网的管段数；

Q_p——进入管网的总流量或泵站流量，m^3/s；

K——与抽水费用有关的经济指标，即输送 $1m^3/s$ 的水到 1m 高度的每年电费。

$$K=\frac{24\times365\times10000\gamma\sigma}{102\eta}=86000\frac{\gamma\sigma}{\eta}(\text{元}) \tag{3-2}$$

式中 σ——电价，元/kWh；

γ——计算年限内供水能量不均匀系数，无水塔的管网或网前水塔管网的输水管，$\gamma=0.1\sim0.4$，网前水塔的管网，$\gamma=0.5\sim0.75$；

h_i——管段 i 的水头损失，m。

2. 约束条件

（1）满足水力平衡条件，即节点流量平衡，各环管段阻力闭合差为零。

$$Aq+Q=0 \tag{3-3}$$

$$Bh=0 \tag{3-4}$$

式中 A——管网的关联矩阵；

B——管网回路矩阵；

q——管段流量向量；

Q——节点流量向量；

h——管段水头损失向量。

（2）对水源以外的节点，其水压可靠性的约束条件，用概率表示为：

$$P\{H_c\geqslant H_a\}\geqslant r_{p,a} \tag{3-5}$$

用水量变动时亦须满足水压约束条件，即须符合：

$$H_c\geqslant H_a \tag{3-6}$$

换言之，任一节点的自由水压 H_c 应大于最小允许自由水压 H_a。

（3）标准管径 d_i（mm）的约束条件：

$$d_i \in [150, 200, 300, \cdots, d_{max}] \tag{3-7}$$

$i \in$ 管段号集合，该值域可以根据实际情况添加或删除某些管径。该值域中的最小管径即为所设计管网管段的允许最小管径，该值的大小应根据管网规模并考虑供水可靠性的要求来确定；该值域中的 d_{max} 为最大允许管径，该值的大小由各种材料的水管规格决定。

（4）流速 v_i（m/s）约束条件：

$$v_i \leqslant v_a \ (i=1，2，3，\cdots\cdots，P) \tag{3-8}$$

式中　v_a——管道内最大允许流速，金属管为 6m/s，内壁涂水泥砂浆为 3m/s。

（5）其他约束条件：

泵站输水流量范围在高效段内：

$$Q_{jmin} \leqslant Q_j \leqslant Q_{jmax} \tag{3-9}$$

进入管网的总供水量等于管网的总用水量：

$$\Sigma Q_j = Q \tag{3-10}$$

3.2.3　优化设计问题的求解方法

从形式上讲，优化问题（optimal problem）可以描述为：寻找优化变量各分量的某种取值组合，使得目标函数在给定约束条件下达到最优或近似最优。解决这类问题的方法称为（最）优化方法（optimal method）。在当代各门科学技术相互交叉、渗透、融合的过程中，优化已成为系统乃至整个世界发展的趋势和走向，日益成为人们分析系统、评价系统、改造系统和利用系统的一种衡量尺度。

管网优化设计是组合优化设计问题，其优化设计方法主要有两大类：传统的确定性优化方法，主要有枚举法、线性规划法、非线性规划法等；还有一类随机性优化方法，主要是遗传算法、模拟退火法、粒子群算法、蚁群算法等。

1. 枚举法

枚举法（Enumeration Method）是指对解空间内所有的可行解进行搜索。但是，通常的枚举法并不是完全意义上的枚举法，即不是对问题解空间内所有可行解进行尝试，而是有选择地尝试，如分支定界法。对于某些特定的问题，枚举法有时也能表现出很好的求解性能。对于完全枚举法，方法简单易行，但求解效率太低；而分支定界法鲁棒性不强。在工程实际中，由于枚举法要占用大量计算机内存资源，计算时间长，对于大型复杂给水管网，能满足约束条件的管网布置方案极其庞大，实际上枚举法不可能用来解决这类管网系统的优化设计计算问题，它只能用来解决小型或者简单管网的优化设计计算。该方法在管网优化设计计算中应用较少。

2. 线性规划法

线性规划（Linear Programming，简称 LP）是研究在一组线性约束条件下，求某个线性目标函数极值问题，它是数学规划中产生时间较早，理论和算法比较成熟，应用最广泛的一个重要分支。线性规划是一种有效、简单的优化技术，但是，它只能解决线性规划问题，或者是能够抽象成线性形式的非线性问题。对线性规划技术的求解，最常用的方法是单纯行法。线性规划技术是在管网优化设计中应用较早的数学规划模型之一。在树状管网布置形式和节点需水模式已定的情况下，仅用节点连续方程就可以确定出各个管段中的流量，由于管段的经济管径具有良好的收敛性，故不用预先分配流量就可以获得满意的设计方案。如果事先选定管段允许采用的标准管径集合，以具有标准管径的管段长度为决策变量，则管道水头损失是管长的线性函数，节点水压约束是决策变量的线性不等式，管网优化设计的目标函数可考虑管网投资和运行管理费用。其中，管网造价是各管段长度的线性函数，管网系统的动力费用可视为水泵扬程的线性函数。因此，以具有标准管径的管段长度和水泵扬程作为决策变量，可构成树状管网的线性规划技术，这种线性规划技术一般能保证得到一个全局最优解，但只适用于树状管网。在环状管网中，由于存在流量分配问题，不同的流量分配模式将直接影响所能实现的管网最小费用设计。因此，应用线性规划技术进行环状管网优化设计一般只能得到一个局部最优解，而无法得到全局最优解。由于线性规划技术具有成熟通用的求解算法和程序，在随后的管网优化研究中，有许多非线性规划技术的求解都是通过增加一些改进策略或措施，以求解线性规划技术为基础寻找有效的求解途径。线性规划技术在解决小型、树状管网时方便快捷，行之有效，而且具有成熟的计算软件可以利用。

3. 非线性规划法

非线性规划（Nonlinear Programming，简称 NLP）是研究在一组线性与（或）非线性约束条件下，寻求某个非线性或线性目标函数的最大值或最小值问题。在管网系统中，管道与各种水力元件的水头损失关系，泵的抽水性能关系，管径和基建投资的关系，管网可靠性与管长和管径的关系等等问题，在一定程度上都是非线性的，如完全依靠线性规划技术进行管网设计的优化求解，将无法准确反映问题的实质。对于一个给水管网系统来说，只有所建立的管网优化模型能比较真实、精确地反映管网系统的真实状态，才能获得更接近实际的最优解。在管网系统优化设计计算中，非线性规划技术恰好能更贴切地反映管网系统内部各种因素之间的非线性关系，故相对线性规划，它更能提高求解结果的精度。尽管非线性规划技术比线性规划技术能更好地反映管网系统的本质，人们对非线性管网优化模型和算法进行了大量的研究，也取得了一定研究成果，但是，非线性规划应用在管网系统的优化设计中仍然存在着一系列问题：①非线性规划技术的设计变量，如管径，一般只能作为连续变量进行处理，这样计算所得的优化结果一般不符合商品离散管径的要求，需要对其进行二次圆整处理，以满足标准规格的管径要求。然而，由于给水管网系统是个复杂的系统，二次圆整后将使得管网的水力条件发生改变，甚至违反约束条件的限制，破坏解的可行性和最优性，难以保证获得的结果为最优方案。②非线性规划问题的解变量对初始值设置异常敏感，由于多峰值点的存在，在进行迭代计算时，不同的初始变量设置可能会产生不同的局部最优解。③非线性规划技术对优化问题的求解困难，计算比较复杂，且通用性和实用性较差。④非线性规划技术一般只能求得问题的局部最优解，很难得到全局最优解，当问题变量较多时，其求解速度和解的精度将会大大降低。

4. 遗传算法

近年来，应用遗传算法进行环状管网优化计算的研究取得了一定的研究成果，被认为是管网优化技术的一个飞跃。遗传算法以一种随机进化机制控制优化过程，性能上既优于非线性的爬山搜索法，又具备了枚举法的离散变量组合特性，适用于解决管网系统这类离散变量的组合优化问题。在我国，遗传算法在给水管网系统方面应用比较广泛，其中包括给水管网系统优化设计计算、管网现状分析和管网优化调度等各个方面。在管网系统优化设计方面，Goldberg 和 Kuo（1987）首次将遗传算法应用于给水管网优化。但真正在给水管网优化领域中被广泛引用的第一篇文章是由 Simpson 等于 1994 年发表的《管网优化中遗传算法与其他计算方法的比较》（Genetica alfgorithms compared to other techniques for pipe optimization）。随后，Savic 和 Walters（1997）应用简单遗传算法（Simple GA）对纽约市给水管网（NYCT）和河内市给水管网的进行优化设计。Dandy 等（1996）提出了一种改进的遗传算法，该算法可对适应度函数、灰色编码、蠕变操作算子放大倍数，并将其应用于纽约市给水管网（NYCT）。

5. 神经网络

神经网络（Artifical Neural Network，简称 ANN）属于人工智能技术范畴，利用 Hopfield 神经网络在达到能量函数稳定平衡点时具有极小值的特点，周荣敏等人运用 Hopfield 神经网络进行树状管网的优化设计，该方法将待求解优化问题的目标函数和约束条件映射为神经网络非线性动力学系统的计算能量函数，把优化问题的最优解映射为非线性动力学系统的稳定平衡点，利用人工神经网络的并行分布式计算结构和非线性动力学系统的动态演化机制，实现问题的优化求解；D. R Road 等人利用神经网络能够近似模拟非线性函数的特点，以神经网络建立水质和管网优化模型，并采用遗传算法对模型进行求解。尽管神经网络在管网优化计算中得到较多应用，但是，在用 Hopfield 神经网络进行问题的优化求解时，常常难以将待求解问题的目标函数映射为神经网络非线性动力学系统的计算能量函数。此外，在应用范围方面，目前还没有检索到 Hopfield 神经网络在环状或者混合管网方面的优化计算文献。

3.2.4　给水管网水质安全评价

城市供水网络水质安全评价是以供水系统水质保障为目的，应用安全系统工程原理和方法，对管网系统中存在的危险、有害因素进行辨识和分析，判断管网系统发生事故的可能性及其严重程度，从而为给水管网综合优化设计、改造提供技术支持，为制定防范措施和保障管网水质提供科学依据。

要建立供水安全评价，首先需要确立以能够全面、客观、准确反映研究区域供水安全总体状况的各类影响因子为主的评价指标体系。在确定指标体系相对重要性排序和总体权重之后，利用模糊综合评价的方法构建管网安全评价体系，从而计算出体系的安全评价等级。

3.2.4.1 评价指标体系的建立

通过实地考察和查阅相关资料论文，初步选取适用于城市供水系统水质安全评价的指标，大体分为外部影响因素、内部影响因素、水质影响因素和水流特性影响因素四个大的方面。每个方面又包含若干个影响因子。水质安全评价分为整体供水系统安全和每根管道的供水安全两个方面。由于整体性和局部性的差异，对单管和整体系统的安全评价选取的影响因素不尽相同。

（1）管段所处城市位置：管段处于不同的城市位置承受的荷载不同。中心城区由于人口密度大，建筑林立，汽车通行量大，产生较大的静荷载和动荷载，荷载长时间作用，极易造成路面坑洼，破坏给水管网；郊区人口密度小，建筑物多是低矮楼房，汽车通行量较小，产生荷载较小，相对安全。管段处于不同的城市位置，承受的荷载不同，但都对管网的安全性造成一定影响。

（2）压力监测点和水质监测点：管线沿途设置压力检测点，及时监测管网的压力情况。管道沿途设置加压站，检测管网的压力情况，及时对压力进行调整，保证管线的正常运行。管线沿途设置水质监测点，及时监测管网的水质情况。由于不同研究对象的具体情况不同，有些区域压力监测点和水质监测点设置在一起，有些地方则分开。

（3）巡线管理：巡线管理是城市供水系统正常运行的基本保证。巡线检漏和维修的频率对管网的供水安全有很大的影响。

（4）管径：在管网设计中，可以根据流速、流量和压力等水力条件计算得出管径大小，而管网内部的水力条件又会受到管径大小改变的影响，所以管径是影响管网运行的一个重要因素。

（5）管段铺设年代：管网安装时间过长，受土壤中酸碱成分和杂散电流的影响以及某些细菌的作用，受管道中输送的水中杂质的作用，其管材的特性已发生变化，管段结垢，失去了安全输送水质的能力。管道敷设年代越久，造成不安全的可能性越大。

（6）管段材质：目前，我国正在使用的管材主要有钢筋混凝土管、钢管、铸铁管（普通铸铁管或灰口铸铁管）、球墨铸铁管、玻璃钢管、镀锌管、PVC管、PPR管、PE管等，不同的管材有不同的特性。这当中，预应力钢筋混凝土管和铸铁管（普通铸铁管）在室外的给水管网中最常见。钢筋混凝土管的问题主要产生在设计或生产过程中，例如由于地下资料不全面，施工过程中频繁变更造成钢筋布置不当，生产过程中采用质量较差的防腐层；铸铁管质量参差不起，壁厚不均匀、沙眼，施工过程中产生的碰撞和裂纹加剧了其本身不适于高压环境的弊端；钢管、镀锌管耐腐蚀性差，部分钢管内、外防腐质量差，有的甚至缺少内衬，钢管管件丝扣松紧不统一，在外力作用下遭受损坏；灰口铸铁管管质脆，强度低；塑料管软化温度低，遇热易变形，且拉伸强度及韧性差，某些质量差的塑料管常表现出脆性，因延伸率低而断裂。

（7）管网类型：管网基本类型分为树状网和环状网两种。树状网的特点是建设成本低，但是供水安全等级低，一旦干管发生破裂，整个供水区域都将停水。或者恐怖分子对干管进行投毒，整个系统都将遭受污染。环状网的特点是供水安全性高，但是建设成本也很高。

(8) 平均水龄：节点水龄作为给水管网中水力停留时间的度量，可以充分反映给水管网中余氯浓度、生物可同化有机碳（AOC）等随时间的变化规律，从而为研究给水管网水质问题提供依据。因此可以通过计算节点水龄来分析给水管网中水质的变化。

(9) 余氯、浊度：检测管网水中余氯和浊度的浓度值，可以获取管网中水质的安全情况，《生活饮用水卫生标准》(GB 5749—2006) 中对出厂余氯作出了明确要求，对浊度的要求是1NTU。

(10) 管网压力：管网的漏失水量随着管网压力的增大而加大，漏失量 L 与压力 P 的 N 次方成正比，即：$L=P^N$，L，N 的值在0.5～2.5之间，平均值为1.15，近似于线性关系。管网压力的剧烈变化或持续的高压都易引起管道发生爆管事故，造成管网运行不安全。同时管网压力也不能过小，过小导致水流流速降低，容易发生沉积和微生物的滋生。

3.2.4.2 安全评价系统的建立

1. 安全等级的确定

对于安全等级的确定防范，定性描述的评价因子等级划分以专家问卷法为主，请行业内10～12名左右的专家利用自身从业多年的经验评定各评价因子的安全等级；定量描述的评价因子有国家或者地方标准的，以国家或地方标准为依据进行划分。没有标准可依的，根据国际通行惯例进行划分。无论是定性因子还是定量因子，一般都划分为5个等级：很安全、安全、较安全、危险、很危险。

2. 评价体系的构建

评价体系的原理以网络分析法或层次分析法结合模糊综合评价法为核心，分别对每个评价因子按照安全等级进行评价描述。描述结果乘以各自的权重所得到的最终结果就是综合评价的最终结果。

1) 层次分析法

层次分析法（Analytic Hierarchy Process，简称AHP)，是20世纪70年代中期，美国著名运筹学家T. L. Saaty创立的，它的本质是一种决策思维方式，具有人的思维分析、判断和综合的特征。层次分析法的步骤如下：

(1) 确定目标和评价因素，即建立递阶层次结构。首先，根据对问题的了解和初步分析，把复杂问题按特定的目标、准则和约束等分解成为因素的各个组成部分，把这些因素根据所需形式进行不同分层排列。不同层次之间的因素相互影响。

(2) 构造判断矩阵。判断矩阵元素是针对上一层次某因素，对本层次有关因素相对重要性进行两两比较，这种比较通过适当的标度表示，一般采用1～9及其倒数的标度方法。

(3) 确定权重系数。计算判断矩阵的最大特征根及其对应的特征向量，即为权重系数，在计算权重系数上一般采用的方法有 2 种：一个是和积法，另一个是根法。

2）网络分析法

网络分析法（Analytic Network Process）也是美国著名运筹学家 T. L. Saaty 1996 年在层次分析法的基础上创立的。网络分析法是在 AHP 法基础上对同一层次间因素的相互关系进行综合分析，并利用超矩阵的构建得到最终体系的权重。

3）模糊综合评判

模糊综合评判，是一种运用模糊数学原理分析和评价具有“模糊性”的事物的系统分析方法。它是一种以模糊推理为主的定性与定量相结合、精确与非精确相统一的分析评价方法，融模糊测量、模糊通信、模糊评估于一体。由于这种方法在处理各种难以用精确数学方法描述的复杂系统问题方面所表现出的独特的优越性，近年来已在许多科学领域中得到了十分广泛的应用。

3.2.5 基于水质保障的给水管网优化

将给水管网水质安全评价与管网优化设计技术相结合，以水质安全评价结果为依据，以供水安全性和经济性为目标，进行给水管网优化设计及改扩建，寻求能满足管网水量、水压要求，且能使整个系统水质安全可靠性最高，能耗最低的优化方案，对改善水质，降低能耗，提高经济效益和社会效益等有着重要的现实意义。

3.3 工程实例与应用

3.3.1 济南城市供水专项规划示范应用

1. 管网模型的建立和校核

2009 年济南市市区总人口约为 340 万人，建成区面积 330km^2。主城区最大日供水量约为 80 万 t，现状管网中 *DN*300mm 以上管道总长约 457km。现有公共供水厂 11 座，设计供水能力 190 万 m^3/d。由于地形高差较大，南北最大高差超过 100m，主要加压站 27 座，设计加压能力为 110.8 万 m^3/d。根据相关规划，2015 年中心城区需水量为 159 万 m^3/d，2020 年为 180 万 m^3/d。

首先需要对济南市给水管网建立微观模型：

1）基础数据录入

根据管网的节点和管段的数据表、GIS 文件及 CAD 图形文件，导入到 WaterGEMS 建模软件进行给水管网拓扑信息录入。管网节点和管线导入的同时，生成高程、管长、管径、管材及管道敷设年限等属性信息。管网水力计算模型均为水量驱动模型，水量数据直接影响现状管网模拟计算结果。通过水量调查，获得大用户、普通用户和未计量用水量及其特性曲线。

2）模型简化

对复杂庞大的配水管网进行简化可以加速管网分析计算速度，计算宏观管网图形，有利于在宏观层面指导管网规划设计与运行。济南市通过 GIS 数据及东区 CAD 图形文件建立的管网数据模型包含 241111 个节点，245977 个管段，管网结构复杂。为满足管网规划设计需求，对现状给水管网进行水力等效性简化。管网简化方法包含管网省略、合并、分解。简化步骤如下：基于水力学等效原理简化清除管径小于 *DN*300 的支状管；合并两节点之间并行的管线，根据并行管线的流量、压力及供水区域，确定合并后管线的管径及供水区域；删除支状管线，对于供水系统中分离出来的支状管线进行删除，其供水流量及供水范围等效到支状管线起始节点处。简化后得到的模型，其节点数为 3243，管段数为 3918，现状管网拓扑结构如图 3-1 所示。

(*a*)　　(*b*)

图 3-1　济南现状管网简化图

（*a*）简化前；（*b*）简化后

3）加压泵站模拟

通过对济南市加压泵站运行信息及其附近管线拓扑连接情况的充分调研，主要通过水塔来模拟加压泵站的运行。

4）管网模型的校核

模型校核增加了管网模型的可信性，才能为管网工况分析、管网改扩建、规划方案的优化设计提供可靠的数据支撑。哈尔滨工业大学和英国埃克塞特大学根据多年科研和工程经验，提出管网模型校核标准，见表 3-1 和表 3-2 所列。这两个标准均提出管网压力分布、供水分界线以及水厂供水范围要与实际管网保持一致。管网模型校核标准与模型应用目的相关，受管网基础数据质量限制。济南市给水管网水力模型用于指导管网规划，管网压力校核标准采用 50kPa，流量校核标准采用误差不超过 15％。

压力校核标准　　**表 3-1**

机构名称	哈尔滨工业大学			埃克塞特大学		
压力误差范围（kPa）	10	20	40	5	7.5	20
满足要求的节点数量（％）	50	80	100	85	95	75

流量校核标准 表 3-2

机构名称	哈尔滨工业大学		埃克塞特大学	
管段流量占总水量的比例（%）	≥0.5	≥1	≤10	>10
误差范围（%）	≤10	≤5	5	10

通过模型校核，各水厂出厂流量、加压泵站进站压力及压力监测点处模型计算值与监测值比较结果如图 3-2 所示。可以看出，管网模型中流量、压力校核结果满足校核要求。节点压力计算结果与监测结果差值均小于 5m，模拟计算的流量校核结果基本都在 10% 以内。

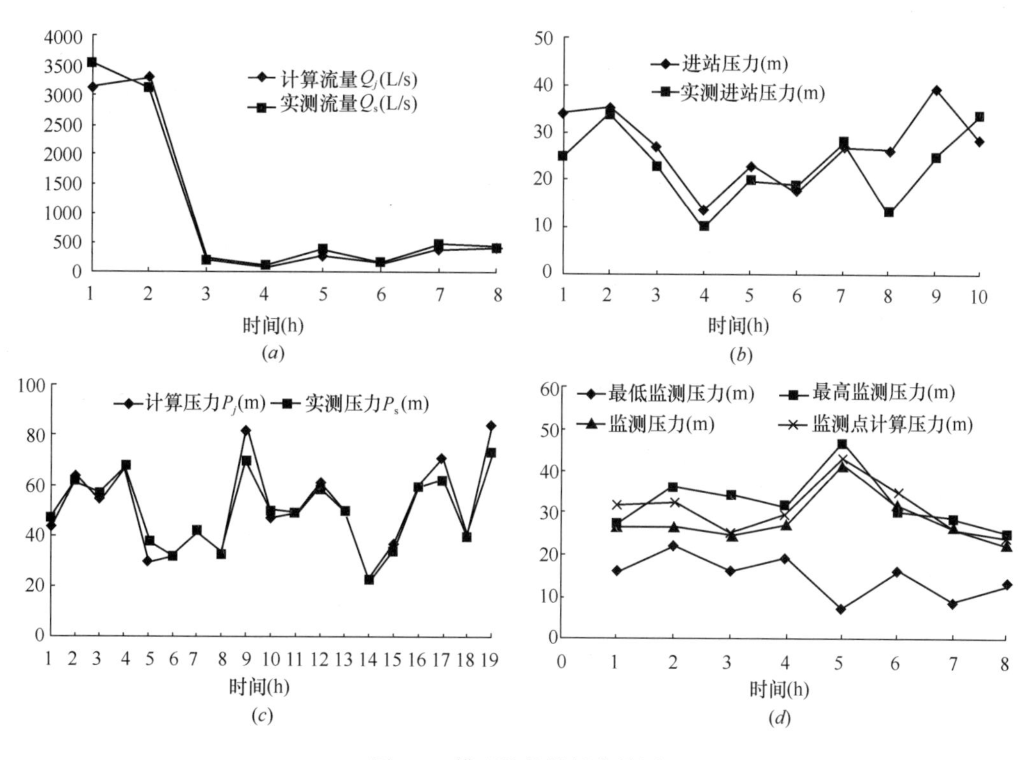

图 3-2 模型校核结果曲线图

（a）出厂流量校核结果；（b）加压泵站进站压力校核结果；

（c）加压泵站出站压力校核结果；（d）监测点压力校核结果

2. 供水运行工况的模拟与计算

通过管网水力模型，对济南市现状管网压力、流量、供水范围等运行工况进行分析，掌握管网运行现状。

1）管网供水压力分布

现状管网平均自由压力为 37.81m，管网压力分布如图 3-3 所示。

可见，给水管网节点压力呈现较为明显的分区，市区西北地区地势平坦且靠近主要供水厂，节点压力分布均匀；市区东南部随着地面标高的增长，加压站随之密集建设，且南部山区水厂地势较高，故此区域压力普遍偏高，出现多处 50m 以上的高压区域。

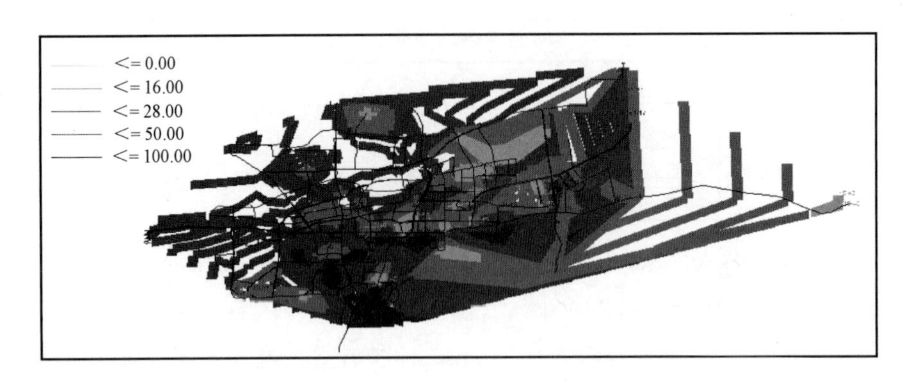

图 3-3　节点压力分布等值线图

2）管网流速分布

管网平均流速为 0.50m/s，流速标准偏差为 0.58m/s，管道流速分布如图 3-4 所示。由图可以看出，管网中大部分管段流速小于 0.40m/s，个别管段流速大于 2m/s。现状管网运行负荷较低，管段沿程水头损失较低。

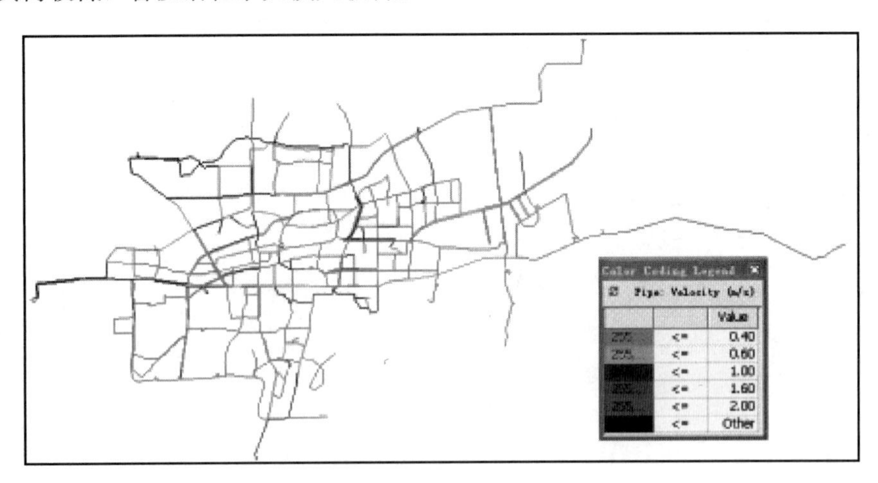

图 3-4　管网流速分布图

3）供水厂服务范围分析

通过管网水力计算，绘制管网内两个主力水厂供水范围，如图 3-5 所示，经核实模拟结果与水厂实际供水情况一致。

3. 供水模式的选取

给水管网系统的布置主要有统一供水和分区供水两种。统一供水的方式适合用户集中连片发展和地形比较平坦的情况；分区供水的方式适用于供水区大、地形起伏、高差显著、用户分散、分区管理及远距离输水的情况，能对各分区内的水量及水压进行合理控制，在满足供水的前提下有效降低整体能耗、减少漏损，优化供水系统的运行。

根据济南市地形及区域特征，以原有的城市供水自然经营区域为基础，将规划管网划分为长清供水分区、主城供水分区、东联供水分区及东湖供水分区四个供水分区。以水厂

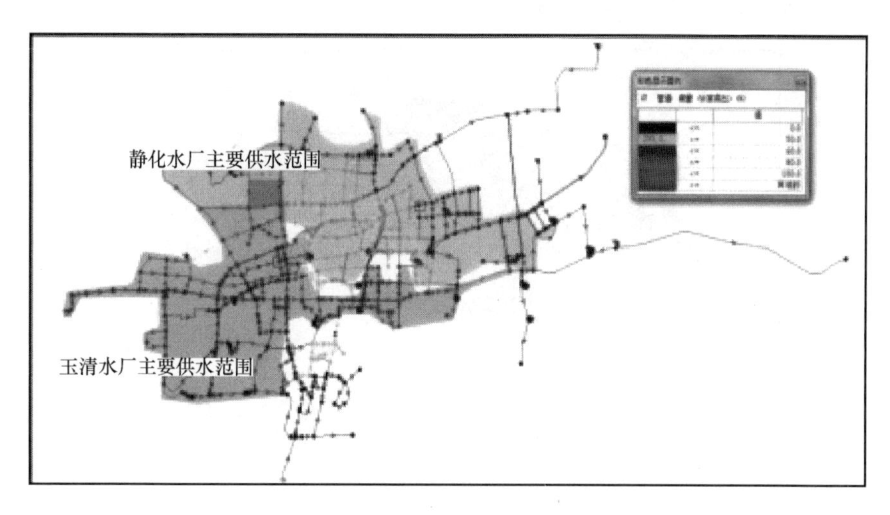

图 3-5 主要水厂供水范围分布图

出口和各区域间转供水为计量点，通过各区域转供水计量点进出平衡的原则核算各区域水量。规划管网拓扑结构如图 3-6 所示。

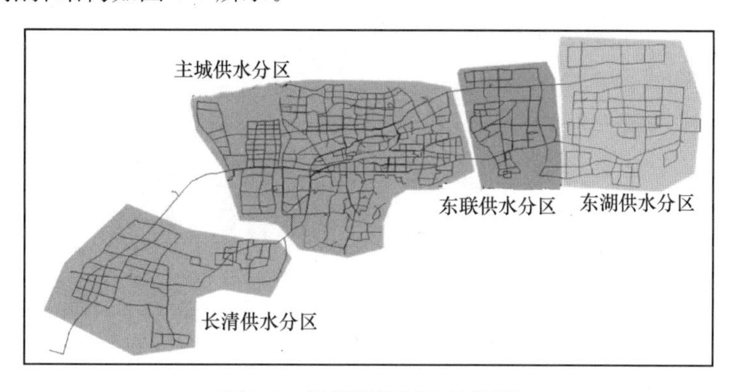

图 3-6 规划管网拓扑结构图

为提高供水的安全可靠性，在分区供水模式下规划采用环状管网供水系统，增加供水管道的密度，满足用水要求，提高供水系统的安全性（图 3-7）。规划各水厂间由主干管道形成供水主环，主干管道管径不小于 $DN800$，用于水厂间的配水与调度。各供水分区内布置主干供水环路，片区主干管道管径不小于 $DN600$。供水分区间通过联络管道连接，每两个相邻的片区原则上 2～3 根联络管道，管径不小于 $DN800$。

4. 规划管网建模

针对现状管网运行存在的实际问题，对管网布设进行优化。布置给水管网时，充分考虑到给水管网的建设现状，充分利用现有供水管道，部分管道根据规划优化方案逐步进行改造，并使给水管网覆盖整个规划区，同时兼顾分期建设的可能性，结合远期供水需要，确定管网的管径。

2020 年济南城区新建水厂 4 座，新增设计供水能力为 50 万 m^3/d；对 7 座现状加压泵站进行扩建，新建加压泵站 10 座，新建加压泵站设计供水能力为 72 万 m^3/d。

1）供水压力模拟

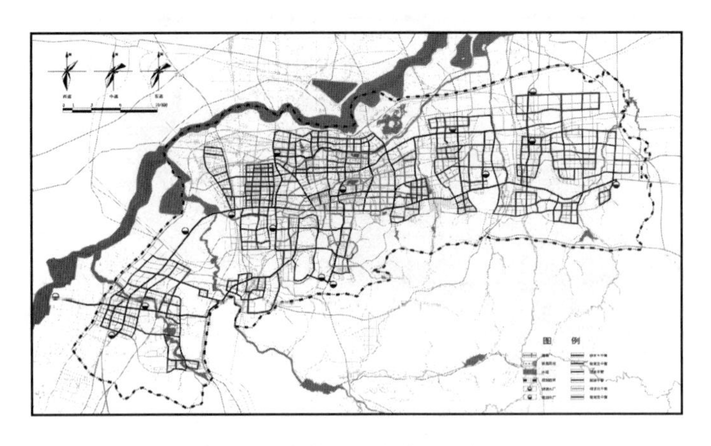

图 3-7　济南市给水管网规划图

规划给水管网平均自由压力为 37.97m，管网自由水压标准偏差为 11.49m。通过管网水力计算可知，给水管网最不利点自由水压为 15.40m，最不利点地面高程为 135m。管网中节点自由水压大于 70m 的节点位于加压泵站出站附近，由于地形起伏较大，为满足加压泵站供水区域内最不利点供水需求而导致加压泵站出站附近地形较低点节点自由水压较大。规划管网压力分布如图 3-8 所示。

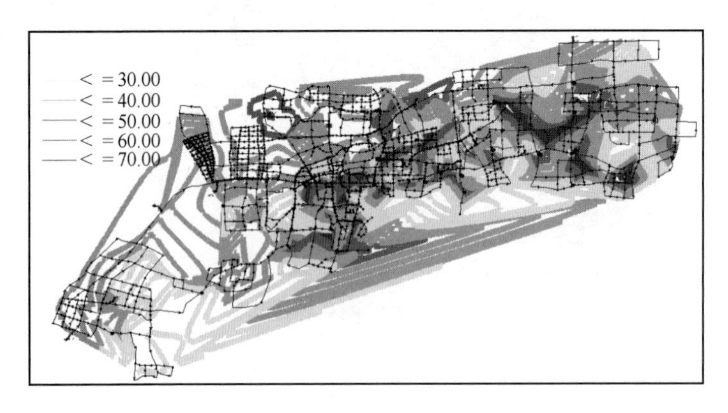

图 3-8　济南规划管网压力分布图

由上图可以看出，现状管网西北部地区供水压力分布比较均匀，供水压力较现状管网有所降低，为 30～40m 之间；虽然南部山区、东联片区、东湖片区地形起伏较大，地形高差达到 100m 以上，但是通过对规划给水管网内中途加压泵站运行的优化设计及新建中途加压泵站选址的位置调整，管网中节点自由水压标准偏差有所降低，管网压力分布更加均匀。

2）供水水龄模拟

根据水龄模拟计算结果可知，管网中节点平均水龄为 6.8h，标准偏差为 6.6h。管网中节点水龄大于 24h 的节点数为节点总数的 2.6％。

管网中节点水龄大于 24h 的节点分布如图 3-9 所示。可以看出，管网中节点水龄较大的节点主要分布在管网末梢和管网中供水分界线位置，为保证给水管网水质安全，需要在这些位置进行定期放水，保证管道中饮用水的流动性。

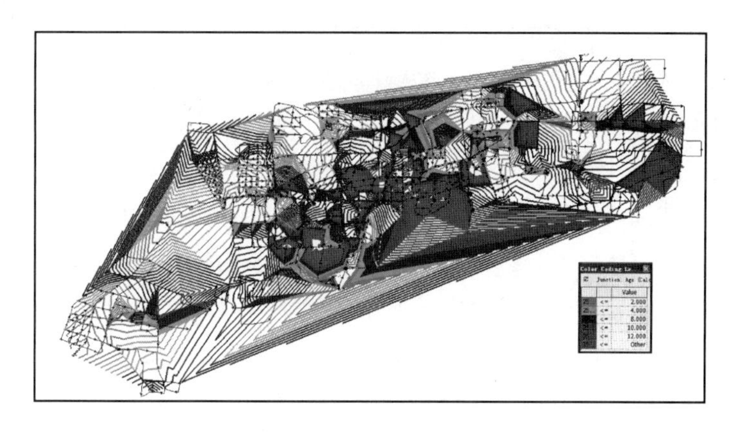

图 3-9 济南规划管网节点水龄分布图

3）供水流速模拟

规划管网最高日最高时给水管网平均流速为 0.68m/s，流速标准偏差为 0.41m/s。规划管网流速分布如图 3-10 所示。

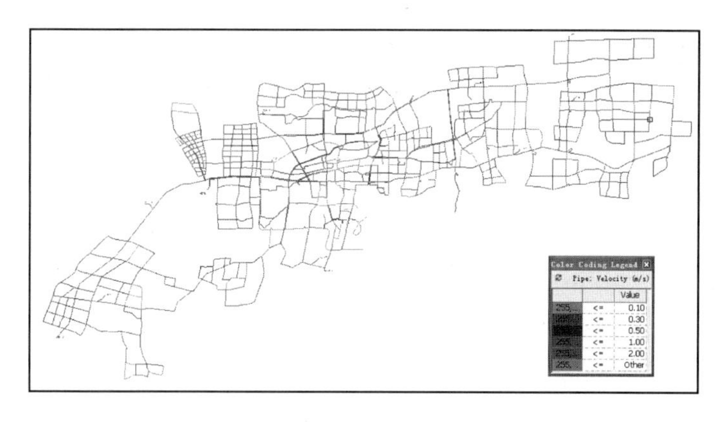

图 3-10 济南规划管网流速分布图

由上图可以看出，规划管网中除部分连通管流速较低外，规划管网中大部分管段流速在 0.3m/s 以上。由于现状给水管网运行负荷较低，规划管网中流速较低的管段多集中在主城分区内，这些管段对于节省系统运行能耗具有重要意义。规划方案改善了现状管网的运行工况，并同时降低了整个系统的运行能耗。

3.3.2 重庆市江南片区多级加压给水管网系统的优化设计

1. 山地城市的供水特征及问题

在我国西南山地地区，以重庆为例，受地形起伏频繁，终端用户压力需求变化大，高层建筑多的限制，重庆市输配水管网系统大多采用分级供水的形式，压力分级数最多达 7～8 级，形成了以管道系统为线，以各种高位水池、加压泵站及高层建筑二次供水池等为点，以片区组团为面的多组团、多级加压输配水系统特征，与我国其他地区差异十分显著。相对来说，这种多组团、多级加压输配水系统能较好地服务于山地城市，但也存在一些问题或难点。首先，由于城市管网与供水水源的地面标高相差大，通常管网供水压力大，导致管道破坏风险及漏损可能性大大增加，尤其是对于处于给水管网中较低高程的管道，承受的压力很高，导致较为突出的爆管问题，同时也增加了由于爆管修复所带来的管网水质二次污染风险；其次，受地形、地势和地貌以及城市布局等方面的影响，山地城市的给水管网常常延伸远，成环困难，不仅导致部分管段的供水压力不足，难以满足用户需求，也导致供水系统整体性差，调度困难，水质、水量、水压可靠性低；再次，受地质条件及风险的影响，与平原地区相比，山地城市的给水管网往往基建投资高，整体能耗高，运行管理费用也高；再其次，由于山地城市输配水系统为多组团多级加压系统，存在较多的中间“池系统”，导致给水管网出现多个短期甚至较长期滞水的节点，从而导致在加压泵站、减压池、调节池等处更易受到二次污染。

由于上述给水管网的构造特征，目前常用的管网优化设计方法往往存在一定的局限性，尤其是以平面成环为主要特征的管网优化设计和建造方法，往往难于适用。因此，探讨具有一定创新性的管网优化设计方法，对于实现供水安全性、可靠性及经济性的多种目标，具有十分重要的意义。

2. 重庆主城江南片区改造工程方案优化设计

工程位于重庆主城江南片区，供水规模25万m^3/d，供水人口约60万人，供水面积40km^2，改造管网长度为113.44km，改造长度占区域管网总长的38%，改造阀门1311套，消火栓768套。

传统的管网技术经济原理主要采用最优化理论，综合考虑管网建造费用、管理费用和年限等进行，对于多级加压给水管网的优化在实用上尚存在一定的问题。结合重庆市管网设计优化经验，提出了针对多级加压供水系统的关键线路寿命周期成本最小优化设计理论。该理论依据干、支分开的基本理念，其中干线指从二级泵站到控制点的管线，一般是起点（泵站、水塔）到控制点的管线，终点水压已定，而起点水压待求；支线指起点的水压标高已知，而支线终点的水压标高等于终点的地面标高与最小服务水头之和。划分干线和支线的目的在于两者确定管径的方法有差异。其中干线根据经济流速来确定，支线根据水力坡度并充分利用两点的压差来确定。对于山地城市独立的供水子系统，关键线路控制子系统的建设投资与运行成本。

关键线路的安全性计算按照独立管段泵站与高位水池联合供水方式计算，关键线路的水头损失一般宜控制在0.5～1m/km，事故时满足70%水量的需求。一个泵站与一个主要水池之间不超过2条关键线路，山地城市给水管网的优化设计宜采用关键线路寿命周期成本最小方法计算。非关键线路的管径，按照已知压差计算所需管径。

上述优化理论虽然相对较为简单，但用于旧给水管网改造时，仍需要大量的数据作为支撑，因此需要先建立管网GEMS工程师站，利用该平台进行多工况延时模拟，模拟有限个边界条件与有限个方案样本，得出利用关键线路系统寿命周期成本供水分区分级优化与管网设计优化的规律。

1）GEMS工程师站构建

GEMS（Gegraphic Engineering Modeling System）采用开放型数据库来管理管网数据，本GEMS在海思德GEMS信息平台的基础上进行开发，增加了修正工具与设计工具，使山地城市给水管网的设计、竣工图管理、资产管理、运行管理在技术底层上融为一体，减少了管理部门不同引起的人为数据纠纷，确保了数据更新的及时性、有效性、可靠性，大大提高了管理效率。GEMS站构建过程如图3-11所示。

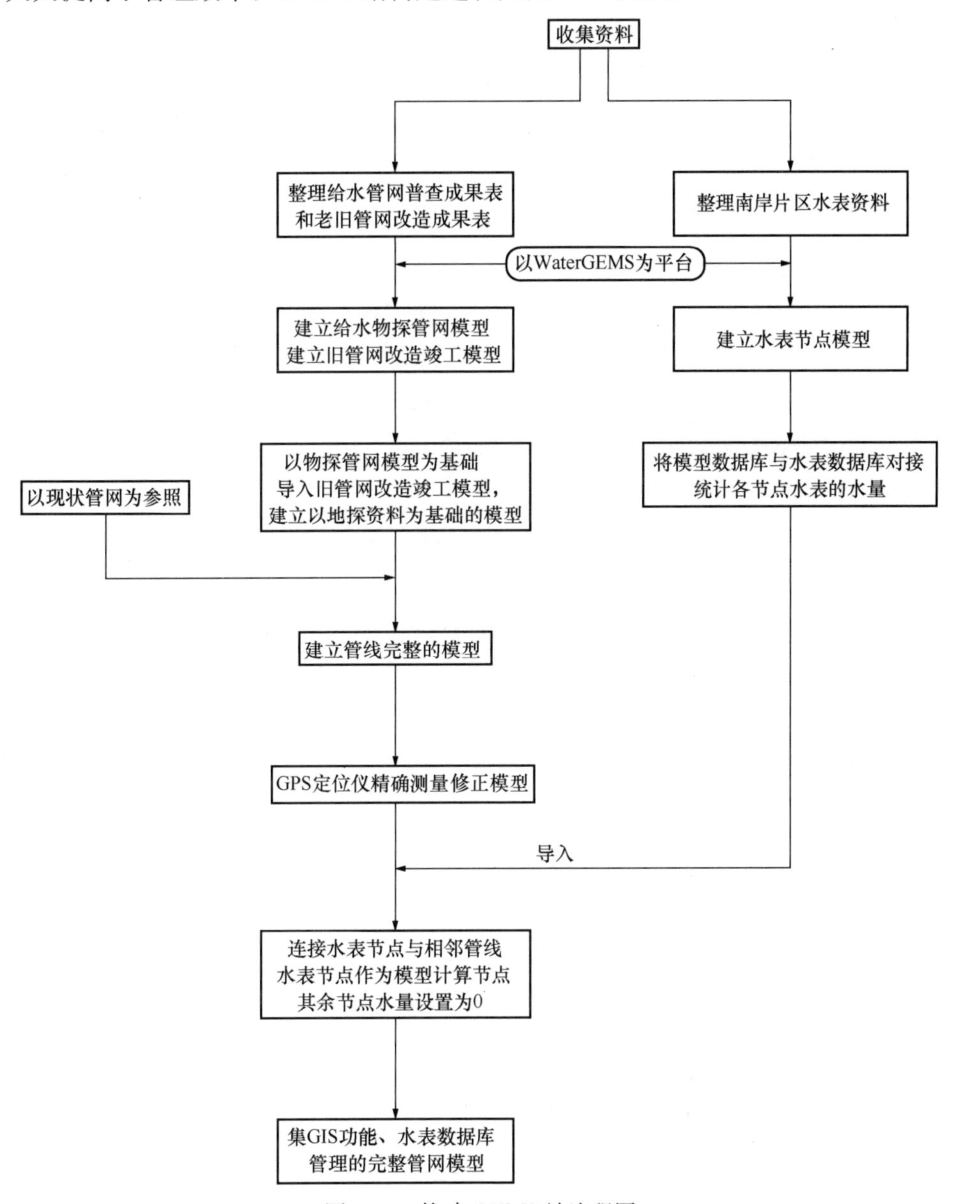

图3-11 构建GEMS站流程图

利用现有的管网资料，建立具有一定的GIS查询功能*DN*100（含*DN*100）以上管网模型，模型是包含南岸片区所有水表信息，该模型能够与SCADA系统连接，校核模型后，模型能够反映管网的实际状况，用以指导生产调度，并在管网设计中，优化管网设计，降低投资和实际运行费用。

2）图形数据收集及RTK网络GPS校正

江南片区管网数据依据3部分数据库进行收集，其中第一部分是来源于重庆市自来水有限公司的管网图，第二部分来源于重庆市地理信息中心，第三部分是重庆市勘测院提供的主城旧管网改造工程南岸片区的竣工验收资料。

3）数据整理

根据建模需求，将给水普查成果表按管线附属设施整理成一个包含节点、阀门、排气阀、消火栓和管道共5张表的文件，节点表格包含标号名称、X坐标、Y坐标、特征名称、地面高程、管顶（底）高程、状态、所属街道、分区等。阀门表格包含标号名称、X坐标、Y坐标、材质、特征名称、阀门类型、地面高程、管顶（底）高程、埋深、安装年份、状态、生产厂家、维修记录、所属街道、分区等，其中安装年份、状态、生产厂家、维修记录、所属街道、分区是根据GIS查询功能需要，自定义添加的项目。消火栓和排气阀的格式同阀门的格式，管道的表格包含管道标号、管线材质、管长、断面尺寸（管径）、埋深、起点标号、终点标号、安装年份、状态、生产厂家、维修记录、所属街道、分区、建设方式、施工单位等，其中安装年份、状态、生产厂家、维修记录、所属街道、分区是根据GIS查询功能需要，自定义添加的项目。

4）属性数据库建立与关联

通过采集获取南岸片区水表的基础数据，获得江南片区2000～2009年期间的水量数据，对水量增长情况进行分析。然后结合数据分析，确定输水主干管设计初期保证水质的最小流速，而十年后按其经济流速考虑。根据基础数据，分别按照供水变化系数、供水量变化曲线和供水耗电量等计算能量变化系数，并综合各计算结果，得到江南片区供水能量变化系数为0.8。进一步收集江南片区近2000～2009年期间的爆管资料，包括爆管时间、管径、运行压力、埋设位置、埋设深度、当日气温、管材、管网投运时间、爆管描述（拉断、接口爆裂、管中爆裂、人为破坏），从而根据山地城市温差变化情况及压力运行情况，分析分区压力等级与爆管的关系，确定南岸片区管网管材的优化选择，包括压力等级和埋深，以及管材优化选择。结合基础数据库，对重庆自来水公司$DN1200$以上结算资料，包括管道长度、管径、结算金额、年份等进行收集，确定了不同管径管道的造价函数和不同规模加压站的造价函数并建立相应的基础参数数据库。基本公式为：

$$C = a + bD_{ij}^{\alpha} \tag{3-11}$$

式中　C——管道造价，元/m；

D_{ij}——管径，m；

a、b、α——单位长度管线造价公式中的系数和指数。

根据重庆主城区管道施工条件和材料费，按$DN100$～$DN1400$球墨铸铁管竣工结算费用，并编程采用最小二乘法推求出球墨铸铁管的$a=249$，$b=4314.795$，$\alpha=1.307611$，球墨铸铁管的造价函数公式：

$$C = 249 + 4314.785 \times D_{ij}^{1.307611} \tag{3-12}$$

按现行重庆主城区$DN100$～$DN500$的PE管竣工结算费用，用最小二乘法推，得到

$a=146$，$b=5329.699$，$\alpha=1.580306$。PE 管造价函数公式：

$$C = 146 + 5329.699 \times D_{ij}^{1.580306} \tag{3-13}$$

5）设计模块的开发

基于 AutoCAD 2004 版开发了给水管网绘制辅助软件，用于管网优化设计。

6）管网 GEMS 站的建立

以 WaterGEMS 为平台，用建模器，建立以给水管网普查数据基础的模型，并对节点、阀门、排气阀、消火栓和管道重新编号。用同样的方法对旧管网改造成果表进行分类整理，并建立相应的管网模型，并在节点、阀门、排气阀、消火栓和管道编号前加以 JG 以示区分。打开两个模型中的任何一个，将另一个模型作为子模型导入到该模型中，这样将两个模型合并为一个模型，再以外部参照的模式导入南岸片区的管网现状图，对照现状管网图，删除模型中重复的管道，将旧管网改造后的管段与其对应的管道相连接，根据现状管网补充漏探的管道，以 GPS 定位仪和探管，对以现状管网为基础建立的模型部分进行准确定位。

以 WaterGEMS 为平台，建立江南片区给水管网的水表节点模型，该模型只有节点，节点包含该节点所服务区域的所有水表代码，从水表数据库中读出南岸片区所有水表的水量，根据水表计数，统计各节点水量。以管网模型为基础，导入水表节点模型，将水表节点作为模型的计算节点，其余节点水量均设置为 0，从而建立完整的南岸片区管网模型。建立的模型包括 22981 根管段，16630 个节点（其中含 1349 个水表节点），1467 套消火栓，4466 台阀门，管网总长度 338124.92m。

7）优化设计

结合 WaterGEMS 平台，应用关键线路寿命周期成本最小优化设计理论，对江南片区给水管网改造方案进行优化设计，如图 3-12 所示。

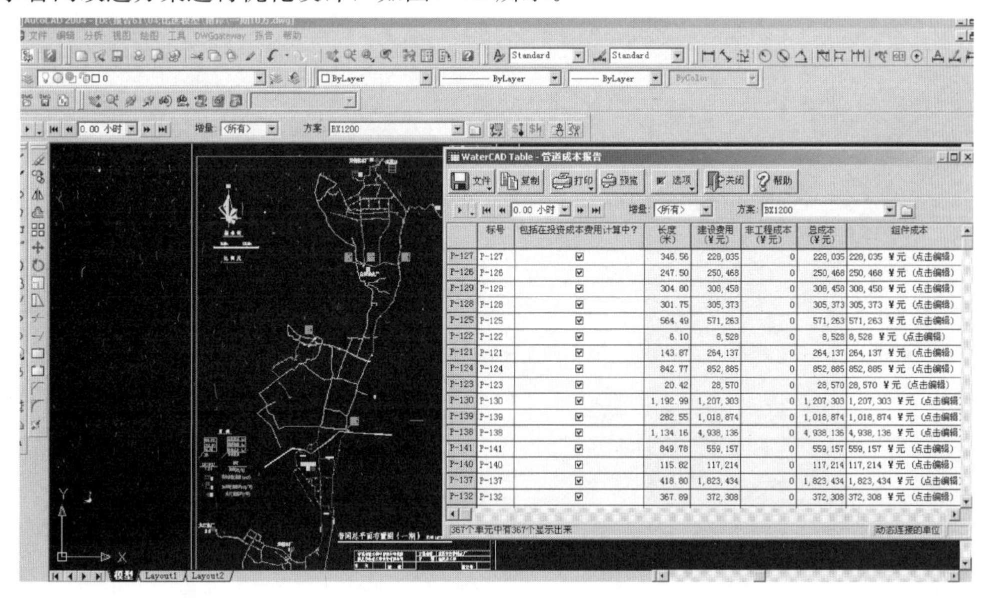

图 3-12 示范区方案比选论证

根据优化结果，确定增加会展中心输水管联络管的管径（图3-13），这样可以使泵站出水压力下降1.6～3m，因此可以实现供水系统的优化配置，降低能耗，且投资回收期约3.5年（表3-3）。

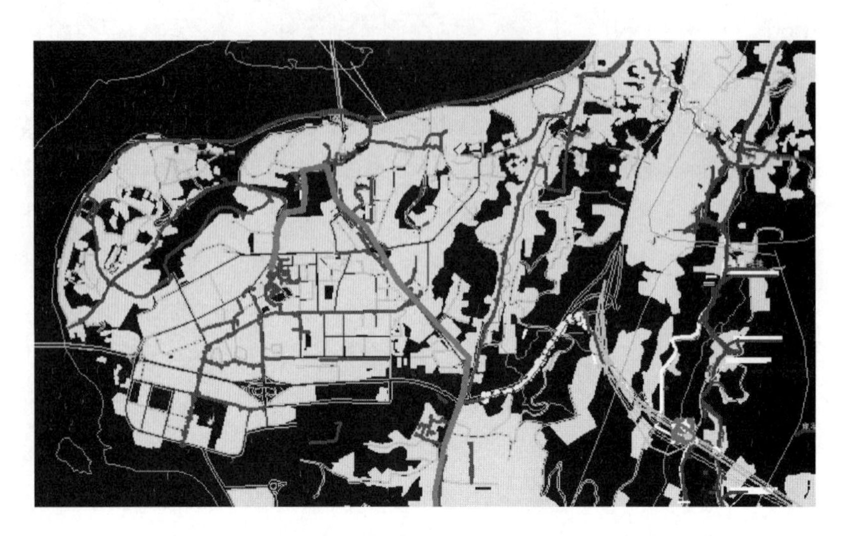

图3-13　示范工程关键线路生命周期成本应用区位图

工程运行后的前后效果对比　　**表3-3**

2011年4月14日—20日 10:00—11:00（前）							
日期	日期		DN900		运行机组（台）	合计流量（m^3/h）	双峰山水位（m）
	流量（m^3/h）	出口压力（MPa）	流量（m^3/h）	出口压力（MPa）			
4月14日	1824	1.13	4903	1.15	4	6727	2.37
4月15日	1842	1.14	4955	1.16	4	6797	1.45
4月16日	1825	1.12	4950	1.14	4	6775	2.33
4月17日	1884	1.13	5066	1.14	4	6950	1.69
4月18日	1852	1.12	4945	1.14	4	6797	2.07
4月19日	1795	1.13	5068	1.15	4	6863	1.33
4月20日	1833	1.13	5017	1.15	4	6850	2.1
平均	1836	1.13	4986	1.15	4	6823	1.91
2011年5月14日—19日 10:00—11:00（后）							
日期	DN800		DN900		运行机组（台）	合计流量（m^3/h）	双峰山水位（m）
	流量（m^3/h）	出口压力（MPa）	流量（m^3/h）	出口压力（MPa）			
5月14日	2676	1.11	4407	1.13	4	7083	2.14
5月15日	2738	1.1	4439	1.13	4	7177	1.69
5月16日	2707	1.11	4343	1.13	4	7050	1.15
5月17日	2730	1.11	4272	1.13	4	7002	1.10

续表

日期	DN800		DN900		运行机组（台）	合计流量（m³/h）	双峰山水位（m）
	流量（m³/h）	出口压力（MPa）	流量（m³/h）	出口压力（MPa）			
5月18日	2716	1.11	4167	1.13	4	6883	0.69
5月19日	2760	1.12	4171	1.13	4	6931	2.01
平均	2721	1.11	4300	1.13	4	7021	1.46
增减	48.18%	−1.65%	−13.77%	−1.49%		2.91%	

2011年4月14日—20日 19:00—20:00（前）

日期	DN800		DN900		运行机组（台）	合计流量（m³/h）	双峰山水位（m）
	流量（m³/h）	出口压力（MPa）	流量（m³/h）	出口压力（MPa）			
4月14日	1831	1.13	4980	1.15	4	6811	0.75
4月15日	1888	1.14	5074	1.16	4	6962	0.91
4月16日	1817	1.14	4939	1.16	4	6756	2.08
4月17日	1898	1.1	5229	1.11	4	7127	0.15
4月18日	1831	1.14	4974	1.16	4	6805	0.23
4月19日	1863	1.14	5055	1.16	4	6918	1.74
4月20日	1859	1.12	5096	1.15	4	6955	1.06
平均	1855	1.13	5050	1.15	4	6905	0.99

2011年5月14日—19日 19:00—20:00（后）

日期	DN800		DN900		运行机组（台）	合计流量（m³/h）	双峰山水位（m）
	流量（m³/h）	出口压力（MPa）	流量（m³/h）	出口压力（MPa）			
5月14日	2683	1.12	4307	1.13	4	6990	2.54
5月15日	2696	1.11	4430	1.13	4	7126	1.75
5月16日	2721	1.1	4289	1.13	4	7010	1.89
5月17日	2613	1.1	4073	1.12	4	6686	1.88
5月18日	2743	1.1	4100	1.12	4	6843	1.77
5月19日	2994	1.13	4497	1.15	4	7491	1.62
平均	2742	1.11	4283	1.13	4	7024	1.91
增减	47.78%	−1.77%	−15.19%	−1.74%		1.73%	

注：*DN*800为黄二级出厂管道同长江村*DN*700为同一条管道。

3. 工程优化设计效果

采用所提出的关键线路寿命周期成本最小优化设计理论进行优化设计后，使工程节约年运行电费160万元以上，投资回收期仅约3.5年。示范工程管网爆管率由改造前0.7次/(km·a)下降到0.068次/(km·a)；管网水质浊度下降了58.82%，细菌指标下降了99.38%，铁、锰指标分别下降了68.33%、91.67%。供水压力平均提高了5m，供水有效率提高了2%，管网漏失率减少了2%。

工程建设后，示范工程运行安全稳定，管网水质符合GB 5749的要求，并且管网水浊度比出厂水增加不超过0.3NTU，管网漏失率下降2%，控制山地城市示范区爆管频率在0.1次/(km·a)以下，满足*DN*300以上干管水压不低于28m的规定，互联互通得到改善，示范工程运行正常，工程质量优良，工程效果明显。

3.3.3　青岛区域给水管网优化改造

青岛市城市供水现有三大水源和三大水厂（图3-14）。水源地水源主要通过渠道和管道重力输送至各水厂进行处理。主要有引黄输水渠道、大沽河输水渠道、崂山水库输水管道，均为*DN*1000管道。

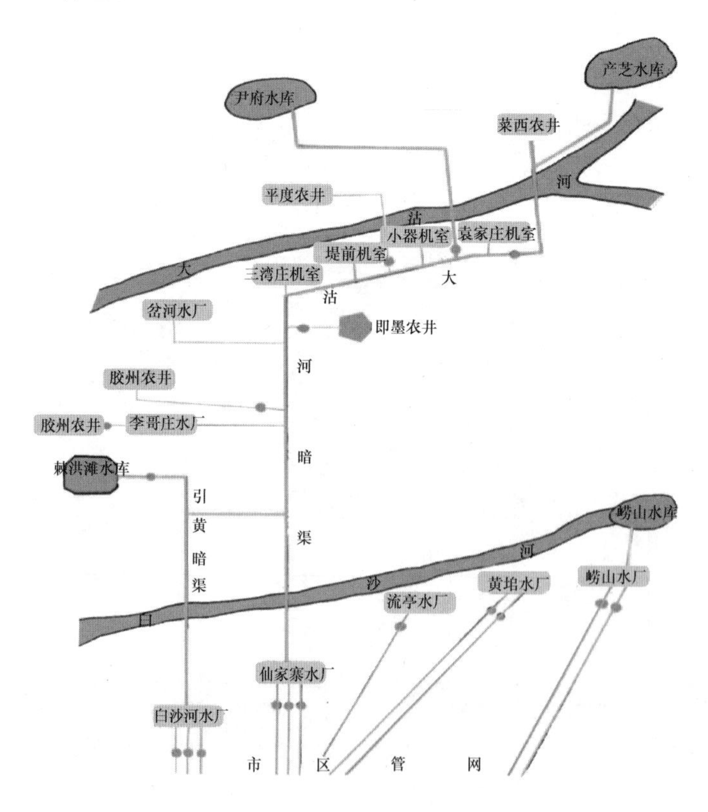

图3-14　青岛城市供水水源系统图

选择青岛旧城区仙家寨水厂、白沙河水厂至团岛区域老化管网水质问题突出的典型管段，开展给水管网监控评估、综合优化改造等技术的比对研究。管道北起仙家寨水厂沿重庆北路至河西加压站加压，经芝泉山加压站再次加压后到达团岛区域。管道直线长度约为32km。

该区域典型的供水特点为：

（1）由不同的管道材质组成：主要为钢筋混凝土管、灰口铸铁管、球墨铸铁管、塑料管。

（2）由不同的管径构成：管径由 $DN1200$、$DN1000$、$DN800$、$DN600$、$DN500$、$DN400$、$DN300$、$DN200$ 直到 $DN100$、$DN63$ 不等。

（3）管道建设横跨年代长久：管道建设年代的时间跨度为 20 世纪 50 年代至最近几年。

（4）不同功能性质的管道组成：有输水干管、配水管道、末梢管道、专用管道等。

（5）不同供水服务压力的管道组成：有高压区域、低压区域；管道标高起伏变化大，从三四米到 70 多米。

（6）系统节点的构成特点：有容节点和无容节点相结合。河西加压站、芝泉山加压站为青岛城市的主要供水加压站。加压能力和调节容积都较大。

（7）研究区域贯穿青岛老城区：管道由城阳区途经李沧区、四方区、市北区到达市南区。

同时，存在的问题有：

（1）管网老化锈蚀：输水能力降低，易发生管道漏损、爆管现象；

（2）易产生浑水、黄水现象。

1. 研究区域给水管网优化改造

在未改造管网的基础上，通过智能优化技术的研究，选择采用智能遗传算法进行计算，假设改造后管段的流量保持不变，以管网的年费用折算值最小为优化目标，以管径为寻优变量，通过变量的离散性和沿水流方向管径递减的原则确定取值范围，利用 Matlab 平台寻求管径的多种优化组合方案，之后通过 EPANET 分别建立不同方案的给水管网模型进行计算，最后将计算结果带入管网供水安全综合目标函数计算，得到的综合目标函数最小的管径组合作为管网改造的管径最优组合。

以管网年费用折算值为目标函数，以改造管段的管径为寻优变量，利用 Matlab 平台寻求管径的优化组合方案，计算所得 10 组优化管径组合见表 3-4、表 3-5 所列。

管径优化组合方案（单位：mm） **表 3-4**

变量	方案 1 管径	方案 2 管径	方案 3 管径	方案 4 管径	方案 5 管径	方案 6 管径	方案 7 管径	方案 8 管径	方案 9 管径	方案 10 管径
X_1	250	300	250	300	250	300	300	250	300	300
X_2	250	300	250	300	250	300	300	250	300	300
X_3	300	300	300	300	400	300	400	300	400	300
X_4	300	300	300	300	400	300	400	300	400	300
X_5	250	300	300	300	250	300	300	300	250	300
X_6	250	250	300	300	250	300	300	300	250	250
X_7	250	250	300	250	250	300	300	300	250	250
X_8	250	250	300	250	250	300	300	300	250	250
X_9	250	250	300	250	250	300	300	300	250	250
X_{10}	250	250	300	250	250	300	300	300	250	250

续表

变量	方案 1 管径	方案 2 管径	方案 3 管径	方案 4 管径	方案 5 管径	方案 6 管径	方案 7 管径	方案 8 管径	方案 9 管径	方案 10 管径
X_{11}	250	250	250	250	250	300	300	300	250	300
X_{12}	250	250	250	250	250	300	300	300	250	250
X_{13}	250	250	250	300	250	300	300	300	250	300
X_{14}	500	500	500	600	500	500	500	500	500	600
X_{15}	500	500	500	600	500	500	500	500	500	600
X_{16}	500	500	500	500	500	500	500	500	500	600

管网费用计算表　　　　**表 3-5**

组合	管网的年费用折算值 W_1（万元）	不在经济流速范围内的管段数	流速函数 W_2	控制点自由水头（m）	水压函数 W_3	安全供水的综合目标函数 W
1	179.8	745	0.1000	17.87	0.1003	180.3394
2	182.3	746	0.1000	17.96	0.1008	183.7584
3	183.1	744	0.0999	17.68	0.0992	181.4536
4	183.2	745	0.1000	17.72	0.0994	182.1008
5	182.4	745	0.1000	17.78	0.0998	182.0352
6	179.6	743	0.0998	17.94	0.1007	180.4955
7	180.3	744	0.0999	17.92	0.1005	181.0203
8	181.1	746	0.1000	17.86	0.1002	181.4622
9	182.5	743	0.0998	17.69	0.0992	180.6780
10	180.6	746	0.1000	17.82	0.1000	180.6000

通过对改造管段的管径优化组合的综合比较，发现组合 6 的管网安全供水的综合目标函数值最小，所以选择组合 6 为管网的最优改造方案对研究区域管线进行改造。

2. 研究区域管网改造前后供水安全评价

根据所建立的智能化安全模糊评价系统的思路，按照安全评价指标体系建立原则、给水管网系统的安全所具有的动态性和研究区域管网 CAD 图，建立给水管网安全评价指标体系，如图 3-15 所示。

以清江路和延安三路为例，改造后各管段数据见表 3-6 和表 3-7。

清江路管段改造后数据　　　　**表 3-6**

编号	管径（改造前）（mm）	管径（改造后）（mm）	长度（m）	敷设年代	管材	流速（m/s）	水力坡度（m/km）	平均压力（MPa）	平均水龄（min）
732	200	300	158.9	2010	球墨铸铁	1.03	8.5	0.38	2.57
734	200	300	162.6	2010	球墨铸铁	1.03	8.5	0.37	2.63

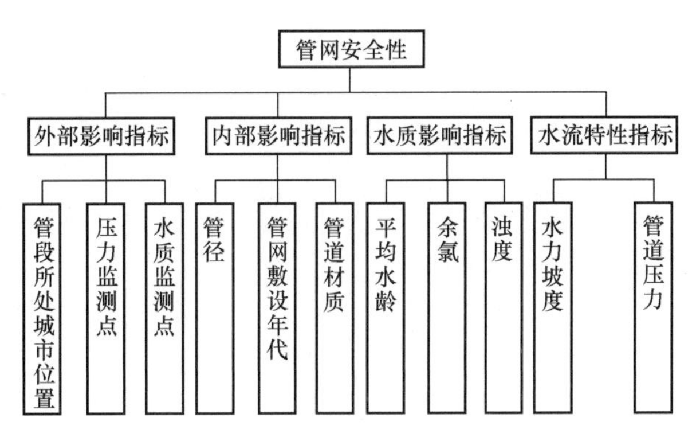

图 3-15 中试区安全评价指标体系

根据评价等级标准值和此管段实际资料，清江路管段采用多级模糊评价系统计算出此管段改造前后的最终安全等级分别为 0.716、0.874。管段改造前安全等级值较低是由于水力坡度较大，经过改造后，管段水头损失减小，故而安全等级值提高。

延安三路管段改造后数据 **表 3-7**

编号	管径（改造前）(mm)	管径（改造后）(mm)	长度(m)	敷设年代	管材	流速(m/s)	水力坡度(m/km)	平均压力(MPa)	平均水龄(min)
1111	500	600	103.24	1953	球墨铸铁	1.59	6.52	0.49	1.08
1112	500	600	78.652	1953	球墨铸铁	1.59	6.52	0.49	0.82

延安三路管段根据评价等级标准值和此管段的实际资料，通过专家评价和采用半梯形隶属度函数的方法，确定出第一级的隶属度矩阵，再将之引用到多级模糊评价界面，计算出此管段改造前的安全等级分别为 0.543、0.543，而改造后的安全等级分别为 0.878、0.878。

综合各条路段改造前后安全等级的变化，管段经过改造后，其安全等级值明显提高。由于旧管段敷设年代久远，造成管壁结垢，影响水力情况，管段改造后可以克服这一问题，从而提高安全等级值。

第4章　给水管网抗震优化设计技术

4.1　给水管网震损调查与抗震性能分析

4.1.1　给水管网震损调查与统计分析

以汶川大地震为例，对给水管网震损调查与统计分析作一说明。

1. 绵阳市给水管网震损情况

汶川大地震造成绵阳市的水厂震损、管网断裂，导致城区大面积停水，造成了严重的供水困难。受“5·12”汶川大地震的影响，2008年下半年到2009年全年，给水管网渗漏和爆管次数明显增加。地震对城市供水主干管、配水管网造成很大的破坏，供区内爆管频率猛增，供水产销差变大，管网压力急速下降。地震期间城区主干管爆管情况见表4-1所列。

地震期间绵阳市主干管爆管情况　　表4-1

序号	发现时间	地点	管材	管径	损坏情况	连接方式	埋深
1	5月13日16:13	绵州酒店处	水泥	$DN600$	三通损坏		
2	5月13日22:08	安昌桥过桥管	铸管	$DN600$	伸缩器断裂	橡胶圈柔性接口	
3	5月14日4:32	三汇桥市场	球墨管	$DN300$	管道断裂		
4	5月14日9:40	剑门路	球墨管	$DN300$	承口裂		1.0m
5	5月14日14:50	跃进北路	灰铸管	$DN200$	管道法兰错位		1.0m
6	5月15日2:39	游仙区五里堆	灰铸管	$DN200$	管道断裂		
7	5月15日4:42	涪城路	灰铸管	$DN250$	套管破裂		
8	5月15日9:13	迎宾大道	PE管	$De300$	接口裂		
9	5月15日16:35	平政桥	铸件	$DN1000$	伸缩器漏水		1.0m
10	5月16日7:06	长虹大道中段	水泥管	$DN800$	承插口退位		
11	5月16日13:48	圣水村	灰铸管	$DN100$	套管破裂	法兰	
12	5月17日7:30	临园路中段	铸管	$DN500$	承口裂		
13	5月17日11:50	东河坝宿舍	灰铸管	$DN100$	管道断裂		
14	5月17日14:40	游仙区东津路	灰铸管	$DN300$	接头断裂		
15	5月17日10:30	科委立交桥	水泥管	$DN800$	承插口破裂		
16	5月18日12:40	玉女路		$DN300$	支墩坏	焊接	1.0m
17	5月18日14:20	游仙区东津路	铸件	$DN300$	伸缩器漏水		

续表

序号	发现时间	地点	管材	管径	损坏情况	连接方式	埋深
18	5月19日9:15	圆通路	PE管	*De*110	爆管	热熔	0.8m
19	5月19日11:38	园艺路	钢管	*DN*150	排水管胶垫错位		
20	5月19日17:13	三江半岛	钢管	*DN*100	钢管震裂	焊接	1.0m
21	5月19日18:20	圆通路	PE管	*De*110	爆管	热熔	0.8m
22	5月20日16:38	绵山路二纺厂	灰铸管	*DN*300	管壁裂纹		
23	5月20日22:25	金达小区	灰铸管	*DN*200	震裂		
24	5月21日13:15	长虹大道北段	水泥管	*DN*1000	三通裂缝		
25	5月21日14:00	临园路西段	灰铸管	*DN*200	管道断裂		
26	5月22日11:55	芙蓉溪路	灰铸管	*DN*300	管道破裂		
27	5月22日16:45	春天花园	PE管	*De*110	管道破裂	电热熔	1.2m
28	5月22日21:30	跃进路	灰铸管	*DN*500	四通破裂		
29	5月24日10:00	一环路北段	灰铸管	*DN*150	管道压坏		

2. 江油市给水管网震损情况

经过“5·12”、“5·18”（震中位于江油境内，震级6.0级）两次地震和多次余震，造成供水主管损坏共计240km，其中：城区主管损坏170km，马角水厂主管损坏70km。由于管网80%采用混凝土管、灰口铸铁管及PVC管等刚性连接的脆性管道，该部分管网已无维修使用价值，损坏管网必须实施更换。江油城区和马角水厂供水区域内*DN*15～*DN*100支管网1320km绝大部分受损，必须更换的支管达750km。自应力水泥管*DN*300～*DN*400有41km，破坏29处，*DN*600有16km，只有1处破坏。对支管而言，*DN*150～*DN*200的街道内支管破坏最多，有3000多处抢修。

3. 都江堰市给水管网震损情况

都江堰市距汶川较近，受灾非常严重，是极重灾区之一。在地震期间，供水设施和管网毁损严重，一度供水全部中断，面对自来水严重漏损的状况和人民群众急迫的用水需求，管网维修班精心组织，分片巡查，不顾个人安危，在最短时间内紧急修复，于震后第三天，即5月15日上午9:45分，在所有重灾区城市中首家恢复管网供水。灾前150余公里供水主管中毁损严重管道长度达到67km（*DN*100以上的供水主管网）。整个抗震救灾期间，共抢修主管道（*DN*100～DN500）352处，支管3250处，探出漏点126处，铺设应急供水管道35km。

4. 汶川地震受灾城市给水管网震损统计分析

根据所收集到的给水管网震损材料，对管道震损情况进行了统计分析，结果见表4-2～表4-5。

绵阳市主干管震损管材统计 **表4-2**

管材	灰口铸铁管	钢管	水泥管	PE管	球墨铸铁管	钢塑管＋镀锌钢管
震害数（处）	16	2	4	4	2	340

续表

管材	灰口铸铁管	钢管	水泥管	PE 管	球墨铸铁管	钢塑管＋镀锌钢管
管线长度（km）	119.37	49.76	20.81	332.83	120	85.58
震害率（处/km）	0.134	0.040	0.192	0.012	0.017	3.973

绵阳市主干管震损形式统计　　**表 4-3**

管材	灰口铸铁管	钢管	水泥管	PE	球墨铸铁管
接口破坏（处）	4	1	2	1	1
管身破坏（处）	9	1	2	3	1
配件破坏（处）	3				

绵阳市主干管震损管径统计　　**表 4-4**

管径（mm）	<100	100～110	150	200	250
震害数（处）	340	6	2	4	1
管线长度（km）	85.58	135.47	89.3	97.69	3.61
震害率（处/km）	3.973	0.044	0.022	0.041	0.277
管径（mm）	300	500	600	800	1000
震害数（处）	8	2	2	2	2
管线长度（km）	77.61	26.73	5.66	2.59	2.28
震害率（处/km）	0.103	0.075	0.353	0.772	0.877

绵阳市主干管震损管径与破坏形式统计　　**表 4-5**

管径（mm）	<100	100～110	150	200	250
震害数（处）	340	6	2	4	1
接口破坏（处）	0	0	1	1	0
管身破坏（处）	340	6	1	3	1
配件破坏（处）	0	0	0	0	0
管径（mm）	300	500	600	800	1000
震害数（处）	8	2	2	2	2
接口破坏（处）	3	1	1	2	0
管身破坏（处）	3	1	0	0	1
配件破坏（处）	2	0	1	0	1

由表 4-2～表 4-5 可以看出，绵阳市给水管网管径 100～200mm 以及 0～100mm 这个范围内的管道破坏最为严重，同时主干管中，600mm 以上大口径震害率比较高。主干管各种管材的管身破坏占主要比例。各种管材中，灰口铸铁管和 PE 管的破坏比较严重。

由表 4-6 和表 4-7 可以看出，都江堰市给水管网 0～100mm 管径的破坏数最大，说明小管破坏数目比较大。各种管材中，镀锌管的爆管数目最多，其次是 PE 管。

都江堰市给水管网震损管径统计 表 4-6

管径（mm）	<100	100～200	>200
爆管数目（处）	44	23	0

都江堰市给水管网震损管材统计 表 4-7

管材	PPR	镀锌	铸铁	PE	PVC
爆管数目（处）	11	31	7	14	2

由表 4-8 和表 4-9 可以看出，广元市给水管网管径 150～200mm 震害率高，并且管身破裂比例较高。各种管材中，PE 管震害率最高，灰口铸铁管次之，而球磨铸铁管和钢管无破坏。

广元市给水管网震损管径及破坏形式统计 表 4-8

管径（mm）	破坏数（处）			总计（处）	总长（km）	震害率（处/km）
	接口	管身	附件			
75～100	12	6	0	18	41.95	0.429
150～200	2	6	0	8	14.25	0.561
250～300	4	3	0	7	31.4	0.223
400～500	0	3	2	5	31.7	0.158
小计	18	18	2	38	119.3	0.319

广元市给水管网震损管材统计 表 4-9

管材	破坏数（处）	总长（km）	震害率（处/km）
灰口铸铁管	19	79.45	0.24
球磨铸铁管	0	13.64	0
钢管	0	15.75	0
PE 管	18	35	0.51

由表 4-10 和表 4-11 可以看出，青川县给水管网管径 250～300mm 震害率高，接口破坏比例较高。各种管材中，PE 管震害率最高，灰口铸铁管次之，而球磨铸铁管和钢管无破坏。

青川县给水管网震损管径及破坏形式统计 表 4-10

管径（mm）	破坏数（处）			总计（处）	总长（km）	震害率（处/km）
	接口	管身	附件			
75～100	0	0	0	0	10.5	0
150～200	3	0	0	3	4	0.75
250～300	4	3	5	12	2	6
400～500	0	0	0	0	3	0
小计	7	3	5	15	19.5	0.769

青川县给水管网震损管材统计　　表 4-11

管材	破坏数（处）	总长（km）	震害率（处/km）
灰口铸铁管	5	10.5	0.48
球磨铸铁管	0	3.5	0
钢管	0	4.5	0
PE	5	3	1.67

由表 4-12 和表 4 13 可以看出，宁强县给水管网管径 250～300mm 震害率高，各种管径都有接口破坏。各种管材中，PE 管震害率最高，钢管无破坏，球磨铸铁管和灰口铸铁管有相同的震害率。

宁强县给水管网震损管径及破坏形式统计　　表 4-12

管径（mm）	破坏数（处）			总计（处）	总长（km）	震害率（处/km）
	接口	管身	附件			
75～100	4	6	0	10	11.47	0.872
150～200	1	0	1	2	12.19	0.164
250～300	1	1	0	2	2.1	0.952
400～500	0	0	0	0	13.54	0
小计	6	7	1	14	39.3	0.356

宁强县给水管网震损管材统计　　表 4-13

管材	破坏数（处）	总长（km）	震害率（处/km）
灰口铸铁管	10	25.99	0.38
球磨铸铁管	4	10.54	0.38
钢管	0	3.5	0
PE	1	2.1	0.48

4.1.2　地震作用下埋地管道抗震理论研究与数值分析

在总结我国海城、唐山、汶川地震管道震害经验的基础上，结合国内外有关科研、震害资料，进行分析、探讨，改进了埋地管道抗震分析模型，构建了埋地管道抗震计算分析平台。

1. 相对变形模型

该理论模型在共同变形理论的基础上，认为在地震波的作用下，土体的波动变形夹裹着管道一起变形，但由于管道刚度和土体刚度存在差异，使得管体与周围土体之间存在着一定的相对滑动，这种相对滑动将使管体变形小于土体变形。即认为管道具有一定的刚度，将抑制周围土体的变形，两者相互影响，其结果将导致管道的变形要比之前未敷设管道时土体的变形量小，称之为“相对变形理论”。计算时，假定管道为线状结构，周围受土体夹杂，正弦波作用下，当剪切波与管轴线成任意夹角 ϕ 行进时，由沿剪切波平面内土的波动位移通过投影，得到沿管轴方向管道的变位，进而可以得到应变，通过数学积分，求得半个视波长范围内管道轴向的总变形。由于采用相对变形理论，考虑管道本身刚度的作用，位移幅值要比同方向上的自由变位位移小些，因此引入传递系数 ζ（$\zeta<1.0$）。计算模型如图 4-1 所示。

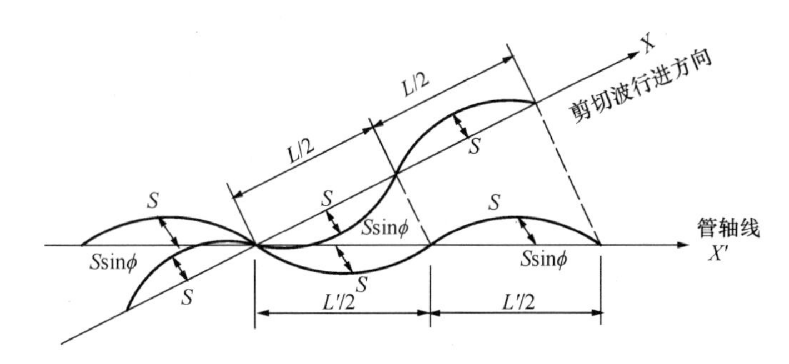

图 4-1 地下管线计算简图

计算时，由于塑料管和钢管一般为热熔连接或焊接，整体性能比较好，地震发生时，管道的破坏一般为管体的破坏，因此，在抗震计算时一般采用连续管道模型。而铸铁管一般采用承插接口形式，整体性能较差，地震发生时，管道的破坏一般为接头处的破坏，因此，在抗震计算时采用分段管模型。分段承插式接头管道最大位移标准值和整体焊接钢管的最大应变标准值计算公式如下：

1）承插式接头管道

$$\Delta_{\mathrm{pl,k}}=\zeta_{\mathrm{t}}\Delta'_{\mathrm{sl,k}} \tag{4-1}$$

$$\Delta'_{\mathrm{sl,k}}=\sqrt{2}U_{\mathrm{Ok}} \tag{4-2}$$

$$\zeta_{\mathrm{t}}=\frac{1}{1+\left(\frac{2\pi}{L}\right)^{2}\frac{EA}{K_{1}}} \tag{4-3}$$

$$U_{\mathrm{Ok}}=\frac{K_{\mathrm{H}}gT_{\mathrm{g}}^{2}}{4\pi^{2}} \tag{4-4}$$

2）整体焊接或热熔管道

$$\varepsilon_{\mathrm{sm,k}}=\zeta_{1}U_{\mathrm{OK}}\frac{\pi}{L} \tag{4-5}$$

式中 $\Delta_{\mathrm{pl,k}}$——管道沿管线方向半个视波长范围内的管道位移标准值；

$\Delta'_{\mathrm{sl,k}}$——管道沿管线方向半个视波长范围内的自由土体位移标准值；

ζ_{t}——位移传递系数；

L——剪切波波长，$L=V_{\mathrm{sp}}T_{\mathrm{g}}$；

V_{sp}——剪切波速；

T_{g}——场地土特征周期；

K_1——沿管道方向，单位管长土体弹性抗力；

U_{OK}——剪切波行进时，管道埋深处土体最大位移标准值；

$\varepsilon_{\mathrm{sm,k}}$——最大应变标准值。

该理论在共同变形理论的基础上，认为管道的刚度仍起着一定的作用，地震时会阻止周围土体的运动，因此管道和土体之间存在着相对变形，与共同变形理论比较更切合工程实际。

2. 准静力模型

地震时，管道纵向破坏已被公认为是一种主要的失效模式。对于动态作用下的管道受力，很多学者已经研究过。经研究发现，在动态情况下，考虑了管体和水的惯性作用力后的计算结果与静态作用下的结果非常接近，由于管道自身的惯性影响很小。因此，可以忽略动力影响，直接考虑静力作用下的管道受力。

假设不考虑土体塑性变形，将土体看成是弹性材料，在静力模型的基础上，考虑地震作用发生的时间函数，采用拟静力方法进行管道抗震计算。根据对多次地震结果的研究发现，由于钢管一般为焊接，PE 管为热熔连接，因此两者的整体性能均较好。地震时，主要由于管体产生应变而发生破坏；而铸铁管的接头一般为承插口，整体性能较差，地震时，管道的破坏一般发生在接头。因此，根据不同性质的管材，在抗震计算分析中，分别建立了连续管道模型和分段管道模型。

1）分段管道模型

对于铸铁管一类整体性能不是很好的管道，地震发生时，由于管道的位移由接头承担，因此假设一个长的埋地管道系统模型由 n 段组成。每个管段具有轴向的刚度 EA/L 和一个端部的节点，假设管道接头为线性弹簧，而在土体与管段之间的抗力由线性土弹簧表示。计算模型如图 4-2 所示。

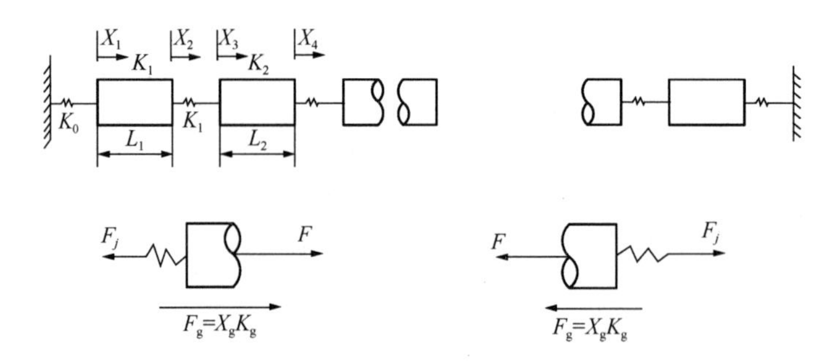

图 4-2　埋地分段管道系统模型

对管段单元建立静力学平衡得：

1 单元：$K_jX_1-(X_2-X_1)EA/L=K_gU_g$

2 单元：$(X_2-X_1)EA/L+(X_3-X_2)K_j=K_gU_g$

……

$2i$ 单元：$(X_{2i}-X_{2i-1})EA/L+(X_{2i+1}-X_{2i})K_j=K_gU_g$

……

由各单元可以形成管道系统静力平衡方程：

$$K_{system}X=K_{soil}X_G \tag{4-6}$$

式中　X_g——土体变形，受土体刚度影响；

K_s——土体刚度，受土体种类，地震波速，埋地管道的影响，但是具体还有待研究考证；

K_j ——接头刚度，与接头形式的有关，本书假设接头为线性材料，具体数据还需要从实验中获取。

根据求得管段节点位移 X，可以确定以下两个设计参数：

第 i 段管道平均应变：

$$\varepsilon_i = (X_{2i} - X_{2i-1})/L_i \tag{4-7}$$

第 i 个相邻管段缝弹簧相对拉伸、压缩：

$$U_i = X_{2i+1} - X_{2i} \tag{4-8}$$

通过对地震作用下的各个反应参数进行比较，可以确定平均管段变形的最大值及相对接缝位移的最大值。

2）连续管道模型

对于钢管等连续性比较好的管道，在抗震设计时，建立了连续管道模型。假定埋地管道为直线，截面不变，管道、管道接头、周围埋土都假设具有线弹性材料的特性。很多资料显示，地下管道本身的运动的惯性力是可以忽略不计的。且地下管道沿其线路与地面的变位形状紧密贴近，另外，轴向应变远大于弯曲应变。因此，此处只考虑轴向变形，忽略弯曲变形。计算模型如图 4-3 所示。

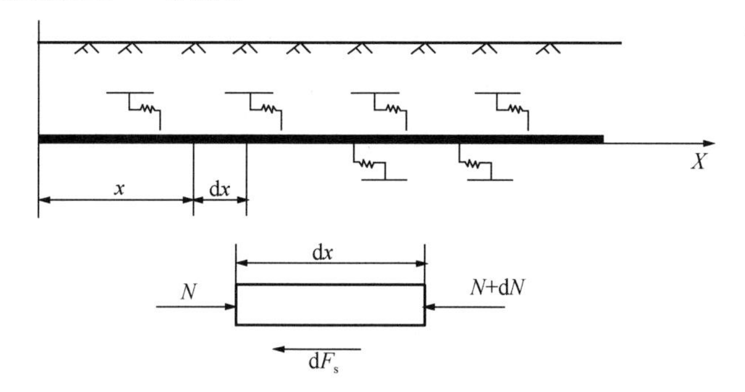

图 4-3　连续管道模型简图

建立平衡方程：

$$\mathrm{d}F_\mathrm{s} = -\mathrm{d}N \tag{4-9}$$

其中，

$$\mathrm{d}F_\mathrm{s} = K_\mathrm{S}[u_\mathrm{g}(x) - u(x)]\mathrm{d}x \tag{4-9a}$$

$$\mathrm{d}N = \varepsilon EA = \frac{\mathrm{d}u}{\mathrm{d}x}EA \tag{4-9b}$$

$$\frac{\mathrm{d}u}{\mathrm{d}x}EA + K_\mathrm{S}[u_\mathrm{g}(x) - u(x)] = 0 \tag{4-9c}$$

$$\frac{\mathrm{d}^2 u}{\mathrm{d}x^2} + \frac{K_\mathrm{S}}{EA}[u_\mathrm{g}(x) - u(x)] = 0 \tag{4-9d}$$

简化后得平衡方程：

$$\frac{\mathrm{d}^2 u}{\mathrm{d}x^2} - \frac{K_\mathrm{S}}{EA}u(x) = -\frac{K_\mathrm{S}}{EA}u_\mathrm{g}(x) \tag{4-10}$$

式中　$u(x)$——管道位移量，cm；

$u_g(x)$——土体位移量，cm；

K_s——土弹簧系数，N/cm^2；

A——管道横截面积，cm^2；

E——管材弹性模量，MPa。

3. 管道弯曲破坏模型

通常情况认为管道纵向变形远大于横向变形，因此，在管道抗震设计时，一般只需进行纵向抗震设计。然而实际上，由于一些特殊情况，如山地丘陵地区，由于地形的影响，也需要进行管道横向抗震设计。本章将主要考虑几种特殊情况，进行管道横向抗震计算，确定影响管道横向变形的因素。

由管道实际情况分析可知，在建筑场地附近，管道的一端由于固定在坚固的建筑基础上，而另一端埋设在相对于建筑基础较松软的地基土中。地震时，由于松软地基土的不均匀沉降，管道将随土体发生沉降，从而产生弯曲变形。同样，在一些挖方和填方处，由于挖方处的地基土比较坚硬，填方处的土质比较疏松，地震时填方一侧的管道易发生沉降，管道也将随土体发生横向的变形。另外，根据以往地震资料调查显示，大多数地震发生在山地丘陵地区，而山地丘陵地区高低起伏的地形与平原地区有明显差异。地震时，受到地形条件以及震后次生灾害，如山体滑坡、泥石流等因素的影响，管道也会由于发生弯曲变形而破坏。从而可以知道，地震时管道不仅会由于发生纵向变形而破坏，也将发生横向变形的破坏。在管道抗震设计中，特别对于山地丘陵地区，还应进行管道弯曲抗震设计计算。因此，根据管道在地基土中的埋设情况进行建模。计算模型如图 4-4 所示。

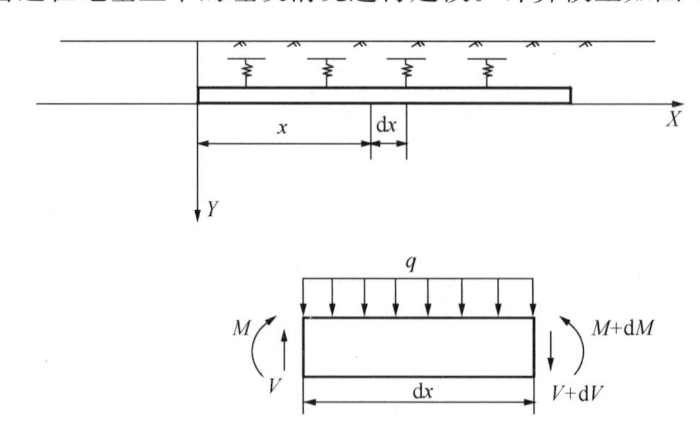

图 4-4　地基沉降管线响应示意及分析单元

基于弹性地基梁基础，得到绕曲线近似微分方程：

$$EIV'' = -M(x) \tag{4-11}$$

$$EIV'' + M(x) = 0 \tag{4-12}$$

$$EIV^{(3)} + M'(x) = 0 \tag{4-13}$$

$$EI\frac{d^3V}{dx^3} + K(V-\delta)dx = 0 \tag{4-14}$$

最后得到平衡方程：

$$EI\frac{d^4V}{dx^4}+K(V-\delta)=0 \tag{4-15}$$

式中　V——管道的位移；

EI——管道截面强度；

K——地基弹簧系数；

δ——地基沉降量。

在弹性地基梁理论的基础上，根据管道与地基系统间的关系，常见有以下 4 种不同的边界条件：①管道的一段安装在基础坚固地基的无接头管道；②在条件①下，在固定端附近设有接头的管道；③在管道直线部位受到不均匀沉降的无接头管道；④在条件③下，在沉降边界部位设有接头的管道。各自对应的边界条件如下：

情形一（图 4-5）：

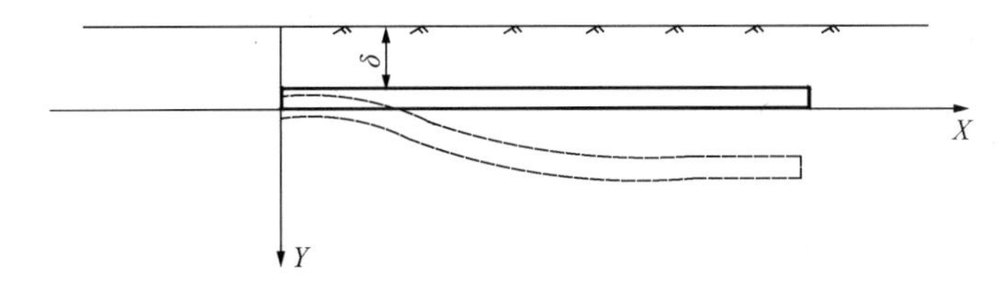

图 4-5　边界情形一

$X=0$：$V=0$，$V'=0$；$X\rightarrow\infty$：$V=\delta$，$V'=0$。

情形二（图 4-6）：

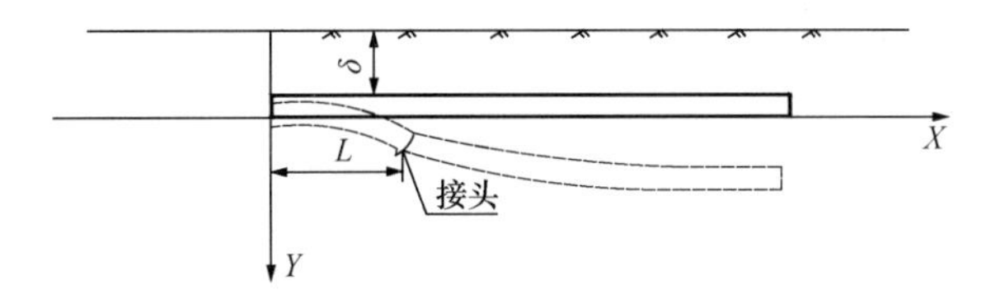

图 4-6　边界情形二

$X=0$：$V=0$，$V'=0$；$X=L$：$V=V_d$，$V'+\frac{EI}{K_R}V''=V''_d$，$V''=V''_d$，$V'''=V'''_d$；$X\rightarrow\infty$：$V_d=\delta$，$V'_d=0$。

情形三（图 4-7）：

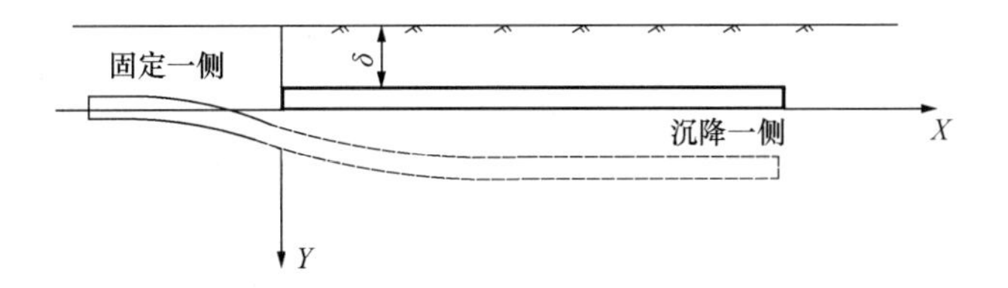

图 4-7　边界情形三

$X=0$：$V_1=V_2$，$V'_1=V'_2$，$V''_1=V''_2$，$V'''_1=V'''_2$；$X\rightarrow\infty$：$V_2=\delta$，$V'_2=0$；$X\rightarrow-\infty$：

$V_2=0$，$V_1'=0$。

情形四（图 4-8）：

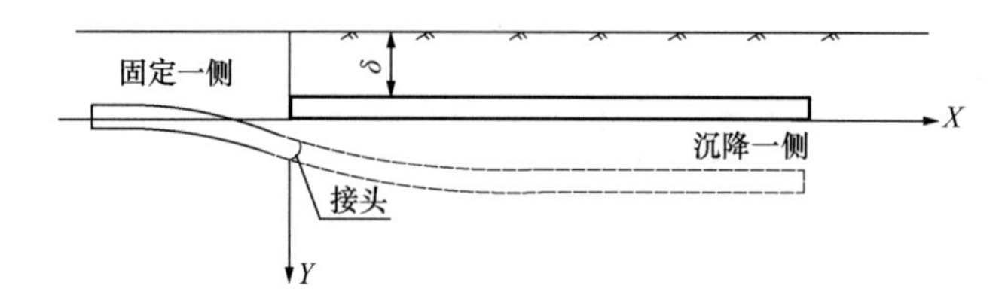

图 4-8　边界情形四

$X=0$：$V_1=V_2$，$V_1^2+\dfrac{EI}{K_R}V_2''=V_2''$，$V_1''=V_2''$，$V_1'''=V_2'''$；$X\rightarrow\infty$：$V_2=\delta$，$V_2'=0$；$X\rightarrow-\infty$：$V_2=0$，$V_1'=0$。

其中：V_d——第二号管道的位移；L——由端部到第一个接头的距离；K_R——接头旋转特性。

根据 4 种边界条件求解方程（4-15），得到 4 种解：

情形一：

$$V=\delta\{1-\sqrt{2e^{-\beta x}}\cdot\sin(\beta x+\pi/4)\} \tag{4-16}$$

式中，$\beta^4=K/4EI$。

情形二：

$$V=\delta\left[1+\frac{e^{\beta x}(A_2\sin\beta x+B_2\cos\beta x)+e^{-\beta x}(C_2\sin\beta x+D_2\cos\beta x)}{e^{\beta x}\left(2+\dfrac{EI}{K_R}\beta\right)+e^{-\beta x}\dfrac{EI}{K_R}\beta\{1+2\cos\beta L(\cos\beta L-\sin\beta L)\}}\right] \tag{4-17}$$

$(0<X<L)$

$$V_d=\delta\left[1+\frac{e^{-\beta x}(E_2\sin\beta x+F_2\cos\beta x)}{e^{\beta x}\left(2+\dfrac{EI}{K_R}\beta\right)+e^{-\beta x}\dfrac{EI}{K_R}\beta\{1+2\cos\beta L(\cos\beta L-\sin\beta L)\}}\right] \tag{4-18}$$

$(X>L)$

式中：

$$A_2=e^{-\beta L}\frac{EI}{K_R}\beta(\sin^2\beta L-\cos^2\beta L) \tag{4-18a}$$

$$B_2=-e^{-\beta L}\frac{EI}{K_R}\beta(\cos\beta L-\sin\beta L)^2 \tag{4-18b}$$

$$C_2=-e^{-\beta L}\left(2+\frac{EI}{K_R}\beta\right)-2e^{-\beta x}\frac{EI}{K_R}\beta\cos\beta L\sin\beta L \tag{4-18c}$$

$$D_2=-e^{\beta L}\left(2+\frac{EI}{K_R}\beta\right)-2e^{-\beta x}\frac{EI}{K_R}\beta\cos^2\beta L \tag{4-18d}$$

$$E_2=-e^{\beta L}-4\frac{EI}{K_R}\beta\sin\beta L\cos\beta L\cosh\beta L \tag{4-18e}$$

$$F_2 = -2e^{\beta L} - 4\frac{EI}{K_R}\beta\cos^2\beta L\cosh\beta L \tag{4-18f}$$

情形三：

固定一侧：

$$(X<0)\ V_1 = e^{\beta_1 x}\delta\frac{\lambda^2}{1+\lambda^2}\left(\frac{1-\lambda}{1+\lambda}\sin\beta_1 x + \cos\beta_1 x\right) \tag{4-19}$$

式中：$\lambda = \beta_2/\beta_1$。

沉降一侧：

$$(X>0)\ V_2 = \delta\left\{1 - e^{-\beta_2 x}\frac{1}{1+\lambda^2}\left(\frac{1-\lambda}{1+\lambda}\sin\beta_2 x + \cos\beta_2 x\right)\right\} \tag{4-20}$$

情形四：

固定一侧：

$$(X<0)\ V_1 = e^{\beta_1 x}\delta\frac{A_4\sin\beta_1 x + B_4\cos\beta_1 x}{(1+\lambda^3)\frac{2EI}{K_R}\beta_2 + (1+\lambda)^2(1+\lambda^2)}\Bigg) \tag{4-21}$$

沉降一侧：

$$(X>0)\ V_2 = \delta\left\{1 - e^{-\beta_2 x}\frac{C_4\sin\beta_2 x + D_4\cos\beta_2 x}{(1+\lambda^3)\frac{2EI}{K_R}\beta_2 + (1+\lambda)^2(1+\lambda^2)}\right\} \tag{4-22}$$

式中：

$$A_4 = \lambda^2(1-\lambda^2) \tag{4-22a}$$

$$B_4 = \lambda^3\frac{2EI}{K_R}\beta_2 + \lambda^2(1+\lambda)^2 \tag{4-22b}$$

$$C_4 = 1-\lambda^2 \tag{4-22c}$$

$$D_4 = \frac{2EI}{K_R}\beta_2 + (1+\lambda)^2 \tag{4-22d}$$

4. 计算分析平台的建立

前面重点研究了供水管道受地震作用模型，模型的合理性除了对地震作用机理认识的程度，还取决于对模型计算参数的确定。由于模型种类、计算参数、输入的边界条件等选取方式繁多。为了使计算条理更清晰，因此，必须通过一个系统的、结构性强的计算平台，对各种模型方法、参数等进行综合性的分析评价。

由于地震作用下管道的变形主要受管材、接头刚度、地基土弹簧系数等因素的影响，因此为了深入了解所建立模型的计算特点和分析各种参数对计算结果的影响，以及各种模型的适用条件，在计算时，共分为 3 个计算层次：首先将管材及管道构造进行分类；然后提出管土相互作用模型；最后引入场地土特性及管道力学性能。根据计算内容，充分利用 MATLAB－GUI 设计功能，开发了具有良好结构、多参数变化的计算分析平台。其平台框架结构如图 4-9 所示。

5. 计算分析成果

1）相对变形模型分析

（1）埋地铸铁管最大位移分析。

铸铁管属于分段管道，从模型和公式中可以看出，管道的变形主要与管材、管径、壁

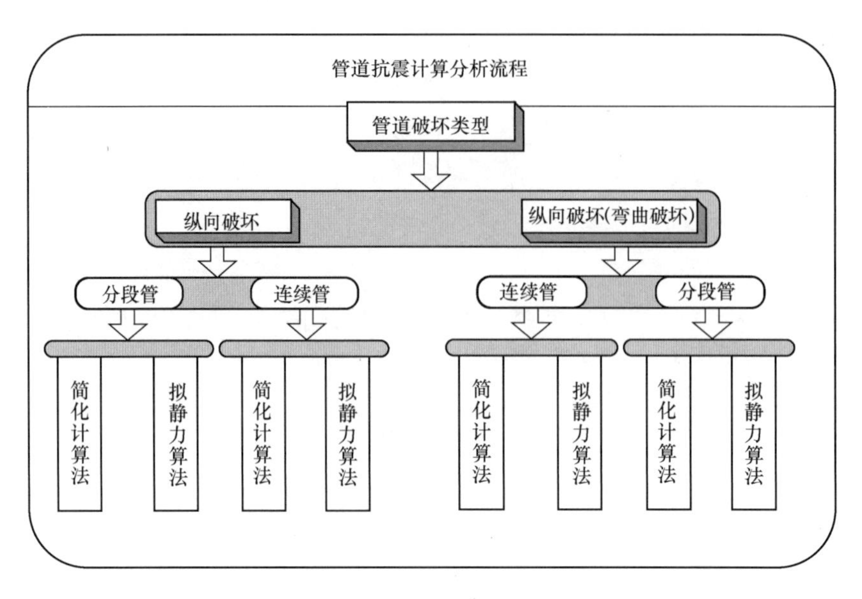

图 4-9　埋地管道抗震计算分析框架示意

厚、土体刚度、地震剪切波速、接头刚度等参数有关。通过以上的设计平台，进行多参数变化，观察各参数对管道变形的灵敏度。利用前面设计的计算平台，通过改变剪切波速与土弹簧系数，分别得到管道的最大位移标准值与两者之间的关系，计算结果如图 4-10 和图 4-11 所示。

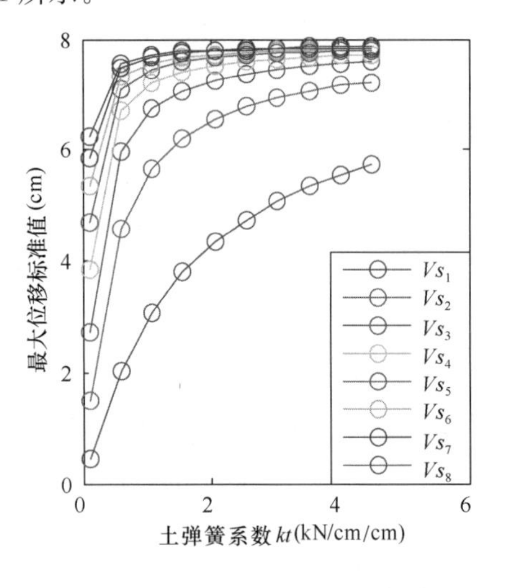

图 4-10　位移标准值与土弹簧系数关系

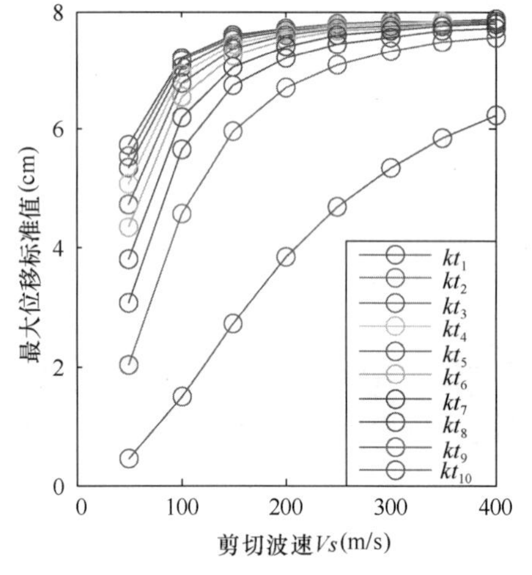

图 4-11　位移标准值与剪切波速关系

由图 4-10 可知，管道周围埋土的土体弹簧系数越大即土体刚度越大，对管道的约束越大，地震时，土体将产生一定的变形，管道随之而产生的位移越大。由图 4-11 可得，剪切波速越大，最大位移标准值越大。剪切波速与场地土有关，地震时，剪切波在松软的场地土中传播速度小，在坚硬的场地土中传播速度大。因此，剪切波速越大，说明该场地土越坚硬，即场地土的刚度越大。

(2) 埋地钢管最大应变分析。

由于钢管的整体性能较好，一般无需采用接头连接，地震发生时，管道的变形主要由管体本身承担，当应变值超过管体允许应变值时发生破坏。计算时，通过模型和公式可以看出，除管材本身性能外，主要考察的是周围埋土的刚度和剪切波速对管道应变的影响。利用前面的计算平台，通过改变剪切波速与土弹簧系数，分别得到管道的最大应变标准值与两者之间的关系，计算结果如图 4-12 和图 4-13 所示。

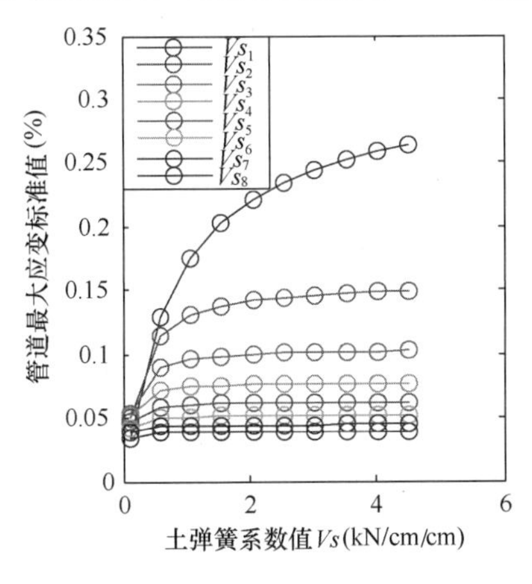

图 4-12 最大应变与土弹簧系数关系

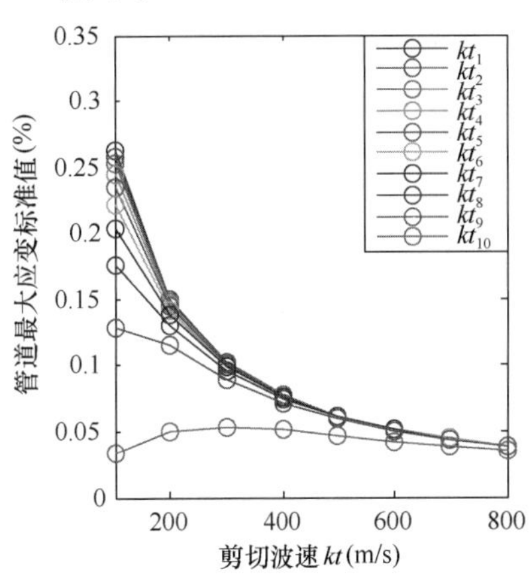

图 4-13 最大应变与剪切波速关系

由图 4-12、图 4-13 可得，从管土相互作用角度出发，土弹簧系数越大，即土体刚度越大，管道最大应变值越大。在实际地震时，土体本身将会在地震作用下发生变形，而土体对管道有一定的约束作用，因此，土体变形将会导致夹裹在土体中的管道一起变形。土体刚度越大，对管道的作用越强，因此土体的应变越大，管道的应变也就越大。地震时的剪切波速越大，说明该处场地土越坚硬，对管道的约束越大，因而，土体应变一定时，剪切波速越大，管道应变值越小。

2) 准静力模型分析

(1) 铸铁管最大位移分析。

同相对变形理论一样，从拟静力分段管模型中，可以看出主要影响参数有管材、管道刚度、土体刚度、剪切波速和接头刚度。此外，从公式中还可以看出，土体函数 u_g 也有一定的影响作用。根据前面的计算平台，在不同的土体函数情况下，通过改变接头刚度得到管道位移与接头刚度的关系，计算结果如图 4-14～图 4-17 所示。

由图 4-14～图 4-17 可以看出，两端固定的管道，地震时，由于铸铁管的破坏主要发生在接头，因此随接头刚度的增大，位移减小。当土体位移为常数时，随管段逐渐向管中靠近，位移逐渐增大，最大位移发生在管中，但由于管土存在相对滑移，因此管道最大位移小于土体位移，且从图中可明显看出，以管中为中心轴，两端位移大小呈对称分布。当位移函数为正弦函数时，总体变化趋势和常数情况下的变化趋势接近，只是对称位置的位移值不是完全相等，而略有所差异，另外，最大位移发生在管中附近某一位置，其值也比

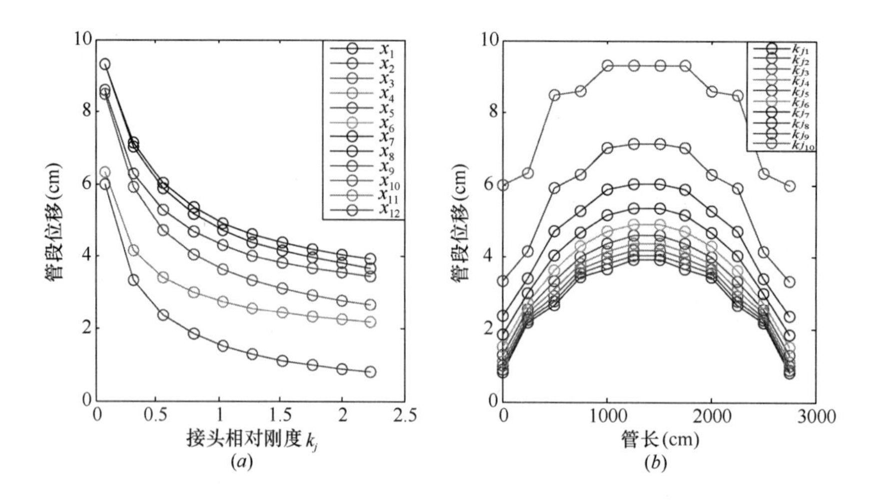

图 4-14　u_g 为常数时管道位移与接头相对刚度关系

(a) 管段位移与接头相对刚度的关系；(b) 管段位移与管长的关系

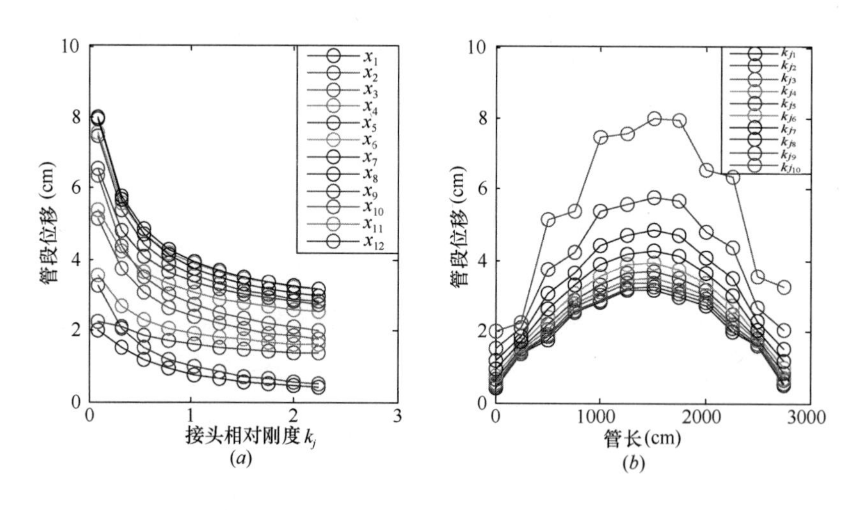

图 4-15　u_g 为正弦函数时管道位移与接头相对刚度关系

(a) 管段位移与接头相对刚度的关系；(b) 管段位移与管长的关系

常数下管道的值小。当位移函数为任意接近地震波函数的形式时，变化趋势与前两种情况有所不同，管道最大位移不是发生在管中，且与其本身输入的土体函数有关，但随接头刚度增大位移变小的趋势不变。由这几种不同的位移函数形式可以知道，各管道发生的位移是与土体位移函数有关系的。

(2) 钢管最大应变分析。

计算管道最大应变并观察其与土弹簧系数和剪切波速的关系，结果如图 4-18 和图 4-19 所示。

由图 4-18 和图 4-19 可得，对于连续钢管，从管土相互作用角度讲，土体刚度越大，对管道的约束越大，因此管道应变越大。

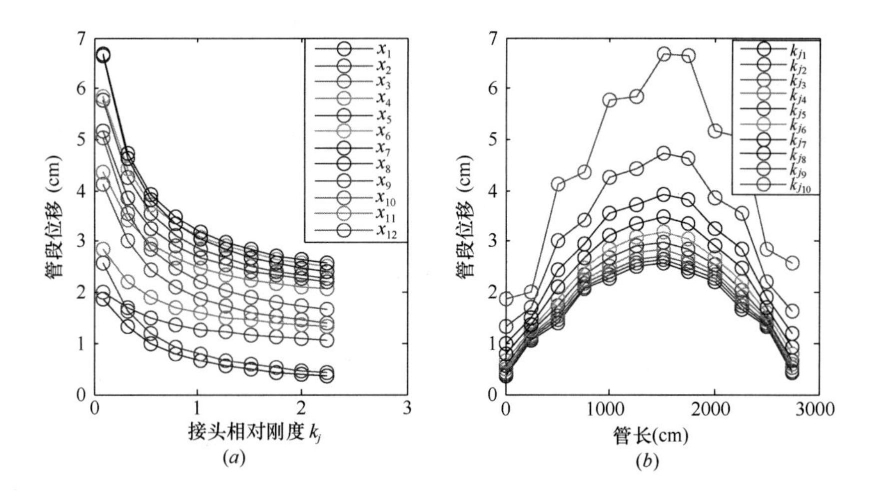

图 4-16 u_g 为任意函数时管道位移与接头相对刚度关系

(a) 管段位移与接头相对刚度的关系；(b) 管段位移量与管长的关系

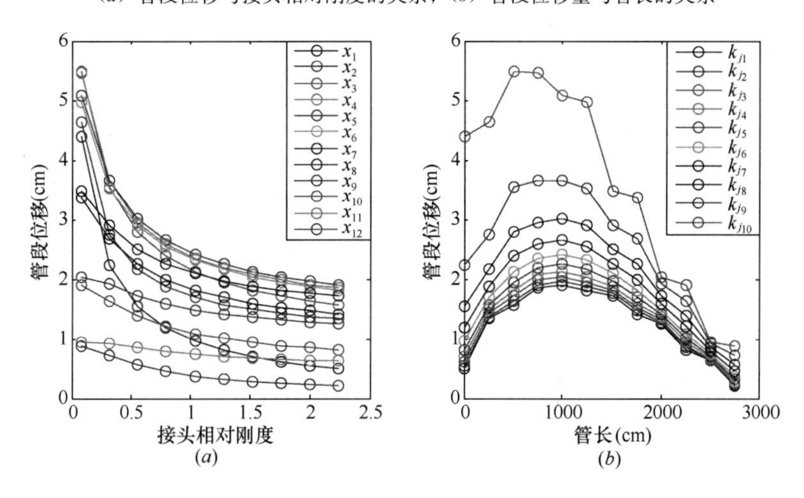

图 4-17 u_g 为任意函数时管道位移与接头相对刚度关系

(a) 管段位移与接头相对刚度的关系；(b) 管段位移量与管长的关系

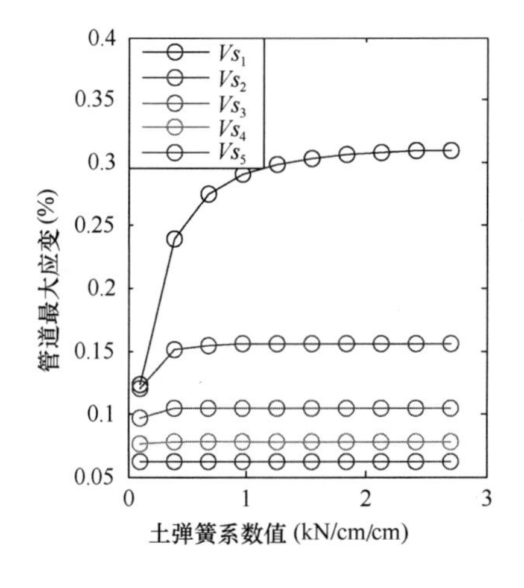

图 4-18 最大应变值与土弹簧系数关系

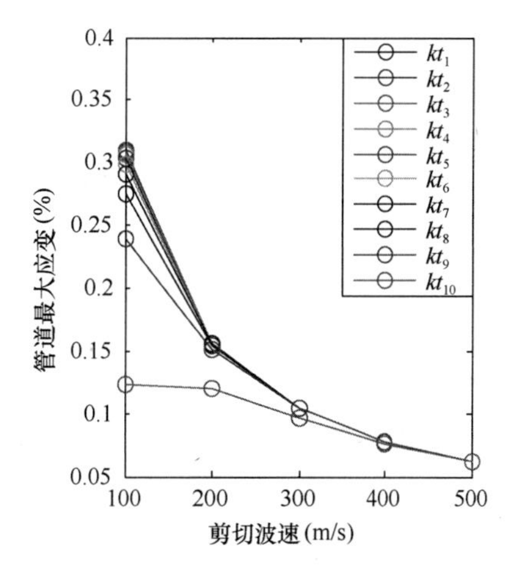

图 4-19 最大应变值与剪切波速关系

3）弯曲变形分析

（1）铸铁管弯曲变形分析。

改变土体刚度，计算 4 种边界条件下，在管道长度范围内，各处的位移计算结果如图 4-20～图 4-23 所示。

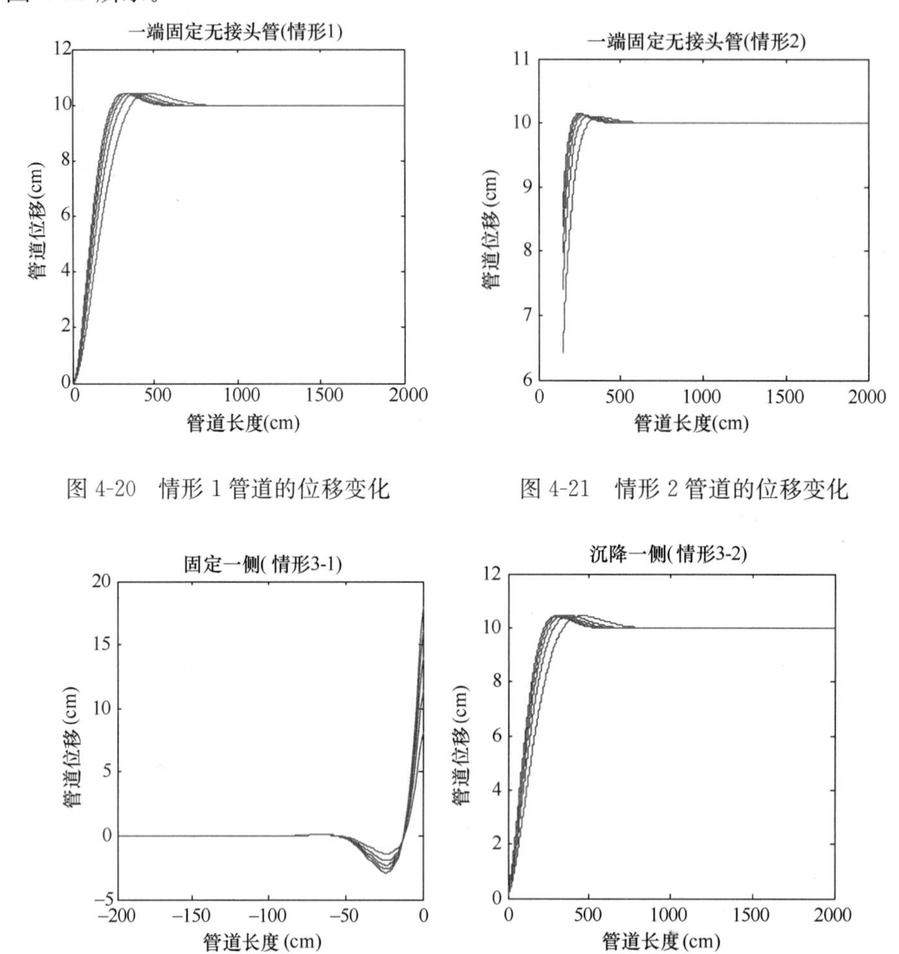

图 4-20　情形 1 管道的位移变化

图 4-21　情形 2 管道的位移变化

图 4-22　情形 3 管道的位移变化

由图 4-20～图 4-23 可得，在情形 1 的边界条件下，在靠近固定端的管段由于受到固定端的约束，位移较小，随着管道远离固定端，约束减小，位移增大，当管道受到的固定端约束可忽略不计时，只受到周围埋土的影响，管道随土体一起沉降，又由于管道相对土体刚性很小，因此，管道沉降量近似等于土体的沉降量。在情形 2 的边界条件下，固定端到接头这一管段范围内，越靠近固定端，管段位移越小，在接头处，两端管段位移相等，接头以后管道位移由于管道受到固定端约束小，而土体约束相对增大，因此最后管道随土体一起运动。在情形 3 和情形 4 的边界条件下，固定一侧，由于固定侧的约束，一段范围内，管道将不会产生位移，在靠近固定端一段距离内，由于沉降侧的影响，越靠近固定侧，位移值越大，在固定端处达到最大；而沉降侧，先由于固定端的约束，一段管长范围内，管段位移随约束的减小逐渐增大，当远离固定端后，约束可忽略，管道随土体一起沉

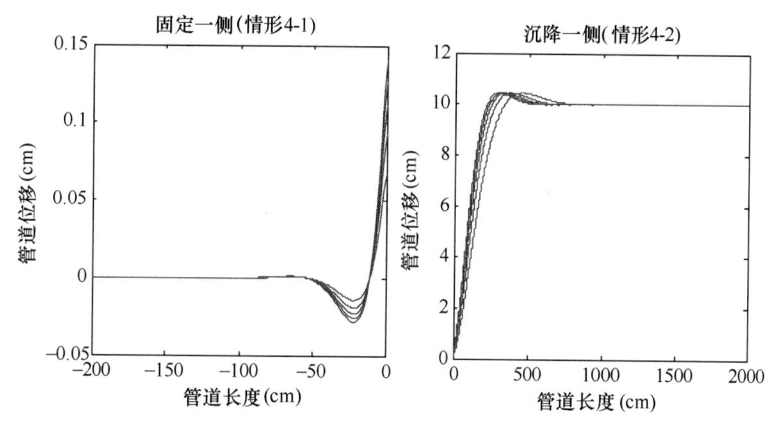

图 4-23 情形 4 管道的位移变化

降。在以上 4 种边界条件下，管道最终都会由于随土体沉降量超过管道允许范围而发生破坏。

(2) 钢管弯曲应变分析。

改变土体刚度，计算 4 种边界条件下，管道最大变形。计算结果如图 4-24～图 4-26 所示。

由图 4-24～图 4-26 可得，在情形 1 的边界条件下，土体刚度越大，地震时，对管道的约束越大，管道的变形越大。

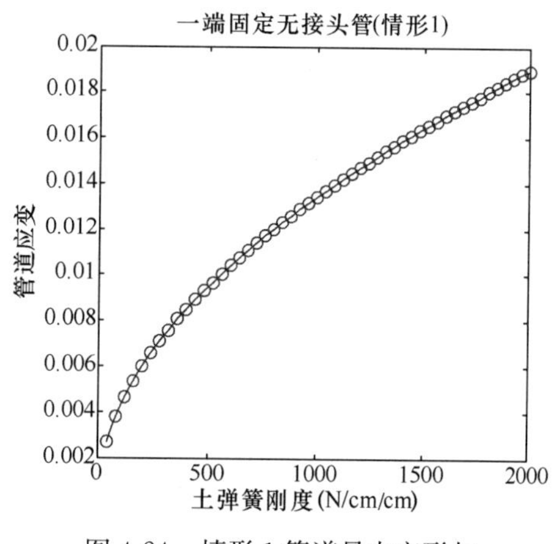

图 4-24 情形 1 管道最大变形与土弹簧刚度关系

在情形 3 的边界条件下，固定一侧，变形有正有负，即有伸长缩短，在接近固定端处，变形量达到最大，而沉降一侧，固定端处由于约束最大，管道的应变值最大，且与固定一侧管段在固定端处的变化值相等，管段远离固定端，虽然管道的位移增大，但应变减小，直至无应变发生，此时固定端管段的约束可忽略

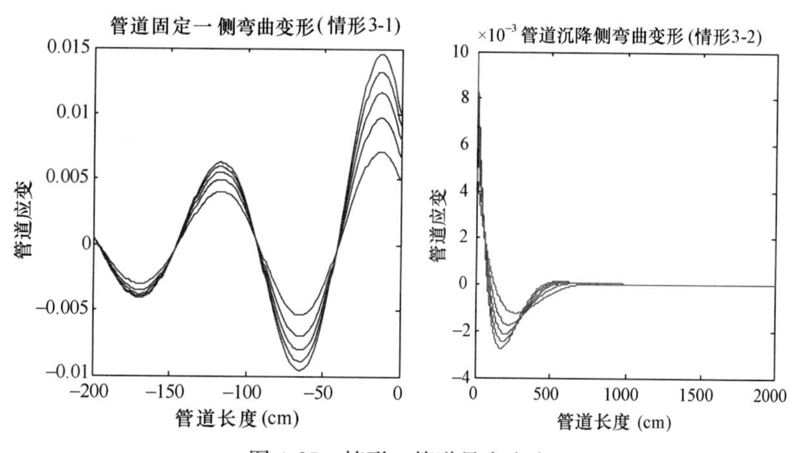

图 4-25 情形 3 管道最大应变

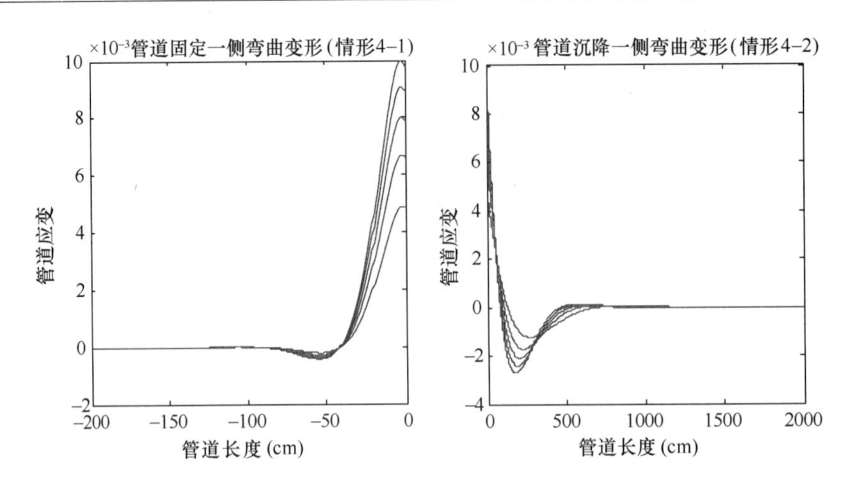

图 4-26　情形 4 管道最大应变

不计，管道将随土体一起运动。

在情形 4 的边界条件下，固定一侧，管段沉降边界部位有接头的存在，约束减小，管段只发生正向的变形，越到固定端处，变形越大，而沉降侧的变形与边界情形 3 的变形情况一致。几种边界条件下，最大应变均发生在固定端处，当固定端处的应变值超出管道允许应变，管道破坏。

4.1.3　地震作用下埋地管道抗震性能试验研究

1. 铸铁管承插胶圈接口拉拔性能试验研究

1）试验装置

本试验重点研究铸铁管道胶圈承插接口抗拉拔性能，采用非埋式拉拔试验。试验前按照不同管径预先承插对接到位，通过液压加力设备进行顶拔，采用测力传感器和位移传感器测定拉拔力与接头位移，通过数据分析获得胶圈承插接头的弹塑性变化规律及接头破坏的最大受力特性。试验装置如图 4-27 所示。

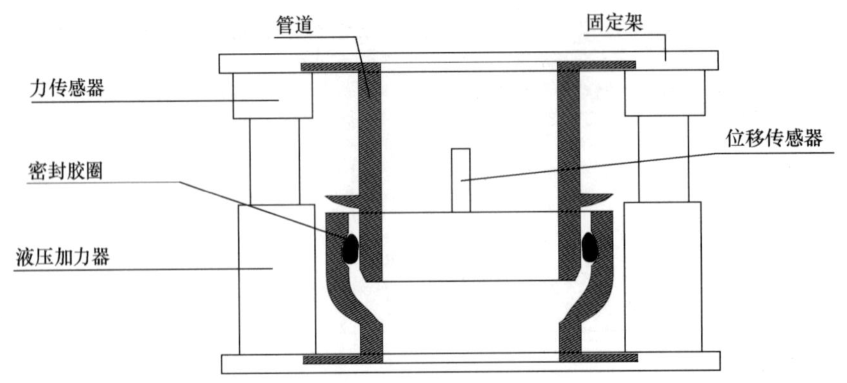

图 4-27　接头拉拔试验示意图

2）试验结果及分析

进行了 $DN100$、$DN200$ 和 $DN300$ 3 种管径规格的试验，其中 $DN100$、$DN200$ 各进

行了3次试验。篇幅所限，这里仅给出 $DN100$ 接头第一次试验的拉拔力实测曲线、接头位移实测曲线及拉拔力与位移关系曲线，如图4-28～图4-30所示。

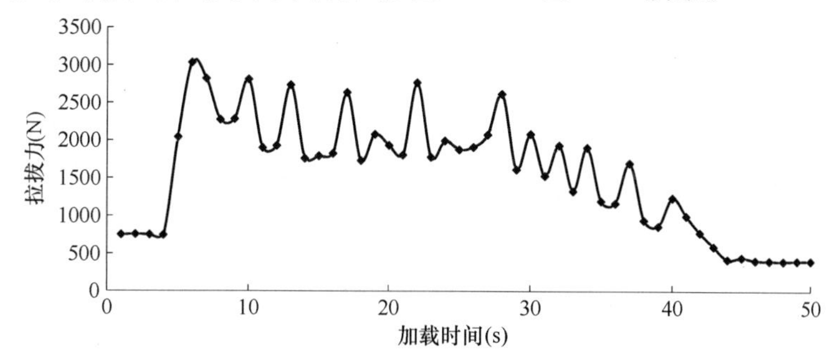

图4-28　$DN100$ 接头拉拔力实测值（试验1）

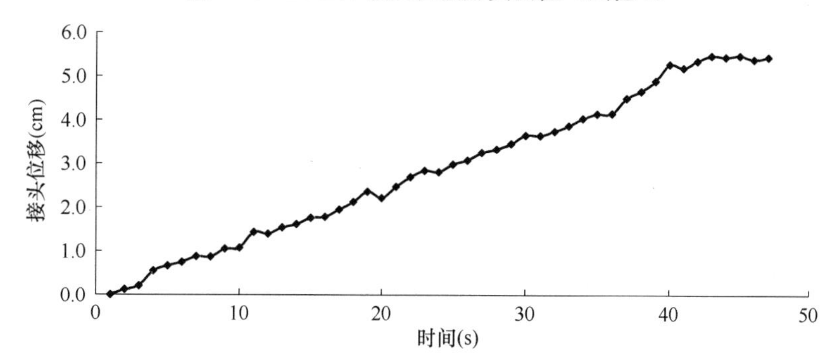

图4-29　$DN100$ 接头位移实测值（试验1）

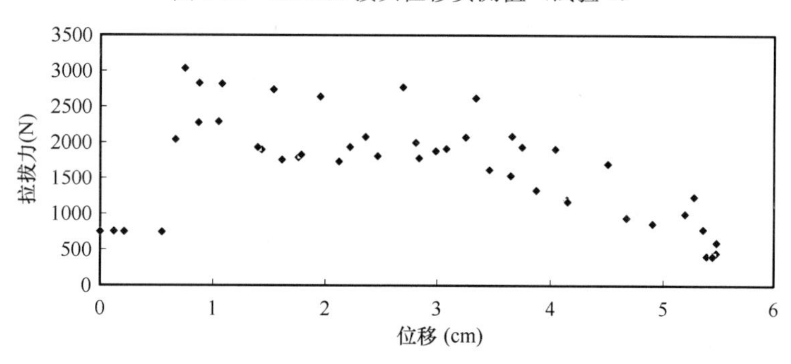

图4-30　$DN100$ 接头拉拔力与接头位移实测值（试验1）

根据实测数据，可重点分析两方面的规律，一是胶圈承插接头的最大抗力，二是胶圈接口的弹塑性参数，即接缝弹簧系数和相对滑动范围。

分析各次试验曲线后发现，接头抗力与接头位移曲线在达到最大抗力之前，曲线大体符合一次或二次关系，此范围的接头位移量仅有1cm左右，之后拉拔力平缓减小直到完全拉开，后段抗力主要是胶圈与管道插口段的滑动摩擦阻力，此段位移最大值约为3～4cm左右，这与插入深度有关，说明施工质量对管道抗震性能有直接的影响。

如果工程中把出现接头最大抗力作为管道抗震设计的基准点，则需求得管接头弹簧系数 K_j。为了更清楚掌握胶圈接头的弹塑性特点，将拉拔力与位移关系曲线峰值前段分别采用二次和一次拟合，来求出对应的弹簧系数。需要说明的是这个“弹簧系数”是按照假设模型，即符合 $F = K_j(u)u$ 的关系，式中 F 为拉拔力，u 为接头位移。图 4-31 给出了 DN100 接头弹簧系数的确定方法。

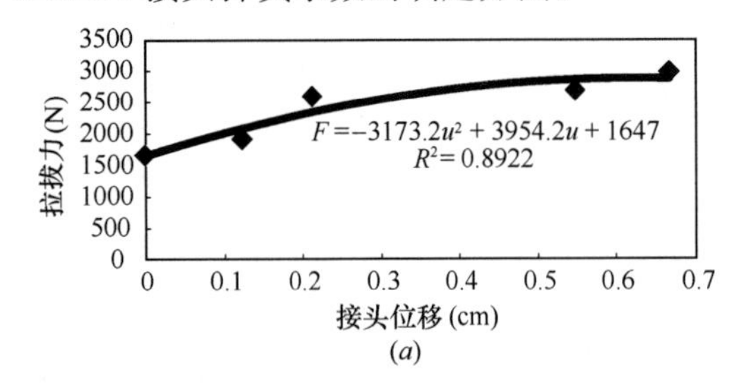

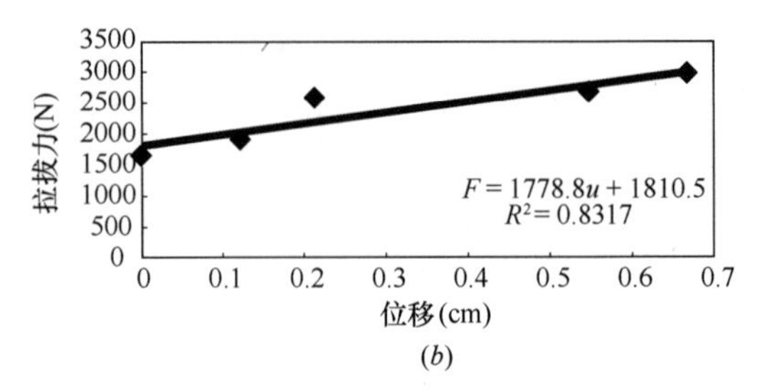

图 4-31　DN100 管道接头弹簧系数测定结果

(a) 二次关系；(b) 线性关系

根据以上一次和二次拟合关系分析，将计算出的接头弹簧系数归纳为表 4-14。表 4-15 为接头最大抗力值。根据胶圈尺寸，可计算不同管径对应的接触面积，将表中的接头弹簧系数值 K_j 和最大抗力 F_{max} 除以接触面积，则换算为单位接触面积上的系数值 k_j 和单位面积抗力值 T_{max}。

铸铁管承插胶圈接口弹簧系数试验值　　**表 4-14**

试验次数	管径	接头弹簧系数				备注
		一次关系		二次关系		
		K_j（N/cm）	k_j（N/cm/cm²）	K_j（N/cm）	k_j（N/cm/cm²）	
1	DN100	1778.8	31.5	2000～4000	35.4～70.77	连接后第一天测试
2	DN100	2470.4	43.7	2100～2200	37.15～38.92	连接后第一天测试
3	DN100	5780.0	102.3	3000～8000	53.08～141.5	连接后第三天测试
4	DN100	2286.7	40.5	1500～3000	26.5～53.08	连接后即刻测试
5	DN200	13117.0	94.9	7000～16000	50.6～115.8	连接后第一天测试
6	DN200	15671.0	113.4	6000～25000	43.4～180.9	连接后第三天测试
7	DN200	17348.0	125.6	2100～13000	15.2～94.1	连接后即刻测试
8	DN300	17876.0	80.9	10000～18000	45.2～81.4	连接后第三天测试

铸铁管承插胶圈接口最大抗力试验值　　**表 4-15**

试验次数	管径	接头最大抗力 F_{max}（N）	接头单位面积最大抗力 T_{max}（kN/cm²）	备　注
1	DN100	2977.7	52.68	连接后第一天测试
2	DN100	3036.5	53.72	连接后第一天测试
3	DN100	4231.2	74.86	连接后第三天测试
4	DN100	3207.2	56.74	连接后即刻测试
5	DN200	9192.0	66.53	连接后第一天测试

续表

试验次数	管径	接头最大抗力 F_{max}（N）	接头单位面积最大抗力 T_{max}（kN/cm²）	备 注
6	*DN*200	10018.9	72.52	连接后第三天测试
7	*DN*200	6232.0	45.11	连接后即刻测试
8	*DN*300	15179.8	65.68	连接后第三天测试

2. PE管接头及管件拉拔试验研究

1）试验装置

试验装置主要由4部分组成：操作台、PE管、竖向压力设备、压力及位移传感器，16通道高速数采系统，如图4-32所示。PE管接头均采用热熔连接，试验组合见表4-16。

PE管弯头部分组成 **表4-16**

直径（mm）	弯管组成	
110	2个45°弯管加2个三通	—
160	2个45°弯管加2个三通	90°弯管加2个三通
200	2个45°弯管加2个三通	90°弯管加2个三通

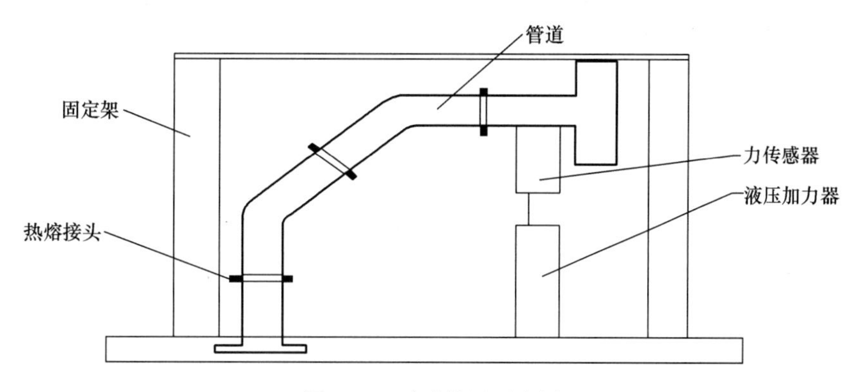

图4-32 试验装置示意图

2）试验结果及分析

进行了PE管*DN*110、*DN*160、*DN*200 3种规格的拉拔试验，篇幅所限，这里仅给出*DN*110管45°弯头的拉拔力和时间的关系曲线图以及破坏状态图，如图4-33和图4-34所示。

根据以上试验，我们可以得出PE管的三种规格的破坏形式以及它们的最大破坏力，分别见表4-17和表4-18。虽然对于*DN*110 2个45°和*DN* 160一个90°的PE管，都是在接头处出现脆性破坏，但破坏面不一样，*DN*110 2个45°的PE管破坏面很不规则，而*DN*160 1个90°的PE管破坏面却非常整齐，同样，对于*DN*200 2个45°和*DN* 200 1个90°的PE管，都是在弯管处出现破坏，但破坏形式不一样，*DN*200 2个45°的PE管是脆性破坏，而*DN*200 1个90°的PE管却是塑性破坏，这说明PE管的产品质量的随机性，加之应力集中，导致PE管破坏面和破坏形式的随机性，也说明PE管接口质量对管道抗震作用的影响。

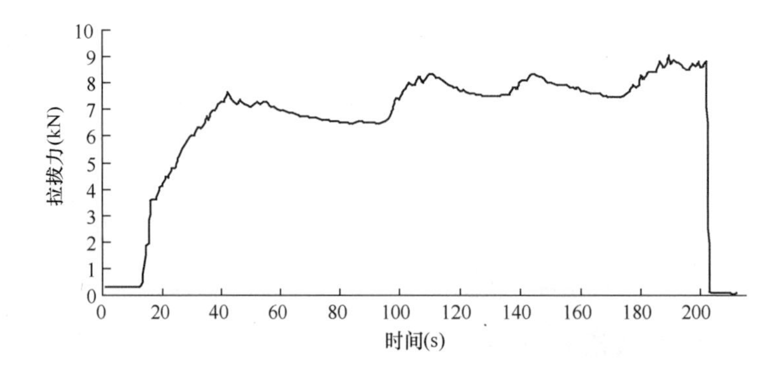

图 4-33　*DN*110 2 个 45°弯头拉拔力时程曲线

图 4-34　*DN*110 2 个 45°弯头破坏图

PE 管的破坏形式　　　　表 4-17

管　径	*DN*110	*DN*160		*DN*200	
弯头角度	45°	45°	90°	45°	90°
管道破坏形式	脆性破坏	塑性破坏	脆性破坏	脆性破坏	塑性破坏

PE 管的最大破坏力　　　　表 4-18

管　径	弯头角度	最大破坏力（kN）
*DN*110	45°	8.797
*DN*160	90°	19.375
*DN*200	90°	33.731
*DN*200	45°	34.196

3. 不同管材和接口的抗弯曲性能试验研究

1）试验装置

试验装置主要包括三台液压位移器和加压器，管道接口封口垫片螺杆，位移编码器及压力表等，如图 4-35 所示。测试管材主要有 *DN*160 的球墨铸铁管四根，U-PVC 管四根，AGR 管四根。球墨铸铁管道接口采用承插式接口，U-PVC 管道接口采用承插式和热熔式两种接口，AGR 管道接口采用承插式和胶粘式两种接口。

在弯曲试验中，管道内压强均为 0.2MPa，记录一开始的压力表、位移编码器读数，并在接口处做好记号以便接下来测量接口位移。然后让中间的液压振动台缓慢向一侧偏移，观察管道接口处是否有漏气降压现象，记录过程中的压力表、位移编码器读数和接口处位移并用相机记录下此状态下的管道形状。当推至顶部 600mm 时停止中间的振动台，然后让两边的振动台同时缓慢地向另一侧拉，同样记录试验数据和影像。

图 4-35　弯剪破坏试验台

2）试验结果及分析

共进行了 6 组试验，篇幅所限，仅给出 UPVC 管热熔式接口、球墨铸铁管承插式接口和 AGR 管胶粘式接口的试验数据，其中挠角由内外侧裂缝之差和管径相比之后的反正弦函数求得，见表 4-19～表 4-21 所示。

UPVC 管热熔式接口弯曲试验数据　　表 4-19

中间位移计（mm）	左端位移计（mm）	接头外侧裂缝（mm）	接头内侧裂缝（mm）	挠角	压强（MPa）
0	0	7	7	0.00°	0.2
97.59	0	11	8	1.07°	0.2
135.16	0	13	9	1.43°	0.2
193.85	0	17	11	2.15°	0.199
220.91	0	21	14	2.51°	0.199
271.44	0	26	18	2.87°	0.198
310.16	0	31	21	3.58°	0.198
380.15	0	37	26	3.94°	0.198
420.57	0	44	30	5.02°	0.197
470.34	0	52	35	6.10°	0.197
500.04	0	61	41	7.18°	0.197
574.01	0	74	53	7.54°	0.197
574.01	30	77	52	8.78°	0.193
574.01	50	83	55	10.08°	0.15

续表

中间位移计（mm）	左端位移计（mm）	接头外侧裂缝（mm）	接头内侧裂缝（mm）	挠角	压强（MPa）
—	71	90	61	10.47°	0.14
—	80	100	64	13.00°	0.05
—	86	105	69°	13.00°	0

由表 4-19 可以看出 UPVC 管热熔式接口在弯曲过程中，当接口挠角分别为 8.78°和 10.47°时，管道接口发生允许渗漏和破坏渗漏。

球墨铸铁管承插式接口弯曲试验数据　　**表 4-20**

中间位移计（mm）	左端位移计（mm）	右端位移计（mm）	接头外侧裂缝（mm）	接头内侧裂缝（mm）	挠角（°）	压强（MPa）
第一组						
0	0	0	5	5	0.00°	0.2
50.13	0	0	11	6	1.69°	0.2
102.1	0	0	16	6	3.37°	0.2
131.09	0	0	19	5	4.72°	0.2
160.51	0	0	22	5	5.74°	0.2
190.02	0	0	24	5	6.42°	0.2
220.4	0	0	26	4	7.44°	0.2
249.23	0	0	29	4	8.46°	0.2
271.74	0	0	31	4	9.14°	0.2
300.36	0	0	33	4	9.82°	0.195
323.79	0	0	35	4	10.51°	0.19
348.74	0	0	37	4	11.19°	0.185
360.37	0	0	38	4	11.54°	0.185
第二组						
0	0	0	5	5	0.00°	0.2
200.73	0	0	21	0	7.10°	0.2
374.45	0	0	34	0	11.54°	0.2
400	0	0	36	−1	12.57°	0.2
424.38	0	0	38	−1	13.26°	0.195
453.81	0	0	41	−1	14.30°	0.184
483.75	0	0	43	−1	15.00°	0.15
503.75	0	0	45	−1	15.70°	0

由表 4-20 可以看出球墨铸铁管承插式接口在弯曲过程中，当管道接口挠角分别为 13.26°和 15.00°时，管道接口发生允许渗漏和破坏渗漏，而且当球墨铸铁管发生破坏渗漏

后，由于管材接口处没有倒角，对橡皮圈的损坏较为严重，在地震过程中可能较容易发生渗漏。

AGR管胶粘式接口弯曲试验 **表4-21**

中间位移计（mm）	右端位移计（mm）	接头外侧裂缝（mm）	接头内侧裂缝（mm）	挠角	压强（MPa）
0	0	0	0	0.00°	0
0	0	5	5	0.00°	0.15
50	0	6	4	0.72°	0.15
100	0	7.5	3	1.61°	0.15
151	0	9.5	3	2.33°	0.15
199	0	10.7	3	2.76°	0.15
520	0	13	4	3.22°	0.15
300	0	15	4.7	3.69°	0.15
350	0	17	5.5	4.12°	0.15
400	0	18.5	6	4.48°	0.15
450	0	20	6.3	4.91°	0.15
500	0	21.3	6.5	5.31°	0.15
550	0	23.2	6.5	5.99°	0.15
590	0	24.5	6.5	6.46°	0.15
—	50	26.5	7	7.00°	0.15
—	100	27.5	7	7.36°	0.15
—	150	29.2	7	7.98°	0.15
—	200	31.2	7	8.70°	0.15
—	250	33.5	7	9.53°	0.15
—	300	35.1	7.2	10.04°	0.15
—	350	38	7.3	11.06°	0.15
—	400	40.6	7.5	11.94°	0.15
—	450	42.8	7.6	12.71°	0.15
—	500	45.6	7.6	13.74°	0.15
—	550	52	7.8	16.04°	0.15
—	600	59.5	8.5	18.59°	0.15

以三种不同管材的不同接口形式为例，研究了在给水管道发生侧向位移的状态下管道接口发生破坏的情况，通过试验结果的分析，得到如下主要结论：

（1）在土体发生位移使管道产生侧向位移时，地下管道的变形主要由管道接口承担。

（2）相同管径条件和相同的接口模式下，管道本身柔性较大的具有较好的抗弯性能，在发生侧向位移时不容易发生破坏。

（3）管道接口形式对管道抗弯剪性能有较大影响，例如球墨铸铁管在弯剪破坏过程中对接口橡皮圈的损害较大，更易发生渗漏破坏。

（4）从三种管材的不同接口形式的抗震性能试验结果来看，AGR 管在抗弯剪的性能上要明显好于其他两种管材。

（5）得到了 U-PVC 管和球墨铸铁管在发生侧向位移时的接口允许开裂挠角 θ_1 和接口允许渗漏挠角 θ_2，见表 4-22 所列。

不同管材不同接口形式的抗震性能参数　　　　**表 4-22**

管材	接口形式	管径（mm）	开裂挠角 θ_1	破坏挠角 θ_2
U-PVC	承插式接口	160	18.59°	21.64°
U-PVC	热熔式接口	160	8.78°	10.47°
球墨铸铁	承插式接口	160	13.26°	15.00°
AGR	承插式接口	160	未破坏	未破坏
AGR	胶粘式接口	160	未破坏	未破坏

4.2　给水管网抗震优化设计

4.2.1　给水管网抗震管材选取

根据前面震害资料的分析图表可知，灰口铸铁管和混凝土管震害率比较高，球墨铸铁管和钢管震害率低，因此球墨铸铁管和钢管抗震性能较好，灰口铸铁管和混凝土管抗震性能差，这主要是因为灰口铸铁管和混凝土管本身是脆性的。需要关注的是 PE 管，一般认为 PE 管属于柔性管材，抗震性能较高，但是从汶川地震给水管网震损资料的统计分析来看，我国的 PE 管材震害率反而比较高，在地震中表现并不是很理想，甚至不如灰口铸铁管，可能原因是 PE 管采用热熔焊接，现场施工不规范造成接口强度不足而破坏，也可能是 PE 管材质量较差，需要重点关注和研究其抗震性能。

根据《全国城市供水管网改造近期规划（2006 年—2007 年）》中的全国管网统计数据，按管材统计，给水管网采用的管道主要有灰口铸铁管、球墨铸铁管和混凝土管等。其中，灰口铸铁管占管网总长度的 50.8%，水泥管占 13.0%，镀锌铁管等低质管材占 6.0%，球墨铸铁管占 16.8%，钢管占 8.2%，PVC 管占 5.2%。根据上述统计资料可知，易受到震害损伤的灰口铸铁管和混凝土管占全部管线的 60%以上，所以对城市管网来讲，这些管线的震灾评估、改造和维护是需要关注的问题。

4.2.2　给水管网抗震接口设计

在所有的给水管网震害资料统计分析中，可以发现柔性接口的抗震性能要远高于刚性接口，这主要是柔性接口在地震中可以吸收较多的变形。

在给水管网抗震接口设计方面，尽量使用柔性抗震连接的方式。目前，我国仍沿用已有的接口形式。值得注意的是，日本后生省从1980年起，把接口的极限变位由4～5cm提高到7～8cm，此后兴建的管线都采用了新型抗震接口，但是在阪神淡路地震中，很多新型接口也遭到了破坏。因此给水管网接口的抗震设计和选取值得重视。

4.2.3 给水管网抗震设计指南

1. 场地与地基条件

（1）管网工程所在地区遭受的地震影响大小，应采用建设场地相应的抗震设防烈度下设计基本地震加速度、设计特征周期或设计地震动参数作为表征。

（2）工程建设的场地，根据工程地质、地震地质资料及地震影响分为有利、一般、不利和危险地段，具体划分标准见表4-23。

有利、一般、不利和危险场地的划分 **表4-23**

地段类别	地质、地形、地貌
有利地段	稳定基岩，坚硬土，开阔、平坦、密实、均匀的中硬性土等
一般地段	不属于有利、不利和危险的地段
不利地段	软弱土，液化土，条状突出的山嘴，高耸孤立的山丘，陡坡，陡坎，河岸和边坡的边缘，平面分布上成因、岩性、状态明显不均匀的土层（含古河道、疏松的断层破碎带、暗埋的塘浜沟谷和半填半挖地基），高含水量的可塑黄土，地表存在结构性裂缝等
危险地段	可能发生滑坡、崩塌、地陷（裂）、泥石流等以及发震断裂带上可能发生地表位错的部位

（3）建设场地的选择，宜选择有利地段，尽量避开不利地段，当无法避开时，应采取有效的抗震措施，一般不应在危险地段建设。

（4）场地的设计特征周期应根据工程设施所在地区的设计地震分组和场地类别确定。我国主要城镇（县级及县级以上城镇）中心地区的抗震设防烈度、设计基本地震加速度值和所属的设计地震分组，可参考《建筑抗震设计规范》GB 50011—2010。

（5）建设场地类别，应根据土层等效剪切波速和场地覆盖层厚度按表4-24划分为四类，其中Ⅰ类分为$Ⅰ_0$、$Ⅰ_1$两个亚类。当有可靠的剪切波速和覆盖层厚度且其值处于表4-24所列场地类别的分界线附近时，应允许按插值法确定地震作用计算所用的特征周期。

场　地　分　类 **表4-24**

岩石的剪切波速或土的等效剪切波速（m/s）	场地类别				
	$Ⅰ_0$	$Ⅰ_1$	Ⅱ	Ⅲ	Ⅳ
$\nu_s>800$	0				
$800\geqslant\nu_s>500$		0			
$500\geqslant\nu_s>250$		<5	≥5		
$250\geqslant\nu_s>150$		3	3～50	>50	
$\nu_s\leqslant150$		<3	3～15	15～50	>80

注：表中ν_s系岩石的剪切波速。

（6）一般应现场实测场地的剪切波速，当无实测剪切波速时，可根据岩土名称和性状，按表4-25划分土的类型，再利用经验在表4-25的剪切波速范围内估算各土层的剪切波速。

土的类型划分和剪切波速范围　　　　表4-25

土的类型	岩土名称和性状	土层剪切波速范围（m/s）
岩石	坚硬、较硬且完整的岩石	$v_s>800$
坚硬土或软岩	破碎和较破碎的岩石或软和较软的岩石，密实的碎土石	$800\geqslant v_s>500$
中硬土	中密、稍密的碎石土，密实、中密的砾、粗、中砂，$f_{ak}>15$kPa的黏性土和粉土，坚硬黄土	$500\geqslant v_s>250$
中软土	稍密的砾、粗、中砂，除松散外的细、粉砂，$f_{ak}\leqslant150$kPa的黏性土和粉土，$f_{ak}>130$kPa的填土，可塑性黄土	$250\geqslant v_s>150$
软弱土	淤泥和淤泥质土，松散的砂，新近沉积的黏性土和粉土，$f_{ak}\leqslant$ 130kPa的填土，流塑黄土	$v_s\leqslant150$

注：f_{ak}为由载荷试验等方法得到的地基承载力特征值；v_s为岩土体剪切波速。

（7）建设场地覆盖层厚度的确定，应符合下列要求：一般情况下，应按地面至剪切波速大于500m/s且其下卧各层岩土的剪切波速均不小于500m/s的土层顶面的距离确定；当地面5m以下存在剪切波速大于其上部各土层剪切波速2.5倍的土层，且该层及其下卧各层岩土的剪切波速均不小于400m/s时，可按地面至该土层顶面的距离确定；剪切波速大于500m/s的孤石、透镜体，应视同周围土层；土层中的火山岩硬夹层，应视为刚体，其厚度应从覆盖土层中扣除。

（8）位于Ⅰ类场地上的管道，可按本地区抗震设防烈度降低1度采取抗震构造措施，但设计基本地震加速度为0.15g和0.30g地区不降，计算地震作用时不降，抗震设防烈度为6度时不降。

（9）场地内存在发震断裂时，符合下列规定之一的情况，可忽略发震断裂错动的影响：

a. 抗震设防烈度小于8度；

b. 非全新世活动断裂；

c. 抗震设防烈度为8度和9度时，隐伏断裂的土层覆盖厚度分别大于60m和90m。

（10）对不符合上述规定的情况，应避开主断裂带，其避让距离不宜小于表4-26的规定。在避让距离的范围内确有需要铺设管道时，应按提高一度采取抗震措施。对需要跨越断层的管线，应采取特殊的构造措施。

发震断裂的最小避让距离（m）　　　　表4-26

烈度＼工程类别	厂站	管道工程	
		输水、气、热	配管、排水管
8	300	300	200
9	500	500	300

注：1. 避开距离指至主断裂外缘的水平距离；

2. 厂站避开距离应为主断裂带外缘至厂站内最近建（构）筑物的距离。

（11）当管道地基受力层范围内存在液化土、软弱土层或严重不均匀土层时，应采取措施提高基础的整体性和刚度，防止地基承载力失效、震陷和不均匀沉降导致管道结构损坏。特别对地表倾斜或一侧为挡墙结构的液化地基，应分析地基侧向流动的可能性。

（12）同一受力单元的管道一般不宜设置在性质截然不同的地基土上。当不可避免时，应采取有效措施避免震陷导致管道结构损坏，例如设置变形缝，加设垫褥等。

（13）同一受力单元的管道，其基础宜设置在同一标高上；当不可避免存在高差时，基础应缓坡相接，缓坡坡度不宜大于 1∶2。

（14）当需要在条状突出的山嘴、高耸孤立的山丘、非岩石和强风化岩石的陡坡、河岸和边坡边缘等不利地段铺设管道时，除保证其在地震作用下的稳定性外，尚应估计不利地段对设计地震动参数可能产生的放大作用。

（15）对天然地基进行抗震验算时，应采用地震作用效应标准组合；相应地基抗震承载力应取地基承载力特征值乘以地基抗震承载力调整系数确定。

（16）饱和砂土或粉土（不含黄土）的液化判别及相应的地基处理，对位于设防烈度为 6 度地区的管道工程可不考虑。

（17）在地面以下 15m 或 20m 范围内的饱和砂土或粉土（不含黄土），当符合下列条件之一时，可初步判为不液化或不考虑液化影响：

a. 地质年代为第四纪晚更新世（Q_3）及其以前，设防烈度为 7 度、8 度时；

b. 粉土的黏粒（粒径小于 0.005mm 的颗粒）含量百分率，7 度、8 度和 9 度分别不小于 10%、13%和 16%时（黏粒含量判别系采用六偏磷酸钠作分散剂测定，采用其他方法时应按有关规定换算）；

c. 当上覆非液化土层厚度和地下水位深度符合下列条件之一时，可不考虑液化影响：

$$d_u > d_0 + d_b - 2, d_W > d_0 + d_b - 3, d_u + d_W > 1.5d_0 + d_b - 4.5$$

式中 d_u——上覆盖非液化土层厚度，m，淤泥和淤泥质土层不宜计入；

d_w——地下水位深度，m，宜按工程使用期内的年平均最高水位采用，当缺乏可靠资料时，也可以按近期内年最高水位采用；

d_b——基础埋设深度，m，当不大于 2m 时，应按 2m 计算；

d_0——液化土特征深度，m。

（18）当饱和砂土、粉土的初步判别认为需进一步进行液化判别时，应采用标准贯入试验判别法判别地面下 20m 范围内土的液化。当饱和土标准贯入锤击数（未经杆长修正）小于或等于液化判别标准贯入锤击数临界值时，应判为液化土。当有成熟经验时，尚可采用其他判别方法。

（19）对存在液化砂土层、粉土层的地基，应探明各液化土层的深度和厚度，并综合划分地基的液化等级。

（20）当液化砂土层、粉土层较平坦且均匀时，宜选用地基抗液化措施；尚可计入上部结构重力荷载对液化危害的影响，根据液化震陷量估计适当调整抗液化措施。不宜将未经处理的液化土层作为天然地基持力层。

（21）全部消除地基液化沉陷的措施，应符合下列要求：

a. 采用深基础时，基础底面应埋入液化深度以下的稳定土层中，其埋入深度不应小于 500mm；

b. 采用加密法（如振冲、振动加密、碎石桩挤密，强夯等）加固时，处理深度应达到液化深度下界，处理后桩间土的标准贯入锤击数实测值不宜小于相应的液化标准贯入锤击数临界值（N_{cr}）；

c. 采用换土法时，应挖除全部液化土层；

d. 采用加密法或换土法时，其处理宽度从基础底面外边缘算起，不应小于基底处理深度的 1/2，且不应小于 2m。

（22）部分清除地基液化沉陷的措施，应符合下列要求：

a. 处理深度应使处理后的地基液化指数不大于 4（判别深度为 15m 时）或 5（判别深度为 20m 时），对独立基础或条形基础，尚不应小于基底液化土层特征深度值（d_0）和基础宽度的较大值；

b. 土层当采用振冲或挤密碎石桩加固时，加固后的桩间土的标准贯入锤击数，应符合（21）条 b 款的要求；

c. 基底平面的处理宽度，应符合（21）条 d 款的要求；

d. 采取减小液化震陷的其他方法，如增厚上覆非液化土层的厚度和改善周边的排水条件等。

（23）提高管道适应液化沉陷能力，应符合下列要求：

a. 对埋地的输水、气、热力管道，宜采用钢管；

b. 对埋地的承插式接口管道，应采用柔性接口；

c. 对埋地的矩形管道，应采用钢筋混凝土现浇整体结构，并沿线设置具有抗剪能力的变形缝，缝宽不宜小于 20mm，缝距一般不宜大于 15m；

d. 当埋地圆形钢筋混凝土管道采用预制平口接头管时，应对该段管道做钢筋混凝土满包，纵向钢筋的总配筋率不宜小于 0.3%，并应沿线加密设置变形缝（构造同 c 款要求），缝距一般不宜大于 10m；

e. 架空管道应采用钢管，并应设置适量的活动、可挠性连接构造；

f. 管道穿过建筑处应预留足够尺寸或采用柔性接头等。

（24）设防烈度为 8 度、9 度地区，当建（构）筑物地基主要受力层内存在淤泥、淤泥质土等软弱黏性土层时，应符合下列要求：

a. 当软弱黏性土层上覆盖有非软土层，其厚度不小于 5m（8 度）或 8m（9 度）时，可不考虑采取消除软土震陷的措施；

b. 当不满足要求时，消除震陷可采用桩基或其他地基加固措施。

（25）在古河道以及临近河岸、海岸和边坡等有液化侧向扩展或流滑可能的地段内修建管道时，应进行抗滑动验算，并采取防土体滑动措施。

（26）地基主要受力层范围内存在软弱黏性土层和高含水量的可塑性黄土时，应结合具体情况综合考虑，采用地基加固处理等措施，也可根据软土震陷量的估计，采取相应措施。

2. 管道地震安全验算

（1）埋地供水管道一般应验算在水平地震作用下，剪切波所引起的管道沿纵向的变位或应变（含轴向和挠曲）。由地震剪切波行进引起的直线管段伸缩效应标准值，可按规范方法计算。

（2）对高度大于 3.0m 的埋地矩形或拱形管道，或直径大于 2.6m 的圆形管道，除管道纵向作用效应外，尚应验算在水平地震作用下动土压力等对管道横截面的作用效应。

（3）计算地震作用时，管道的重力荷载代表值应取结构构件、防水层、防腐层、保温层（含上覆土层）、固定设备自重标准值和其他永久荷载标准值（侧土压力、内水压力）、可变荷载标准值（地表水或地下水压力等）之和。可变荷载标准值中的雪荷载、路面荷载等，应取 50%计算。

（4）一般结构的阻尼比 ζ 可取 0.05，其水平地震影响系数应根据烈度、场地类别、设计地震分组及结构自振周期等按图 4-36 采用，其形状参数应符合下列规定：

a. 周期小于 0.1s 的区段，应为直线上升段；

b. 自 0.1s 至特征周期区段，应为水平段，相应阻尼调整系数为 1.0，地震影响系数为最大值 α_{max}，应按表 4-27 采用；

c. 自特征周期 T_g 至 5 倍特征周期区段，应为曲线下降段，其衰减指数 γ 应采用 0.9；

d. 自 5 倍特征周期至 6s 区段，应为直线下降段，其下降斜率调整系数 η_1 应取 0.02；

e. 特征周期应按表 4-28 的规定采用。计算罕遇地震作用时，特征周期应增加 0.05s。

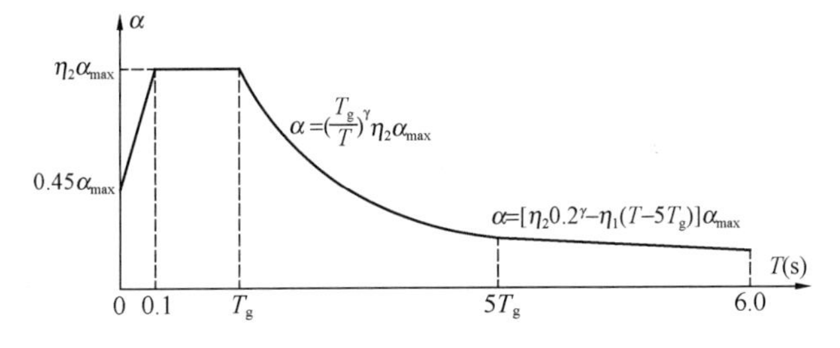

图 4-36 地震影响系数曲线

注：当结构自振周期大于 6s，地震影响系数应作专门研究确定

水平地震影响系数最大值 **表 4-27**

地震影响	6 度	7 度	8 度	9 度
多遇地震	0.04	0.08（0.12）	0.16（0.24）	0.32
罕遇地震	0.28	0.50（0.72）	0.90（1.20）	1.40

注：括号中数值分别用于设计基本地震加速度为 0.15g 和 0.30g 的地区。

特征周期（s） **表 4-28**

设计地震分组	场地类别				
	Ⅰ0	Ⅰ1	Ⅱ	Ⅲ	Ⅳ
第一组	0.20	0.25	0.35	0.45	0.65
第二组	0.25	0.30	0.40	0.55	0.75
第三组	0.30	0.35	0.45	0.65	0.90

（5）当结构的阻尼比 ζ 不等于 0.05 时，其水平地震影响系数仍可按图 4-36 确定，但形状参数应按下列规定调整：

a. 曲线下降段的衰减指数应按下式确定：

$$\gamma = 0.9 + (0.05 - \zeta)/(0.3 + 6\zeta)$$

式中　γ——曲线下降段的衰减指数；

ζ——阻尼比。

b. 直线下降段的下降斜率调整系数应按下式确定：

$$\eta_1 = 0.02 + (0.05 - \zeta)/(4 + 32\zeta)$$

式中　η_1——直线下降段的下降斜率调整系数，小于 0 时取 0。

c. 阻尼调整系数应按下式确定：

$$\eta_2 = 1 + (0.05 - \zeta)/(0.08 + 1.6\zeta)$$

式中　η_2——阻尼调整系数，当小于 0.55 时，应取 0.55。

（6）结构的自振周期，当采用实测周期时，应根据实测方法乘以 1.1～1.4 的系数。

（7）当考虑竖向地震作用时，竖向地震影响系数的最大值 α_{vmax} 可取水平地震影响系数最大值的 40%～60%。

（8）管道结构的抗震验算，应符合下列规定：

a. 设防烈度为 6 度或另有规定不验算的管道结构，可不进行截面抗震验算，但应符合相应设防烈度的抗震措施要求；

b. 埋地管道承插式连接或预制拼装结构（如盾构、顶管等），应进行抗震变位验算；

c. 除 1、2 款外的管道结构均应进行截面抗震强度或应变量验算；

d. 一般不计算地震作用引起的管道内动水压力。

（9）承插式接头的埋地圆形管道，在地震作用下应满足下式要求：

$$\gamma_{EHP}\Delta_{pl,k} \leqslant \lambda_c \sum_{i=1}^{n} [u_a]_i \tag{4-23}$$

式中　$\Delta_{pl,k}$——剪切波行进中引起半个视波长范围内管道沿管轴向的位移量标准值；

γ_{EHP}——计算埋地管道的水平向地震作用分项系数，可取 1.20；

$[u_a]_i$——管道 i 种接头方式的单个接头设计允许位移量；

λ_c——半个视波长范围内管道接头协同工作系数，可取 0.84 计算；

n——半个视波长范围内，管道的接头总数。

（10）整体连接的埋地管道，地震作用下的作用效应基本组合应按下式确定：

$$S = \gamma_G S_G + \gamma_{EHP} S_{EK} + \psi_t \gamma_t C_t \Delta_{tk} \tag{4-24}$$

式中　S_G——重力荷载（非地震作用）的作用标准效应；

S_{EK}——地震作用标准值效应。

（11）整体连接的埋地管道，其截面抗震验算应符合下式要求：

$$S \leqslant \frac{|\varepsilon_{ak}|}{\gamma_{PRE}} \tag{4-25}$$

式中　$|\varepsilon_{ak}|$——不同材质管道允许应变量标准值；

γ_{PRE}——埋地管道抗震调整系数，取0.90计算。

3. 基于可靠度的管道震害评估

（1）影响管道破坏的因素很多，其中主要包括地震动参数、场地条件、管材、管径、接口形式、管龄等。由历次震害调查结果表明，在地震烈度为8度的地区，地下供水管道都会遭到明显的破坏。考虑到地震的发生以及对地下管道的破坏影响具有随机不确定性，因而评估管道震害更好的方法是考虑不确定性的概率方法。

（2）目前城市供水管道震害评估的方法主要有两类，一类是理论分析法，另一类是经验分析法，两类方法各有利弊。

（3）理论分析方法是建立一定的力学计算模型，得出地震动与地下管道反应的传递关系，并以某一参数判别管道的震害程度。计算模型一般都是假定管道处于理想状态，并把水平剪切波作为引起管道破坏的主要原因，管道的轴向变形作为主要受力状态，接口受损作为主要破坏模式。对于管道刚性接口，假定变形由接口和管体共同承担，对柔性接口，变形主要由接口吸收，而且主要考虑接口的拉伸破坏，不考虑管道内动水压力的影响。

（4）管道接口的破坏状态可分为三类，基本完好状态、中等破坏状态和严重破坏状态，基本对应本指南中的三类地震等级。以管道接口在地震中的变形反应S、管道接口允许开裂变形R_1和接口允许渗漏变形R_2的相对关系来判别管道的破坏状态。

（5）三种破坏状态的划分一般采用以下模式：

a. 当$S \leqslant R_1$时，管道处于基本完好状态，接头可能有少量细微裂痕，可能有轻微的渗漏；

b. 当$R_1 < S < R_2$时，管道处于中等破坏状态，多数接头产生裂缝，有漏损现象，管道压力下降；

c. 当$S \geqslant R_2$时，管道处于严重破坏状态，管道出现严重渗漏，基本丧失供水能力。

（6）R_1、R_2可以通过试验资料统计得出（表4-29），而接口变形S则可采用《室外给水排水和燃气热力工程抗震设计规范》（GB 50032—2003）中的简化算法计算得到，也可以通过其他更为精确的动力分析方法（如波动法、边界元法，有限元法等）得到。

管道接口界限变形　　　　**表4-29**

管材	接口做法	R_1（mm）		R_2（mm）	
		平均值	标准差	平均值	标准差
普通铸铁	石棉水泥	0.32	0.18	2.65	1.08
普通铸铁	自应力水泥	0.58	0.11	2.88	1.19
普通铸铁	胶圈石棉灰	4.50	1.88	25.68	3.62
普通铸铁	胶圈自应力灰	5.59	0.76	24.98	4.26
钢筋混凝土	水泥砂浆	0.42	0.29	3.00	1.38
预应力混凝土	橡胶圈	5.00	2.00	38.6	4.13

（7）求出上述 S 后，可通过 FOSM 法确定 S 的均值 μ_S 和方差 σ_S，然后计算管道单元不同破坏状态的概率。

（8）考虑到管线的施工工艺、施工人员、施工时间等要素的影响，可以认为管线可以分为若干段，每段管线的管线接口破坏是完全统计相关的。若认为一个标准计算单元内的接口破坏完全统计相关，则对位于同一场地，管道特性一样，长度为 l 的管线，可以假定震害服从泊松分布，计算管线 l 处于基本完好状态、中等破坏状态和严重破坏状态的概率。

（9）经验评估法是根据历史震害资料，综合考虑地震动参数和地下管道的场地条件、管材、管径、接口形式等因素，利用统计的管道震害率（处/km）分析总结出震害率估算公式。管道震害率假定服从泊松分布，管道破坏（基本丧失供水功能）的概率为：

$$P_f = 1 - \exp(-R_f l) \tag{4-26}$$

式中　P_f——管道破坏概率；

R_f——管道震害率，处/km；

l——同一场地同一类型管道的长度，km。

日本、美国和中国学者对地下管道震害进行过大量的统计分析，根据地震烈度、地震动参数等得出了相应的管道震害率，为基于震害经验的管道可靠度震害评估奠定了基础。

（10）根据笔者的研究成果，理论法在评估管道震害时总体来说相对比较保守，特别在管径较小的情况下，与经验法相差较大。两者在整体的趋势下与实际震害相一致。但理论分析法有一定的局限性，其难度在于所有的计算都是基于假定管道处于理想状态，输入地震波的选取和模型参数的选择都比较困难，且随着管道技术的发展，包括接口形式的改进和新型管材的产生，理论法的力学计算模型和假定也需要进一步研究和探讨。而经验法基本反映了管网系统的总体的震害现状，形式也比较简单实用，在给水管网系统地震安全初步评估时具有更好的可靠性和适用性，但仍需要震害和试验资料的进一步积累和分析，特别是基于地基永久变形的震害评估公式还不成熟。

4. 考虑地面永久变形的管道震害评估

（1）地震会引起部分土在一定区域的永久位移，如果这部分区域有地下管道，则这样的土体运动会迫使地下管道做同样的运动，使管道造成相应的变形，并对地下管道造成损害。这里的地面永久变形主要考虑滑坡、液化等土体的侧向运动。

（2）管道埋置方向与土体运动方向的相对关系决定了地下管道的变形响应：

a. 当管道埋置方向与土体运动方向平行，认为管道遭受纵向变形；

b. 当管道埋置方向与土体运动方向垂直，认为管道遭受横向变形；

c. 当管道埋置方向与土体运动方向成任意角度时，管道变形可由上述两种情况叠加得到。通常来说，因为管道遭受横向变形时比遭受纵向变形时更具有柔性，纵向变形而造成的管道破坏率是横向变形造成的管道破坏率的 5～10 倍。

（3）管线破坏取决于 PGD 带的空间范围，PGD 的大小和 PGD 的类型（横向或纵向），横向的 PGD 一般造成直管及接口的弯曲、拉开和断裂，而纵向的 PGD 则造成管段的压缩和拉伸变形，一般来说纵向 PGD 比横向 PGD 更易使管道破坏。

（4）对于土体运动的方向，我们假定土体发生滑坡时的方向为下坡方向，而发生液化时的方向如下所示：

a. 当液化发生地点离河岸（湖岸、海岸等）自由边界距离小于等于 300m 时，土体运动方向朝向自由边界；

b. 当液化发生地点离河岸（湖岸、海岸等）自由边界距离大于 300m 并且当地有大于 1%时，土体运动方向朝向下坡方向；

c. 当液化发生地点不符合上述情况时，土体运动方向为任意。

（5）经验评估方法在建立经验公式时选用的震害资料应该说已经包含了各种由于地面永久变形而引起的震害，所以我们可以认为它是已经包含了地面永久变形对地下管道破坏的因素的。特别是美国生命线工程联合会（ALA）提出的经验公式中便有基于地面峰值位移计算的震害率。

（6）理论分析方法的一些定义与做法可以参照 4.2.3 节中的内容。

（7）管道埋置方向与土体运动方向的相对关系决定了地下管道的变形响应，可以分为（2）所说的 3 种情况。一般情况下管道埋置方向与土体运动方向成任意角度，这种情况可以由另外两种情况叠加得到。在进行可靠度评估之前也可以先确定管道埋置方向与土体运动方向的相对关系，并将其分解为垂直和平行两个方向上的变形，再进行可靠度的计算，这样就可以分为管道纵向变形的可靠度评估和管道横向变形的可靠度评估。

（8）当地下埋置管道遭受由于地震引起的土体滑坡或液化的纵向变位时，主要考虑管道遭受纵向的拉压作用，一般情况下在土体运动的上下边缘处管道受力和变形最大。地面土体的运动位移被管道各个接口的受拉或受压变形吸收，接口发生的轴向变形即为进行地震可靠度评估的主要指标，即为 4.2.3.3 节中的 S。

（9）滑坡、液化等土体的横向变位作用对地下埋管的影响的另一方面体现在当土体运动方向与管道轴线方向垂直而使管道产生的横向变形上。对于这种形式的管土相互作用时，将管道看作是受到侧向作用的梁，侧向作用的形式为跨中位移最大，两端最小。横向 PGD 对于管道的作用包括管段的弧长效应和管道弯曲变形引起的接口的旋转。最终造成的管道拉伸是由于管段的轴向受拉作用和接口受弯转动的相对轴向位移综合而成，以此为可靠度评估的主要指标，即为 4.2.3 节中的 S。

（10）对于与基于地震波动的可靠度分析的结合，认为一旦发生地面永久变形，一般情况下是在地震波动以后发生的，所以可以计算永久变形条件下的管道破坏概率，并将仅考虑瞬态运动时管道安全的概率与考虑地面永久变形条件下的管道安全概率相乘得到的条件概率，作为最后管道安全的概率。

5. 材料、构造与施工

（1）鉴于目前大规模市政建设急速发展的现状，有必要从确保管道地震安全性的角度，参照国家标准《给水排水管道工程施工及验收规范》（GB 50268—2008），对常规开槽施工的新建、扩建和改建的城镇供水管道工程的材料、构造以及施工质量做进一步的要求。

(2) 给水管道工程所用的原材料、半成品、成品等产品的品种、规格、性能必须符合国家有关标准的规定和设计要求。应具有质量合格证书、性能检验报告、使用说明书、进口产品的商检报告及证件等，并按国家有关标准规定进行复验，验收合格后方可使用，以确保产品质量符合抗震要求。

(3) 给水管道的管材和管件，一般推荐使用金属类和化学建材类的材料，管件一般以柔性连接为好，应符合下列要求：

a. 管材应具有较好的延性；管件应具有较好的水密性、伸缩性、可挠性和易安装性；

b. 承插式连接的管道，接头填料宜采用柔性材料；

c. 过河倒虹吸管或架空管应采用焊接钢管；

d. 穿越铁路或其他主要交通干线以及位于地基土为液化土地段的管道，宜采用焊接钢管。

(4) 地下直埋承插式圆形管道和矩形管道，在下列部位应设置柔性接头及变形缝：

a. 地基土质突变处；

b. 穿越铁路及其他重要的交通干线两端；

c. 承插式管道的三通、四通、大于 45°的弯头等附件与直线管段连接处。

(5) 当设防烈度为 7 度且地基土为可液化地段或设防烈度为 8 度、9 度时，泵及压送机的进、出管上宜设置柔性连接。

(6) 管道穿过建（构）筑物的墙体或基础时，应符合下列要求：

a. 在穿管的墙体或基础上应设置套管，穿管与套管间的缝隙内应填充柔性材料；

b. 当穿越的管道与墙体或基础为嵌固时，应在穿越的管道上就近设置柔性连接。

(7) 当设防烈度为 7 度、8 度且地基土为可液化土地段或设防烈度为 9 度时，管网的阀门井、检查井等附属构筑物不宜采用砌体结构。

(8) 当埋地管道不能避开活动断裂带时，应采取下列措施：

a. 管道宜尽量与断裂带正交；

b. 管道应敷设在套筒内，周围填充砂料；

c. 管道及套筒应采用钢管；

d. 断裂带两侧的管道上（距断裂带有一定的距离）应设置紧急关断阀。

(9) 施工单位应按照相应的施工技术标准对工程施工质量进行全过程控制，建设单位、勘察单位、设计单位、监理单位等各方应按有关规定对工程质量进行管理，以确保施工质量符合抗震要求。

(10) 沟槽的开挖是最易忽视的施工环节，应根据工程地质条件、施工方法、周围环境等要求确定。沟槽断面的槽底宽、槽深、分层开挖高度、各层边坡及层间留台宽度等，应方便管道结构施工，确保施工质量和安全。

(11) 管道地基是影响管道地震安全性的重要因素，应符合设计要求，管道天然地基的强度不能满足设计要求时应按设计要求加固。

（12）槽底局部超挖或发生扰动时，处理应符合下列规定：

a. 超挖深度不超过 150mm 时，可用挖槽原土回填夯实，其压实度不应低于原地基土的密实度；

b. 槽底地基土壤含水量较大，不适于压实时，应采取换填等有效措施。

（13）排水不良造成地基土扰动时，可按以下方法处理：

a. 扰动深度在 100mm 以内，宜填天然级配砂石或砂砾处理；

b. 扰动深度在 300mm 以内，但下部坚硬时，宜填卵石或块石，再用砾石填充空隙并找平表面。

（14）柔性管道地基处理宜采用砂桩、搅拌桩等复合地基。采用其他方法进行管道地基处理时，应满足国家有关规范规定和设计要求。

（15）原状地基为岩石或坚硬土层时，管道下方应铺设砂垫层。厚度应符合表 4-30 规定。

砂垫层厚度 **表 4-30**

管道种类/管外径	垫层厚度（mm）		
	$D_0 \leqslant 500$	$500 < D_0 \leqslant 1000$	$D_0 > 1000$
柔性管道	≥100	≥150	≥200
柔性接口的刚性管道	150～200		

（16）沟槽回填质量也是影响管道地震安全的重要因素，沟槽回填时采取防止管道发生位移或损伤的措施；化学建材管道或管径大于 900mm 的钢管、球墨铸铁管等柔性管道在沟槽回填前，应采取措施控制管道的竖向变形。

（17）沟槽回填管道应符合以下规定：

a. 压力管道水压试验前，除接口外，管道两侧及管顶以上回填高度不应小于 0.5m；水压试验合格后，应及时回填沟槽的其余部分；

b. 无压管道在闭水或闭气试验合格后应及时回填；

c. 沟槽内砖、石、木块等杂物清除干净；

d. 保持排水系统正常运行，沟槽内不得有积水，不得带水回填；

e. 严禁在槽壁取土回填。

（18）回填过程中不得损伤管道及其接口，回填材料应符合下列规定：

a. 槽底至管顶以上 500mm 范围内，土中不得含有机物、冻土以及大于 50mm 的砖、石等硬块；在抹带接口处、防腐绝缘层或电缆周围，应采用细粒土回填；

b. 冬期回填时管顶以上 500mm 范围以外可均匀掺入冻土，其数量不得超过填土总体积的 15%，且冻块尺寸不得超过 100mm；

c. 回填土的含水量，宜按土类和采用的压实工具控制在最佳含水率±2%范围内；

d. 采用石灰土、砂、砂砾等材料回填时，其质量应符合设计要求或有关标准规定。

（19）管道埋设的管顶覆土最小厚度应符合设计要求，且满足当地冻土层厚度要求；

管顶覆土回填压实度达不到设计要求时应与设计协商进行处理。

（20）管道各部位结构和构造形式、所用管节、管件及主要工程材料等应符合设计要求。金属管、化学建材管及管件吊装时，应采用柔韧的绳索、兜身吊带或专用工具；采用钢丝绳或铁链时不得直接接触管节。

（21）化学建材管节、管件贮存、运输过程中应采取防止变形措施，管节、管件搬运时，应小心轻放，不得抛、摔、拖管以及受剧烈撞击和被锐物划伤；影响漏水特性的橡胶圈存放位置不宜长期受紫外线光源照射，不得将橡胶圈与溶剂、易挥发物、油脂或对橡胶产生不良影响的物品放在一起，在贮存、运输中不得长期受挤压。

（22）完成所有施工工序后，应进行管道功能性试验，如不合格应严格按程序返工。

4.3　绵阳市科创园区给水管网抗震优化设计

4.3.1　工程概况

科创园区给水管网工程位于四川省绵阳市城区西北部的园艺片区，规划面积 12.89km^2。根据当地地质勘探报告显示，该工程区位于浅丘地形，场地地层结构相对简单，无断裂通过，区域稳定。场地平均等效剪切波速为 213m/s，卓越周期为 0.316s，该工程区内等效剪切波速 $153\text{m/s}<v_{se}\leqslant244\text{m/s}$ 的土层厚度为 4.7～15.9m，$245\text{m/s}<v_{se}\leqslant358\text{m/s}$ 的土层厚度均大于 5m。根据规范判别建筑场地类别为Ⅱ类，场地下覆未发现粉砂及软土等软弱夹层，初步判别不存在砂土液化影响，地质条件较好。

工程区场地抗震设防烈度为 7 度，设计地震分组为第二组，设计基本地震加速度值为 0.10g，地震动反应谱特征周期为 0.40s。

4.3.2　给水管网抗震优化设计方法

1. 抗震优化设计模型

城市给水管网是一个复杂的大系统，其基本设计参数包括管网的拓扑结构、管段的管径、管材、接口形式等。考虑到本工程规划管网拓扑结构简单、管线基本沿主干道敷设，因此这里主要以管径、管材和接口形式为优化参数，抗震可靠度作为约束，管网费用最小为设计目标，进行给水管网抗震优化设计。

给水管网的费用包括管网建设投资费用和建成后的运行管理费用，这里用给水管网的年费用折算值（管网建设投资偿还期内的管网建设投资费用和运行管理费用之和的年平均值）来表示。因此建立如下优化模型：

$$\min W \quad \text{s.t} \quad \beta_{\min}\geqslant\beta_0 \tag{4-27}$$

式中　$\beta_{\min}$——给水管网所有节点的抗震可靠度指标的最小值，采用前述介绍的方法来求解；

β_0——给水管网设计时允许的抗震可靠度指标限值；

W——给水管网的年费用折算值。可用下式表示：

$$W = (p/100 + 1/T)C + \sum P_i q_i hp_i \tag{4-28}$$

式中 p——管网的每年折旧和大修的百分率；

T——管网建设投资偿还期（年）；

P_i——泵站 i 的单位运行电费指标，元/（m^3/（s·m·a））；

q_i——泵站 i 的设计扬水流量，m^3/s；

hp_i——泵站 i 的最大时扬程（m）；

C——管网造价（含管道接口的造价），可用下式计算得到：

$$C = \sum \gamma i(a_1 + a_2 d_i a_3) l_i \tag{4-29}$$

式中 l_i——管线长度，m；

d_i——管径，mm；

a_1、a_2、a_3——造价经验系数，可以分别取为 62.1051、1979.7、1.486；

γ_i——连通系数，铺设管线时取为 1，不铺设时取为 0。

上述模型中，采用管径、管材和接口形式作为优化参数。因为管径大小和不同管材影响了管线的抗震可靠度和管网的建设费用。管径增大，管网造价增加，但抗震可靠度好，运行费用因管段中水头损失减小，水泵所需扬程降低而减小。相反，管径减小，管网造价下降，但抗震可靠度降低，运行费用增加。

2. 遗传算法求解优化设计模型

遗传算法是一种全局性概率搜索算法，它以一种随机进化机制控制优化过程，性能上即优于非线性的爬山搜索法，又具备了枚举法的离散变量组合特性，对离散管段的组合优化问题尤为适用。

（1）编码方式：二进制编码方式有很多不足，包括：相邻整数的二进制编码具有较大的 Hamming 距离；一般要先给出求解精度以确定串长，而一旦精度确定后，很难在算法执行过程中进行调整；而且二进制编码会出现编码冗余问题等。这里采用整数编码方式避免了二进制编码的缺点，程序实现也比较方便。例如：假设管网中有 8 个管段、5 种可用标准管径规格，分别为：100mm、150mm、200mm、300mm、400mm，则用整数 {1、2、3、4、5} 一一对应的表示这 5 种可用标准管径。管网的一种可能管径组合方案：{100、200、300、150、400、150、200、300}，则用整数编码方式表现为 {1、3、4、2、5、2、3、4}。

（2）遗传操作：采用两点交叉，适应度比例选择（赌轮盘）和最佳个体保留策略操作。

（3）适应度函数及其标定：将适应度值定义为：$f = 1/Z_2$，这样个体间适应值差异变大了，算法择优操作变得简单，种群优化速度变快。初始种群中可能存在特殊个体的适应度值超大，为防止其统治整个群体并误导群体的发展方向而使算法收敛于局部最优解，需限制其繁殖。在计算临近结束，由于群体中个体适应度值比较接近，造成在最优解附近摆动，此时应将个体适应度值加以放大，以提高选择压力。

（4）选择压力调整：适应度比例法是目前遗传算法中最常用的选择方法。设群体规模

为 n，其中每个个体 i 的适应度值为 f_i，则个体 i 被选择的概率为 $Ps_i = f_i\alpha/\sum f_j$。本书定义个体 i 被选择的概率为：$Ps_i = f_i\alpha/\sum(f_j)\alpha$，$\alpha$ 定义为选择压力因子，α 值的范围（0+∞）。α 值越大，适应度值高的个体被选择的概率就大；α 为零时，选择算子失去选择能力。在遗传算法进化初期，α 为避免算法的未成熟收敛现象，值应取得小一些，使群体的多样性增强；随着遗传算法的迭代，群体中个体的适应度值相近，使算法在最优解附近收敛速度变慢，这时 α 值应取得大些，使计算结果尽快收敛到最优解。

4.3.3　给水管网抗震优化设计结果

科创园区规划管网拓扑结构较为简单，管线基本沿主干道敷设，因此不对管网拓扑结构进行优化，而以管径、管材和接口形式为优化参数，抗震可靠度作为约束条件，管网年费用折算值最小为设计目标，采用上述管网抗震可靠度计算方法以及基于遗传算法的管网抗震优化设计方法对科创园区给水管网进行了抗震优化设计分析。抗震优化设计的管网图如图 4-37 所示。

图 4-37　绵阳市科创园区抗震优化设计管网图

新建管网管径在 150～600mm 之间，管材为球墨铸铁管，接口为 T 形承插式柔性接口。

4.3.4　优化设计管网的抗震可靠度评估

1. 评估结果

对前述按设计基本加速度（Ⅶ度烈度）优化设计的科创园区管网进行可能遇到的更大

烈度地震时的抗震可靠度评估。

科创园区管网工程区域无断裂带通过，场地下覆未发现粉砂及软土等软弱夹层，初步判别不存在砂土液化影响，地质条件较好。对其主干管道分布进行分段，管段和节点编号如图 4-38 所示。

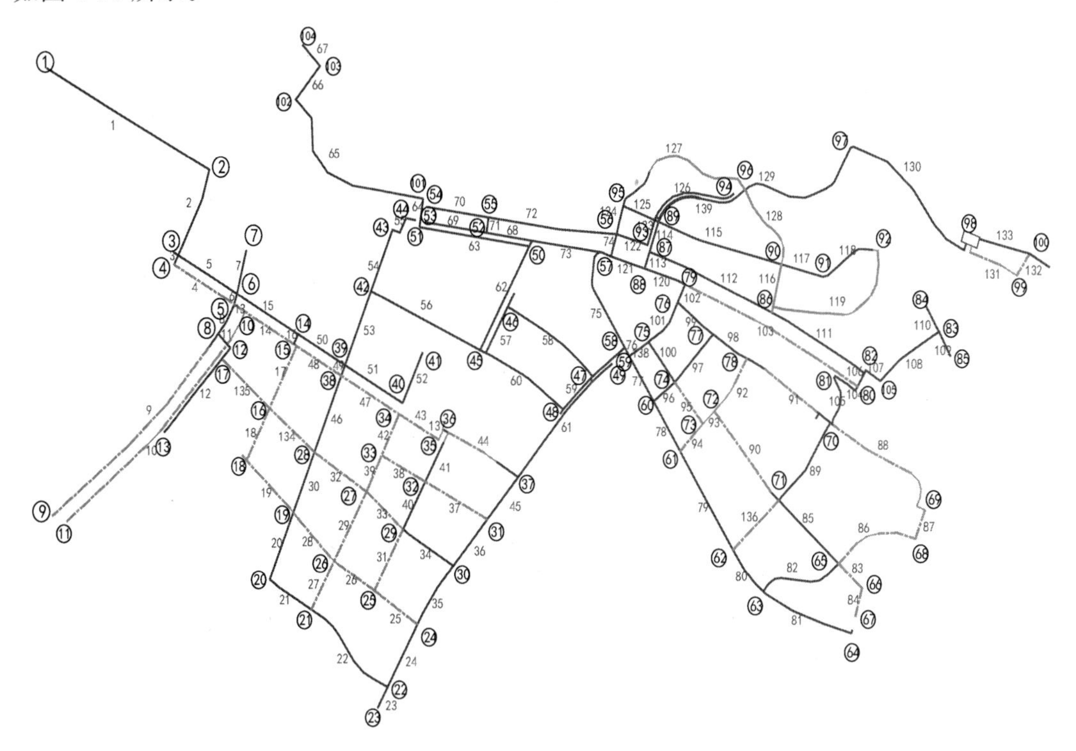

图 4-38　优化设计管网的管段和节点编号图

进行了设计基本地震加速度 0.1g（设计基本加速度）、0.353g（8 度烈度）和 1.0g（10 度烈度）3 种情况下的抗震可靠性评估。篇幅所限，仅给出在 10 度烈度时各管道的破坏概率，见表 4-31 所列。

优化设计管网在地震加速度 0.353*g* 情况下的破坏概率　　　　**表 4-31**

管段号	破坏概率	管段号	破坏概率	管段号	破坏概率
1	0.6811	48	0.2624	95	0.2546
2	0.3847	49	0.0575	96	0.1608
3	0.0562	50	0.2729	97	0.2952
4	0.3398	51	0.3512	98	0.2065
5	0.3432	52	0.2626	99	0.2327
6	0.0626	53	0.3126	100	0.2451
7	0.2185	54	0.3028	101	0.2370
8	0.1626	55	0.0837	102	0.0945
9	0.7534	56	0.4898	103	0.7177
10	0.7885	57	0.2495	104	0.1308

续表

管段号	破坏概率	管段号	破坏概率	管段号	破坏概率
11	0.1078	58	0.4918	105	0.2182
12	0.4751	59	0.2208	106	0.1110
13	0.0668	60	0.4322	107	0.1029
14	0.2976	61	0.5750	108	0.3600
15	0.3419	62	0.4431	109	0.1430
16	0.0536	63	0.4795	110	0.1487
17	0.3149	64	0.1318	111	0.4851
18	0.2797	65	0.6390	112	0.5656
19	0.3467	66	0.1958	113	0.0752
20	0.3111	67	0.1377	114	0.1427
21	0.2736	68	0.2248	115	0.5651
22	0.4888	69	0.3356	116	0.2119
23	0.1241	70	0.3224	117	0.2467
24	0.3174	71	0.0808	118	0.3111
25	0.2859	72	0.5706	119	0.6050
26	0.2684	73	0.3642	120	0.2391
27	0.2628	74	0.1129	121	0.1796
28	0.3083	75	0.3946	122	0.1810
29	0.3495	76	0.0486	123	0.1407
30	0.2878	77	0.2316	124	0.1551
31	0.3182	78	0.2552	125	0.1986
32	0.3338	79	0.4493	126	0.4410
33	0.2698	80	0.2399	127	0.6027
34	0.3196	81	0.4360	128	0.4448
35	0.3199	82	0.3972	129	0.4947
36	0.2799	83	0.1690	130	0.5274
37	0.3647	84	0.1343	131	0.2550
38	0.2703	85	0.3782	132	0.1177
39	0.1986	86	0.4180	133	0.2961
40	0.2549	87	0.1468	134	0.3223
41	0.2639	88	0.4807	135	0.3367
42	0.2232	89	0.3937	136	0.3099
43	0.2338	90	0.4413	137	0.0565
44	0.4028	91	0.4623	138	0.1240
45	0.2564	92	0.2882	139	0.3994
46	0.3496	93	0.0919		
47	0.3252	94	0.1840		

2. 结论及建议

从可能遇到的更大烈度地震时的抗震可靠度评估计算结果可以看出，优化设计管网在设计基本地震加速度和达到8度烈度的情况下，抗震可靠度均良好，只是在10度烈度时则不可避免将造成破坏，破坏概率最大达到0.8左右。

（1）对于破坏概率大的管线，在施工时应重点做好施工质量检查，防止施工质量不过关导致的破坏概率加大，而且在适当的地方布置紧急供水切断装置，以便在发生破坏时减少损失。

（2）对上述破坏概率较大的管线进行备案，以便在地震时排查管线破坏时有据可查。

（3）对于破坏概率大于0.5的管线，即第10，9，103，1，65，119，127，61，72，112，115，130号管线，可部分更换新型抗震管材（如AGR管），或采用新型接口，或进行局部的抗震加固。

第5章　给水管网运行调度与管理

5.1　给水管网优化调度理论

5.1.1　调度目标

供水行业本身是一个高能耗的行业，如美国全国7%的电能耗用在市政给水设施中。据中国城镇供水协会1990年供水统计年鉴中对400个城市的统计，每年的电量消耗量达575亿kWh。根据2012年《中国统计年鉴》，对288座城市统计：2011年全年供水总量为513.4亿m^3，其中生活用水247.7亿m^3，人均生活用水62.4t/a，用水普及率97%。2011年年末供水综合生产能力2.66687亿m^3/d，年末供水管道长度573774km，全年供水总量513.4222亿m^3，其中生活用水247.6520亿m^3，生产用水159.6521亿m^3，用水人口39691.3万人，人均日生活用水量170.9L。在给水系统的运行中，配水能耗一般占总能耗的比重很大。根据蒋瑞敏的调查，在整个给水工程的用电量中，95%～98%的电量是用来维持水泵的运转，其他2%～5%用于制水过程中的辅助设备，例如电动阀、真空泵、排污泵、机修和照明等。随着城市的发展，很多城市，尤其是一些历史较长的城市，地下管网错综复杂，这种配水管网的复杂性使得人工控制管网的运行变得比以前更难，现有的配水系统不同程度上存在供水压力分布不合理和耗电较多的严重问题。

国外自20世纪50年代末将计算机技术用于给水工业以来，至70年代就开始了对给水管网优化调度问题的研究，在这方面已取得了不少成功的经验，如：Vilas Nitivattananon等人提出了根据管网用水负荷、水泵供水能力及其他地理因素的限制，将给水管网优化调度模型按不同时段和区域分为若干的子模型分别进行研究，并采用逐步优化的方法求解优化调度动态规划数学模型；Vilas Nitivattananon在模型中对水泵流量离散化并采用搜索法求解以减少泵开关次数；Sakarya、A. Burcu Altan等人在输配水系统泵的最优调度中考虑水质因素，基于这个不能用现行方法解决的大规模非线性规划问题，最优解是通过与水力、水质模拟代码EPANET，非线性优化代码GRG2连接而求得的；Sakarya将含有状态变量的约束条件并入到目标函数中使用增广拉格朗日罚函数法求解，模型中的3个目标函数是：水质浓度的期望值与实际值的差最小，总的泵的运行时间最小，总的能耗最小，最后求出考虑水质因素的泵站最优调度方案；除此之外，Pelletier、Gnevieve、Qing zhang、McGuire，Michael J. 等也都对管网优化调度进行了研究，并提出了与SCA-

DA 系统相结合的实时优化调度。

从 20 世纪 70 年代起国内许多专家、学者开始尝试将计算机技术应用于供水系统的模拟、优化设计及水厂水质控制等方面。在供水系统优化调度管理方面也进行了很多有益的探索和尝试，制作了一些应用软件，并在天津、郑州、济南、深圳、广州等地进行了实际应用，但由于国内设备条件及技术手段的限制，在供水可靠性及经济性方面都较成功的实例尚不多见，完全由计算机进行调度决策的供水控制系统实例尚未见到，但建立供水的优化调度系统是供水行业发展的必然趋势。

供水系统优化调度主要由三部分组成：①用水量预测；②建立供水系统管网分析模型；③优化调度决策。供水系统优化调度模块如图 5-1 所示。

优化调度用水量预测的方法一般分为两类：解释性预测方法，即回归分析方法；时间序列分析方法。常用的预测模型有：指数平滑预测模型、移动平均（MA）预测模型、自回归（AR）预测模型、自回归移动平均（ARMA）预测模型、自适应过滤模型、多元线性回归模型、灰色预测模型、神经网络预测、组合预测模型。

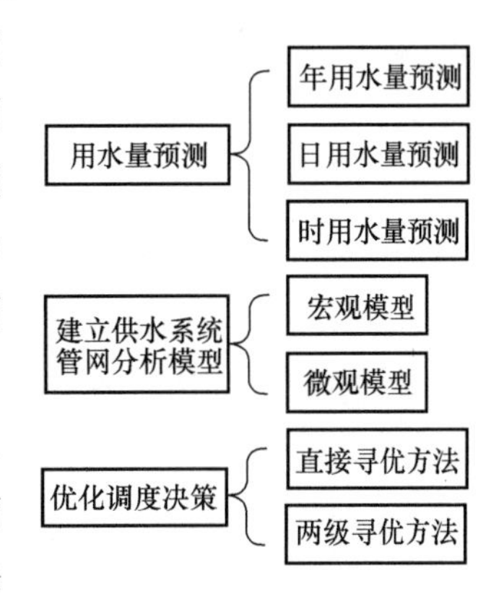

图 5-1 供水系统优化调度模块

管网调度首先是保证用户对水量、水压和水质的要求，其次才是尽可能高地追求管网运行的经济效益。既要全面提升供水服务水平，提高水量、水压和水质的保证率，降低供水能耗、物耗和人力资源成本，又要提高供水企业的社会效益和经济效益。其发展方向是实现供水调度与控制的优化、自动化和智能化，最终实现与水资源控制、水处理过程控制及供水企业管理的一体化。所以优化调度的具体目标是：

1. 降低水泵能量费用

泵站内通常安装多台大小不同、型号各异的水泵，以便根据管网用水量的需要，在运行时将各种水泵合理搭配。近年来，变速泵的应用越来越多，所以不仅要确定哪台变速泵应该启动，还要决定该泵在什么转速下运转。有效的水泵调度，既要根据用水量需要确定开动效率最高的水泵，又要确定在一天不同时段内能供多大流量。有些城市电费的收费标准有时段性，为了鼓励夜间用电往往此时电费较低，而在白天电费较高，当用电量超过某一限度时可能还要增加收费等。调度时可使水泵在夜间多抽水到蓄水池中储存起来，而在白天由蓄水池向管网供水，以减小开关泵的次数和电费。

2. 减小渗漏水量

水资源是宝贵的财富，因此节约用水的意义重大，减小管网漏水量也是节约用水的一项措施。我国城市管网的实际漏水率约为 12%～15%，减小漏水量的方法很多，降低过高的水压是减少漏水量的有效方法。

3. 降低维护保养费用

保持最小所需的自由水压，避免管网过高的压力，可以减小爆管的可能性。另外在调度时，不应过分频繁地开停水泵，否则会加速设备磨损，并且会在管网中出现有破坏性的水锤现象。

5.1.2　宏观模型

在进行给水系统调度的最优化计算时，必须快速、准确地模拟系统的工作状况，求出表征系统工作状况的一些特征参数，例如各泵站的供水量、供水压力以及管网中的最小自由水压等。为此，必须建立管网的数学模型，进行管网水力计算。常用的管网数学模型有两类：微观模型和宏观模型。

宏观模型，就是在配水系统大量运行数据的基础上，利用统计分析的方法，建立起来的各有关参数间的经验性数学表达式。它是一种数据相关性统计模型，寻求管网中不同区域间的流量、压力变化的关系和规律，在这些变量运行记录的基础上，利用系统回归分析的方法，不进行详细的管网水力模拟计算，不必考虑全管网的各节点及各管段的所有状态参数和结构参数，而从系统的角度出发，直接描述出与调度决策有关的主要参数之间的经验函数关系，建立各变量之间的函数关系式，从而反映出管网的状态变化。配水系统的宏观模型自 1975 年 Robert Demoyer Jr 等人提出以后，国内外学者对宏观模型进行了大量的研究，有了很大的发展且有许多表示形式。研究主要分为三类：线性动态模型、比例负荷模型、非比例负荷模型。

管网宏观模型是根据管网测压点压力与供水泵站工况之间的内在关系，经数学统计和归纳，建立泵站出口压力与管网测压点压力及泵站出口流量之间的宏观关系模型。它是一种数据相关性统计模型，求解管网中不同区域间的流量、压力和水质变化的关系和规律，而无须进行费时的管网水力计算，数学模型简单，因而计算速度快，输入数据少，占内存少，建模速度较快，计算结果可靠，以较少的状态参数最大程度地反映出了整个管网系统的运行状态及其实时变化情况。同时宏观模型避免了微观模型的缺陷，效果上又完全起到了它应有的作用。所以说宏观模型的建立和发展对城市给水管网的优化调度具有重要的意义。我国在这方面进行了卓有成效的研究，建立了适合国情的宏观数学模型，并应用于实际，获得了成功。

但是一方面由于宏观模型的数据基础是管网系统运行历史数据，当管网结构变化较快，管网用水规律变化较大时，模型存在的普遍问题是模拟精度难以保证，需要及时不断地修正模型，从而降低了模型的稳定性、通用性和长效性。另一方面宏观模型建立的根本出发点是用于管网运行自动化和优化调度，是根据管网中所设的测流点、测压点来建模，而不关心管网中详细的组件功能信息，因而其输出量也只能是相应节点的压力及管段流量，无法了解非测压点的压力和非测流点的流量，不能表达管网中各个管段的运行状态和参数，对管网维护、更新和改造方案不具有指导作用。同时宏观模型是在管网流量变化服从“比例负荷”的条件下，应用“黑箱理论”的基本思想，不进行给水系统细微结构的研究，只考虑给水系统的“输入”、“输出”，例如二级泵站的扬程、流量和监测点压力值等，是以监测参数为基础建立的，因此对于管网监测数据的要求较高。可是目前我国城市管网的监测系统还有待完善。另外，宏观模型还要求各节点的用水量、各泵站的供水量和管网用水在各不同时段都以一个统一的比例因子上下浮动。而在我国，居民用水和工业用水由同一管网供应，并且工业用水占很大的比例，所以水量变化情况不能满足“比例负荷”的条件。可见，单独采用微观模型或宏观模型都有一定缺陷，所以也有提出两者相结合以求解优化模型，充分利用由实践中总结出的调度经验，将“优化”调度发展为“实用优化调度”的设想。

城市管网系统十分复杂，但它是一个有机的整体，欲建立一个理想的模型，必须对系统通盘考虑。不仅要考虑各水厂的供水量、供水压力，也要考虑网上压力分布状态，注意各节点间的相互关联。据此，在实际管网中，取少量能代表管网压力分布状态的监测点及水厂、泵站，构造一个简化网络，其中各点间的传递特性，由回归计算得出。这样构成的简化网络模型与原网络具有相同或近似的特性，因而，能满意地再现实际管网状态。另外，配水系统具有时变性的特点，但其变化基本为一缓变过程，且具有周期性。所以在每天的变化趋势中，若无明显差异，则以一个模型处理；如有显著的变化，可以分段建立模型。

5.1.3 微观模型

微观模型最大的优点是给出了整个管网内部的工作状况，具有直观性，便于指导配水管网的管理，且微观模型对系统的变化及节点用水量分布的变化适应性较强。例如当某水池或主干管中断使用时，将管网拓扑关系校正后，仍可使用进行系统的工况模拟。但微观模型应用的前提是：已知管网各节点的节点流量及管道的摩阻系数。然而，节点流量是依赖用户用水量而随机变化的量，是最难以确定的值；管道摩阻系数受管道敷设年限、管道腐蚀及结垢等因素的影响而发生了变化，其变化值亦难以解析。尤其是在目前对节点流量的跟踪测量及对摩阻系数测量等研究还不够成熟，这给微观模型的实际应用带来了较大的影响。与宏观模型相比，微观模型对系统拓扑的变化和节点用水量模式的变化具有较强的适应性，它可以方便地获取所有管段、节点、水源的工况参数以及各小时的静态模拟工况和动态实时工况。微观模型对管网维护、更新和改造方案具有指导作用。

管网的微观数学模型是在较详尽地考虑整个管网元素间的水力关系的基础上，通过管网水力计算，建立起的配水管网仿真模拟模型。微观模型最大的优点是描述出了整个管网的内部运行工作状态，具有直观性，便于指导配水管网的管理。但是建立微观模型的前提是：管网拓扑结构比较清楚，各工况参数较易取得，并且管网规模较小，可以满足计算要求。多年来，城市给水系统仅靠建立微观优化调度数学模型难以达到优化调度的最终目标，因为微观模型存在如下的几个问题难以解决：

（1）在实际运行过程中，管网各节点的节点流量难以确定。因为节点流量是依赖用户用水量而随机变化的量，是最难以确定的值。管道摩阻系数受管道敷设年限、管道腐蚀及结构等因素的影响而发生变化，所以其变化值亦难以确定。

（2）管道的结构参数和节点的状态参数因铺设年代、管道内壁腐蚀及测量仪器不准确等因素影响也是未知量，使管网具有“不确知性”。

（3）管网计算是基于简化管网，常将管网中一些小口径管道忽略掉，或将并联的几根管道简化成一根管道，或将一小片管网简化成一个节点，这使得计算值与实际值难以吻合，特别是节点流量难以跟踪实测。

5.1.4　分级优化调度

城市给水系统优化调度模型中含有多个目标函数，其中有些是非线性的，此外，还要考虑时段的变化因素，因此是一个多目标动态的非线性规划问题。根据所确定的不同决策变量而有不同的优化调度建模方法，主要有直接优化调度方法和分级优化调度方法。

给水系统是由泵站、管网和调节构筑物等组成的复杂系统，优化调度建模时，如果整个系统一起考虑，可能由于模型复杂，难以求解。因此提出了将给水系统分成管网和泵站两个子系统，在此基础上建立两级优化调度模型。两级优化调度模型中，第一级以各泵站在不同时段的流量 q_{kj} 和供水压力 p_{ki} 为决策变量，求出各泵站的流量和压力优化分配；第二级是寻求各泵站的水泵优化组合方案，使各泵站在安全运行和运行费用最小的条件下达到管网所需的流量和水压。两级优化调度模型的求解相对容易，计算速度快。

直接优化调度模型是将整个给水系统一起建模，直接寻求水泵的优化组合方案，在保证管网所需流量和水压的条件下，使运行费用为最小。这类模型以各泵站内同型号泵的开启台数和单泵流量为决策变量，模型中既有离散变量又有连续变量，属于混合离散变量非线性规划问题。

给水系统优化调度建模的一般步骤为：

（1）确定决策变量。决策变量是指系统输入所需的最少变量，一般指水泵流量、台数和泵站出口压力。确定决策变量是优化调度建模的基础。

（2）确定目标函数和约束函数。目标函数是指运行达到指标的数学表达式。约束函数是指控制或制约系统运行变量的数学表达式。

（3）确定约束条件。约束条件是指约束函数为保证给水系统运行须满足的水量、水压和可靠性等要求的一系列等式、不等式或特定条件下的微分方程。

城市给水系统优化调度是以供水费用最小为目标，以供水压力、系统的技术状况和设备能力等为约束条件，确保供水服务质量，供需水量平衡。

1. 直接优化调度模型

如果以供水费用为目标函数，以各送水泵站内各种型号水泵的运行数量 NP、单台泵的流量 Q、泵站内调速泵的转速 N 为决策变量而建立的优化调度模型通常称为直接优化调度模型。

直接优化调度模型将水泵与管网有机地结合起来，从整个系统的角度出发，合理调度各种水泵，达到系统整体优化。但由于模型中既有连续变量 $Q_{i,j,k}$ 又有离散变量 $N_{i,j,k}$，是一个混合变量的非线性规划问题，而且多数管网系统规模大、供水泵站中既有恒速泵又有调速泵，系统中流量与压力呈非线性关系，求解比较困难。

1）目标函数

（1）制水成本。

给水系统的制水成本包括取水、输水以及水处理过程的电耗和药剂等费用，数学描述为：

$$F_1=\sum_{i=1}^{I}\sum_{j=1}^{J}S_{i,j}Q_{i,j} \tag{5-1}$$

式中　$S_{i,j}$——第 i 泵站第 j 时段制水费用，元/m^3；

$Q_{i,j}$——第 i 泵站第 j 时段的出水量，m^3/s；

I——水源泵站数；

J——调度期内划分的时段数。

（2）泵站电耗。

泵站电耗是指各水源泵站需将来水通过水泵提升到一定的扬程才能送到配水管网中，由此泵站内水泵所消耗的电费，一般只设直接费用，不计间接费用。可描述为：

$$F_2=\sum_{i=1}^{I}\sum_{j=1}^{J}SP_{i,j}\sum_{k=1}^{K_i}\frac{C\cdot NP_{i,j,k}\cdot QP_{i,j,k}\cdot HP_{i,j,k}}{\eta_{i,j,k}} \tag{5-2}$$

式中　$SP_{i,j}$——第 i 泵站第 j 时段的电度电费，元/度；

C——换算系数；

$NP_{i,j,k}$——第 i 泵站第 j 时段第 k 种水泵的开启台数；

$QP_{i,j,k}$——第 i 泵站第 j 时段第 k 种水泵出水量，m^3/s；

$HP_{i,j,k}$——第 i 泵站第 j 时段第 k 种水泵出水扬程，m；

$\eta_{i,j,k}$——第 i 泵站第 j 时段第 k 种水泵的计算效率，可由水泵效率曲线拟合其关系式；

K_i——i 泵站水泵型号种类数。

（3）供需水量差。

在实际供水系统中，供需水量是平衡的，即：$\sum_{i=1}^{I}Q_{i,j}=QF_j$，这应是模型中的一个硬约束条件。但为保证优化计算的可行性，可将其软化，放松约束限制，以扩大可行域。

$$F_3=\sum_{j=1}^{J}\left|\sum_{i=1}^{I}Q_{i,j}-QF_j\right| \tag{5-3}$$

式中　QF_j——j 时段系统的总需水量（由用水量预测模型计算求得），m^3/s；

$Q_{i,j}$——第 i 泵站第 j 时段的出水量，m^3/s。

2）约束条件

（1）考虑各泵站日供水能力的约束条件：

$$\sum_{j=1}^{J}Q_{i,j}\leqslant Q_{\max i}\qquad i=1,2,\cdots,I \tag{5-4}$$

式中　$Q_{i,j}$——i 泵站 j 时段的出水量，m^3/s；

$Q_{\max i}$——i 泵站一日内最大出水量，m^3/s。

（2）保证各测压点的供水压力在技术要求范围内：

$$H_{\min i,j} \leqslant H_{i,j} \leqslant H_{\max i,j} \qquad i=1,2,\cdots,N \;\; j=1,2,\cdots,J \tag{5-5}$$

式中　$H_{\min i,j}$——第 i 测压点 j 时段最低运行服务水头，m；

$H_{\max i,j}$——第 i 测压点 j 时段最高运行服务水头，m；

N——测压点个数。

（3）水泵供水能力要求：

$$HP_{\min i,k} \leqslant HP_{i,j,k} \leqslant HP_{\max i,k} \tag{5-6}$$

式中　$HP_{i,j,k}$——第 i 泵站第 j 时段第 k 种水泵出水扬程，m；

$HP_{\min i,k}$——第 k 种水泵的最低供水扬程，m；

$HP_{\max i,k}$——第 k 种水泵的最高供水扬程，m。

$HP_{\min i,k}$，$HP_{\max i,k}$ 都由水泵特性曲线的高效区决定。

（4）水泵数量限制：

$$NP_{\min i,k} \leqslant NP_{i,j,k} \leqslant NP_{\max i,k} \tag{5-7}$$

式中　$NP_{i.j.k}$——第 i 泵站第 j 时刻第 k 种水泵同时开启数；

$NP_{\min i,k}$——第 i 泵站第 k 种水泵最少开机台数；

$NP_{\max i,k}$——第 i 泵站第 k 种水泵最多开机台数。

3）直接优化调度模型

综上所述，直接优化调度模型可归纳如下：

$$\min F = (F_1 + F_2) \cdot (1 + F_3) \tag{5-8}$$

$$\text{s. t.} \sum_{j=1}^{J} Q_{i,j} \leqslant Q_{\max i} \tag{5-8a}$$

$$H_{\min i,j} \leqslant H_{i,j} \leqslant H_{\max i,j} \tag{5-8b}$$

$$HP_{\min i,k} \leqslant HP_{i,j,k} \leqslant HP_{\max i,k} \tag{5-8c}$$

$$NP_{\min i,k} \leqslant NP_{i,j,k} \leqslant NP_{\max i,k} \tag{5-8d}$$

2. 两级优化调度模型

对于复杂供水系统的优化调度，可将给水管网优化和水泵运行组合优化进行分别考虑，即建立两级优化调度模型。首先通过一级优化确定各水源最佳供水量和供水压力；然后再通过二级优化确定各泵站开启水泵的型号、台数及调速泵的调速比等，以满足最优供水压力和供水流量的要求。

1）一级调度模型

目前给水系统的优化调度研究多采用单目标优化方法，以满足用户的水压、水量要求为前提条件，以供水电耗最低为目标，建立一级优化调度数学模型。

（1）制水成本：

$$F_1 = \sum_{i=1}^{I} \sum_{j=1}^{J} S_{i,j} Q_{i,j} \tag{5-9}$$

式中　$S_{i,j}$——第 i 泵站第 j 时段制水费用，元/m^3；

$Q_{i,j}$——第 i 泵站第 j 时段的出水量，m^3/s；

I——水源泵站数；

J——调度期内划分的时段数。

（2）泵站电耗：

$$F_2 = \sum_{i=1}^{I}\sum_{j=1}^{J} SP_{i,j} \cdot C \cdot Q_{i,j} \cdot (H_{i,j} - H_{0i,j}) \tag{5-10}$$

式中 $SP_{i,j}$——第 i 泵站第 j 时段的电度电费，元/kWh；

C——换算系数；

$Q_{i,j}$——第 i 泵站第 j 时段的出水量，m^3/s；

$H_{0i,j}$——第 i 泵站第 j 时段储水池水位，m；

$H_{i,j}$——第 i 泵站第 j 时段满足管网用水量所需要的泵站出口压力，m。

（3）供需水量差：

$$F_3 = \sum_{j=1}^{J}\left|\sum_{i=1}^{I} Q_{i,j} - QF_j\right| \tag{5-11}$$

式中 QF_j——j 时段系统的总需水量（由用水量预测模型计算求得），m^3/s。

一级调度模型可总结如下：

$$\min F = (F_1 + F_2) \cdot (1 + F_3) \tag{5-12}$$

$$\text{s. t.} \sum_{j=1}^{J} Q_{i,j} \leqslant Q_{\max i} \tag{5-12a}$$

$$H_{\min i,j} \leqslant H_{i,j} \leqslant H_{\max i,j} \tag{5-12b}$$

$$i = 1,2,\cdots,I\ ,\ j = 1,2,\cdots,J$$

式中 $Q_{i,j}$——i 泵站 j 时段出水量，m^3/s；

$Q_{\max i}$——i 泵站日最大供水量，m^3/s；

$H_{i,j}$——第 i 测压点 j 时段水压，m；

$H_{\max i,j}$——第 i 测压点 j 时段允许的最大水压，m；

$H_{\min i,j}$——第 i 测压点 j 时段最低运行服务水头，m。

该模型的意义是：给水系统在水量和水压方面满足城市用水要求和系统服务质量的前提下，以各供水泵站的供水量为变量，使系统供水费用最低的优化调度方案。显然，该模型是一个非线性优化问题，需用非线性的方法求解。

2）二级调度模型

一级优化确定了各泵站的最佳供水量和供水压力，并作为调度指令下达，再进行二级优化，即进行各泵站内水泵运行组合优化，选择适当的水泵机组组合方案与调速泵调速比，使并联后的泵组特性满足调度指令，并使泵站总的能耗最小，数学模型为：

$$\min\left|1 + \left[\sum_{k=1}^{K} NP_{i,j,k} \cdot QP_{i,j,k} - Q_{i,j}\right]\right| \cdot \left|1 + \sum_{k=1}^{K}\left[HS_{i,j,k} - H_{i,j}\right]\right| \cdot \sum_{k=1}^{K} \frac{NP_{i,j,k} \cdot QP_{i,j,k} \cdot HS_{i,j,k}}{\eta_{i,j,k}} \tag{5-13}$$

$$i = 1,2,\cdots,I\ ,\ j = 1,2,\cdots,J$$

$$\text{s.t.}\quad HS_{\min i,k} \leqslant HS_{i,j,k} \leqslant HS_{\max i,k} \tag{5-13a}$$

$$QS_{\min j,i} \leqslant Q_{i,j} \leqslant QS_{\max j,i} \tag{5-13b}$$

$$NP_{\min i,k} \leqslant NP_{i,j,k} \leqslant NP_{\max i,k} \tag{5-13c}$$

式中　$Q_{i,j}$ 、$H_{i,j}$ ——一级寻优要求的 i 泵站 j 时段应满足的出水流量，m^3/s 和出水压力，m；

$NP_{i,j,k}$ ——第 i 泵站第 j 时段第 k 种水泵的开启台数；

$QP_{i,j,k}$ ——第 i 泵站第 j 时段第 k 种水泵出水量，m^3/s；

$HS_{i,j,k}$ ——第 i 泵站第 j 时段第 k 种水泵出水扬程，可由 Q-H 特性曲线拟合其关系式，m；

$\eta_{i,j,k}$ ——水泵的计算效率，可由水泵效率曲线拟合其关系式；

$HS_{\min i,k}$ ——第 k 种水泵最低供水扬程，m；

$HS_{\max i,k}$ ——第 k 种水泵最高供水扬程，m，它们是由水泵特性曲线的高效区决定的；

$QS_{\min j,i}$ ——i 泵站 j 时段最低允许供水量，m^3/s；

$QS_{\max j,i}$ ——i 泵站 j 时段最高允许供水量，m^3/s；

$NP_{\min i,k}$ ——第 i 泵站第 k 种水泵最少开机台数；

$NP_{\max i,k}$ ——第 i 泵站第 k 种水泵最多开机台数。

5.1.5　基于定速泵与调速泵的优化调度

1. 只有定速泵的优化调度

当泵站内只有恒速泵时，对某一出口压力指令值，恒速泵只有一个流量值与其对应，这样使得选泵比较困难，不易满足一级优化调度的结果。但当泵站内水泵的种类及数量有限，可投入运行的水泵机组的组合方案有限时，可采用隐枚举法，将满足最佳泵站出口供水量和供水压力这一供水工况的水泵机组作为可行方案，经过能耗分析，选择最优者作为该工况下的调度方案。但隐枚举法对于泵站内水泵数量较多时，比较复杂。

由一级优化结果可得泵站的最佳供水量 $Q_{i,j}$ 和供水压力 $H_{i,j}$ ，水泵特性曲线的近似公式为：

$$H_p = H - S_p Q^2 \tag{5-14}$$

与此同时：

$$H_p = H_{i,j} - Z + \Delta Z + \Sigma h \tag{5-15}$$

忽略流速水头后，管路水头损失可表示为：

$$\Sigma h = SQ^2 \tag{5-16}$$

式中　S_p ——泵的特性曲线常数；

$H_{i,j}$ ——一级优化结果中泵站的供水压力；

S ——泵站内管路的阻力系数；

Z——泵站高程；

ΔZ——泵轴到水面间的高程差。

联合式（5-14）、式（5-15）、式（5-16）三式可得：

$$Q=\sqrt{\frac{H-H_{i,j}+Z-\Delta Z}{S+S_{\mathrm{p}}}} \tag{5-17}$$

所以只要给定了供水压力 $H_{i,j}$，就可以确定各泵的工作点，进而确定泵的最佳组合，以使 $Z=Q_{i,j}-(x_1Q(1)+x_2Q(2)+\cdots+x_{k_1}Q(k_1))$ 最小，$x_i=0$ 或 1（i=1，2，…，k_1）。

2. 调速泵的运行原理

含有调速泵的泵站优化调度就是确定泵站内水泵的开启方案以及各调速泵的最佳转速 $n_i(i=1,2,\cdots,k)$，以求最大限度地节能。但相对于水泵价格而言，调速装置的价格是昂贵的。因此，为了节省一次投资，我国大部分水司常采用恒速泵与调速泵并联的方式，因此混合泵站的优化调度研究具有更加实际的意义。

变速调节是供水泵站最理想的调度方式。变速泵与定速泵相比，能通过调速，在不同流量范围内均保持高效运行。在此意义上有利于节能，节能的关键在于如何根据实际供水需要确定最佳转速。

设变速泵 i 的额定转速为 n_0，相应的特性曲线方程为：

$$H_0=a_0+a_1Q_0+a_2Q_0^2 \tag{5-18}$$

$$N_0=b_0+b_1Q_0+b_2Q_0^2 \tag{5-19}$$

$$\eta_0=c_0+c_1Q_0+c_2Q_0^2 \tag{5-20}$$

对于任意转速 n_i，令 $S_i=n_i/n_0$，根据相似定律，相同效率的工况下，有：

$$\frac{Q_i}{Q_0}=\frac{n_i}{n_0}=S_i,\ \frac{H_i}{H_0}=\left(\frac{n_i}{n_0}\right)^2=S_i^2,\ \frac{N_i}{N_0}=\left(\frac{n_i}{n_0}\right)^3=S_i^3 \tag{5-21}$$

由此得出转速 n_i 下的水泵特性曲线为：

$$H_i=a_0S_i^2+a_1S_iQ_i+a_2Q_i^2 \tag{5-22}$$

$$N_i=b_0S_i^3+b_1S_i^2Q_i+b_2S_iQ_i^2 \tag{5-23}$$

$$\eta_i=c_0+c_1\frac{Q_i}{S_i}+c_2\left(\frac{Q_i}{S_i}\right)^2 \tag{5-24}$$

因此，变速泵具有以下特性：

（1）变速泵在不同转速下具有不同的特性曲线，不同转速下水泵特性曲线组成一个相似的曲线族；

（2）不同转速的特性曲线之间，存在相似的等效率点，连接这些等效率点可以得出等效率曲线及相应的曲线族；

（3）如果已知某一转速下的特性曲线，则可以推出其他任意转速下的水泵特性曲线以及等效率曲线；

（4）根据调速泵的转速范围及特性曲线，可以推算出调速泵的工作流量和压力范围，并能根据所需压力和流量确定效率最高的工作转速。

水泵转速受调速装置和水泵本身特性的限制，不论何种调速方式，都有各自的调速范围。水泵转速过高，会增加水泵叶轮的离心力，可能造成机械损伤，当接近临界转速时，会发生剧烈震动，使泵损坏；相反的，要使水泵在某给定水压下工作，转速必须高于某一最低允许转速，否则水泵不能出水，而出现倒灌现象。一般调速范围为水泵额定转速的0.75～1.0，否则水泵效率将明显下降，水泵工作点会进入低效区。

3. 调速泵的节能分析

供水泵站不仅要使用水对象获得所需水量，而且要使用水对象获得所需水压。城市用水量是不均匀的，而且水泵型号的选取都是按最不利条件进行，也即按最大设计流量和所需扬程选定。实际上，在绝大部分时间里，城市用水量都小于最大设计流量，水泵处在小流量下工作。由水泵特性曲线方程可知，当水泵出水量 q 减小时，水泵工作扬程 h 将随之增大，所以供水泵站在绝大部分时间处于扬程过剩状态，这部分剩余的扬程就造成了很大的能量浪费。如果采用调速技术就能使水泵的流量与扬程适应用户用水量的变化，维持管网压力恒定，达到节能目的（图 5-2)。

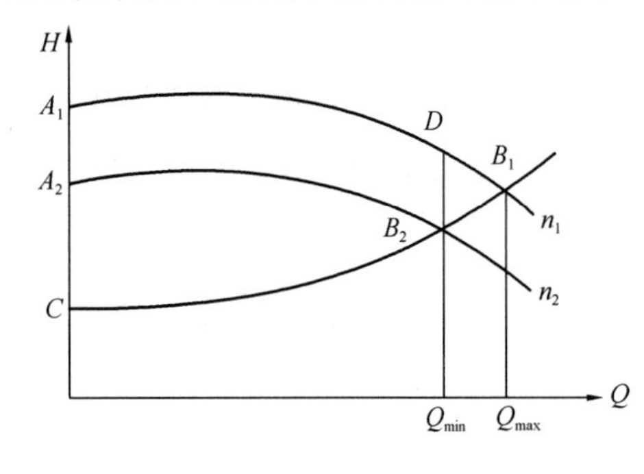

图 5-2　调速泵的节能原理

在图 5-2 中，A_1B_1 为调速前水泵（定速泵）的特性曲线，A_2B_2 为调速后水泵（调速泵）的特性曲线，CB_2B_1 为管路特性曲线。当城市用水量从 Q_{max} 减少到 Q_{min} 时，定速泵的扬程将沿 B_1A_1 曲线上升到 D 点，而管网所需扬程将沿 B_1B_2 曲线下降到 B_2 点。在这个变化过程中，两条曲线纵坐标的差值在逐渐变大，该差值表明了定速泵过剩扬程所造成的能量浪费。采取调速技术后，当用水量从 Q_{max} 减少到 Q_{min} 时，水泵的转速 n_1 下降到 n_2，水泵的 q-h 特性曲线相应地从 A_1B_1 变为 A_2B_2。当特性曲线 A_2B_2 与管路特性曲线 CB_1 的交点为 B_2 时，水泵的供水压力正好与管网所需扬程一致，没有多余的扬程，且能保持管网压力恒定。

对于流量和扬程来说，扬程对转速的变化更为敏感。所以为实现水泵随用水量的变化自动调速，一般都是通过压力信号的反馈来调节水泵转速。当获得超压信号时，使水泵转速下调，当获得欠压信号时，使水泵转速上调。这样能消除水泵在运行过程中扬程过剩的现象。在绝大部分时间内，系统所需水量小于最大设计流量，由相似定律可知，调速泵的运行转速将比其额定转速低，输出的轴功率也随之降低，从而达到节能的目的。

对于两级优化调度模型，一级优化后确定了各泵站的最佳供水量和供水压力，再进行二级优化，使各泵站的水泵运行组合能满足一级调度所要求的水量和水压，并使泵站总的能耗最小。由于调速泵的调速特性，对于二级寻优过程，采用调速泵与定速泵并联组合运行的方式，较只采用定速泵并联组合运行，更容易满足一级调度所要求的水量和水压。

5.2　管网管理与维护技术

给水管道在常年的运行中，沿管道内壁会逐渐形成不规则的环状混合物，称之为“生长环”，它是给水管道内壁由沉淀物、锈蚀物、黏垢及生物膜相互结合而成的混合体。生长环形成初期比较疏松，易被水流冲走，会使用户放出的水呈黄色；未被水流冲走的积存下来，逐渐变硬，成为细菌繁殖生长的场所。管道中生长环不仅直接影响供水水质，而且使过水断面减少，通水能力降低。

对管道进行清洗能显著改善管网水质。生长环含有多种对人体有害的金属元素和微生物，这些有害元素和微生物严重影响管网供水水质。另外，管道在长期运行过程中，在管壁上还会附着很多杂质和沉积物。管网末梢或流速较低的管段尤为严重。一旦管道水流方向改变或流速突然变化，这些沉积物和杂质就会使水质变浑。此外，我国生活饮用水标准规定，在城市管网末端应保持 0.05mg/L 余氯，因为氯是强氧化剂，它除了杀灭水中细菌、氧化有机物消耗外，与其他异物接触时也要消耗。出厂水中余氯量是合格的，由于管内卫生状况不好，余氯消耗速度过快，往往在管网末端余氯消耗殆尽，水质合格率下降。然而，只靠加大出厂水的投氯量来满足管网末端的余氯量是不够的，这不仅提高制水成本，而且将带来一系列弊端。清除生长环，改善管道内的卫生状况，避免发生水质事故，降低了投氯量，改善了供水水质；对管道进行清洗可恢复管道过水断面积，增大通水能力和服务水头，降低电耗。由于清除了管道内的生长环，使管道的过水断面得以恢复，增大管道通水能力，减小水流阻力和水头损失，提高服务水头，降低能耗，节省常年运行费用；管道清洗后能继续使用，节省管网改造投资。

对管道进行清洗，清除管壁上的生长环是保障管网供水水质的重要措施，也是供水行业进行管网维护管理的一项重要内容。

20 世纪 60 年代、70 年代，我国大中城市和工矿企业管道清洗多用简易机械或手工方法进行，诸如电钻钻、钢绳拉和竹竿捅等。到了 80 年代、90 年代，使用半机械化的方法进行清洗，如液压绳索的拉拽、疏通机械的钻刮以及低压水、气的冲刷等等。同时，条件合适时也采用化学的浸蚀和剥落等方法进行清洗。尽管传统的清洗方法，如将长杆上装上线刷刷洗或钻出污物等方法在一定程度上有效，但易损坏管道，耗时且效率低。通过用化学物质在管内循环流动清除管内污物的化学清洗方法，只能用来清洗没有被完全堵塞的管道，而不能用于清洗已阻塞的管道。近十几年来，特别是进入到 21 世纪，管道清洗在发达国家及我国大中城市，基本上都向高压水射流清洗方法过渡和发展。但是对于内部结构复杂的管道难以清洗干净。随着技术的不断进步，各种具有不同优点的新型的管道清理技术不断涌现。

当前管道清洗中常用的清洗技术主要有水压推动弹性球体反复运动清洗管道技术、磁力清管器、高压水射流管道清洗技术、HYDROKINETICS 工艺、空化射流清洗技术、气压脉冲管道清洗技术、化学清洗技术等。每种技术虽各有优势，但是同时也存在不足，如污染水质，腐蚀管壁，去垢不彻底，弯头处清洗困难，设备要求高，噪声大，施工困难，并且停水时间长，耗能大，需水量大等，因而其应用范围也受到限制。高压水射流管道清洗和气压脉冲管道清洗是相对较优的管道清洗技术，其中气压脉冲管道清洗法比高压水射流管道清洗法更加高效、节能、省水。

5.2.1　高压水射流管道清洗技术

高压水射流管道清洗原理是由喷嘴将高压低流速的液体转变为高速低压液体，形成高速射流。高速射流射向管壁所产生的冲击力可将生长环击碎并随水流带走，从而达到清洗的目的。

射流的种类按射出的射流、射入的介质可分为自由射流和淹没射流。由喷嘴射出的射流如果射入大气空间，称为自由射流，高压水射流除垢就是这种射流。射流按其作用形式又可分为连续射流、脉冲射流和空化（气蚀）射流。液体由高压泵加压经过管道由圆柱形或圆锥形喷嘴射出所形成的射流称为连续射流。其特点是射流连续地作用在被冲击物体的表面上。连续射流按喷嘴的孔径又分为大射流和细射流。喷嘴孔径较大，一般在15～25mm左右为大射流，主要用于采煤、掘进等。喷嘴孔径较小在5mm以下，称为细射流。细射流的方法比较简单，容易控制，适合于用水量较少的给水管道除垢。

高压水射流是用高压泵提供的高压水，经高压胶管送至喷头，由喷头上的喷孔将高压低流速水流转变为低压高速射流，以射流冲击生长环，完成清洗的作业。由于管道埋设在地下，在管内人工移动喷头难度较大，射流不用人直接控制，喷头要能自行在管道中运动，喷头产生的射流能够均匀冲洗管内壁，并产生向前的推力，推力的作用是在保证具有一个良好清洗效果的同时，使喷头克服阻力带动高压胶管向前移动，使喷头和胶管自动前移。根据流体动量定律，若喷头以一定角度向斜后方射流，既能产生对管壁的冲击力，又可保证对喷头和胶管的推力。喷头在管内的射流如图5-3所示，喷头在管内的实际工作情况如图5-4、图5-5所示。

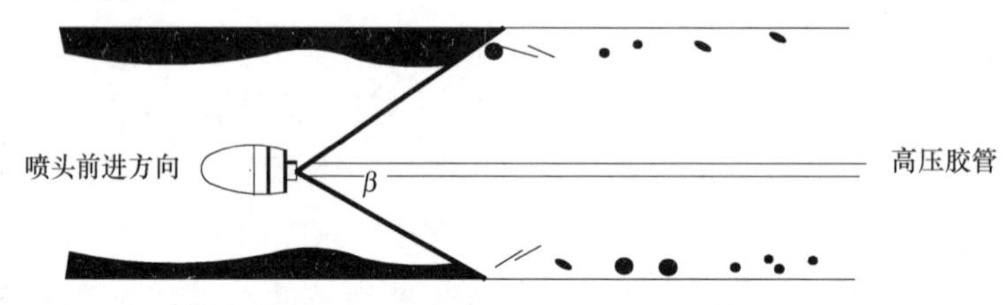

图5-3　高压水射流喷头射流示意图

图5-4　高压水射流喷头射流工况图

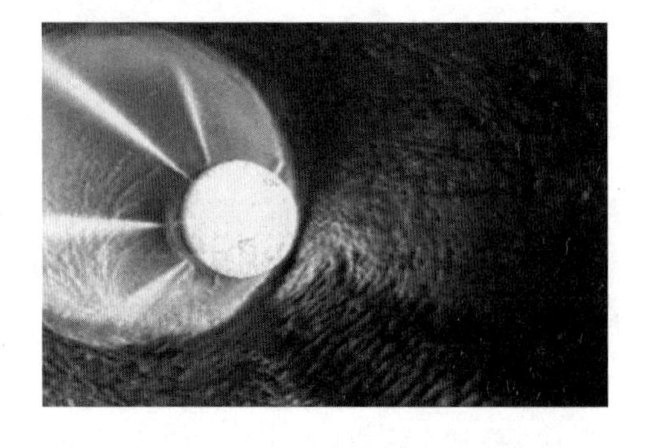

图5-5　高压水射流喷头射流在管内工况图

图5-5是在管内摄影，从照片可清楚地看到，经过一次冲洗后，两侧管壁已清楚地显

露出来，仅在管底部还剩有少量积垢，该照片是第二次冲洗工况，可基本把生长环清洗干净。

除垢过程中起主要作用的是冲击力，冲击力的确定主要根据金属基体抗压强度及生长环的坚硬程度以及与管壁的黏结牢固程度来决定，还要在除垢的同时，保证金属管壁不受到损坏。

根据对东北某市给水管道内壁上锈垢的成因及试验的检测，可得出管道内壁上的锈垢黏附方式属于机械黏附和特殊黏附两种方式。锈垢外层属于机械黏附的软质黏性附着层，因此，比较适合于利用高压水清洗。管壁的生长环属于特殊黏附的坚硬和脆性的附着层，所需压力要高。对于软质黏性附着层，轻微的加载就会引起不可逆的变形，作用于生长环表面的剪切力可使附着层剥离，不需要较大的正向冲击力。对于靠近管壁较硬和脆的附着物要用较大的冲击力使其破裂，当两条或更多的裂缝交叉时，就会有碎片剥落下来。

高压水清洗的管道直径一般都在 50 mm 以上，最大管道直径可达 1000mm，如果管道直径大于 1m，工人可以进入管道操作。清洗的管道长度可在 20～100m，如果从管口两端清洗可达 200m，再长就需要拆卸法兰或者开口进行，否则，高压胶管中的摩擦阻力将使清洗机的原有水流压力大幅度下降，造成清洗能力的降低，甚至不能清洗。

清洗垢物多为泥沙、棉丝、油脂等的机械混合物，很少有质地均匀的坚硬盐碱结垢物，故清洗压力一般在 20～50MPa 之间，流量根据管径大小可在 50～200L/min 之间。

在实际操作过程中应注意避免高压水误射伤人。

5.2.2 气压脉冲清洗管道技术

气压脉冲清洗是利用空气的可压缩性，使高压气体以一定的频率进入管内，在管内形成间断的水气流，随着空气的压缩和扩张，使管内的紊流加剧，紊流内部由大小不等的许许多多漩涡组成，这些漩涡除了随水流的总趋势向某一方向运动外，还有漩涡、震荡、冲击，水的各质点便随着这些漩涡运动、旋转、震荡、冲击，不断地相互混掺，沿着没有规则的几何迹线运动。冲击水流对结在管壁上的凸锈瘤形成绕流，在锈瘤的前后产生压差，这种压差对锈瘤起剥离作用。冲击流速愈大，压差就愈大，对锈瘤的剥离效果也愈好。在管段中被冲掉的锈垢和杂质颗粒，在气压脉冲清洗时，在管段内又起到“冲刷剂”的作用。杂质颗粒在水流低速时段，多沿管底流动，当脉冲冲进强大的水气流使颗粒悬起，并混夹于水气流之间以很大的速度向突起的锈瘤撞击。这种杂质颗粒沿管道对锈瘤不断地撞击作用，提高了清洗效果。

该清洗技术纯属物理过程，无化学污染；该技术采用微机进行测控，利用原有管道附属设备进行施工，简单可靠，操作方便，可减少工程投资；输入脉冲和排除锈垢装置均安装在检查井中，无需断管或开挖路面，费用低，却能创造很大的经济效益和社会效益。

气压脉冲清洗系统由计算机控制仪、电动阀、空气压缩机、远传压力表、进气喷嘴及排水口等组成，如图 5-6 所示。

气压脉冲管道清洗步骤：

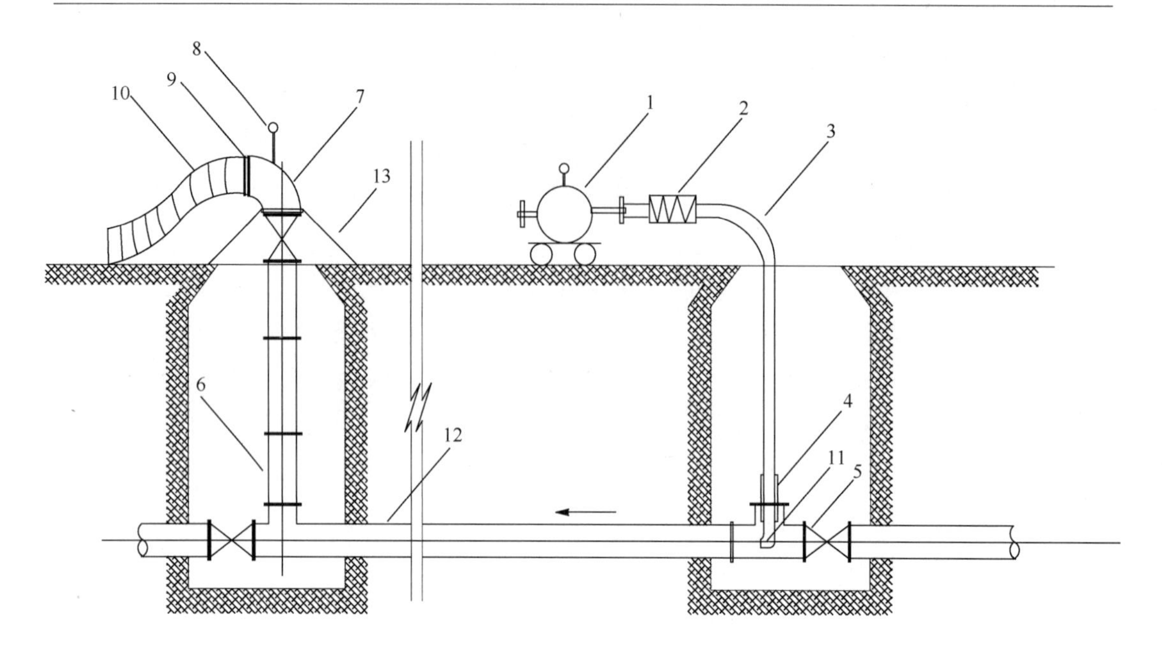

图 5-6　气压脉冲清洗示意图

1—贮气罐；2—脉冲装置；3—橡胶管；4—带丝短管；5—闸门；6—临时排水法兰短管；7—90°法兰曲管；8—压力表；9—固定卡子；10—排水细纹胶管；11—喷嘴；12—冲洗管段；13—支撑架

（1）进行实地勘察，调查要进行管道清洗的地区的地质情况、水源情况、供水体制、管网分布情况、管网的水流情况、压力情况、管道接口形式、管道腐蚀情况等：

a. 检查阀门工作状态，能否正常完全开关。

b. 检查需要改造的冲洗阀门，能否正常安装。

c. 冲洗现场下水道能否正常排泄冲洗废水。

d. 调查待冲洗管段的实际情况，包括管长、管径、管龄、工作状态、承压、维修历史。

e. 冲洗管段上所连接的支管及其检查井和用户情况，管段上腰闸情况。

f. 实验管段上、下游的水质检测取样的位置选取及确定。

（2）水厂做调度水泵、阀门预案，调整管网运行压力。

（3）通知市民停水。

（4）放置管道工程施工警示牌。

（5）打开待冲洗管段两端检查井井盖，关闭阀门，进行阀门改造。

（6）安装清洗设备。移动式一体化智能管道清洗装置由进水管、清洗设备、进气管等组成。

其中清洗设备由气压脉冲发生装置、水击波发生装置和中心控制系统组成。清洗流程见图 5-7 所示。

（7）清洗步骤：

a. 关闭待清洗管道两端阀门。

b. 连接好进水管、进气管和清洗设备。

c. 利用中心控制系统，打开进水管上的阀门以及气压脉冲发生器进行管道清洗；利用中心控制系统，打开1号检查井的阀门，根据管道腐蚀情况及承压情况调整好空气压缩机的工作压力，设定好气压脉冲发生器的脉冲频率进行管道清洗；打开2号检查井的阀门，排水。根据冲洗效果，调整空压机工作压力和脉冲频率。

d. 关闭清洗设备停止清洗。

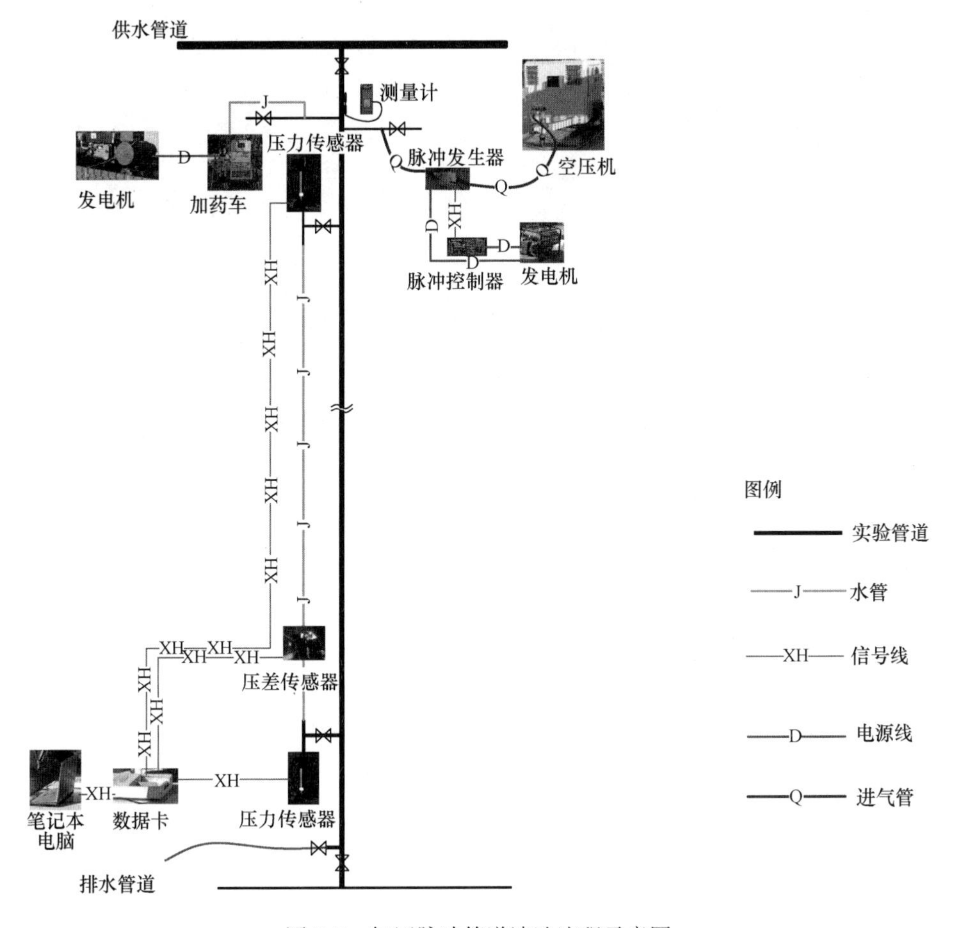

图 5-7　气压脉冲管道清洗流程示意图

(8) 关闭上游阀门，卸除清洗设备。

(9) 安装消毒设备。

(10) 打开上游阀门，投入消毒剂进行消毒。

(11) 对排水口的出水进行水质检测，直到水质达到饮用水水质标准。

(12) 关闭上游阀门，卸除消毒设备。

(13) 重新连接阀门。

(14) 通水。

对 D 市的某些管道的"生长环"采用气压脉冲的方法进行清洗。冲洗后进行感官性状、化学、细菌学方面的管道水质分析。冲洗后，余氯消耗速度降低，使得细菌总数和大肠菌群数降低。冲洗过程中，冲掉大量锈垢，使水的浊度和色度降低（图 5-8）。另外，冲洗后，有机物大部分被冲洗掉，则耗氧量下降。实践表明，气压脉冲法效果好，冲洗距离长，设备简单，操作方便，耗水量远低于水力清洗法（表 5-1）。

(a)　(b)　(c)　(d)

图 5-8　气压脉冲清洗管道排水口情况

管道冲洗前后生活饮用水水质检测结果　　**表 5-1**

分析项目	冲洗前	冲洗后
氯化物（mg/L）	83.69	82.27
硫酸盐（mg/L）	99	73
氟化物（mg/L）	0.3	0.3
总铁（mg/L）	0.48	0.25
pH	6.3	7.05
色度	5	4
浊度（NTU）	0.24	0.1
嗅味	无	无
总硬度（以 $CaCO_3$计，mg/L）	376.34	272.33
肉眼可见物	无	无

在采用气压脉冲清洗法进行管道清洗时应该注意：

（1）应控制好供气间隔时间，供气间隔时间太短，对空压机损害比较大。

（2）适当延长充气时间，充气时间长冲洗效果比充气时间短好。

（3）气压脉冲管道清洗方法对十分坚硬的锈垢清洗效果不甚理想。

5.3 工程实例与应用

5.3.1 重庆山地多级加压供水系统的安全运行技术

1. 山地城市供水系统 SCADA 调度的构成

山地城市供水系统 SCADA 调度的构成主要为：系统构架设计、通信传输网络设计、控制单元设计、SCADA 软件平台设计。

1）SCADA 的构架设计

山地城市供水系统 SCADA 如图 5-9 所示，宜采用星型拓扑结构，以满足公司与区域管理主要水厂、区域平行水厂的管理需要。高层次可以访问低层次。山地城市供水系统 SCADA，宜采用两级调度，执行集中管理、分散控制模式，简单的供水系统可采用一级调度。

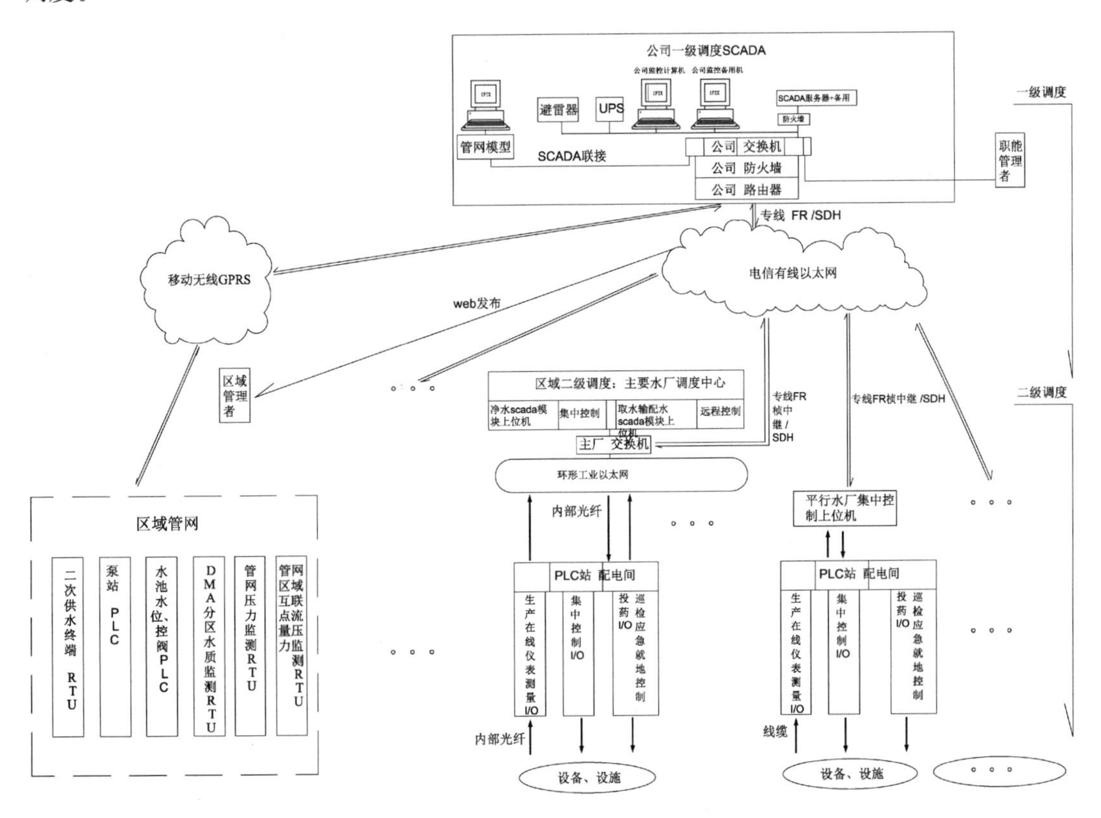

图 5-9 山地城市供水系统 SCADA 的拓扑结构

公司一级调度 SCADA 负责向二级调度下达控制点的水质、流量、压力、水位的要求指令，仅远程直接控制区域互联互通阀门；区域二级调度对区域相关设备进行生产管理并实施控制。控制包括：就地手动控制、分站PLC独立控制、中控室集中和远程手动控制（遥控）三种控制方式。

2）通信传输网络设计

远程监控节点：管网压力点、流量、水质监测点，管网调节阀门等控制点或调节池。

车间级：控制车间或本工艺过程设备，确保本工艺过程设备正常运行。分析评估设备运行工况。

分厂级：协调车间配合；确保本厂各车间协调运作。分析评估各车间运行效率，提供分厂管理信息。

区域级：协调各区域运行，确保系统供水正常，监督供水质量，提供系统管理信息。

总公司级：协调各厂运行，确保管网供水正常，监督分厂供水质量，提供区域管理信息。

3）控制单元设计

电源部分应设置通电延时合闸等保护回路。各级电源还应考虑防雷接地和浪涌保护，提高供电质量，减小外部电源异常冲击，提高系统可靠性和稳定性。

分厂级、区域级、总公司级应设置两台及两台以上生产管理计算机。计算机性能指标必须满足SCADA控制平台软件所需技术要求。重要控制级生产管理计算机应设计为热备用冗余模式。

分厂级、区域级建议设置一台数据报表服务器，存储历史生产数据用于区域GIS等管理软件数据支撑，并分析汇总产生报表。区域级服务器还兼作分厂级数据后备和与总公司数据同步。

总公司建议设置2台以上数据报表服务器，存储历史生产数据用于全局GIS等管理软件数据支撑，并分析汇总产生报表。

分厂级、区域级、总公司级可以设置投影仪等设备提高系统可观性。区域级、总公司级建议设置DLP、DID等大型显示设备，确保信息显示的全局性、总揽性。

4）SCADA软件平台设计

SCADA软件主要用于分厂、区域和主公司生产管理，部分车间也包含SCADA软件平台。

一般SCADA软件根据SCADA软件配置端、操作浏览端和SCADA核心程序的网络结构划分为：独立主机模式、主从服务器模式（单服务器模式、多服务器模式）、BS模式（基于Web的客户浏览）。

根据多个SCADA软件平台之间信息网络构架划分为：设备交换模式、网络共享模式。设备交换模式中，交换信息的SCADA软件平台利用设备驱动软件，将通信对方视为软设备，并按照标准工业通信协议交换信息。网络共享模式是SCADA软件与SCADA软件直接使用内部协议通过网络交换信息。考虑网络系统安全性和多平台系统组网扩展，建议使用设备交换模式，固定通信端口。

车间SCADA平台以实时监控为主。SCADA软件平台主要涉及短期趋势、短期数据记录、报警管理、参数配方、事件管理、控制界面、消息发送、安全管理。

分厂 SCADA 平台以全厂实时生产监控为主。SCADA 软件平台主要涉及长期趋势、长期数据记录、报警管理、参数配方、事件管理、控制界面、消息发送、安全管理、报表管理。

区域级 SCADA 平台以供水区域调度为主，监控对象主要是分厂出水量、水质和管网水质、管网压力和流量。SCADA 软件平台主要涉及长期趋势、长期数据记录、报警管理、参数配方、事件管理、控制界面、消息发送、安全管理、报表管理。

2. 山地城市供水多级加压联动控制的调度

1）多级加压联动控制调度的基本要求

山地城市供水由于池系多、泵站多，宜严格按照规定进行联动控制。

进水管宜设调节控制阀或者其他方式的恒流控制阀，调节控制阀由 PLC 根据水池水位和远程命令联动控制。最大秒流量进水的校核能满足管网前端安全水压时，可直接抽吸，不设恒流控制阀。

水泵机组宜采用自灌式进水设计，应当选用安全可靠的设备，阀组和水泵可手动控制或者自动控制。供配电应配置微机保护装置，微机保护装置应采用 Modbus RTU 标准通信接口。

受现场条件限制，无法按照自灌式进水要求设计时，应设计自动抽真空系统，PLC 接到联动指令时，先抽真空，采集真空表值，根据真空值进行启泵操作。应选用可靠性高的仪器设备。

2）单元模块的 PLC 就地自动控制

（1）以后端水池水位信号控制开车（或加车），控制条件为高位池水位降至安全水位以下（一般情况为 1m）。

（2）以前后两端水池水位信号联合控制停车（或减车），控制条件为高位池水位升至安全水位以上（一般情况为 0.5m）或者关联泵站转运调节池降至安全水位以下。

（3）为确保单个组件控制的可靠性，控制距离在 1km 以内的宜采用专用传输线传输模拟信号；控制距离在 1km 以上时为减少信号衰减，应采用 PLC 将模拟信号转换为数字信号，然后采用以太网或 RS485 等用标准通信协议方式传输。控制距离在 1km 以上的户外设备建议采用 ADSL 等有线通信方式传输，如果无条件采用有线方式的，可以采用 GPRS、CDMA 等无线通信协议传输。重要的控制节点如果采用无线通信方式，应考虑备用通信通道，确保通信可靠性。

3）联动控制

独立控制单元模块：泵站转运调节池、水泵组与高位池三个工艺组件为一个独立控制单元模块。

联动：泵站转运调节池、水泵组与高位池三个工艺组件为一个独立控制单元模块，多个控制单元通过泵站转运调节池的水位信号实现联动控制（图 5-10）。

4）联动控制的安全。

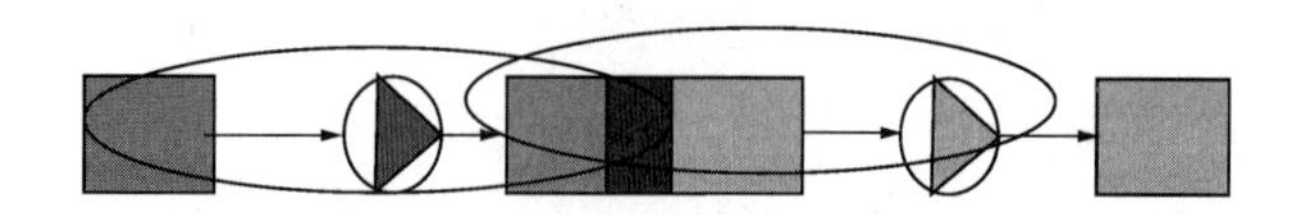

图5-10　联动示意图

（1）转运池或者转运调节池设计应设置水质在线监测设备，以及异常自动排放装置。

（2）泵站总水质仪表应选用低维护性或免维护性以及自清洗仪表，防止结垢与失效，确保安全。

5.3.2　济南开放式局域管网优化运行技术

以济南市板桥加压站、辛庄加压站混合供水区域（图5-11）为研究对象，进行开放式区域给水管网仿真建模与优化运行技术的研究与应用。该区域供水面积约62km²；供水管长（*DN*15～*DN*1200）约108km；供水管材有：PE、铸铁、镀锌、球墨铸铁、钢、PVC、UPVC。由3个水源混合供水，其中两个水源为地表水（黄河水），另一个水源为地下水。

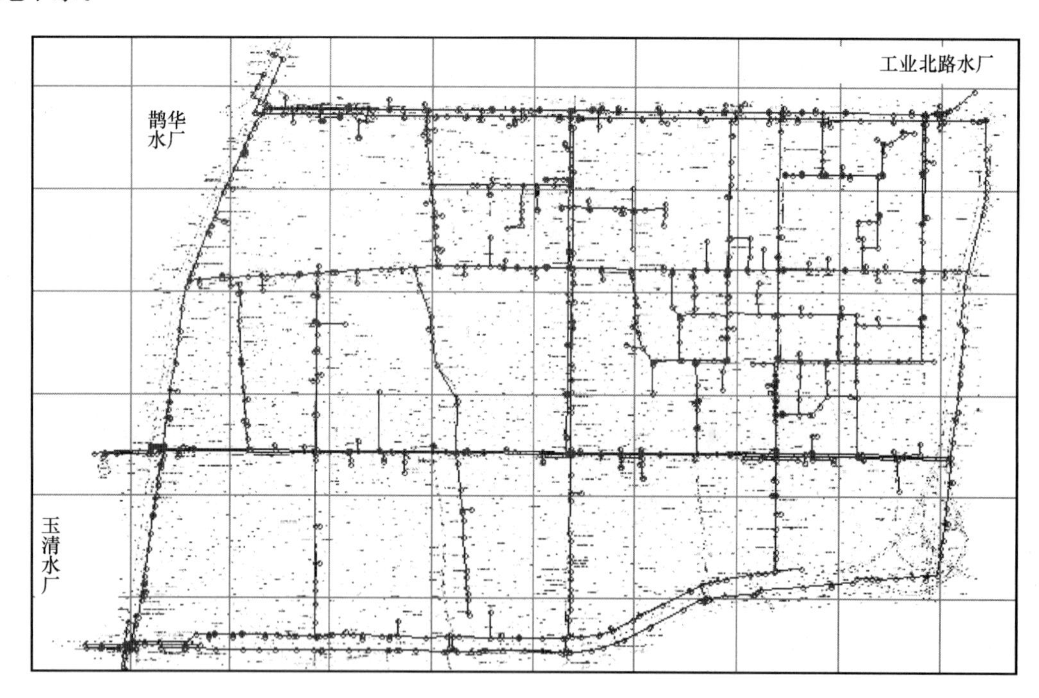

图5-11　济南开放式区域给水管网拓扑结构

该区域给水管网主要存在以下几个方面的问题：

（1）该区域为多水源切换供水，水质稳定性较差，管网及末梢处余氯含量较低，难以满足《生活饮用水卫生标准》。

（2）该区域供水管线以铸铁管为主，敷设年代较长，管网腐蚀严重，管网水中铁含量较高，造成给水管网二次污染，管网末梢“黄水”现象时有发生。

(3) 通常采用人工经验调度，往往部分地区水压过高，漏失率及爆管机率较高，而另一部分地区水压不足，需要在部分用水高峰时段启用调压泵站，以满足管网压力需求；调度人员难以根据监测点反馈的信息及时地采取措施加以调节，进而作出科学的调度决策。

1. 济南开放式区域给水管网仿真模型的建立

给水管网仿真建模是建立城市给水管网仿真模拟分析平台的关键与核心。所建立管网仿真模型的精度将直接关系到给水管网优化调度方案的可行性。由于微观模型能给出整个管网内部的工作状况，直观性强，不仅可以用来分析管网的运行工况，也可以作为扩建、改造、维护、调查出入口和预算花费等活动的重要依据。因此，本书采用微观水力模型进行给水管网仿真建模。

1) 济南区域给水管网参数测试

通过给水管网参数测试，较为准确地掌握给水管网用水负荷、用户用水模式及其变化规律、管道的实际阻力与实际过流能力等，对于提高给水管网仿真建模的精度具有非常重要的意义。

(1) 管网负荷测试。

通过对济南实验区给水管网用水量基础数据资料的收集分析发现，用户的使用性质决定了各时段用水量的比例，具有一定的客观规律性。对实验区用水量及变化规律进行研究，按照不同用水性质，将用户分为办公、工业、生活、商业、医院、学校及服务等七大类。采用自主研发的给水管网智能负荷测试装置，选择实验区轻骑集团、山师教工宿舍、东郊饭店等 7 个不同性质的典型大用户进行负荷测试，如图 5-12 所示。

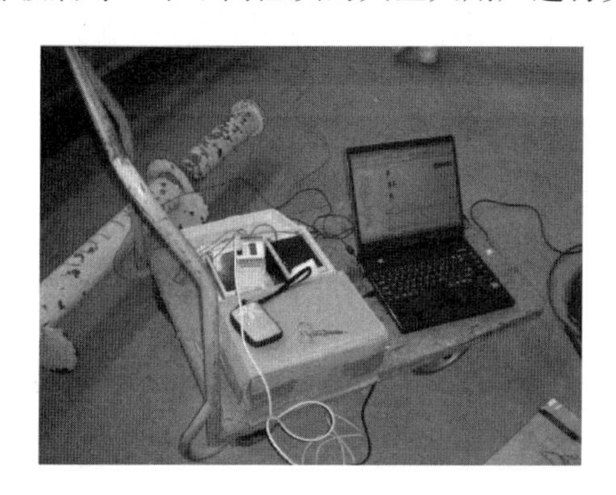

图 5-12 济南实验区给水管网负荷测试

对给水管网中不同性质用户用水量、用水比例及实验区总用水量变化规律进行研究。办公类及实验区总用水量变化规律分别如图 5-13、图 5-14 所示。

经测试分析得知，实验区平均日用水量约为 3.5 万 m^3/d，其中办公类约占总用水量的 8.1%，工业类约占 2.4%，生活类约占 1.4%，学校类约占 51.8%，等等。

掌握给水管网的用水量及变化规律，进而建立给水管网流量分配模型，为基于水质保障的供水系统仿真建模及优化调度技术的实现奠定了基础。

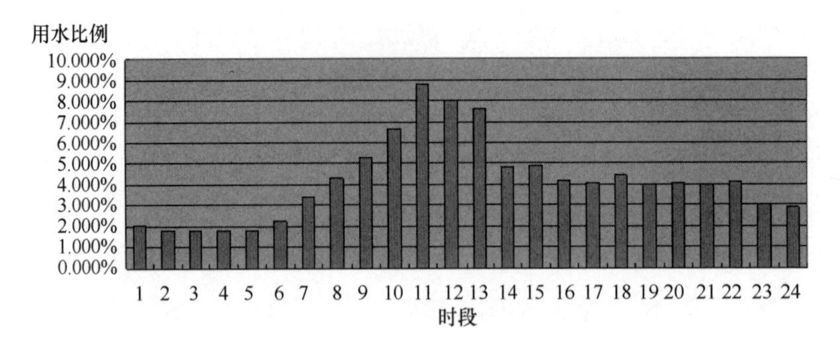

图 5-13　实验区办公类大用户用水量变化规律

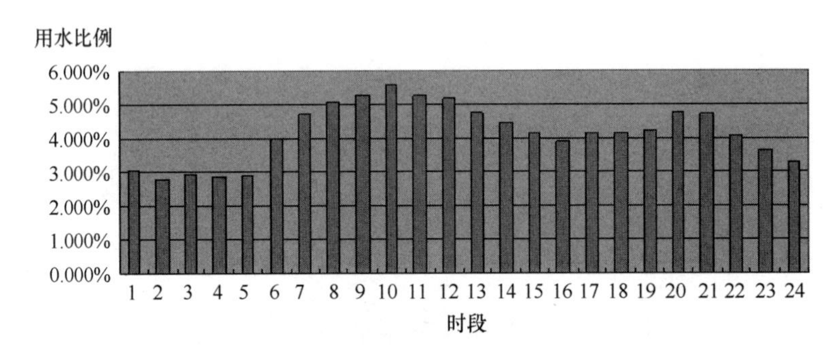

图 5-14　实验区总用水量变化规律

（2）管网阻力系数测试。

为掌握济南实验区的实际通水能力，为管网仿真建模提供所必需的数据基础，选择 6～7 条不同管材、不同服务年限、不同传输介质的典型供水管段的粗糙度及其对管网水质的影响进行对比分析，采用自主研发的给水管网管道阻力系数测试装置展开测试，测试原理及过程分别见图 5-15、图 5-16。

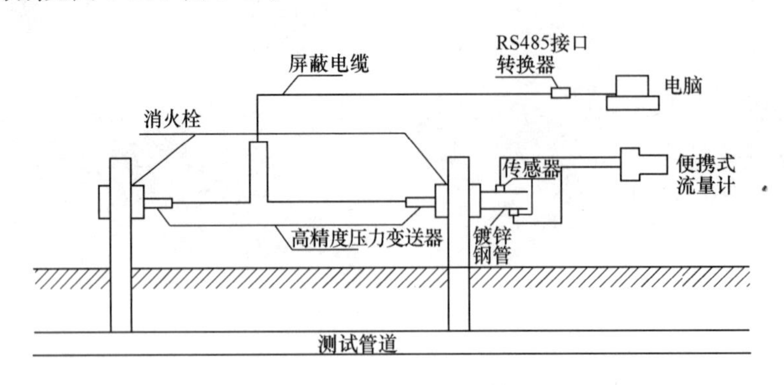

图 5-15　给水管网管道阻力系数测试原理

在对给水管网阻力系数测试的基础上，分析计算了测试区域普通铸铁管阻力系数随敷设年代不同的变化范围，见表 5-2。

通过对济南实验区给水管网阻力系数的测试分析得知，管道阻力系数与管材、敷设年代、内壁腐蚀、结垢程度等因素有较大的关系，传统经验取值无法准确地反映管段的阻力

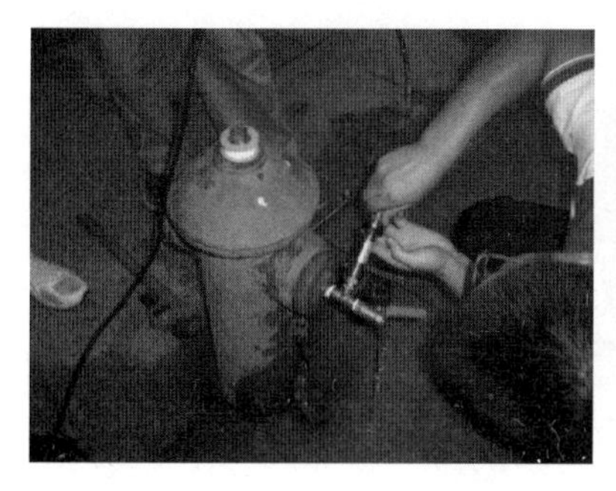

图 5-16 给水管网管道阻力系数测试

系数。实验区老旧供水管段阻力系数较低，通水能力差，管道内壁腐蚀、结垢严重，同时对实验区给水管网水质存在不良影响。通过测试不仅掌握了该区域的实际通水能力，而且为给水管网仿真建模过程中各管道阻力系数的确定及给水管网的优化改造提供了重要依据。

济南实验区给水管网管道阻力系数随敷设年代变化范围 **表 5-2**

序号	管段材质	敷设年代	阻力系数
1	普通铸铁管	1960～1970 年	40～58
2	普通铸铁管	1970～1980 年	46～64
3	普通铸铁管	1980～1990 年	59～78
4	普通铸铁管	1990～2000 年	72～88
5	普通铸铁管	2000～2010 年	80～95 年
6	普通铸铁管	2010 年	92～105

2）济南区域给水管网仿真模型数据库的建立

在对济南实验区给水管网参数进行测试，较为准确地掌握管网基础资料的基础上，采用操作简单、管理方便的 ACCESS 软件建立给水管网仿真模型数据库，用以存储管网分析计算的基础数据，同时收集各种方案的计算结果，进行分析比较和管理查询。

所建立的给水管网仿真模型数据库由属性数据库、图形数据库、信息数据库及测试分析数据库四部分构成，原理框架见图 5-17，包括实验区管网图、管段信息、节点信息、水泵特性、水池或水塔的供水能力等主要管网数据信息，可自动转化为管网模拟分析计算所需的数据格式，进而建立给水管网仿真模型与优化调度模型，进行模拟分析计算。

3）济南区域供水安全保障平台的建立

根据黄河下游地区多水源切换供水现状，为分析供水系统中各水源的相互影响及多水源切换供水条件下混合供水区域的水质变化规律，构建基于水质保障的给水管网微观仿真模型，由青岛理工大学自主开发了《供水安全保障平台》，并在济南区域给水管网进行了应用，如图 5-18 所示。该平台的建立，将为水质模拟分析、预警监测及优化调度等技术的实现奠定良好的基础。

该系统以水质保障的最大化为目标，可进行开放式局部区域管网模拟仿真，为区块化

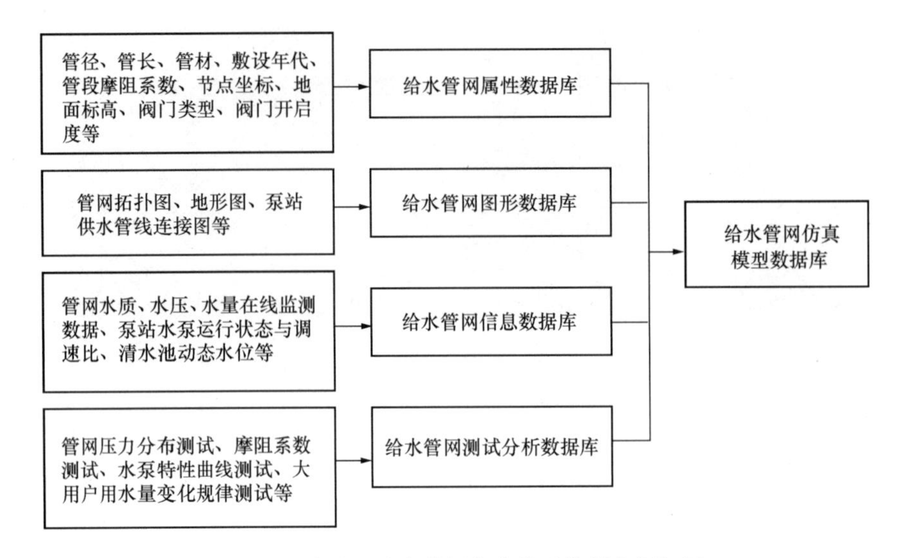

图 5-17　实验区给水管网仿真模型数据库框架图

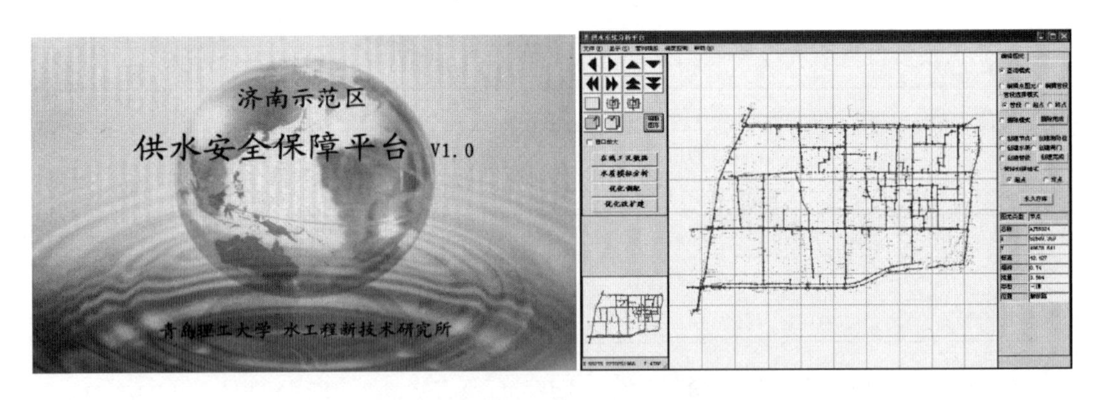

图 5-18　济南实验区供水安全保障平台

管理提供依据；可实现多水源切换供水条件下的水质变化规律、管网运行工况的模拟分析；可作为基础研发平台，进一步实现水质预警监测、优化调度等技术。

（1）水力模拟分析。

在全面收集济南实验区给水管网基础资料的基础之上，以给水管网科学合理运行、保障供水水质等为目标，结合给水管网在线监测技术，建立了该区域给水管网微观水力模型，实现了该区域给水管网的水力模拟计算。水力模拟计算完成后，可获得该区域管网中各管段的流量、流速、水头损失，各节点的压力、水头，以及模拟工况下管网实际的水流方向等信息。

（2）水质模拟分析。

在管网仿真模拟实验平台下，在所建立的水力仿真模型的基础上，进行动态水质模拟分析，研究管段内物质的对流传输过程、物质动态反应过程及物质浓度在节点的混合过程。选取余氯、浊度、铁为济南实验区的典型水质指标，通过对各指标反应机理的深入研究，建立实验区管网水质模型，实现了余氯、浊度、铁三项实验区典型水质指标的仿真模拟计算。其中实验区管网余氯模拟计算见图 5-19。

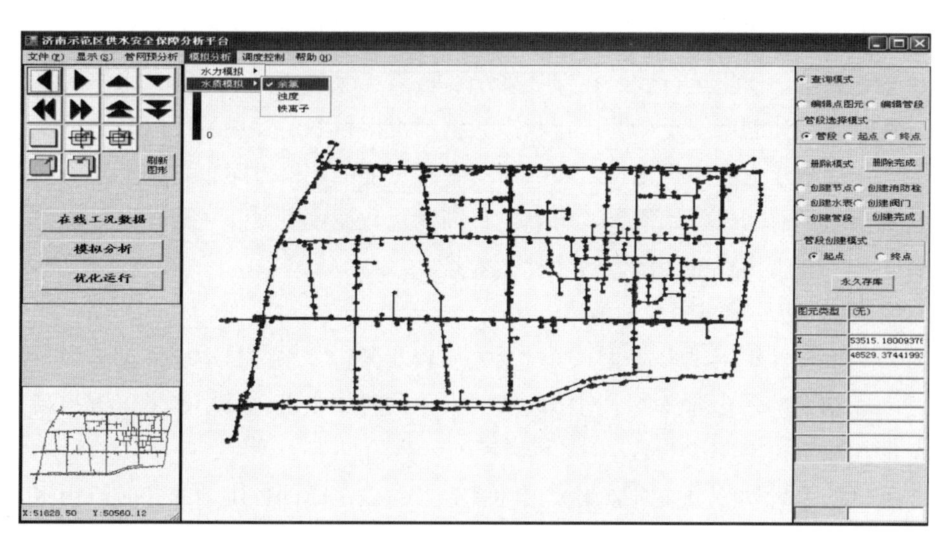

图 5-19　济南实验区给水管网余氯模拟计算

（3）模型校核。

将遗传算法与灵敏度分析法相结合，建立了济南实验区管网校核模型，见图 5-20，分别对实验区给水管网主要供水管段阻力系数及节点流量进行了校核计算，有效地提高了

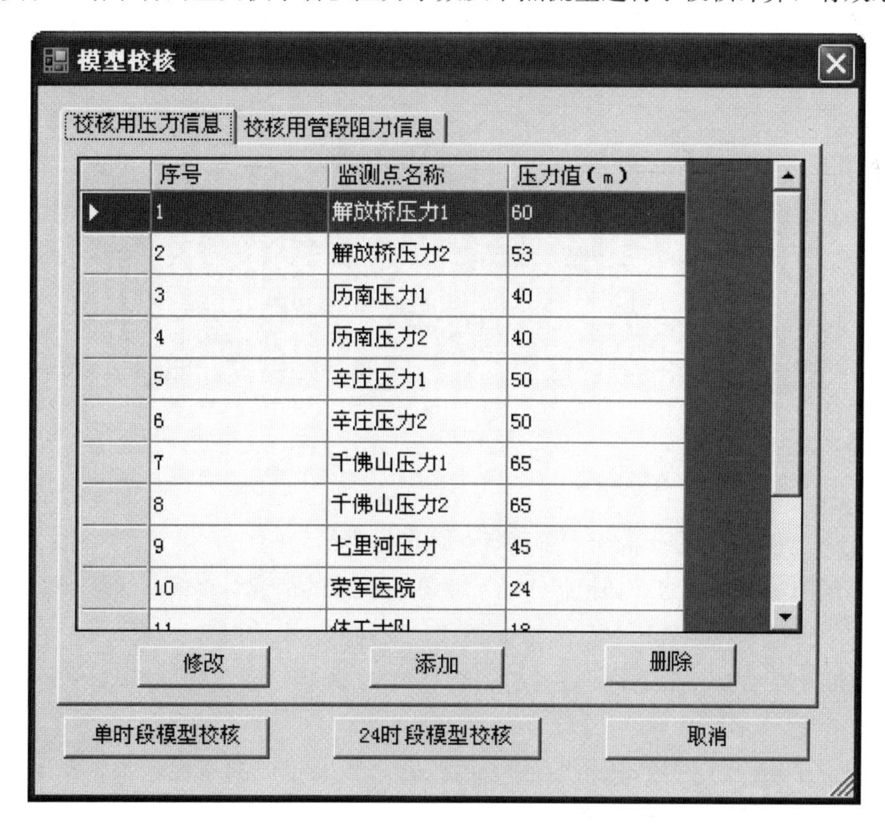

图 5-20　济南实验区给水管网模型校核

济南实验区给水管网仿真模型的精度。

2. 济南区域给水管网优化运行与管理

城市给水系统的优化运行就是在保证安全、可靠、保质、保量地满足用户用水要求的前提下，根据管网监测系统反馈的运行状态数据或根据科学的预测手段以确定用水量及其分布情况，运用数学上的最优化技术，从所有各种可能的调度方案中，确定一个能有效保障给水管网水质且总运行费用最省，可靠性最高的优化调度方案，从而确定系统中各类设备的运行工况，获得满意的经济效益和社会效益。

1）济南区域给水管网用水量预测

结合济南实验区管网供水特征，通过反复比较及分析，采用自适应移动平均与季节性指数平滑法相结合的耦合滤波技术对济南实验区管网时用水量、日用水量进行预测。

（1）时用水量预测。

以实验区给水管网流量实时监测数据为基础，对设定时间范围内的各时段用水量进行预测，预测结果不仅为管网运行管理提供依据，也为在线调度提供必要的数据基础。

（2）日用水量预测。

以实验区给水管网流量实时监测数据为基础，对设定时间范围内的每日 24 个时段用水量进行预测，预测结果不仅为管网运行管理提供依据，也为离线调度提供必要的数据基础。

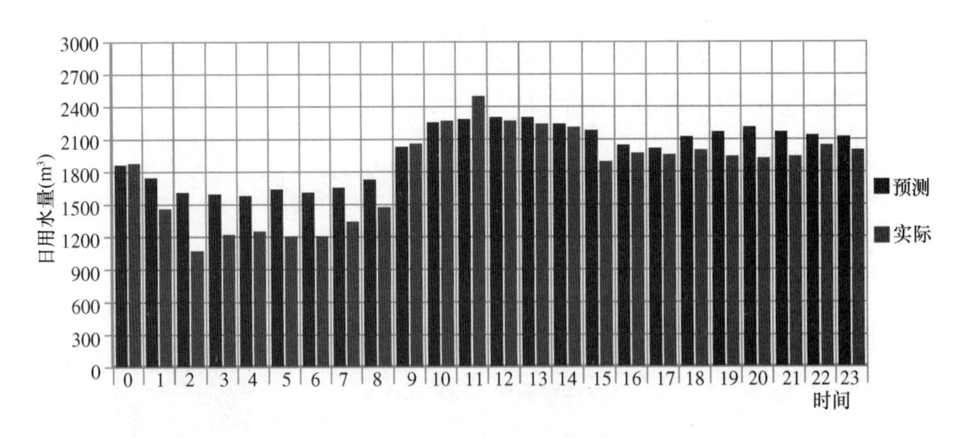

图 5-21　实验区 2011 年 12 月 26 日用水量预测结果与实测结果对比曲线

2）基于水质保障的多水源给水管网优化调度模型的建立

针对黄河下游城市多水源切换供水特征，在所构建的微观仿真模型的基础上，以最大程度保障水质安全、供水费用最低为目标函数，以各送水泵站内各种型号水泵的运行数量 NP、单台泵的流量 Q、泵站内调速泵的转速 N 为决策变量，建立给水管网优化调度模型。

首先以满足用户的水压、水量要求为前提条件，以最大程度保障给水管网水质且电耗最低为目标，建立一级优化调度数学模型：

$$\min F = f(\sum_{i=1}^{I} f(F_{1i}, F_{2i}, F_{3i}), F_4) \tag{5-25}$$

$$\text{s. t.} \sum_{j=1}^{J} Q_{i,j} \leqslant Q_{\max i} \tag{5-25a}$$

$$H_{\min i,j} \leqslant H_{i,j} \leqslant H_{\max i,j} \tag{5-25b}$$

$i = 1,2,\cdots,I$, $j = 1,2,\cdots,J$

式中 $Q_{i,j}$ ——i 泵站 j 时段出水量，m^3/s；

$Q_{\max i}$ ——i 泵站日最大供水量，m^3/s；

$H_{i,j}$ ——第 i 测压点 j 时段水压，m；

$H_{\max i,j}$ ——第 i 测压点 j 时段允许的最大水压，m；

$H_{\min i,j}$ ——第 i 测压点 j 时段最低运行服务水头，m；

I——水源泵站数；

F_{1i} ——各加压站水质综合指数模型；

F_{2i} ——制水成本；

F_{3i} ——泵站电耗费用；

F_{4i} ——供需水量差。

一级优化确定了各泵站的最佳供水量和供水压力，并作为调度指令下达，再进行二级优化，即进行各泵站内水泵运行组合优化，选择适当的水泵机组组合方案与调速泵调速比，使并联后的泵组特性满足调度指令，并使泵站总的能耗最小，数学模型为：

$$\min\left|1+\left[\sum_{k=1}^{K} NP_{i,j,k} \cdot QP_{i,j,k} - Q_{i,j}\right]\right| \cdot \left|1+\sum_{k=1}^{K}\left[HS_{i,j,k} - H_{i,j}\right]\right| \cdot \sum_{k=1}^{K} \frac{NP_{i,j,k} \cdot QP_{i,j,k} \cdot HS_{i,j,k}}{\eta_{i,j,k}} \tag{5-26}$$

$i = 1,2,\cdots,I$, $j = 1,2,\cdots,J$

$$\text{s. t.}\ HS_{\min i,k} \leqslant HS_{i,j,k} \leqslant HS_{\max i,k} \tag{5-26a}$$

$$QS_{\min j,i} \leqslant Q_{i,j} \leqslant QS_{\max j,i} \tag{5-26b}$$

$$NP_{\min i,k} \leqslant NP_{i,j,k} \leqslant NP_{\max i,k} \tag{5-26c}$$

式中 $Q_{i,j}$ 、$H_{i,j}$ ——一级寻优要求的 i 泵站 j 时段应满足的出水流量和出水压力，m^3/s 和 m；

$NP_{i,j,k}$ ——第 i 泵站第 j 时段第 k 种水泵的开启台数；

$QP_{i,j,k}$ ——第 i 泵站第 j 时段第 k 种水泵出水量，m^3/s；

$HS_{i,j,k}$ ——第 i 泵站第 j 时段第 k 种水泵出水扬程，可由 Q-H 特性曲线拟合其关系式，m；

$\eta_{i,j,k}$ ——水泵的计算效率，可由水泵效率曲线拟合其关系式；

$HS_{\min i,k}$ ——第 k 种水泵最低供水扬程，m；

$HS_{\max i,k}$ ——第 k 种水泵最高供水扬程，m，它们是由水泵特性曲线的高效区决定的；

$QS_{\min j,i}$ ——i 泵站 j 时段最低允许供水量，m^3/s；

$QS_{\max j,i}$ ——i 泵站 j 时段最高允许供水量，m^3/s；

$NP_{\min i,k}$ ——第 i 泵站第 k 种水泵最少开机台数；

$NP_{\max i,k}$ ——第 i 泵站第 k 种水泵最多开机台数。

3）济南区域给水管网优化运行平台的建立

在构建综合考虑供水水质安全性及经济性的具有工况适应性的多水源多目标优化调度模型的基础上，将智能遗传算法与多目标进化算法相结合，研发出多水源供水系统用水量预测及优化调度技术，由青岛理工大学自主开发出软件《城市供水优化运行系统》，并在济南区域给水管网进行了应用（图 5-22），实现了济南实验区管网在线调度、离线调度及调度方案评估等功能，在保障管网水质、减少漏损、节省能耗等方面取得了非常好的效果。

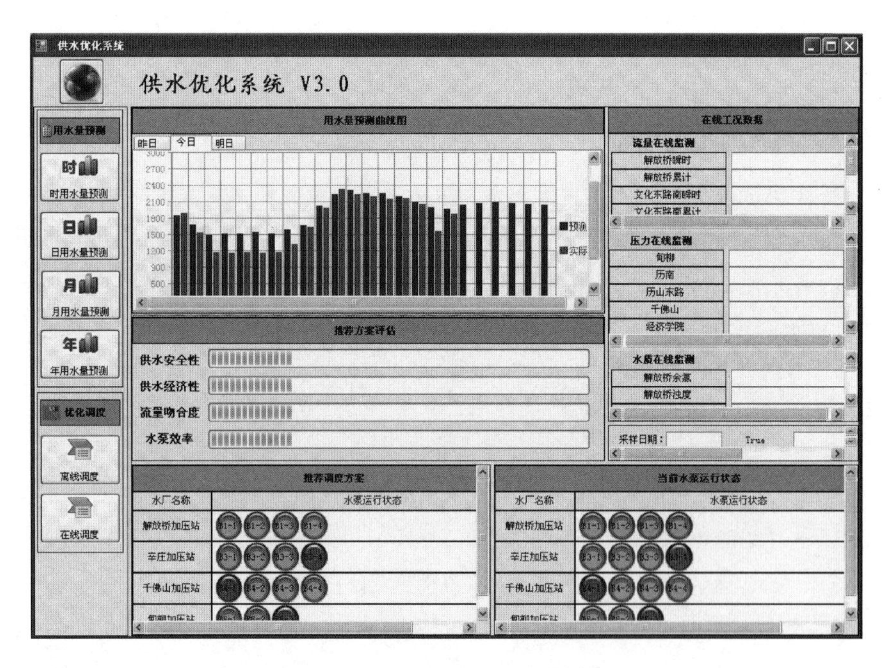

图 5-22　城市供水优化运行系统

（1）在线调度。

以当前时段为基础，对实验区管网下一时段用水量进行预测。以预测水量为依据，对实验区管网进行在线调度。计算完成后，提供两组调度方案，用户可根据供水安全性、供水经济性、流量吻合度及水泵效率等 4 项评估指标作出在线调度方案决策（图 5-23）。

（2）离线调度。

以当日 24 个时段的预测水量为基础，进行实验区给水管网离线调度计算，该计算结果可为实验区每日的调度决策提供重要依据（图 5-24）。

4）济南区域给水管网优化运行计算结果分析

通过上述研究，对济南实验区给水管网日、时用水量进行预测，在此基础上，进行该

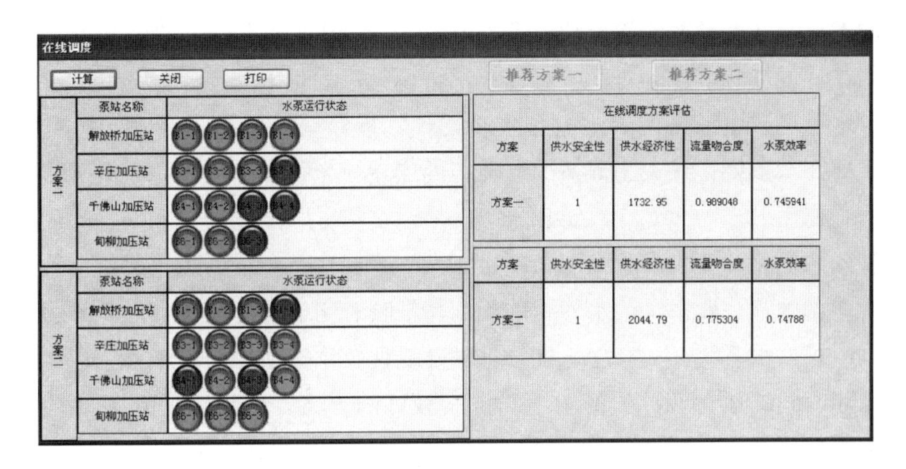

图 5-23　济南实验区管网在线调度计算结果

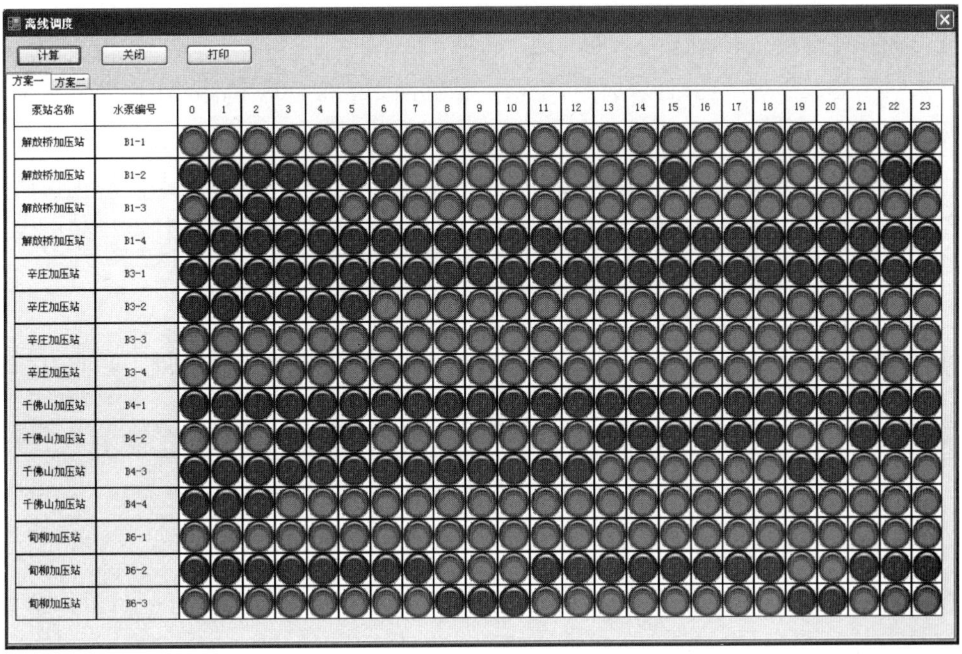

图 5-24　济南实验区管网离线调度计算结果

区域给水管网优化调度计算。通过对优化计算结果进行统计分析，该区域加压站日平均供水能耗由 1520kWh 降至 1460kWh，能耗降低率约为 4%。可见，从长远角度看，通过对该区域各加压站的优化调度计算，可有效降低实验区供水能耗。

5.3.3 嘉兴与广州市供水优化调度技术

1. 模型的在线辅助调度

传统的调度系统是以工作人员的经验为调度依据，整个调度决策过程都在调度员的脑海中完成，调度方式主观性极强，往往不同的调度员，甚至同一调度员在不同的时刻都会产生较大的偏差。调度预案的深层缺乏数据支持和理论支持，只能根据历史数据和经验进行粗略的估计，调度方案没有对比，难以评估，调度过程难以监控。对于变化不大或周期性较强的供水过程，可以采用宏观模型进行建模，指导调度员进行调度。当出现特殊情况，如水厂停产，重要管线关闭等情况，传统的宏观模型很难纳入，此时微观模型能够提供较好的指导作用。

给水管网的优化调度决策分为两个层次，第一个层次是离线的优化调度，第二个层次是在线的优化调度。一般来讲给水管网的用水特征具有明显的周期性，以 24h 为周期，周而复始。同时，供水系统又具有随机性，这种随机性非常难估计。对于第一层次，一般的水司经过几年时间的运行调试，基本上形成了较好的方案。但是这种方案又是比较粗糙的，主要表现在以下几个方面：

（1）季节性的方案不明显，如一个城市夏季和冬季供水量相差 15%～20%，如果假设冬季沿程水头损失为 10m，则夏季的沿程水头损失可能在 12～14m。按照最不利日制定的优化方案在冬季显然有较大的条件余地。

（2）对于每天出现的随机波动很难应对。根据国家规范，最末端的用户龙头出水水头 1.5～2m，由于用水的随机性，为了保证用户的水压，在实际操作过程中，大部分水司在平均用水时都有一定安全余量，在优化过程中一般将安全余量调得较高。离线优化调度相对较粗糙。在线优化调度就是解决第一层次的不足，进一步提高调度的精度，减少人工干预，最终实现全自动的优化调度。

第二层次对现有方案的微调主要解决以下几个问题：

（1）在运行阶段，各水源的压力调整对各水源供水量的影响，对管网中控制点的影响如何。

（2）运行条件下对各水源的供水压力的实时优化（一级优化）。

（3）给水管网在运行条件下的水泵优化调整（二级优化）。

2. 嘉兴市管网的在线敏度分析

嘉兴市采用变频泵对整个管网进行水源调控，因此只需要对前两个问题进行处理。以第一个问题而言，可用实时的水力模型为基础进行敏度分析，提取各水厂压力调整对管网的影响。此时，可以固化节点用水量，模拟压力影响，可采用用户用水量的压力驱动模型对模型进行更进一步的精细化。一般情况下，短时间的压力调整幅度不大，采用固化节点流量对系统的精度影响不大。供水系统中任意一节点的水头 h 可表示为水源的供水压力的函数：

$$h_i(hs_1+\Delta hs_1, hs_2+\Delta hs_2, \cdots) \approx h_i(hs_1, hs_1, \cdots) + \frac{\partial h_i}{\partial hs_1}\Delta hs_1 + \frac{\partial h_i}{\partial hs_2}\Delta hs_2 + \cdots \tag{5-27}$$

分析过程中，可采用差分法，每个泵站压力上下波动 5m 作为影响分析上下限进行水力平差，平差结束后对计算结果进行线性插值，即可快速获取在上下 5m 范围内，水源压力波动对管网压力和水源之间的水量调配。

计算过程中，只需要对管网模型进行 $2n$ 次水力平差即可了解水源压力在有限范围内变化时管网的运行状态，快速有效地为调度部门提供决策支持，以嘉兴市管网模型为例，进行一次管网平差的时间小于 5s，整个分析过程小于 30s，为实时调度提供了快速、可靠的分析成果。敏度分析成果显示，调度员只需要拖动鼠标即可快速地了解管网中任意一点的压力波动、水厂之间水量的调配作用，指导快速决策。

分析成功后，用户可以拖动每个水源的滑动条，查看水源供水压力变换后，水厂供水量的变化和各监测点压力的变化情况。

3. 嘉兴市的在线压力优化分析（一级优化）

一级优化主要是对当前各水源的供水压力进行优化，自动提供最优压力。用户首先点击初始化，完成后，设置制水成本、电费、效率等参数，点击优化，系统自动提供当前最优供水压力，并显示优化后各水源的供水压力、供水量、管网监测点的水头等。用数学模型可表示为：

$$\min f(qs_1, qs_2, \cdots, hs_1, hs_2, \cdots) \tag{5-28}$$

$$\text{s.t.} \quad \begin{aligned} qs_i^{l} \leqslant qs_i \leqslant qs_i^{u} \\ hs_i^{l} \leqslant hs_i \leqslant hs_i^{u} \end{aligned} \tag{5-28a}$$

式中 qs_i, hs_i——各水源的供水量和供水水头；

qs_i^{l}, qs_i^{u}——水厂的供水量上下限；

hs_i^{l}, hs_i^{u}——供水水头的上下限。

由于拥有了实时的水力模型和灵敏度计算分析成果，在实际操作过程中，可采用直接扫描法结合差分结果进行最优解的搜索，速度快、可靠、稳定。以嘉兴市的管网为例，3 个水厂，上下限差为 5m，首先采用 2m 为步长，进行 $5^3=125$ 次搜索，然后对 2m 范围内，以 0.5m 为步长进行搜索，计算次数为 $4^3=64$ 次，即可得到工程上可接受的解。

在嘉兴的供水模型中已经设置好各水源的最大供水能力、制水成本、单位电费成本等，用户在使用过程中只需要点击按钮一下，即可获取最优的压力控制值。图 5-25 显示通过优化后，电费可以降低 50%，最重要的是管网的压力得到了下降，变得更加均匀，有利于降低整个管网的漏损量。通常水泵的调节时间需要几分钟以上，而优化过程计算时间小于 10s，计算结果可以逐步接入控制系统，进行在线优化控制。

4. 广州市水力模型的在线决策支持

管网水力水质模型的重要目的是要能够指导供水系统的运行调度。在 CWaterNet 系统中的辅助调度模块提供了水力模型的在线决策支持功能。对于广州这种复杂系统，经过多年的运行管理，已经形成了比较成熟的调度方案，能够保障一般情况下的运行。但是在实际运行过程中，每时每刻的运行状态都在发生变化，调度员要根据管网中实时监控到的信息进行相应的水泵状态调整。由于给水管网非常复杂，水泵的启闭、变频泵的转速变化到底对给水管网的状态变化有多少影响目前主要靠经验来判断。在广州市实时水力模型的基础上，实现了在线分析功能，主要包括三个方面：

a. 水源压力调控敏度分析；

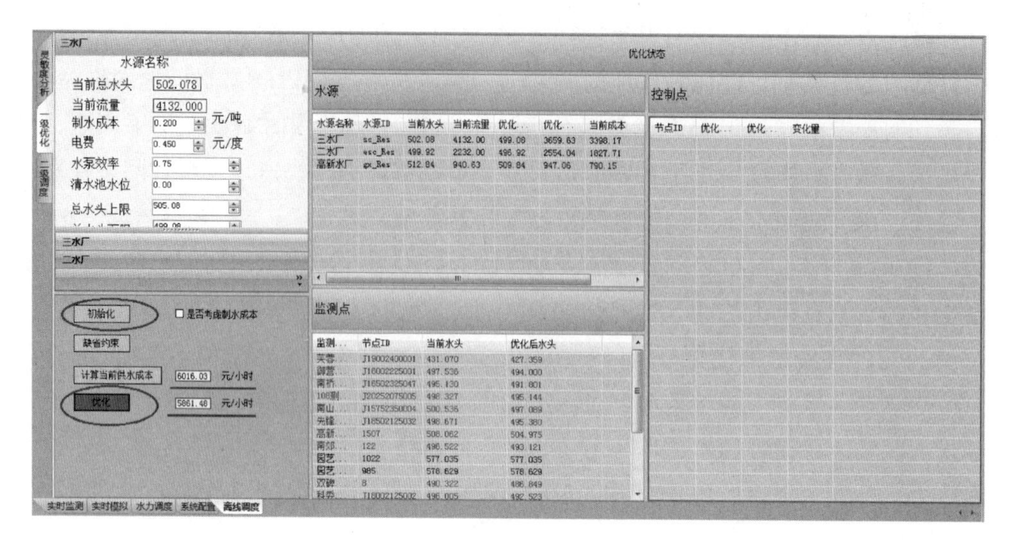

图 5-25　嘉兴市管网压力在线优化

b. 一级优化调度功能；

c. 二级调度分析功能。

图 5-26 是广州市供水水源压力调控敏度分析，显示了调整西村水厂的压力之后，西村水厂和其他各水厂供水水量的变化，管网各监测点和压力控制点压力的变化。通过该系统功能，调度员可以非常直观地了解在不同的水厂的出厂压力情况下，各水厂的供水流量状态，合理科学地实现管网各水厂的供水量平衡与压力控制。

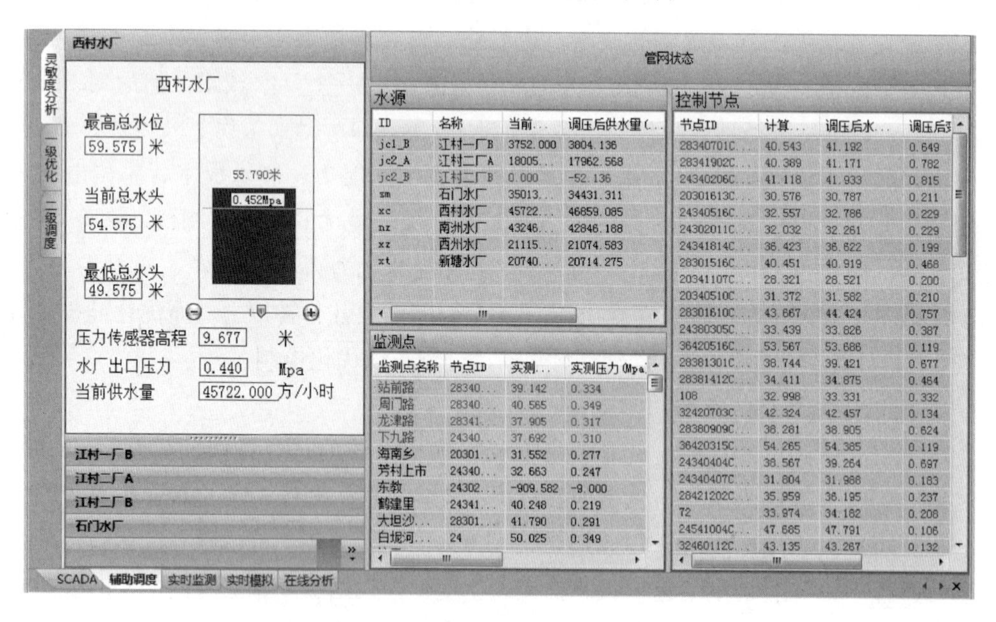

图 5-26　广州市供水水源压力调控敏度分析

图 5-27 是广州市管网的二级调度分析功能图。该功能模块可以实现水泵的调控，包括水泵转速的调控。如图，在西村水厂增加启动一台水泵，系统在 10s 中内分析出水泵启

动后西村水厂增加流量 1059m³/h，同时引起石门水厂、南洲水厂分别减少 479m³/h 和 300m³/h 的流量。管网中心区的压力普遍增加 0.5～0.7m 水头。通过这个模块，调度员可以直接了解水泵启闭后的管网运行状态，避免了靠经验决策中的不确定性，增强了调度员的调度信心，成了调度员的有力助手。

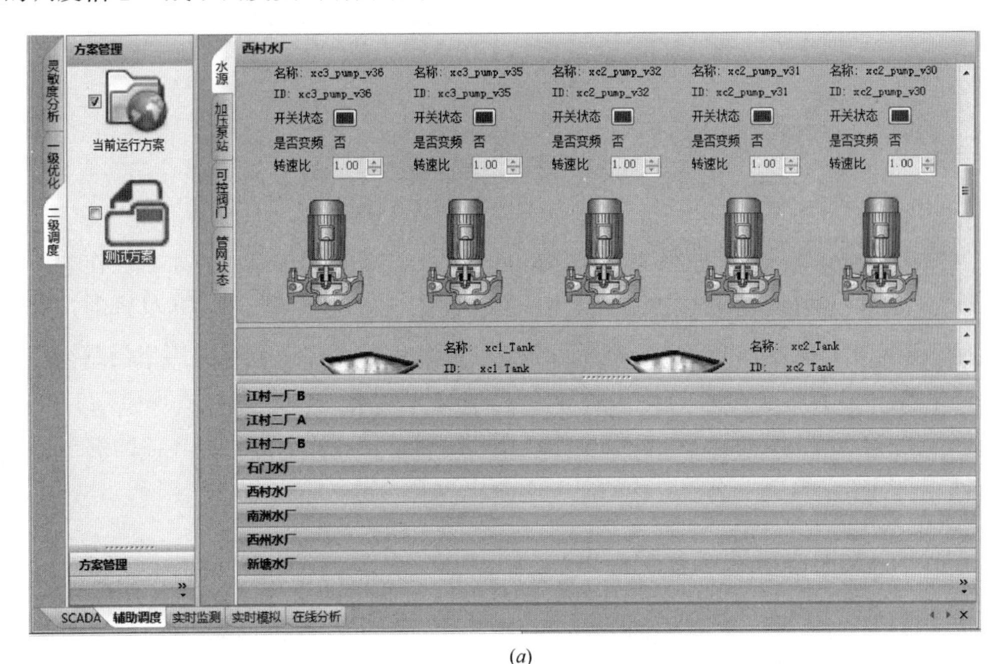

(*a*)

方案管理

灵敏度分析 | 一级优化 | 二级调度

当前运行方案

测试方案

水源 | 加压泵站 | 可控阀门 | 管网状态

水源

水源名称	水源ID	当...	优...	变化...
江村一厂B	jc1_B	375...	375...	0.000
江村二厂A	jc2_A	180...	179...	-43.918
江村二厂B	jc2_B	0.000	0.000	0.000
石门水厂	sm	349...	344...	-479.670
西村水厂	xc	456...	467...	1059.503
南洲水厂	nz	437...	434...	-300.836
西州水厂	xz	209...	208...	-82.900
新塘水厂	xt	205...	205...	-44.215

监测点

监...	实测水...	实测压...	调压后...
108	32.131	0.2270	32.765
324...	48.455	0.2240	48.941
283...	53.061	0.0890	53.639
364...	60.460	0.1490	60.957
283...	37.158	0.0840	37.954
284...	36.108	0.2050	36.607
72	34.285	0.1460	34.770
245...	44.527	0.3420	44.882
324...	54.085	0.1420	54.563
244...	35.563	0.2620	36.065
41	45.883	0.3110	46.249
285...	47.010	0.3660	47.366
284...	34.558	0.1220	35.064
284...	34.852	0.1980	35.401
284	-906.230	-9.0000	-905.721

(*b*)

图 5-27　广州市管网的二级调度调度分析功能

(*a*) 水泵的启闭调控；(*b*) 水泵调控后管网与泵站的运行状态

第6章　给水管网水质保持与管理

6.1　给水管网水质控制技术概述

目前，我国大多数城市供水部门把水处理技术工艺革新和提高出厂水水质作为工作重点，而往往忽略了管网输配水过程中产生的水质问题。事实表明，即使水处理的技术和工艺如何先进，出厂的水质有多高，如果在输送过程中发生了水质变化，用户仍然不能得到满意的水质，甚至还会对人的生命健康造成威胁。美国科学家 M. Edwards 在 2003 年 IWA 年会的报告中指出给水管网中出现的各种水质问题将是 21 世纪世界各国供水行业的极大挑战，对给水管网中水质变化的研究逐渐成为人们研究的热点。

6.1.1　给水管网水质变化影响因素

为了保障供水的安全性，人们提出了管网水质稳定性的概念，认为自来水进入给水管网后应保持水质的稳定，其所含化学成分、微生物等各个水质指标不应发生变化。管网只应起到输配水的作用，在输配过程中不能改变自来水的水质。

国内很多城市对出厂水和管网水的水质进行了对比分析，发现管网水主要超标的是铁、浊度、色度和细菌总数等。根据资料统计，对占全国供水量 42.44%的 36 个城市的自来水公司进行调查发现：出厂水的平均浊度为 1.3NTU，而管网水为 1.6NTU，平均色度由 5.2 度变化为 6.7 度，平均铁含量由 0.09mg/L 增加到 0.11mg/L，平均细菌总数由 6.6CFU/L 增加到 29.2CFU/L。

管网水质发生变化的主要原因可分为如下几个方面：

（1）管网输配水过程中，自来水与输水管道发生了复杂的物理、化学和生物反应。因此针对不同水源出厂水使用合理的管材输配对水质的安全性非常重要。目前我国常用的输配水管材有：铸铁管、钢管、球墨铸铁管、给水塑料管（UPVC 管、PE 管等）、压力水泥管、玻璃钢管、铝塑复合管、衬里钢管（PVC 衬里、PE 粉末树脂衬里）等，虽然建设部已禁止铸铁管的使用，但是目前在国内城市地下已铺设的管道中，铸铁管钢管占 90%以上。对于金属管材，特别是铁质管材，内腐蚀问题普遍存在。腐蚀带来的问题包括以下几个方面：腐蚀产物形成的结核增加了水的输送阻力，影响输水能力；严重的点蚀引起管漏的产生，导致水的损失和水的失压；需要增加消毒剂的用量以保证管内的消毒剂余量。同时，饮用水中的有毒金属如铅和铬几乎都是来源于腐蚀引起的溶出过程。腐蚀导致的铁、铜和锌等元素的释放虽然对人们健康的影响相对较小，但所产生的浊度、色度和金属异味会给人们带来感观的不悦和在洗涤时沾污衣物。

（2）在输配过程中若水质生物稳定性不高，其进入管网后能够使微生物大量生长繁殖，从而对水质造成诸如加剧管道腐蚀、产生臭味、增加致病菌等不利影响。目前国际上已有较多针对金属管材和塑料管材对管网生物膜影响的研究，管网水的微生物主要来源于附着在管壁及管道折点等地方的生物膜中。同时有些研究表明熟料管材能支持生物膜的生长。影响管网中生物膜生长主要有如下几方面因素：供生物生长的营养物质；管材；消毒剂；进入管网前水质中微生物；水力条件。由于管网微生物是多方面因素同时作用，要对管网系统水质微生物的生长情况以及潜在生物稳定性风险进行完整的考察和对生物量发生变化进行解释就必须搞清楚管材与这几方面影响因素的相互作用。

（3）针对管网水中微生物的安全性，最初人们认为通过投加消毒剂（氯）杀灭病原菌，同时保持管网末端一定的消毒剂余量来控制细菌在管网中的生长（例如我国国标中规定末梢余氯量不得低于 0.05mg/L）就可有效实现对微生物生长繁殖的控制。但是由于出厂水中仍残存有未被灭活的细菌，氯消毒后部分受伤细菌也会在管网中自我修复，重新生长，同时生物膜脱落以及换管和其他原因也会引起外源细菌进入管道，因此，仅仅通过投加少量消毒剂并不能有效控制细菌的生长繁殖。而大量的投加消毒剂又会导致饮用水的感官性状变差以及产生消毒副产物问题，如三卤甲烷和卤乙酸等，这些消毒副产物的存在导致饮用者患消化和泌尿系统癌症的危险增加。因此寻找其他保障微生物安全性的途径十分迫切。

（4）近年来的研究表明：饮用水中存在的有机营养物是促进细菌在管网中生长的主要因素，即使保持较高的余氯量，只要水中存在足够的有机营养物，细菌仍可以在配水管网中生长繁殖。目前国外已在给水管道中检出几十种细菌，除少数硫细菌和铁细菌等自养菌外，主要是以有机物为营养基质的异养菌（heterotrophicbacteria）。如果饮用水中有机物含量较高，则水质生物稳定性较差，细菌就容易在配水管网中生长繁殖，致病菌出现的可能性也随之增大。因此又提出了降低出厂水中 AOC、BDOC 的含量与消毒剂控制相结合来控制细菌在管网中的生长繁殖的新的控制途径，这是对饮用水微生物安全性保障认识的第二个阶段。

6.1.2 给水管网水质安全性评价

1. 水的化学稳定性判定系统

水的化学稳定性主要是指水在经过处理进入管网后其自身各种组成成分之间继续发生反应的趋势，如碳酸钙的沉积析出，水体对所接触的管道或各种附属设施的侵蚀作用，非金属管道材料表面有毒有害物质的溶出，金属管道材料表面的腐蚀，消毒副产物的生成等。

国内外针对给水管网化学稳定性的研究主要集中在 Ca、Mg、Al、Fe 等无机元素上，涉及 Ca、Mg 的结垢沉积、管材腐蚀导致 Fe 的释放以及 Al/Fe 的析出等各个过程。其中结垢和腐蚀是影响饮用水安全输送的两个最主要的问题。针对管网水质稳定性的评价需要包括碳酸钙沉积和管材腐蚀两个方面，二者之间的相互关系可以通过建立水质参数模型予以表达和预测。

1）钙镁—碳酸盐系统

（1）钙镁—碳酸盐稳定性判断

碳酸盐系统是自然水体中的一个重要的酸碱系统，组成这种碳酸盐系统的化学物种有：气体二氧化碳 $CO_{2(g)}$、液体的或溶解的二氧化碳 $CO_{2(aq)}$、碳酸 H_2CO_3、重碳酸根 HCO_3^-、碳酸根 CO_3^{2-} 以及含碳酸盐的固体，它们组成了天然水中一种主要的酸碱共轭系统。碳酸盐和重碳酸盐可与钙离子、镁离子等金属离子形成配合物和离子对。

水的腐蚀性和结垢性一般都是水一碳酸盐系统的一种行为表现。当水中的碳酸钙含量超过其饱和值时，就会出现碳酸钙沉淀，引起结垢的现象。反之，当水中的碳酸钙含量低于饱和值时，则水对碳酸钙具有溶解的能力，能够将已经沉淀的碳酸钙溶解于水中。因此可以把水质分为结垢型的水和腐蚀型的水。

天然水中溶解的各种离子中，HCO_3^- 是最主要的成垢阴离子。重碳酸盐分解程度的大小，可作为衡量水系统结垢的一个定性指标，其分解程度越大，说明结垢越多，反之亦然。

对于钙镁—碳酸盐系统稳定性，已经出现了一些表征参数，这些参数在实际应用中发挥了重要作用，但是，在判定水质稳定性时每个指数都有一定的局限性，需要综合考虑。

（2）影响结垢的主要因素

影响碳酸钙结垢的因素主要有：pH、水温、碱度、二氧化碳等。

pH 值越高，碳酸钙的成垢指数越大，结垢趋势越大。水温升高，二氧化碳的逸出，碳酸钙的溶解度降低，结垢的趋势也越大。

碱度的升高，会使 HCO_3^- 更容易转化为 CO_3^-，导致 $CaCO_3$ 和 $MgCO_3$ 的形成。当 Ca^{2+} 和 CO_3^{2-} 的溶度积 $I_{sp} \leqslant K_{sp}$ 时，$CaCO_3$ 就会可能产生沉淀结垢。

2）铁系统

（1）铁的稳定性判断

管网中铁离子主要来自三方面：来自自然界水相中携带的铁离子；水厂进行水处理所用的混凝剂如三氯化铁等；由于管道的腐蚀所产生的铁。一般来讲，管网中的铁超标大部分是由于第三类情况。因此铁的稳定性是决定水质稳定的关键因素。

铁离子的稳定性判别是采用沉淀溶解平衡计算的方法，通过绘制 pC-pH 图来确定铁的存在形式。pC-pH 图是指在一张双对数（log（浓度）和 pH）坐标图上画出平衡常数和质量平衡方程式。根据 pC-pH 图，能够在图上找出某个 pH 条件下，物质的种类、存在形式和浓度。

（2）铁的腐蚀与释放机理

给水管网中普遍使用的铁质管材一般为铸铁管和镀锌钢管。而镀锌钢管在长期使用后，内表面的镀锌层逐渐失去保护作用而使基体金属受到腐蚀。

铁的腐蚀和铁的释放是既相互联系又相互区别的过程。前者主要指铁基体的氧化和腐蚀产物的形成，而后者主要指溶解态或颗粒态的铁由管壁往水相中的转移。腐蚀通常由铁的重量损失来衡量，而铁的释放是由水中铁的浓度来衡量。

铁的腐蚀包括全面腐蚀和局部腐蚀，全面腐蚀包括均匀腐蚀和非均匀腐蚀，局部腐蚀包括浓差腐蚀和选择性腐蚀。水和氧气是铁受腐蚀的必要条件。阳极部位是受腐蚀的部位，阴极部位是腐蚀生成物的堆积部位。当腐蚀在整个金属表面基本均匀地进行时，腐蚀的速率就不会很快，所以危害性不大，这种腐蚀就是全面腐蚀。当腐蚀集中于金属表面的某些部位时，则称为局部腐蚀，局部腐蚀的速度快，容易锈穿，危害性很大。在给水管网中，坑蚀（点蚀）就是一种常见的由氧浓差电池腐蚀引起的腐蚀。这种腐蚀一般形成凹陷（pitting）和瘤状物（tuberculation）。

对于铁的释放机理也有不同的模式，对释放到水相中铁的来源认识的不同，对铁的释放机理就有不同的认识。

a. 低溶解氧条件下的 Kuch 机理

Alfred Kuch 和他的合作者 Sontheimer 发现由于管网中流动和停滞阶段更替进行而产生铁释放现象，提出了 Kuch 机理。机理指出当管网水力条件由流动转向停滞时，靠近管壁的溶解氧将会消失，此时含有三价铁的管垢为维持氧化还原平衡将继续进行还原反应。此时三价铁将作为新的电子受体。Sontheimer 指出了在不同水力条件下维持氧化还原平衡的反应方程式：

$$Fe + 2Fe(OOH) + 2H^{+} \rightarrow 3Fe^{2+} + 4OH^{-}$$

从上述反应可以知道，在停滞条件下生成二价铁的氢氧化物，而二价铁化合物的溶解度远远高于三价铁化合物的溶解度，因此二价铁离子可以大量扩散到管网水中。纤铁矿（Lepidocrocite，γ—FeOOH ）被认为是易于还原的三价铁形态，而它通常是在亚铁离子的快速氧化条件下形成的。Smith 等的研究证实了 Kuch 机理并发现水在管道中停滞、缺氧和温度较高的情况下最易导致“红水”现象的发生。

b. $FeCO_3$模式（Siderite Model）

该模式认为，铁腐蚀产生的 Fe^{2+} 在缓冲能力较高的水中首先形成 $FeCO_3$，然后 $FeCO_3$经过慢速的氧化过程可以形成对金属基体有良好保护作用的氧化物层，它能够限制溶解氧通过扩散穿过腐蚀层对金属基体造成腐蚀。如果水质条件不利于形成这样一种保护层，铁基体的腐蚀就会直接造成大量铁往水相中释放。

Baylis、Benjamin、Sontheimer 等人发现 $FeCO_3$ 和 $Fe(OH)_2$ 是腐蚀管垢内的重要成分。$FeCO_3$ 和 $Fe(OH)_2$ 等二价铁化合物的溶解是铁释放现象的另外一个途径。

c. 腐殖酸的作用机理

天然水中含有的主要有机物是腐殖酸，它可以与二价铁反应形成 Fe^{2+}—有机络合物来延缓二价铁离子的氧化速率。Theis 和 Singer 发现在充有溶解氧的水中一定量的有机物质可以阻止二价铁离子的氧化过程。此外腐殖酸还可以还原三价铁为二价铁，导致铁释放到管网水中。

d. 微生物活动的作用机理

铁管的管垢可以为微生物生长提供小的生存环境。Tuovinen 发现管垢上的微生物包括大量的异养菌、硫酸盐还原菌、硝酸盐还原菌、亚硝酸盐氧化菌，氨氧化菌、硫氧化菌等等。Emde 发现在给水管网中存在包括 *Gallionella*、*Leptothrix*、*Sphaerotilus* 等铁氧化菌以及 *Bacillus sp.*，*Clostridium*、*Citrobacter* 等铁还原菌在内的铁细菌。铁氧化菌可以使三价铁沉积在管垢表面，从管垢上冲刷下来而造成铁释放现象，而铁还原菌可以生成溶解性二价铁从而引起铁释放现象。

e. 溶解氧作用理论

Sarin 和 Snoeyink 根据前人的研究成果针对铁释放现象提出了溶解氧影响模型。如图 6-1 所示，他们认为管垢可以分为两层，外层是由含三价铁化合物组成的致密层，内层则是由含二价铁化合物组成的疏松层。

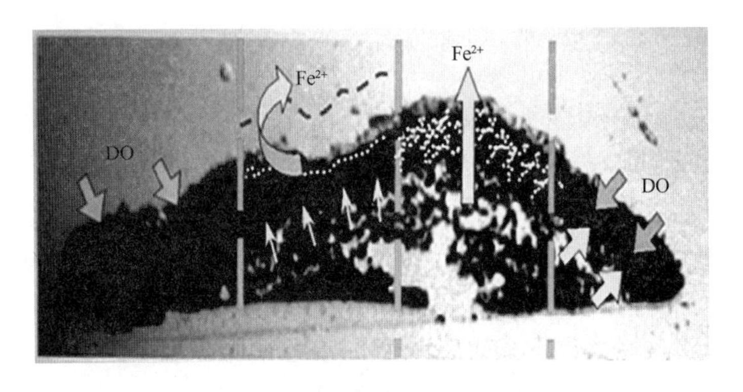

图 6-1　溶解氧影响理论示意图

致密层可以作为保护层，防止内部铁管腐蚀和铁释放，当管网水中溶解氧浓度高时，由于高的氧化性，能够保持外层结构不被破坏，内部的二价铁不会释放出来。而当溶解氧浓度降低时，根据 Kuch 机理致密层将会发生反应而出现裂缝，内层的二价铁就会释放到水中。因此他们认为溶解氧是给水管网中影响铁释放现象的关键因素。

（3）铁稳定性的影响因素

影响铁稳定性的因素主要分为三大类：化学因素、物理因素和生物因素。

化学因素包括：pH、碱度、溶解氧、余氯、缓冲强度、氯离子与硫酸根、硝酸根、有机物、硅和磷、管垢成分以及天然有机物等；物理因素包括：管材本身特点、水力条件、水温等；生物因素包括：铁细菌和硫酸盐还原菌。有研究者在管垢中发现了包括铁细菌和硫酸盐还原菌在内的微生物。微生物腐蚀常常是与电化学腐蚀一起发生的，很难把二者分开。

3）铝的稳定性

铝是地壳中广泛分布的一种元素，水源水中往往含有一定浓度的铝。同时，在大多数供水厂中，铝盐也作为混凝剂用来去除原水的色度、浊度、颗粒物以及天然有机物等。因此，出厂水中或多或少含有一定含量的铝。这些铝元素可能是溶解态的，也可能是难以沉淀的细颗粒。进入管网后，在一定的水质水力条件下，细颗粒可能会聚集而脱稳、沉淀下来，积淀于管壁中。同时，溶解态的铝离子也有可能被解析出来，形成沉淀物积淀于管壁中。

影响水中溶解态铝浓度的因素主要有：温度、pH、硅含量、腐殖质含量以及絮凝剂种类和含量等。铝的溶解性受温度的影响很大，铝的浓度随着温度的升高而增加。pH 值直接影响到铝在水中的溶解度，是重要的影响因素，随着 pH 的降低水中溶解性铝含量减少。

2. 管网水质生物稳定性

给水处理厂通常通过加氯且保持管网末梢一定的余氯来控制细菌在管网中的生长。但事实上保持配水管网中余氯并不一定能控制细菌在管网中的繁殖。到目前为止，由于饮用水中的病原微生物导致传染病的发生也时有报道。尽管细菌在管网中重新生长的问题引起了人们的高度重视，但几十年过去了，对解决这一问题没有取得大的进展。因此在饮用水中发现大肠菌群成了目前水处理中难以解决的问题。最近十余年，人们认识到引起配水管网中细菌重新生长和繁殖（regrowth 或 aftergrowth）的主要诱因是出厂水中含有残存的异养菌生长所需的有机营养基质，即生物可降解有机物（BiodegradableOrganicMatter，BDOM）。尽管自来水厂通常通过投加氯消毒灭活病原菌，同时保持管网末端一定量的余氯量（我国规定 0.05mg/L）来控制细菌在管网中的生长，但出厂水中仍残存细菌（出厂水中细菌控制标准为小于 100 个/mL，大肠杆菌控制为小于 3 个/L）；部分氯消毒后的受伤细菌也会在管网中自我修复，重新生长；同时管网的交叉连接和倒虹吸等其他原因也会引起外界细菌重新进入管道。当管网水中存在可生物降解有机物时，这些残存的细菌就能够获得营养重新生长繁殖，导致用户水质变坏。在给水管网内表面、锈瘤和冲洗下来的颗粒沉淀物上已检出细菌种属达 21 种。多数研究表明即使保持管网中一定的余氯，异养菌在具有有机物的条件下仍然会生长。

细菌在管网中重新生长的问题越来越受到重视，由此引出饮用水生物稳定性这一概念。

所谓饮用水的生物稳定性就是指饮用水中有机营养基质支持异养细菌生长的潜力，即细菌生长的最大可能性。饮用水生物稳定性越高，则表明水中细菌生长所需的有机营养物质含量低，细菌不易在其中生长；反之，饮用水生物稳定性低，则表明水中细菌生长所需的有机营养物质含量高，细菌容易在其中生长。给水管网中限制异养细菌生长的因素一般比较简单，即主要是有机营养物质。加氯可以一定程度上控制细菌生长，但不能杜绝细菌生长，而且加氯量增加后消毒副产物的量会大大增加，降低了饮用水的安全性。要提高饮用水的生物稳定性，关键是要控制有机营养物的量。

细菌在管网中的生长包括在水溶液中悬浮生长和在管网内壁附着生长，由于饮用水中贫营养的环境，细菌在管壁的附着生长就比在水溶液中的悬浮生长更占优势，原因在于：

a. 大分子物质容易在固液表面沉积，构成一个营养相对丰富的微环境；

b. 即使管网中有机物浓度较低但高水流速度能输送较多的营养到固定生长的生物膜表面；

c. 固定生长的细菌能有效躲过管网余氯的杀伤；

d. 由于边界效应使管壁处水流冲刷作用减少。基于类似原因，管网水体中悬浮或胶体颗粒上也会附着生长一定数量的细菌或其他微生物，而且在常规的饮用水细菌或大肠杆菌检测中不易被检出。管壁生物膜引起管道腐蚀，长黏垢，促使更多细菌生长，膜老化脱落会引起水的色度、浊度上升，细菌数的增加，恶化水质。因此，应该设法加以控制。

我国《生活饮用水卫生标准》(GB 5749—2006) 对生活饮用水水质卫生要求的第一条即要求生活饮用水中不得含有病原微生物。水质常规指标及限值第一条也是微生物指标，可见微生物指标在饮用水水质中的重要性。一般地，饮用水水质生物稳定性是指饮用水中可生物降解有机物支持异养细菌生长的潜力，即当有机物成为异养细菌生长的限制因素时，水中有机营养基质支持细菌生长的最大可能性。饮用水生物稳定性高，则表明水中细菌生长所需的有机营养物含量低，细菌不易在其中生长；反之，饮用水生物稳定性低，则表明水中细菌生长所需的有机营养物含量高，细菌容易在其中生长。饮用水中的细菌主要有两个来源：一是水厂处理工艺的问题，有残留的细菌进入到给水管网中；二是由于水中的细菌二次繁殖，其中细菌生长是较大的因素。水厂采用加氯的方法控制细菌生长，但有营养基质的存在，细菌还是会增长，加氯还会产生含氯消毒副产物，影响人的健康，所以控制水中营养基质的含量才是保持其生物稳定性最根本的方法。

由于饮用水中有机物种类繁多，形态结构各异，并且它们含量水平、理化性质也千差万别。目前一般测定水中的总有机碳 (Total OrganicCarbon，TOC) 作为总有机物含量的替代参数。按有机物形态大小，TOC 大致可分为颗粒态有机碳 (Particle Organic Carbon，POC)、胶体态有机碳 (Colloid Organic Carbon，COC) 和溶解态有机碳 (Dissolved Organic Carbon，DOC)。随着饮用水水质生物稳定性概念的提出，又按有机物能否被微生物利用的角度划分，将溶解性有机碳分为生物可降解溶解性有机碳 (BiodegradableDissolved Organic Carbon，BDOC) 和生物不可降解溶解性有机碳 (Non Biodegradable DissolvedOrganic Carbon，NBDOC)。BDOC 中能被细菌利用合成细胞体的有机物称为生物可同化有机碳 (Assimilable Organic Carbon，AOC)。

目前，国际上普遍以可同化有机碳和生物可降解溶解性有机碳作为饮用水生物稳定性的评价指标。AOC 主要与低分子量有机物有关，它是微生物极易利用的基质，是细菌获得酶活性并对有机物进行共代谢最重要的基质。BDOC 是指饮用水中有机物里可被细菌分解成 CO_2 和水或合成细胞体的部分。一般认为 BDOC 的含量可代表水样的可生化性，并与产生的氯化消毒副产物量呈正相关性。只有控制出厂水中的 AOC 与 BDOC 的含量达到一定的限值，才能有效防止管网中细菌的再生长。

越来越多的研究与试验证明，AOC 和 BDOC 作为衡量饮用水中可生物降解有机物含量的指标与饮用水管网中细菌生长有着密切的关系。同时，它们也受到管网中余氯、细菌活动、季节温度、水力条件等诸多因素的影响，情况十分复杂，且不同地区、不同管网间差异较大。目前，对 AOC 和 BDOC 与细菌生长关系的研究还处于探索阶段，明确的计量关系与动力学模型也没有形成，还需要对管网内物理化学和生物化学反应进行更为深入的研究，为AOC和BDOC与生物稳定性关系的研究提供更为充分的理论依据。

6.2　管网水质化学稳定性控制技术

6.2.1　管网腐蚀产物层的结构和组成特征研究

1. 管壁腐蚀产物宏观形貌特征及分类

基于管垢的形貌特征，管壁腐蚀产物可以分为三种类型。管垢类型I：管壁腐蚀产物呈现出一种典型的堆积的形态时被称为“腐蚀瘤”，如图6-2（*a*）所示。腐蚀瘤状垢密集地分布于管内壁或者相邻的瘤状垢彼此相接在管内壁上形成一层厚厚的腐蚀垢层，这种形态管垢为类型I，如图6-2（*b*）所示。瘤状垢具有典型的分层结构，由上表面较疏松层，坚硬壳层（HSL）和坚硬壳层下面的多孔疏松层（PCL）组成。由于上表面疏松层很薄并且紧贴着坚硬壳层，不容易被分离开。多孔疏松内层垢（PCL）通常具有高含水率，常见的有四种颜色状态：黑色物质；黄色物质；黄棕色物质；具有黄棕色纹理的黑色物质或具有黑色纹理的黄棕色物质。有一些瘤状垢整体都非常坚硬，质地均一，没有明显分层结构，命名为“实心垢”（entire tubercle，简称ET）。根据调查研究发现，管垢类型I多出现在通水水源为地表水的管段中。

管垢类型II通常表面平滑，且厚度非常薄，仅几毫米或不足1mm，命名为“表面薄层垢”（TSL）。这种管垢没有或者只有少量瘤状垢零星分布于管内壁，如图6-2（*c*）所示。管垢类型II多出现在通水水源为地下水的管段中。

管垢类型III是一种中空瘤状垢，如图6-2（*d*）所示，简称“HT”（Hollow Tubercle）。中空瘤状垢在饮用水管网中少有发现，它只具有不足1mm厚的坚硬圆壳，内部是空的。这种中空瘤状垢的形成可能是由于“垢下腐蚀”，Brennenstuhl认为微生物在中空瘤状垢的形成中起重要作用，尤其是硫酸盐还原菌和产甲烷菌（Brennenstuhl A. M., *et al.*, 1993）。硫酸盐还原菌将硫酸盐转化为硫化氢，产甲烷菌使得方解石沉积在管壁上封住空腔，创造了一个非常稳定的腔体，腐蚀反应在腔体内持续发生。管垢形态Ⅲ多分布于通水水源为地下水的管段中。

如前所述，地表水水源出厂水对铁质管材的腐蚀性比地下水水源出厂水强，且地表水源出厂水的溶解氧和消毒剂余量较高，对于铁的腐蚀反应速率有促进作用，所以通地表水的管段腐蚀程度高，感官表现为众多瘤状垢密集地分布于管内壁或者相邻的瘤状垢彼此相接在管内壁上形成一层厚厚的腐蚀垢层。而通地下水的管段腐蚀程度低，管壁上大面积的存在非常薄的腐蚀垢层，零星分布着少量的瘤状垢和中空瘤状垢。

2. 管壁腐蚀产物中晶态物质组成分析

采集的69个管垢样品中的58个样品，磁铁矿（Fe_3O_4）和针铁矿（α—FeOOH）是主要的晶体铁氧化物，它们的含量总和平均值为70%（图6-3）。其他铁氧化物如：纤铁矿（γ-FeOOH）、菱铁矿（$FeCO_3$）、绿锈（$Fe_6(OH)_{12}CO_3$）、赤铁矿（Fe_2O_3）、四方纤铁矿（β—

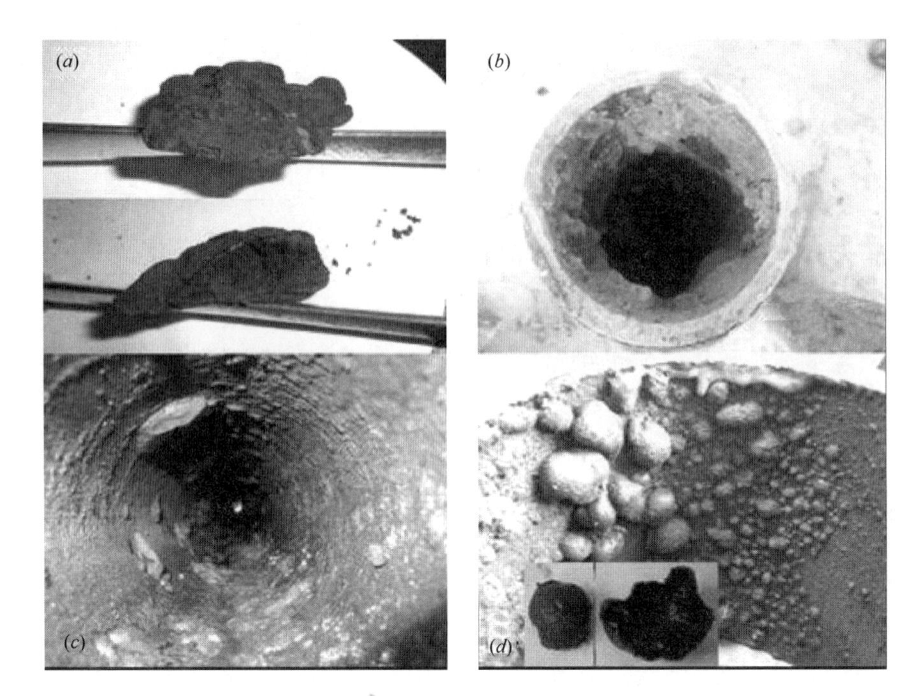

图 6-2　铸铁管内壁管垢形貌图

(*a*) 瘤状垢；(*b*) 管-SW2；(*c*) 管 C-GW3；(*d*) 管 B-GW3 上中空瘤状垢

FeOOH)、羰基碳酸亚铁($Fe_6(OH)_{12}CO_3 \cdot 2H_2O$)和铁镍矾($Ni_6Fe_2^{+3}(SO_4)(OH)_{16} \cdot 4H_2O$)等的含量随着其通水水质和水力条件的不同变化不一。其余的 9 个样品中，晶态非铁氧化物含量很高，如石英(SiO_2)、方解石($CaCO_3$)、钠长石($(Na, Ca)Al(Si, Al)_3O_8$)、微斜长石($K(AlSi_3)O_8$)、石膏($CaSO_4 \cdot 2H_2O$)等，9 个样品中它们占晶态物质的百分含量为 51%～97%(图 6-3)。最后还有 2 个样品，管-SW3-THS 管垢样品和管－SW3-PCL 管垢样品含有大量 $Fe_6(OH)_{12}CO_3$ 和 $Ni_6Fe_2^{+3}(SO_4)(OH)_{16} \cdot 4H_2O$、$Fe_3O_4$ 和 α-FeOOH 总含量在两样品中只占到 15%和 4%(图 6-3)。

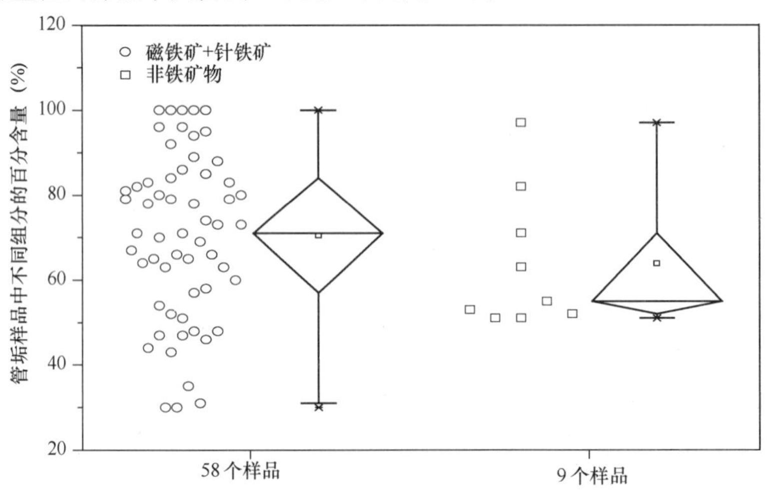

图 6-3　磁铁矿和针铁矿，非铁氧化物在管垢样品中含量的统计箱式图

图 6-4 为 6 个有代表性的样品 XRD 图。在所有的样品中仅管-SW1-ET 样品具有黄铁

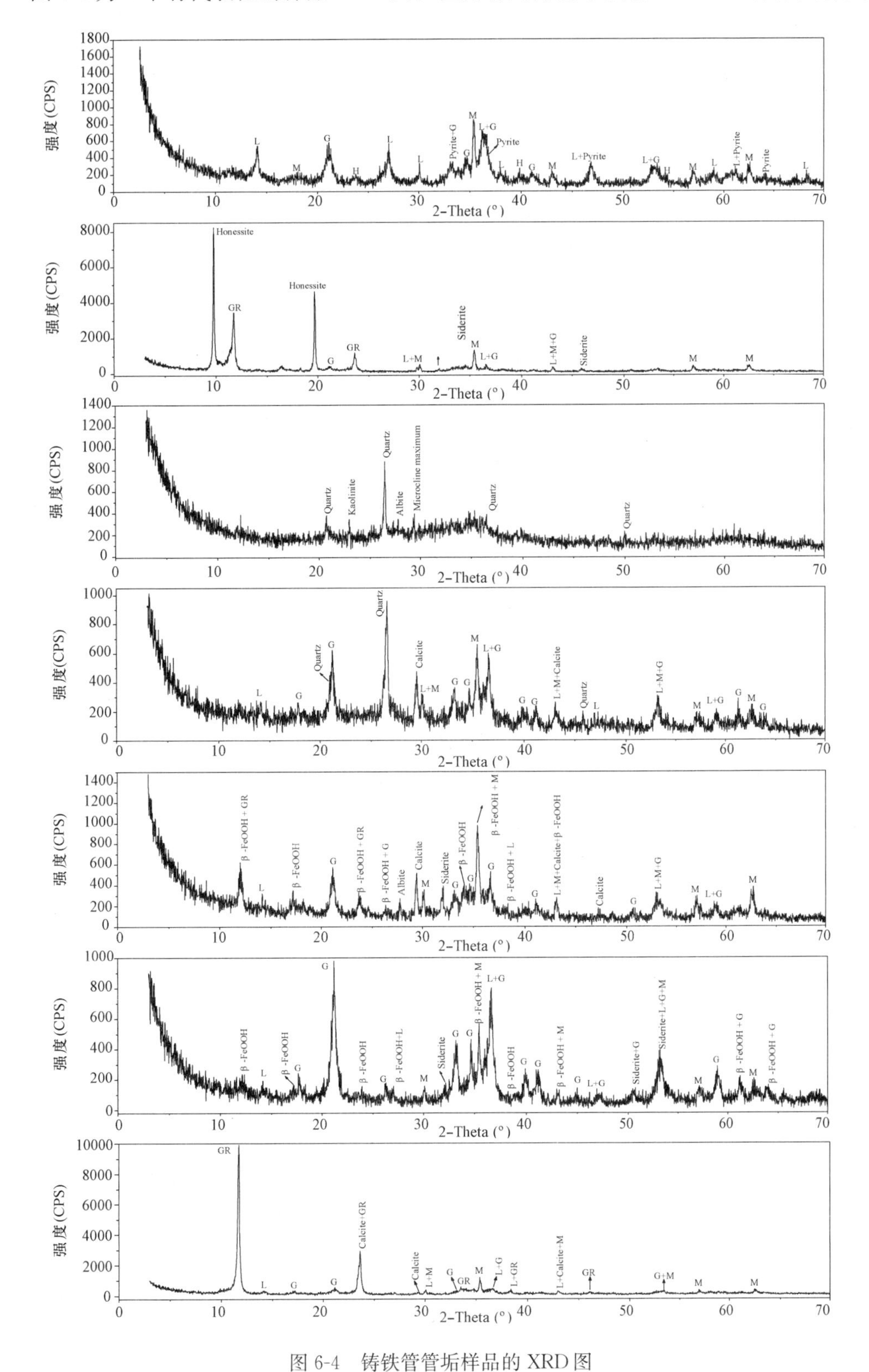

图 6-4 铸铁管管垢样品的 XRD 图

矿(FeS_2)，占铁氧化物含量的13%。如前所述，管-SW3-PCL样品含有大量$Ni_6Fe_2^{+3}(SO_4)(OH)_{16} \cdot 4H_2O$(53%)和$Fe_6(OH)_{12}CO_3$(41%)。管B1-GW3-TSL样品XRD图中出现无定形铁氧化物的谱峰，游离和无定形铁提取实验结果表明该样品中游离和无定形铁含量占总铁的97%。管B2-GW3-TSL样品中含有大量SiO_2(49%)、(Na，Ca)Al(Si，Al)$_3O_8$(23%)、K($AlSi_3$)O_8(8%)和$Al_2Si_2O_5(OH)_4$(20%)。管C-GW3-ET含有大量$FeCO_3$(11%)和β-FeOOH(27%)，管F-SW1/GW1-HSL具有很高含量的$Fe_6(OH)_{12}CO_3$(96%)。

根据Lytle提出的给水管网腐蚀垢层中铁-硫形态转化的模型：腐蚀垢层中三价铁被还原生成的亚铁离子极易与溶解性硫化物反应形成亚铁硫化物（FeS)，亚铁硫化物在一定温度和氧化还原条件下最终转化为FeS_2（黄铁矿）(Lytle D. A.，et al.，2005)。Berner提出的FeS与S^0反应生成FeS_2也可能是黄铁矿生成的原因（Berner R. A.，1970)。

纤铁矿（γ-FeOOH）通常在低pH，低亚铁离子浓度和快速氧化条件下形成，它在腐蚀的初期阶段生成，将最终转化为磁铁矿（Fe_3O_4)。四方纤铁矿（β-FeOOH）主要存在于富含Cl^-的环境中，且只能在pH<5时形成，因为OH^-能够取代其中的Cl^-而改变其物质结构。α-FeOOH和Fe_3O_4是比较稳定的腐蚀产物，而β-FeOOH和γ-FeOOH不稳定，在一定条件下可转化为α-FeOOH或Fe_3O_4。

根据环境条件，绿锈可以由零价铁氧化生成或者由亚铁、三价铁复合氧化生成，继而GR（CO_3^{2-}）可以转化成针铁矿、磁铁矿或磁赤铁矿，GR（Cl^-）和GR（SO_4^{2-}）可以转化成纤铁矿、磁铁矿或磁赤铁矿，最终矿物形态取决于pH和氧化速率。

镍铁钒是一种含有硫酸根离子，晶体结构与碳酸镁铁矿相同的Ni-Fe硫化物。类碳酸镁矿物合成实验表明CO_3^{2-}离子的结合能力强于SO_4^{2-}，所以镍铁钒的形成可能是由于环境中CO_3^{2-}离子含量低，SO_4^{2-}离子含量高所致。

3. 管壁腐蚀产物中晶态物质组成统计分析

图6-5比较了具有不同通水历史管段管垢中所含铁氧化物占总铁氧化物的百分含量的差别。

通地表水管段管垢样品Fe_3O_4与α-FeOOH的比例（M/G）平均值为2.1，而通地下水和混合水源管段管垢样品的M/G平均值分别为0.5和0.3。另外，仅存在于通地下水管段中的8个中空瘤状垢（HT）样品M/G平均值是2.5。Cornell和Schwertmann(2003)研究认为含有很多亚铁离子的磁铁矿比其他铁氧化物具有更高的导电性能，所以大量存在于硬壳层和多孔疏松层中的磁铁矿有利于电子的转移促进腐蚀反应的进行。比较通地下水管段和地表水管段管垢的形貌，不难发现通地表水管段管垢层非常厚，且具有完整坚硬的壳层。这些厚实坚硬壳层中含有很高含量的亚铁氧化物，如：Fe_3O_4、$Fe(OH)_2$、$FeCO_3$等。图6-5(*b*)中长期通地表水管段管垢样品$FeCO_3$和$Fe_6(OH)_{12}CO_3$(代表腐蚀中间产物)平均含量比通地下水管段管垢样品的高很多。高含量Fe_3O_4、$FeCO_3$和$Fe_6(OH)_{12}CO_3$的存在表明通地表水管段管垢正处于相对活跃的腐蚀阶段，管内壁腐蚀程度高。长期通地下水管段管垢样品γ-FeOOH平均含量比通地表水和混合水源管段管垢样品

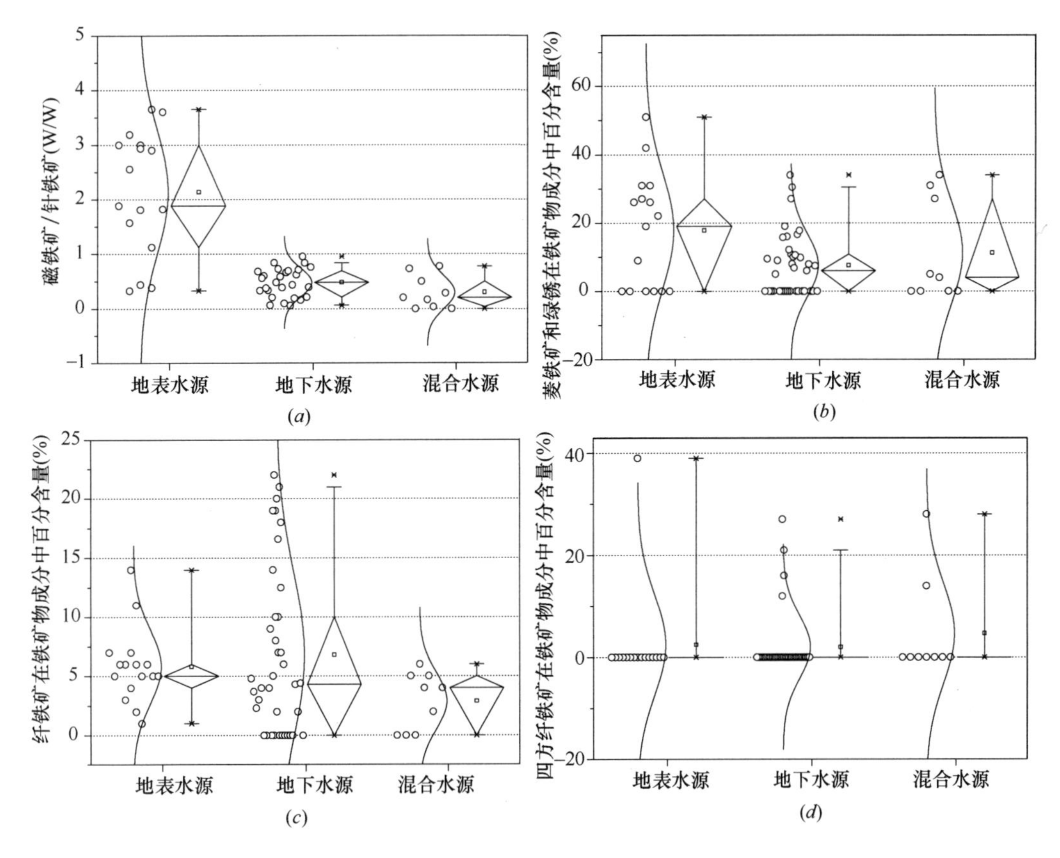

图 6-5 具有不同通水历史的铸铁管管垢铁氧化物含量统计图

的高，如图 6-5(*c*)所示。研究表明水中含有高含量硫酸根离子时，SO_4^{2-} 与 β-FeOOH 中三价铁离子反应形成其他物质，地表水源中硫酸根离子含量高于其他水源，所以 β-FeOOH 多存在于通地下水或混合水源管段管垢样品中，如图 6-5(*d*)所示。

4. 管壁腐蚀产物无定形铁氧化物和总铁含量分析

通地下水管垢样品中游离和无定形铁含量占总铁含量的平均值为 20.5%，是最高的，如图 6-6（*a*）所示。由于通地下水管垢样品中非铁矿物含量较多，所以其游离和无定形铁含量占样品总含量的平均值比通地表水管垢样品的略高，如图 6-6（*b*）所示。通地表水和混合水源管垢样品总铁含量平均值高于通地下水管垢样品的，这也表明前者腐蚀程度高于后者。

5. 管壁腐蚀产物微观结构

通地下水和混合水源管垢样品 BET 比表面的平均值和中位值高于通地下水管垢样品的（图 6-7）。SEM 图中是具有不同形貌的三种类型的管垢（图 6-8）。从图中可以观测到瘤状垢（类型Ⅰ）的典型分层结构：最上端表面层（TSL），相对致密的硬壳层（HSL）和硬壳层下面的多孔疏松内核层（PCL）。图中硬壳层的厚度大约为几百微米，硬壳层的厚度与管垢的大小，生长年龄，组成成分和水质状况有关。但是表面薄层垢（类型Ⅱ）和中空瘤状垢（类型Ⅲ）并不具有分层结构，如图 6-8（*c*），（*d*）所示。

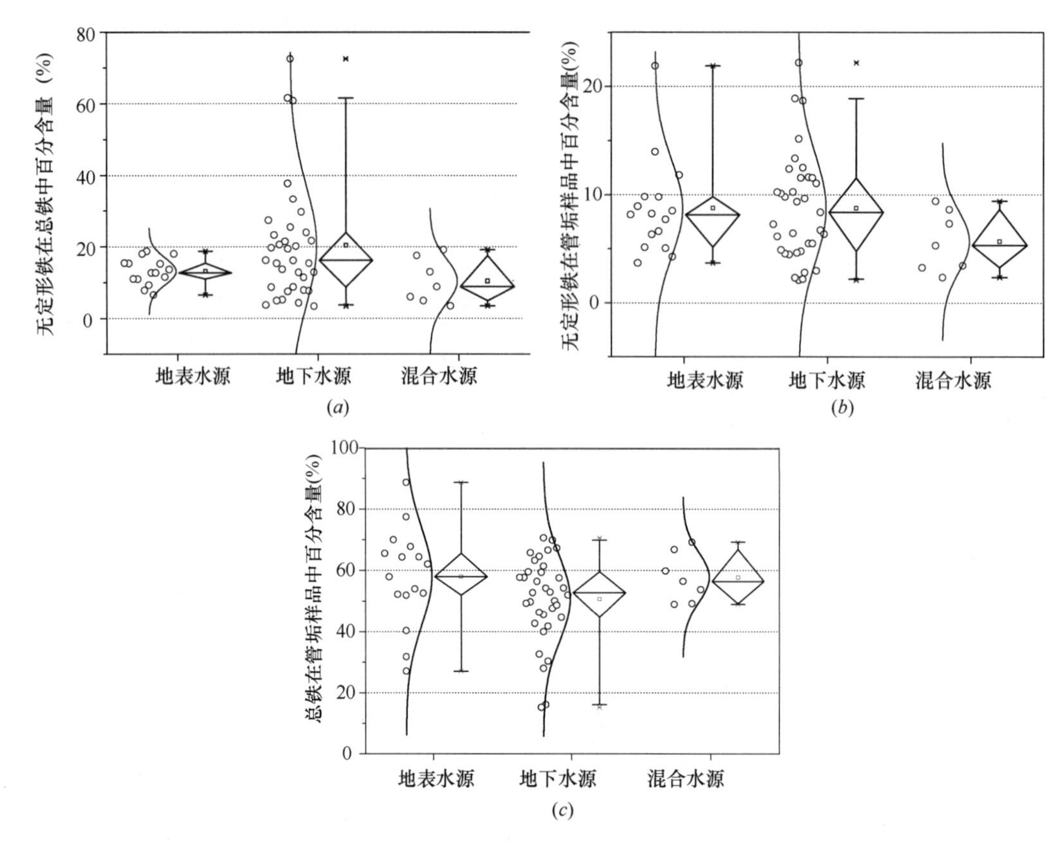

图 6-6　具有不同通水历史的铸铁管管垢游离铁及无定形铁氧化物和总铁含量统计图

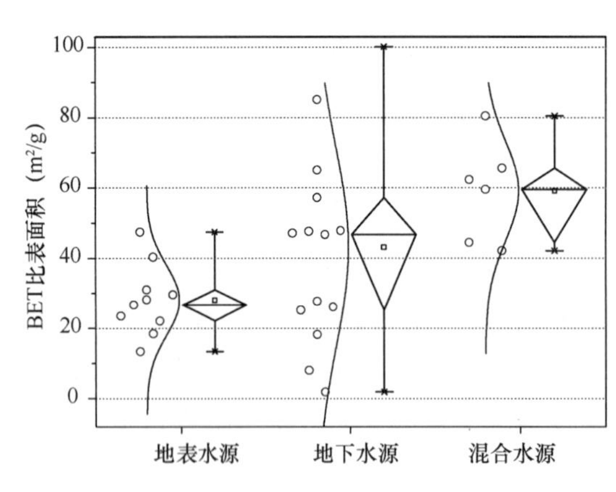

图 6-7　具有不同通水历史的铸铁管管垢 BET 比表面统计图

图 6-8（*e*）～（*h*）分别是（*a*）和（*b*）瘤状垢中多孔疏松内核层的放大图。*c*：表面薄层垢上一个区域放大图，*d*：中空瘤状垢上蔟状结构放大图。结合 EDX 能谱分析结果和该样品 XRD 定量分析结果：图 *e* 中花型物质是绿锈，立方体形状的物质是磁铁矿；图 *f* 中主要是球形的磁铁矿，针状的针铁矿和六角形的四方纤铁矿；（*c*）中大量的叶状物质和图 *h* 中叶状物质是针铁矿或纤铁矿，但图 *g*（*c* 局部放大区域）中堆积的多面体物质是磁铁矿。

如前所述，铁硫的化学特征在给水管网中有着很重要的作用。根据 XRF 和 XRD 分析结果，管壁腐蚀垢层中含有一定量的 S，并且 S 具有自然硫（S^0）和硫化物两种形态。硫元素平均含量在通地表水管段管垢中最高，如图 6-9（*a*）所示。S^0 在通地表水管段管垢内软层中含量较高，通地表水管段管垢仅有一个硬壳层样品中含有硫化物，通地下水管段

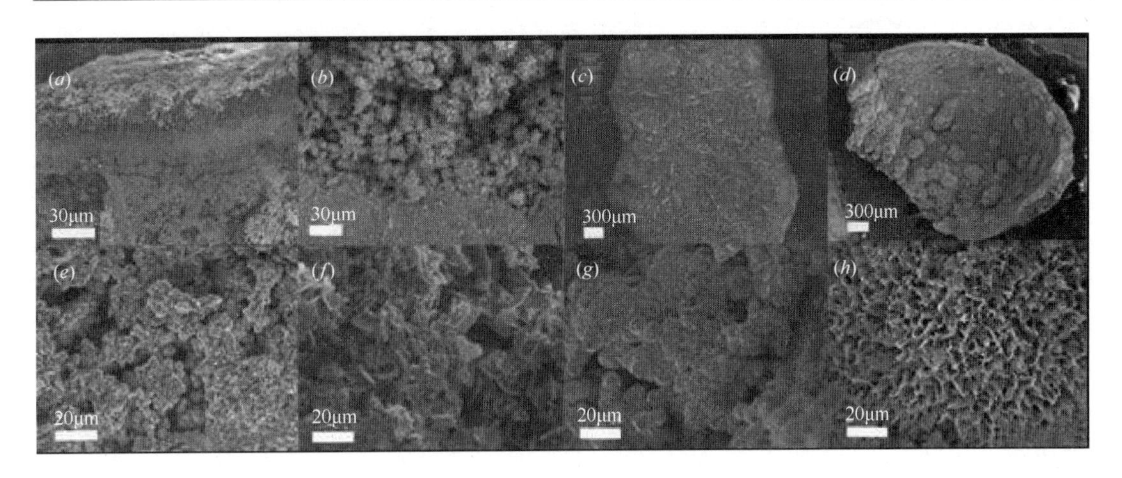

图 6-8 不同形态管垢 SEM 图

(a) 门城管垢横截面（×35）；(b) 马甸管垢横截面（×500）；(c) 呼家楼表面薄层内视图（×35）；(d) 呼家楼中空壳垢内视图（×35）；(e) 和 (f) 分别是 (a) 和 (b) 中多孔疏松层的局部放大图（×1000）；(g) 和 (h) 分别是 (c) 中局部放大图和 (d) 中花状物质的放大图（×1000）

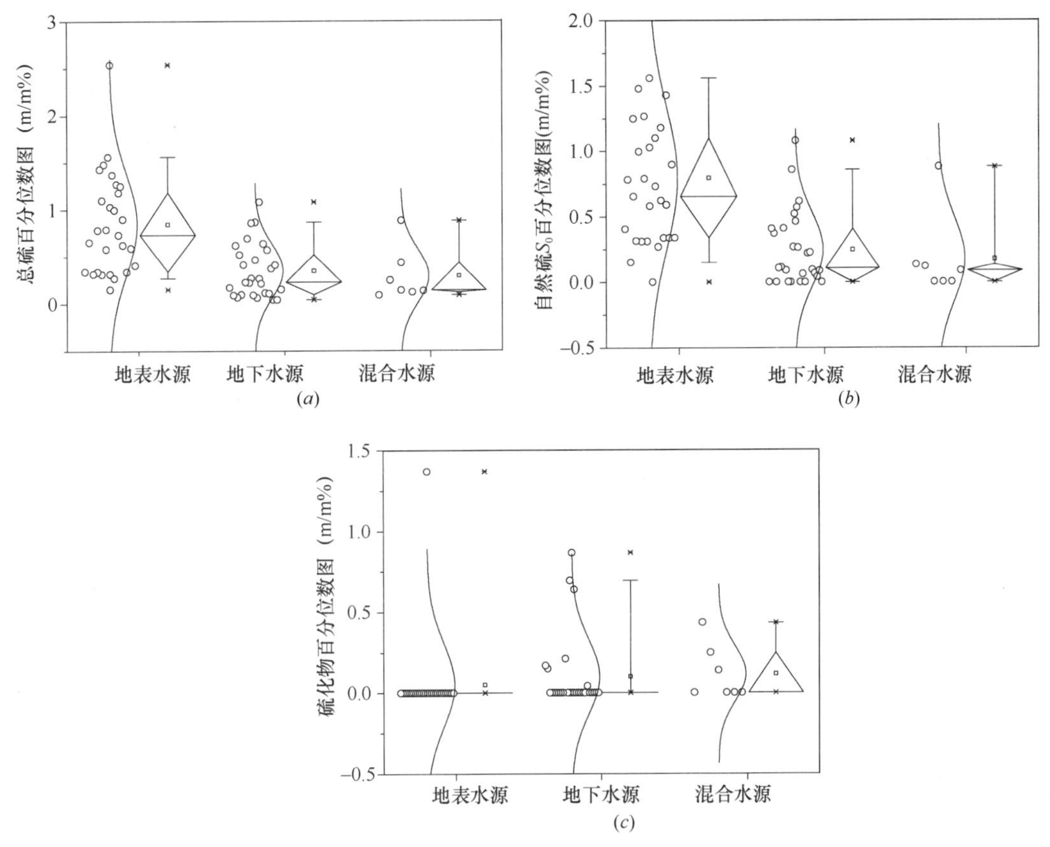

图 6-9 具有不同通水历史管段管垢中硫含量统计图

(a) 硫元素；(b) 自然硫 S^0；(c) 硫化物

管垢中也多在实心垢、中空壳垢或者硬壳层中能检测到硫化物，如图 6-9 (b) (c) 所示。该结果与 Lytle 研究的具有不同通水历史管垢中硫元素含量结果有些差别。由于给水管网中铁硫形态的转化与硫酸盐还原菌密切相关，而硫酸盐还原菌是厌氧菌，主要存在于腐蚀垢层内部，所以不难理解 S^0 或硫化物含量在垢层内部较高。虽然地下水的消毒剂浓度和溶解氧浓度比地表水的低，氧化还原电位低，更利于硫酸盐还原菌的生命活动。然而北京管网系统中地表水硫酸根浓度比地下水的高很多，并且通地表水管垢腐蚀程度高，垢层非常厚，腐蚀垢层内部的厌氧状态也非常适合硫酸盐还原菌的生存。管壁上瘤状垢或实心垢都比较坚硬，一般需要锤子和刀具才能将其从管壁上分离。用工具将瘤状垢敲开，能闻到从垢层内部散发出的臭鸡蛋气味，根据上面调查结果可以推断气体为 H_2S 气体。管垢被分离下来后立即装在自封袋里封好，送至厌氧箱内研磨。然而大量的硫元素可能以 H_2S 气体的形式在管垢采集和处理阶段逸散出去，而无法检测，所以只检测到少量沉积于垢层中的 S^0 和硫化物。

6.2.2　水源切换条件下的管网腐蚀产物释放的影响

1. 拉森指数变化对模拟管网铁释放的影响

1）拉森指数变化对田村管模拟管网铁释放的影响

装置搭建完成后，现以生态中心（RCEES）的自来水通入系统中以建立新的平衡（基线运行期），然后再以配水运行。开始阶段自来水的拉森指数（0.95）大于原田村水（0.48），之后配水的拉森指数达到了 3.40，后来又达到 3.55。图 6-10 给出了不同水质条件下各个运行阶段的模拟系统 1 管网水出水浊度和总铁浓度。

采用自由氯消毒的系统 1，首先通自来水进入基线平衡期（Ⅰ），如图 6-10 所示经过 18 个周期，出水浊度和总铁渐渐趋稳。切换新水源（拉森指数由 0.95 升至 3.40），采用 1mg/L 自由氯消毒（Ⅱ），此期间出水浊度、总铁平均浓度没有明显升高。分三阶段逐渐降低初始余氯浓度（Ⅲ、Ⅳ、Ⅴ），这三个阶段出水平均浊度和平均总铁浓度比阶段Ⅱ有所升高。从第 88 个周期到第 107 个周期系统停止运行，水在管内停滞 19 个周期（Ⅵ）。但通过 8 个周期正常运行操作，出水水质很快恢复正常。

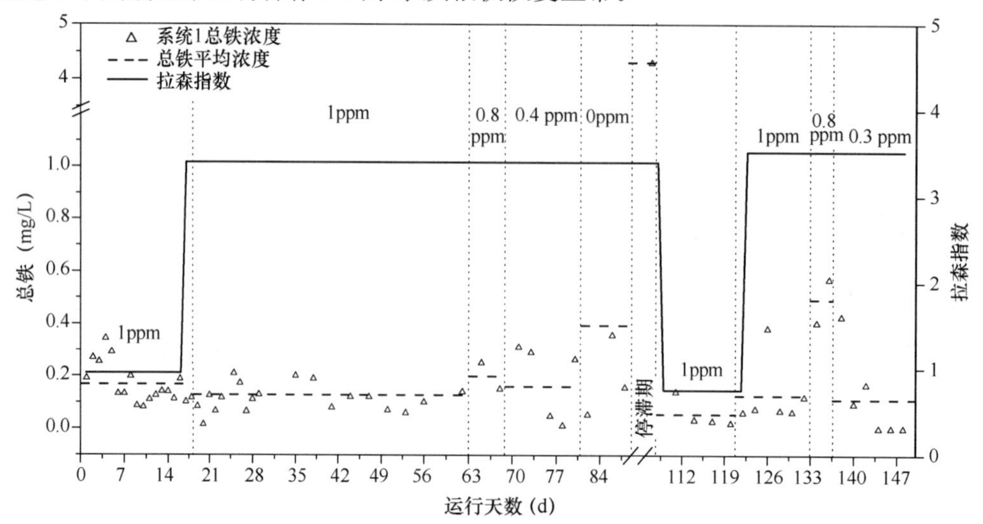

图 6-10　系统 1 浊度与总铁随运行时间的变化（管内流速：0.12m/s，氯消毒，23℃）

水质恢复正常后，系统 1 又先通自来水运行（Ⅶ），继而切换新水源（拉森指数由 0.76 升至 3.55），改变消毒剂浓度，共经过Ⅷ、Ⅸ、Ⅹ 3 个阶段，这 3 个阶段出水总铁平均浓度比Ⅶ期的略高，铁释放量略高。

切换新水源以后，如果消毒剂浓度维持原来的量（一般 1mg/L）不变，此期间出水总铁平均浓度，浊度平均值变化不大，总铁浓度基本都满足生活饮用水卫生标准限值（0.3mg/L）。田村管对于腐蚀性强的新水源具有很好的抗腐蚀性能。如果消毒剂浓度不断降低，则此期间出水总铁平均浓度先比基线运行期的升高（如：Ⅲ、Ⅸ），而后又降低些许（如：Ⅳ、Ⅹ）。但当消毒剂浓度降至 0，铁释放量明显升高。浊度平均值在消毒剂浓度降低的期间是升高的。浊度的升高与水中铁释放量相关，可能也与微生物的增殖、生物膜的脱落相关。

采用氯氨消毒的系统 2 达到平衡的时间（出水浊度，总铁稳定）较采用氯消毒的系统平衡时间长（图 6-11）：首先通自来水进入基线平衡期（Ⅰ），经过 41 个周期，出水浊度和总铁渐渐趋稳。切换新水源（拉森指数由 0.76 升至 3.25），采用 1mg/L 氯胺消毒（Ⅱ），此期间出水浊度、总铁平均浓度略有降低。从第 69 个周期到第 87 个周期系统停止运行，水在管内停滞 19 个周期（Ⅲ）。但通过 8 个周期正常运行操作，出水水质很快恢复正常。水质恢复正常后，系统 2 先通自来水运行至基线平衡期（Ⅳ），继而切换新水源（拉森指数由 0.69 升至 3.19），采用 1mg/L 氯胺消毒（Ⅴ），此期间出水浊度、总铁平均浓度略降低，与实验阶段Ⅱ变化规律类似。改变消毒剂浓度，共经过Ⅵ、Ⅶ两个阶段，Ⅵ阶段出水总铁平均浓度比Ⅴ阶段高，到了Ⅶ阶段出水总铁平均浓度又降低。但这两个阶段出水浊度平均值都高于Ⅴ阶段。初始氯胺浓度改变引起的总铁浓度的波动较小，铁的稳定程度高于余氯消毒的系统 1。

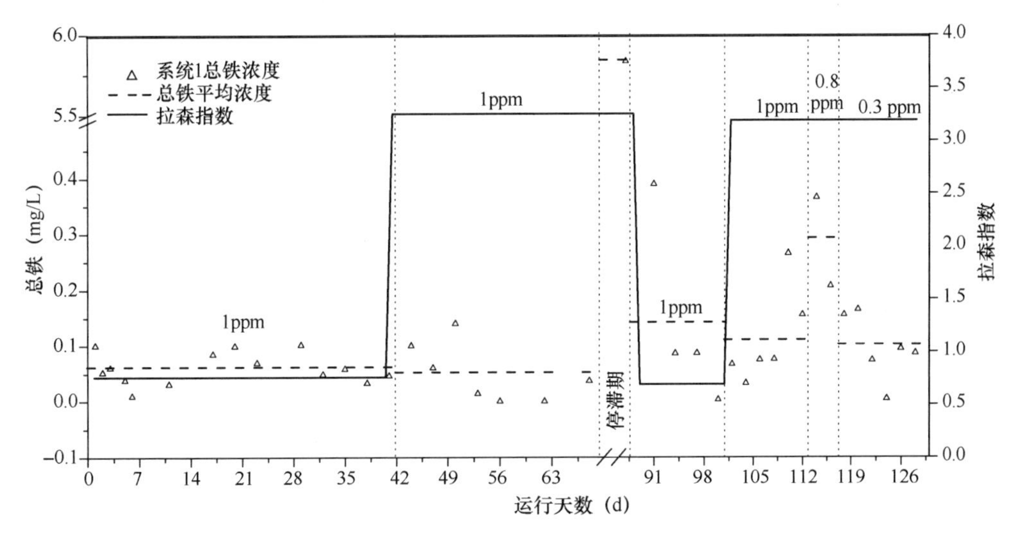

图 6-11 系统 2 浊度与总铁随运行时间的变化（管内流速：0.13m/s，氯氨消毒，23℃）

如果消毒剂浓度维持原来的量（一般 1mg/L 氯胺）不变，此期间出水总铁平均浓度，浊度平均值比基线运行期略低、趋稳，总铁浓度均满足生活饮用水卫生标准限值

(0.3mg/L)，氯胺作为消毒剂时，田村管对于腐蚀性强的新水源具有更好更稳定的抗腐蚀性能。如果消毒剂浓度不断降低，则此期间出水总铁平均浓度先高于基线运行期，而后又有些许降低。浊度平均值在消毒剂浓度降低的期间是升高的。浊度的升高与水中铁释放量相关，也和微生物的增殖，管壁生物膜的脱落相关。切换新水源后系统2出水总铁释放量比基线运行期降低很多。采用氯胺消毒，田村管模拟系统在水源切换期间更加稳定，抗腐蚀性能更强。

总的来看，由田村管搭建的两个管网模拟系统对不同拉森指数的水源切换具有很强的适应性，大幅度提高水的拉森指数不会引发黄水现象，这与前面小型管段反应器的研究得出的结论一致。变更消毒剂对铁的释放的影响不大，使用氯胺消毒的管网系统表现出的铁稳定性反而高于氯消毒的体系。

2）拉森指数变化对马甸管模拟管网铁释放的影响

马甸管模拟系统（系统3）基线运行期水源为地表水（拉森指数为0.81），配水期间为高硫酸根水（水的拉森指数变化如图6-12所示），分三个阶段逐渐提高拉森指数，氯胺消毒（初始浓度1mg/L）。第62天系统离心泵速度由2.8m^3/h提高至3.2m^3/h，管内流速的增加使得水中总铁浓度由0.62mg/L升至1.95mg/L。但是通过4d正常运行操作水中总铁浓度恢复至未提高流量之前的水平。

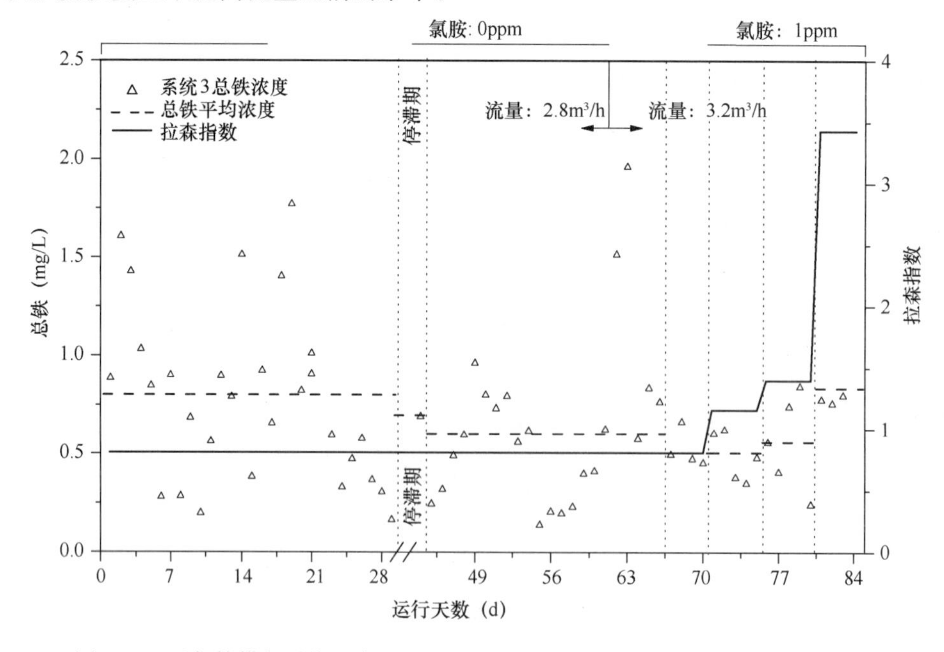

图6-12　马甸管模拟系统出水浊度和总铁随运行时间的变化图（采用氯胺消毒）

基线运行期和水源切换期该系统出水总铁浓度均较高，切换水源后该系统出水水质变差。基线平衡期（Ⅰ、Ⅲ、Ⅳ）通自来水的拉森指数为0.81，高于马甸管原通水拉森指数（0.37）。经过66个周期，出水总铁平均值为0.5～0.8mg/L。切换新水源，采用1mg/L氯胺消毒，分阶段提高新水源的拉森指数，共经过Ⅴ、Ⅵ、Ⅶ 3个阶段，随着通水腐蚀性的增强，系统出水总铁浓度和浊度都有不断攀升的趋势。

3）拉森指数变化对央视管模拟管网铁释放的影响

央视管模拟系统（系统4）基线运行期水源为地表水（拉森指数为0.81），配水期间为高硫酸根水（水的拉森指数变化如图6-13所示），基线运行期和水源切换期该系统出水总铁浓度均较高，切换水源后该系统出水水质变差。基线平衡期（Ⅰ、Ⅲ、Ⅳ）通自来水的拉森指数为0.81，高于央视管原通水拉森指数（0.26）。经过66个周期，出水总铁平均值为0.6～0.9mg/L。切换新水源，采用1mg/L氯胺消毒，分阶段提高新水源的拉森指数，共经过Ⅴ、Ⅵ、Ⅶ三个阶段，随着通水腐蚀性的增强，系统出水总铁浓度和浊度都有不断攀升的趋势。

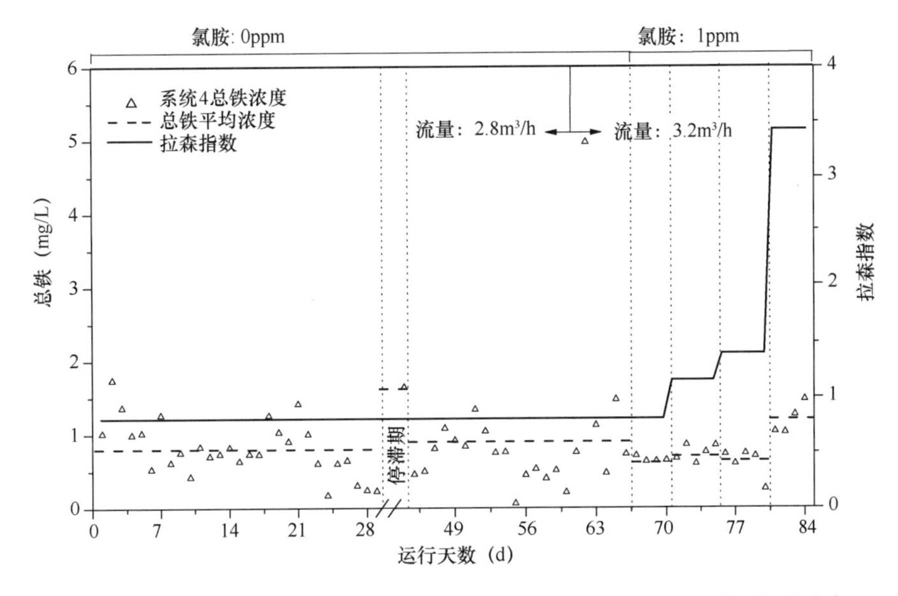

图6-13 央视管模拟系统出水浊度和总铁随运行时间的变化图（采用氯胺消毒）

4）央视管模拟系统管垢成分的变化分析

基线运行期央视管管垢中磁铁矿平均含量升高，针铁矿平均含量亦升高，但磁铁矿提升幅度较高，所以M/G比原采集之初管垢的M/G有所提升（图6-14）。纤铁矿的平均含量比采集之初有所升高，菱铁矿和绿锈有很大波动，但其平均含量基本不变，四方纤铁矿（β-FeOOH）的含量大幅降低。央视管原通水为地下水，所以基线期所通地表水碱度大大低于原通水，而硫酸根氯离子高于原通水。如前面所述央视管的管垢层非常薄，有少许零星分布的中空圆壳垢和瘤状垢。菱铁矿和绿锈含量的波动说明水中碳酸根或碳酸氢根离子浓度的降低可导致菱铁矿生成量的降低，这一变化对表面薄层垢（TSL）影响较大，而对于实心垢和中空壳垢可能影响较小。水电导率提升将加快腐蚀电化学反应速率，依据Siderite模型一部分菱铁矿被氧化生成针铁矿或磁铁矿。由于环境中的氧化还原电位的不同绿锈可能转化为磁铁矿或针铁矿。γ-FeOOH平均含量的升高可能是由于亚铁离子的快速氧化形成。管垢中原含有β-FeOOH，由于通水硫酸根浓度较高，垢层也较薄，β-FeOOH可能在SO_4^{2-}的影响下生成其他铁氧化物。结合前面对通水历史不同的管垢特征的调查结果：原通地下水管垢垢层非常薄，腐蚀程度轻，管垢中磁铁矿含量低，管垢生长处于不成

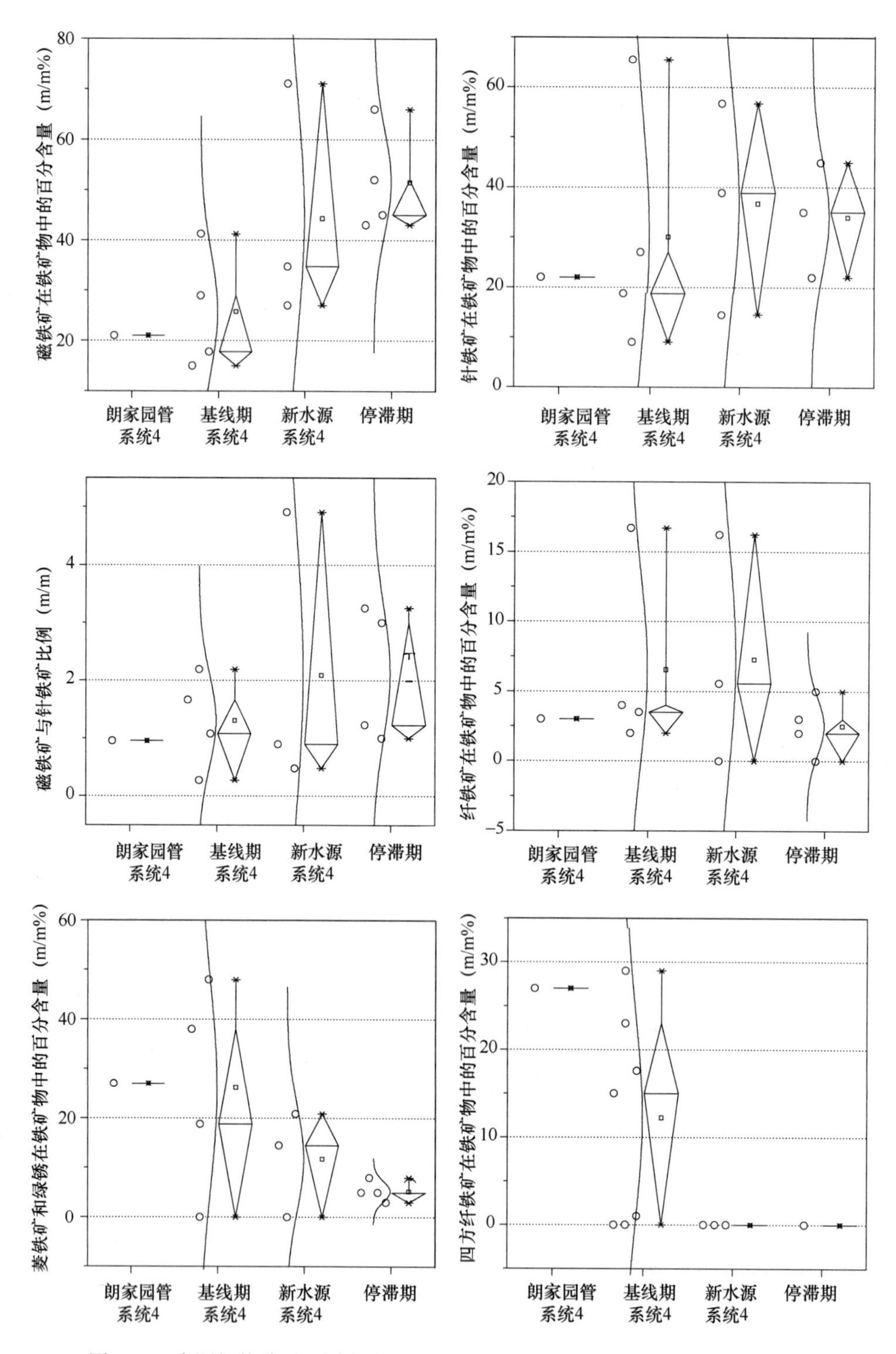

图 6-14　水源切换前后不同实验阶段央视管管垢晶态铁氧化物特征变化统计图

熟的阶段，含有较多不稳定铁氧化物。在基线运行期，由于通水腐蚀性还是高于原通水，央视管管垢腐蚀程度加剧，磁铁矿和针铁矿含量均有所升高，然而其管垢中仍然含有很多不稳定的铁氧化物。

水源切换期央视管管垢中磁铁矿平均含量升高，针铁矿平均含量亦升高，但磁铁矿提升幅度较高，所以 *M*/*G* 比基线运行期管垢的 *M*/*G* 要高。纤铁矿的平均含量比基线运行期有些许升高，菱铁矿和绿锈平均含量降低，四方纤铁矿（β-FeOOH）的含量降低至 0。虽然央视管管垢中磁铁矿含量升高，但是它的管壁上是大面积的表面薄层，不像通地表水管段管垢具有保护性的厚而坚硬的外壳层（HSL），新生成的亚铁离子还是很容易与溶解氧反应生成三价铁离子释放到水中，难以沉积在管垢中。所以央视管所代表的这一类原通地下水的管段管垢在水源切换期不稳定，铁释放量较高。

停滞期央视管管垢中磁铁矿平均含量升高，针铁矿平均含量降低少许，纤铁矿，菱铁矿和绿锈平均含量下降，四方纤铁矿含量仍然为 0。水滞留情况下氧化速率缓慢，利于磁铁矿的生成。

基线运行期央视管管垢中无定形铁平均含量远远高于采集之初管垢中无定形铁平均含量，说明基线期通水拉森指数的提高使得界面电化学腐蚀反应速率提高，有很多无定形态的 $Fe(OH)_2$ 或 $Fe(OH)_3$ 生成(图 6-15)。基线运行期，水源切换期和停滞期管垢中总铁平均含量比采集之初的降低很多，这与其期间水中的高铁释放量相吻合。

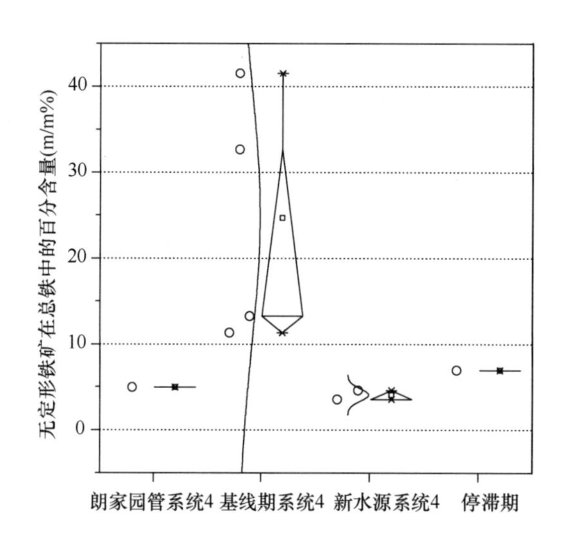

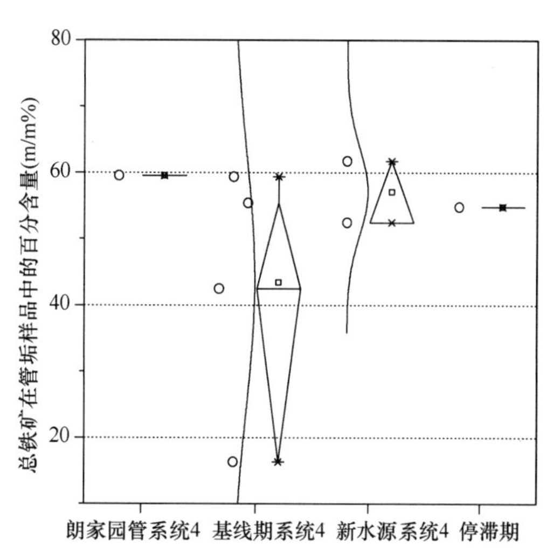

图 6-15　水源切换前后不同实验阶段央视管管垢无定形铁和总铁含量变化统计图

基线运行期央视管管垢 BET 比表面积变化较大，平均值与采集之初该管管垢的平均值基本持平，总孔容和平均孔径变大（图 6-16）。该变化与基线运行期间管垢组成成分变化相关：比表面积较低的磁铁矿在基线期含量增加，比表面积较高的针铁矿含量也在增加，比表面积较高的 γ-FeOOH 含量升高，β-FeOOH 含量降低。水源切换期管垢 BET 比表面积和总孔容平均值均比基线运行期管垢的要低，而平均孔径比基线期的有所增加。停滞期与水源切换期相比三者的变化规律与水源切换期的变化规律相同，所以推测水源切换期间和停滞期管垢中大孔变多，且微观结构向更加不规则的方向发展。结合前面管垢成分的变化，央视管管垢微观结构的这种变化使得管垢内亚铁离子更易释放，水相中离子更易扩散到管垢内部，所以该管在基线期和水源切换期的稳定性差，管垢铁释放量高。

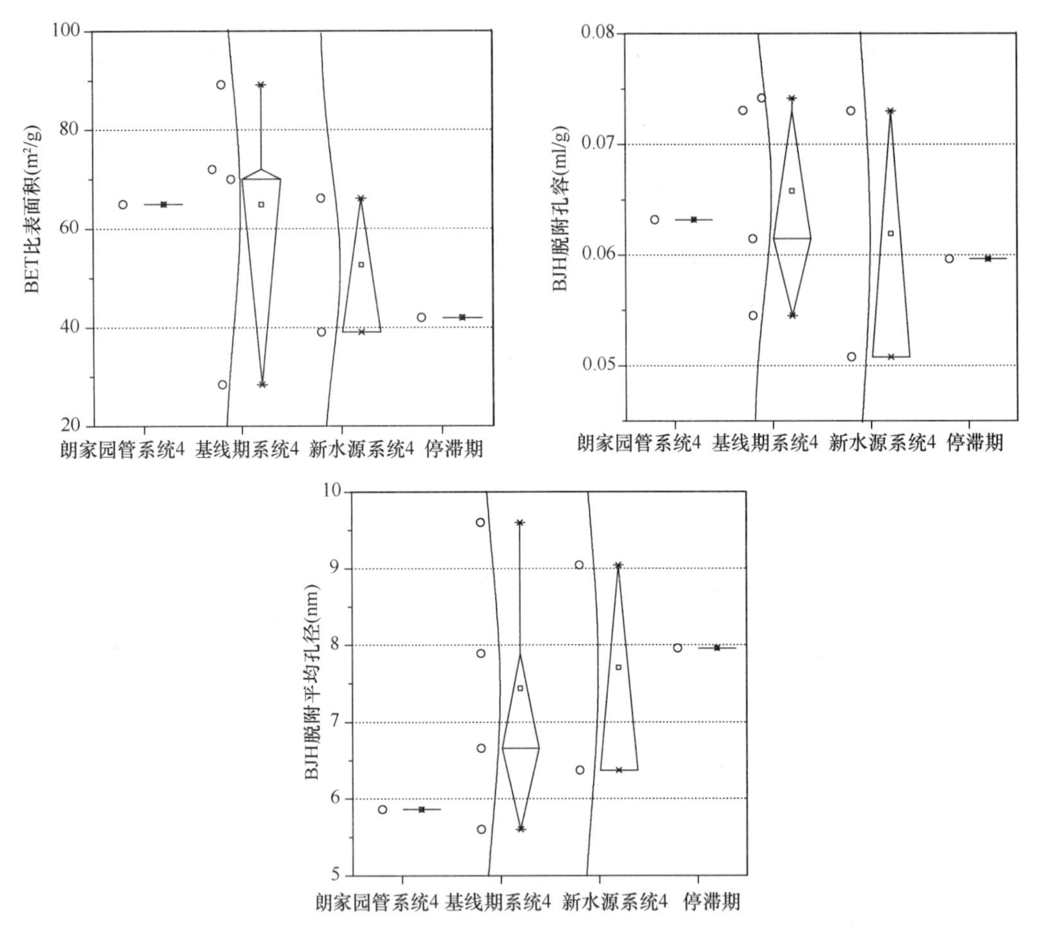

图 6-16 水源切换前后不同实验阶段央视管管垢微观结构特征变化统计图

2. 消毒剂和生物膜对铸铁管网腐蚀的影响研究

管网腐蚀能够使得管网出水变差，特别是容易出现以下几种情况：腐蚀产物释放使得管网出水出现”黄水”；耗氯量增加；管网生物膜大量生长。现发现的管网腐蚀产物主要有 α-FeOOH、γ-FeOOH、α-Fe_2O_3、Fe_3O_4、$Fe(OH)_2$、$Fe(OH)_3$、$FeCO_3$等。

管网腐蚀包括电化学腐蚀和微生物腐蚀。管材表面微生物的生长并形成生物膜可以引起管网腐蚀，能够引起管网腐蚀的微生物包括硫酸盐还原菌、硫酸盐氧化菌、铁氧化菌和铁还原菌等等（Lytle D. A.，et al.，2005；Beech I. B.，2003）。微生物腐蚀是管材表面、腐蚀产物及微生物之间的协同作用引起的。微生物腐蚀能够加速管网电化学腐蚀，然而也有一些文献证明生物膜的形成也能够抑制管网腐蚀，特别是微生物形成的胞外酶聚合物能够抑制亚铁离子的溶解从而可以控制铁离子的释放，减弱管网腐蚀（Beech I. B.，2004）。

为了满足饮用水微生物指标的要求，管网进水一般要经过消毒。消毒剂的加入一方面可以灭活部分病原微生物，另一方面有可能加速管网腐蚀。因此下面我们就研究消毒剂和生物膜对铸铁管网腐蚀的影响。

1）消毒剂和铁离子释放的关系

图 6-17 表明了反应器进出水消毒剂浓度的变化。起始氯的投加量为 1.0mg/L，此时在 0～5d 时间内余氯浓度逐渐从 0.64mg/L 降低到 0。直到起始氯的浓度在第 12 天增加到 40mg/L，余氯浓度才达到 2.0mg/L。然后从第 15 天开始起始氯的浓度控制为 10mg/L，余氯基本控制在 1.0mg/L 直到第 97 天。接下来反应器由次氯酸钠消毒改为氯胺消毒。起始氯胺的投加量为 14mg/L，余氯为 4mg/L。整个过程中，在起始阶段氯的衰减非常迅速，这主要是由于氯与铸铁表面存在以下反应：

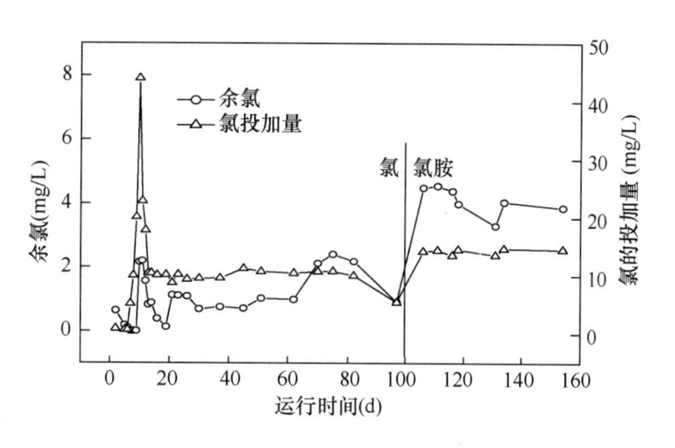

图 6-17 不同运行时间反应器进出水氯的浓度变化图

$$6Fe^{2+}+3ClO^{-}+3H_2O \longrightarrow 2Fe(OH)_3+4Fe^{3+}+3Cl^{-}$$

$$2Fe^{2+}+HClO+H^{+} \longrightarrow 2Fe^{3+}+Cl^{-}+H_2O$$

当形成稳定的氧化层后氯的消耗逐渐达到稳定，因此进出水氯的浓度达到一个相对稳定的状态。

在整个实验过程中，进水总铁浓度基本稳定在 0.04mg/L，但是两反应器出水展示了不同的变化趋势。图 6-18 表明加氯反应器前 10d 出水总铁浓度为 1.1mg/L，然后出水总铁浓度稳定在 0.25mg/L。出水总铁浓度不断下降说明腐蚀速率随着时间不断减小。当加入高浓度氯胺后出水总铁浓度降低到 0.03mg/L。不加氯反应器在前 30d 出水总铁浓度为 0.1mg/L，然后逐渐增加直到第 70d 增加到 0.3mg/L，接下来出水总铁浓度逐渐下降到 0.05mg/L。此结果证明了不加氯反应器在起始阶段腐蚀速率不断增加，然后开始

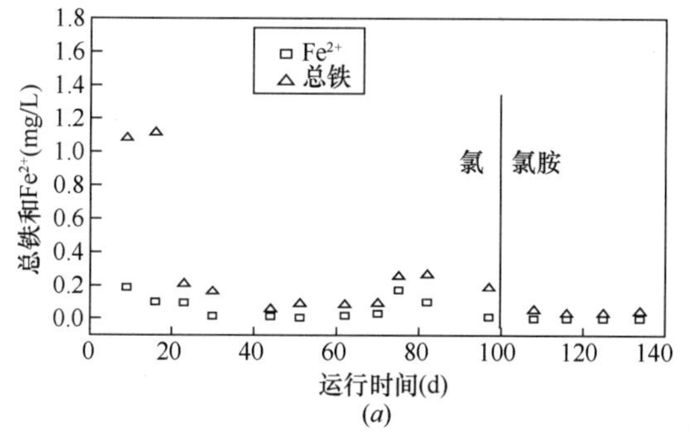

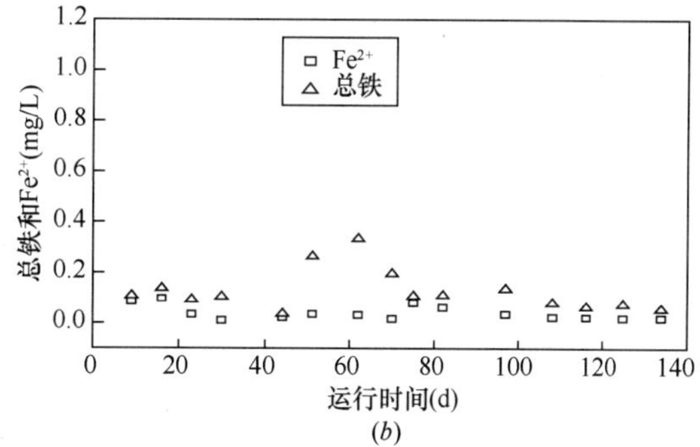

图 6-18 加氯反应器与不加氯反应器出水总铁浓度变化图

(*a*) 加氯反应器；(*b*) 不加氯反应器

下降。

统计学分析证明加氯反应器在前 20 天反应器进出水总铁浓度显著不同（$p=0.0003$），在之后进出水总铁浓度没有显著不同（$p=0.0852$）。这个结果证明了在前 20d 氯的投加加速了管网腐蚀，然后形成稳定的氧化层后腐蚀速率下降，进出水总铁浓度差别不大。

2）腐蚀产物的结构和组成

图 6-19(*a*)表明了不加氯反应器铸铁片腐蚀产物的 XRD 组成，α-FeOOH 在所有样品中都出现了，在第 37 天的样品中只有 α-FeOOH，到了第 70 天又出现了 $CaCO_3$，然后从第 97 天到第 134 天又出现了 Fe_2O_3，而且 $CaCO_3$ 的峰也在不断增加。有实验证实 $CaCO_3$ 的存在也可以通过黏附在腐蚀产物的空隙上来阻止氧气的扩散从而可以减弱管网腐蚀。图 6-19(*b*)表明了加氯反应器铸铁片腐蚀产物的 XRD 图。37d 以前其组成产物主要是 α-FeOOH 和 Fe_2O_3，然后 α-FeOOH，Fe_2O_3 和 $CaCO_3$ 在所有样品中均出现。当加入氯胺后腐蚀产物中又出现了 $CaPO_3(OH)\cdot 2H_2O$。

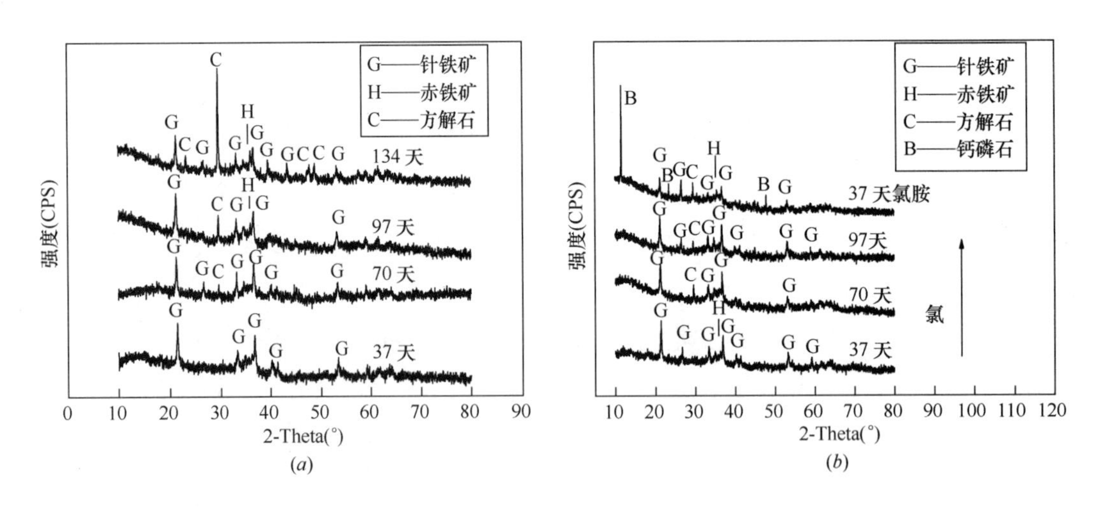

图 6-19　不同运行时间（a）不加氯反应器和（b）加氯反应器铸铁片腐蚀产物 XRD 图

（*a*）不加氯反应器；（*b*）加氯反应器

图 6-20 表明了不同条件下管网腐蚀产物及生物膜的扫描电镜结果。不加消毒剂时，腐蚀产物是成小块的并且被细菌松散地覆盖在上面，腐蚀产物空隙比较大，随着时间的运行逐渐减小。相反，在加氯反应器中腐蚀产物的晶型在第 37 天就非常好，然而到了第 70 天，腐蚀产物的表面又开始变得松散，出现了很多的微生物，第 97 天以后加入氯胺出现了 $CaPO_3(OH)\cdot 2H_2O$，晶型发生了变化。表 6-1 用扫描电镜的能谱表明了腐蚀产物组成元素。加氯反应器铁的含量为 63.76%，加入氯胺后变为 44.29%。加入氯胺后铁的释放几乎为 0，这也说明氯胺的加入生成的 $CaPO_3(OH)\cdot 2H_2O$ 能够抑制铁离子的释放。不加氯反应器腐蚀产物中铁的含量在第 37 天、第 97 天和第 134 天依次为 53.93%、50.06%和 48.79%，也与铁离子的释放一致，也证明了腐蚀层与生物膜对管网腐蚀的作用。

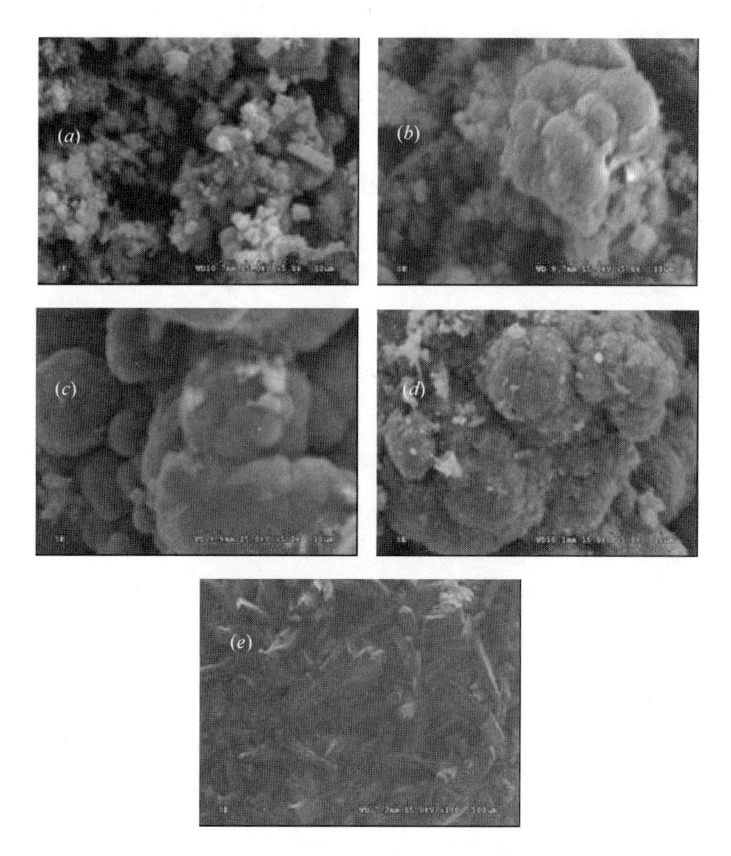

图 6-20 不同运行时间两反应器腐蚀产物扫描电镜分析

(*a*)、(*b*) 不加氯反应器第 37、70 天；(*c*)、(*d*) 加氯反应器第 37 天、70 天；(*e*) 加氯胺后第 37 天

不同运行时间两反应器腐蚀产物组成元素含量分析 **表 6-1**

元素	比重（%）			比重（%）		
	加氯		加氯胺	不加氯		
	第 37 天	第 97 天	第 37 天	第 37 天	第 97 天	第 134 天
C	4.57	6.10	9.88	6.62	7.27	7.95
O	20.08	17.03	20.16	23.35	24.66	23.97
P	1.66	0.23	5.51	2.05	1.60	1.75
Ca	0.93	1.14	5.09	0.43	1.68	3.85
Fe	63.76	63.05	44.29	53.93	50.06	48.79
其他	9.00	12.45	15.07	13.62	14.73	13.69

3）生物膜上的生物量

图 6-21 表明了生物膜上铁细菌和硫酸盐还原菌的生物量。加氯与不加氯两反应器从第 16 天到第 70 天铁细菌数量没有明显差别，然而第 70 天以后加氯反应器中生物膜上铁细菌量显现了比不加氯反应器低的情况。特别是加入较高浓度的氯胺后铁细菌降低明显，

从 4.66log 降低到 2.96log。加氯反应器第 70 天后腐蚀速率明显下降，这也被 XRD 和 SEM/EDS 结果所证明。同时这也说明铁的腐蚀加速了生物膜上铁细菌的生长，而此时消毒剂对生物膜上铁细菌的影响比较小。

不加氯反应器硫酸盐还原菌在整个过程中没有明显变化，而加氯反应器在第 23 天为 0.76log，到第 97 天增加到 1.41log，当加入较高浓度氯胺后又降低到 0.63log。这说明整个过程中消毒剂对硫酸盐还原菌影响不是很大。

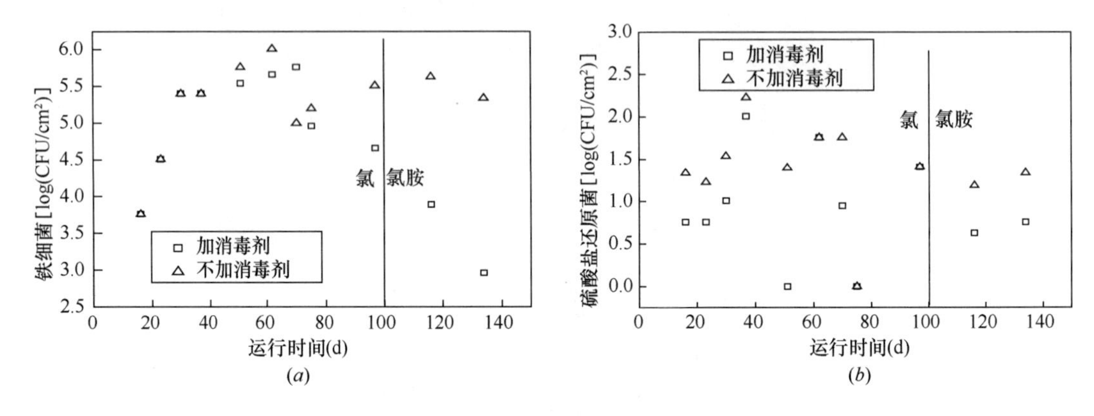

图 6-21　不同运行时间两反应器生物膜上铁细菌和硫酸盐还原菌变化图

(a) 铁细菌；(b) 硫酸盐还原菌

4）出水及生物膜上微生物特征与腐蚀的关系

图 6-22 表明了用 PCR-DGGE 分析的两反应器进出水及生物膜上微生物的群落结构。测序分析证明样品中含有的主要菌群为 Proteobacteria，其主要有以下亚纲组成 Alphaproteobacteria、Betaproteobacteria、Gammaproteobacteria 和 Deltaproteobacteria，然后还有菌群 Bacteroidetes 和 uncultured bacterium（表 6-2）。

通过 PCR-DGGE 和切胶测序很多微生物在进水中得以发现，主要有铁氧化菌（IOB）*Sediminibacterium* sp.（band 4），铁还原菌（IRB）*Shewanella putrefaciens strain*（band 3）和一些异养菌（bands 13，14）。整个过程进水中的微生物变化不大。不加氯反应器在第 56 天、76 天和 140 天发现了相同的微生物，然而发现出水中的微生物量明显比进水要多。这些微生物包括铁氧化菌（IOB）*Sediminibacterium* sp.（band 4），铁还原菌（IRB）*Shewanella* sp.（bands 3，11），硫氧化菌（SOB）*Limnobacter thioxidans strain*（band 17）和其他异养菌（bands 1，12，15）。运行第 76 天以前条带 4 比条带 3 要亮，说明铁氧化菌的量多于还原菌的量，铁细菌量增加通过铸铁表面及微生物的协同作用引起管网腐蚀增加，铁离子释放增加。另一方面，随着反应器的进行，从第 76 天到第 140 天铁氧化菌变得越来越弱，铁还原菌成为优势菌。这也揭示了不同的腐蚀机理。铁还原菌成为优势菌后其利用三价铁进行厌氧呼吸，把三价铁还原为二价铁，二价铁又被氧气氧化为三价铁，这样循环进行明显抑制了氧气对铸铁表面铁腐蚀，减少了铁离子释放。

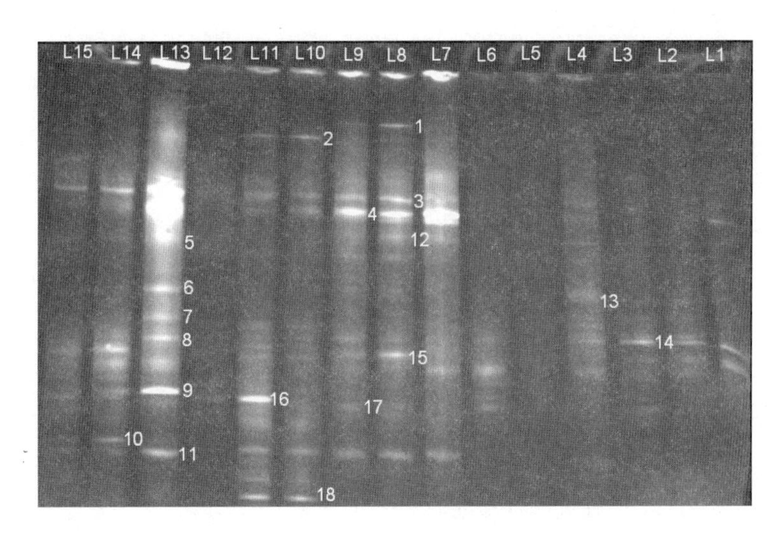

图 6-22 两反应器在不同运行时间出水及生物膜微生物 DGGE 图（不加消毒剂反应器在第 56 天、76 天和 140 天：L1、L2、L3，进水；L7、L8、L9，出水；L13、L14、L15，生物膜；加消毒剂反应器：L4、L5，加氯后第 56 天、76 天出水；L6 加氯胺后第 34 天出水；L10、L11，加氯后第 56 天、76 天生物膜；L12 加氯胺后第 34 天生物膜）

反应器进出水及生物膜上微生物切胶测序结果 **表 6-2**

条带 (Band)	基因库最大相似度细菌 (Closest relative in Genbank)	相似度 (Similarity)(%)	细菌组 (Bacterial group)	基因库登录号 (Genbank number)
1	*Uncultured bacterium* clone	93	*Uncultured bacterium*	GQ379388
2	*Flavobacteria bacterium* KF030 gene	99	*Bacteroidetes*	AB269814
3	*Shewanella putrefaciens* strain ZH30	94	*Gammaproteobacteria*	HM103350
4	*Sediminibacterium* sp. TEGAF015	99	*Bacteroidetes*	AB470450
5	*Pseudomonas* sp. HI-B10	97	*Gammaproteobacteria*	DQ196474
6	*Shewanella algae* strain UDC323	91	*Gammaproteobacteria*	GQ245912
7	*Pseudomonas* sp. BWDY-1	97	*Gammaproteobacteria*	DQ200850
8	*Shewanella* sp. 184	94	*Gammaproteobacteria*	AF387349
9	*Pseudomonas mendocina* strain FB8	99	*Gammaproteobacteria*	HQ701687
10	*Aeromonas aquariorum* strain MDC47	100	*Gammaproteobacteria*	EU085557
11	*Shewanella putrefaciens* strain ZH30	96	*Gammaproteobacteria*	HM103350
12	*Sphingomonas* sp. BAC84	94	*Alphaproteobacteria*	EU131006
13	*Bdellovibrio stolpii*	98	*Deltaproteobacteria*	AJ288899
14	*Methylophilus methylotrophus* gene	99	*Betaproteobacteria*	AB193724
15	*Rheinheimera* sp. G2DM-88	99	*Gammaproteobacteria*	EU037269
16	*Acidovorax* sp. clone	100	*Betaproteobacteria*	HQ857618
17	*Limnobacter thioxidans* strain	100	*Betaproteobacteria*	GQ284439
18	*Thermomonas fusca*	99	*Gammaproteobacteria*	AJ519988

加氯反应器出水及生物膜上微生物的量与不加氯反应器明显不同，这也揭示了两种不同运行方式导致的不同腐蚀机理。在第 56 天，主要有铁氧化菌（IOB）*Sediminibacterium* sp.（band 4），铁还原菌（IRB）*Shewanella* sp.（bands 3，8，11）和 *Thermomonas fusca*（band 18））；到了第 76 天，主要有铁氧化菌（IOB）*Sediminibacterium* sp.（band 4）和 *Acidovorax* sp. clone（band 16），铁还原菌（IRB）*Shewanella* sp.（band 3，8，

11）和 *Thermomonas fusca*（band 18）。这说明随着反应进行微生物菌群结构发生变化，加入氯胺后生物量出现下降。实验结果说明加氯反应器存在电化学腐蚀和微生物腐蚀。起始阶段以电化学腐蚀为主，氯的存在加速了管网腐蚀；当形成稳定的氧化层后生物膜不断生长，铁还原菌成为优势菌，从而减弱了管网腐蚀。

3. 硫酸根和碱度变化对管网水质铁稳定性的影响

本研究确定了南水北调中线工程造成水质化学组分改变对北京市给水管网铁稳定性的主要影响因素；分析了不同受水区的管垢特性，得到管垢特性对管网铁稳定性影响的初步结果；针对北京市不同地区管网特征，重点研究了硫酸根浓度突变对管网铁释放的影响；重点研究了碱度变化对管网铁释放的影响，对比分析了碱度和硫酸根浓度突变对管网铁释放的影响差异。

1）水质化学组分改变对管网铁稳定性的主要影响因素分析

结合 2010 年北京市利用南水北调工程调用河北水源水的实际工程情况，对河北水库水质进行了调查分析。分析结果表明：与北京密云水库相比，河北黄壁庄水库的硫酸盐、氯离子、总硬度、电导率等明显高于北京密云水库水，特别是硫酸根离子，浓度是北京密云水库水的 6 倍，两者的化学性质有很大差异。在管垢铁释放的化学稳定性方面，北京密云水库水的拉森指数为 0.48，水质基本上是稳定的；河北黄壁庄水库水的拉森指数为 1.99，水质具有严重腐蚀性，故两者水质在管垢铁释放的化学稳定性方面存在很大差异。河北岗南水库水的拉森指数为 0.89，河北王快水库水的拉森指数为 0.73，河北安各庄水库水的拉森指数为 0.54，其水质腐蚀性也均高于密云水库水。

硫酸盐对于铁释放的影响主要表现在：高浓度的硫酸根离子，能够与管垢表面的 FeOOH 发生反应，生成$(FeO)_2SO_4$增加铁溶解性，同时较高的电导率加快反应速率，从而增加铁释放速率。有研究表明，硫酸盐促进管垢钝化层破坏溶解，破坏管网铁稳定性。

$$FeOOH + SO_4^{2-} \longrightarrow (FeO)_2SO_4 + 2OH^-$$

$$(FeO)_2SO_4 + 2H_2O \longrightarrow 2Fe^{3+} + SO_4^{2-} + 4OH^-$$

另外，硫酸盐浓度的增加使得管网水电导率增加，离子和电子的迁移速率都明显提高，加快了电化学腐蚀速率。根据 Kuch 机理，低余氯和低溶解氧条件下，管垢外层的三价铁作为电子受体发生还原反应，电导率的增加，加速了管垢表面三价铁变成二价铁并释放到水中。

$$Fe \longrightarrow Fe^{2+} + 2e^-$$

$$Fe^{3+} + e^- \longrightarrow Fe^{2+}$$

对于以硫酸根、氯离子等中性离子的侵蚀为基础的铁稳定性判别指数主要是拉森指数。拉森指数的计算公式如下式：

$$LR = \frac{2[SO_4^{2-}] + [Cl^-]}{[HCO_3^-]} \tag{6-1}$$

当拉森指数大于 1 时，水具有严重腐蚀性。

2）硫酸根浓度变化对管垢铁释放的影响

（1）不同硫酸根浓度对管垢铁释放的影响。

本试验以浊度、色度、总铁的变化增量为考察对象，连续运行反应器10d，其中前3d为稳定期，第4天切换为不同SO_4^{2-}浓度的试验配水。试验结果如图6-23所示。

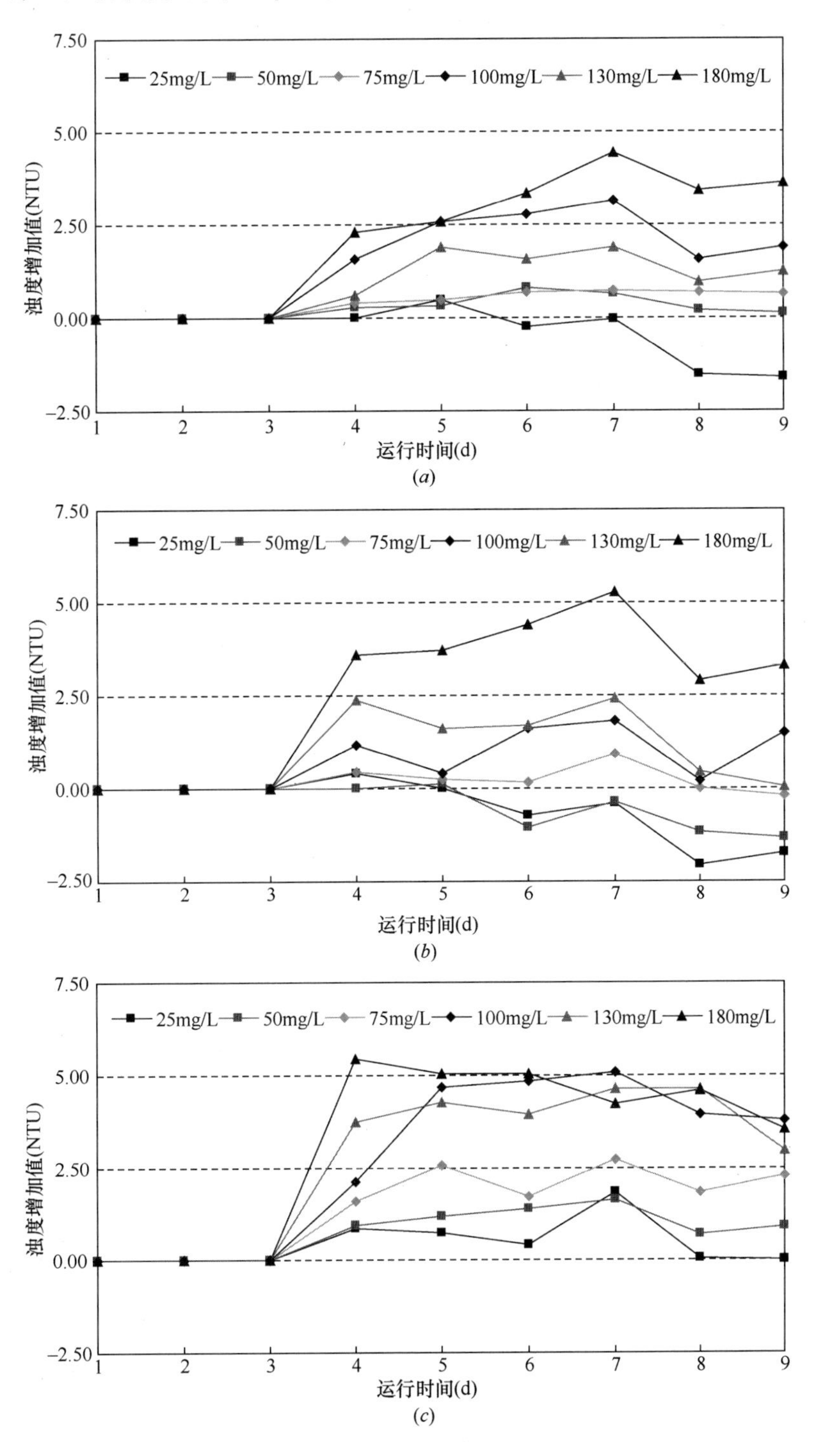

图6-23 不同硫酸根浓度对管段出水浊度的影响

(*a*) 马连洼；(*b*) 明光村；(*c*) 建工学院

图 6-23 是不同硫酸根浓度的水质条件下，试验管段出水浊度随管段反应器运行时间增加的变化情况，表征了不同硫酸根浓度对管垢铁释放的影响。

图 6-24 是不同硫酸根浓度的水质条件下，试验管段出水色度随管段反应器运行时间

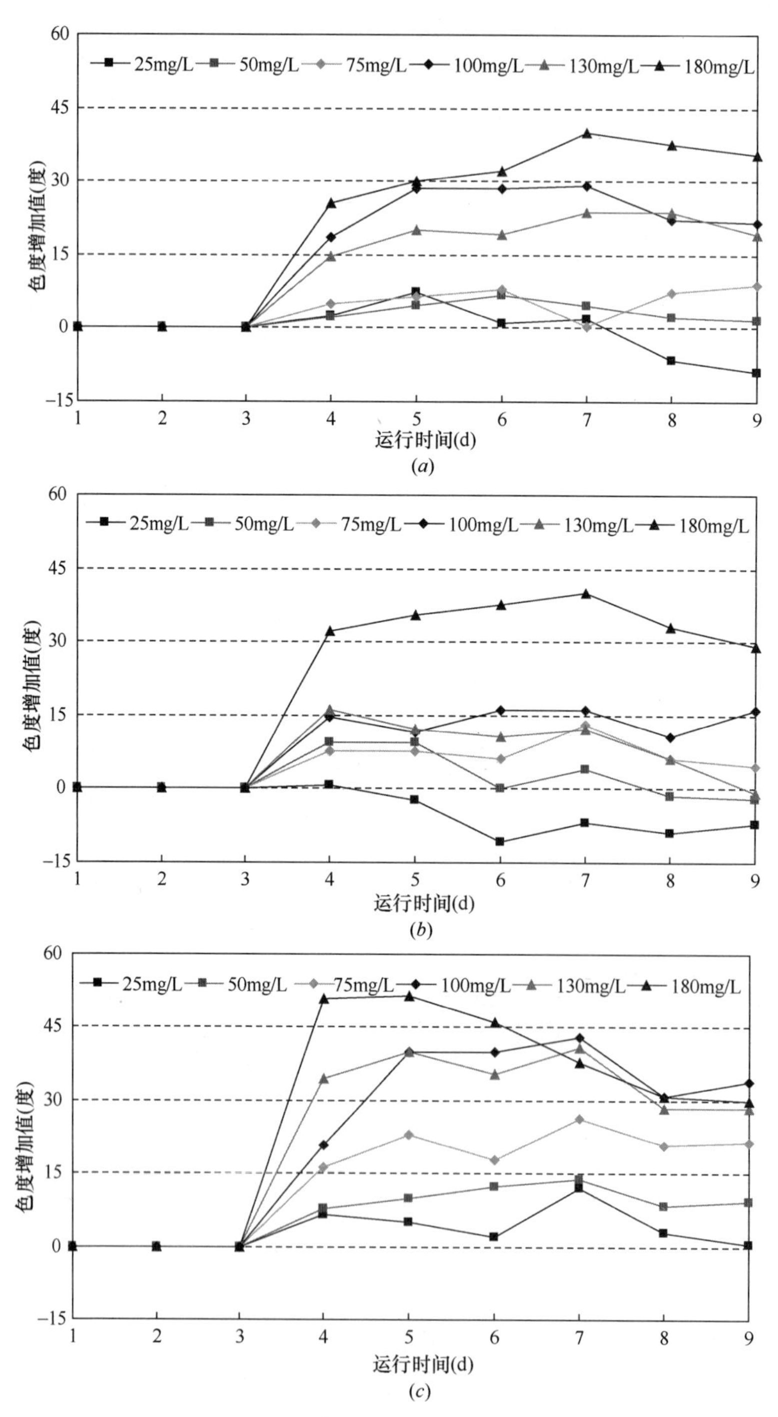

图 6-24　不同硫酸根浓度对管段出水色度的影响

(a) 马连洼；(b) 明光村；(c) 建工学院

增加的变化情况，表征了不同硫酸根浓度对管垢铁释放的影响。

图 6-25 是不同硫酸根浓度的水质条件下，试验管段铁释放速率随管段反应器运行时间增加的变化情况，表征了不同硫酸根浓度对管垢铁释放的影响。

试验结果表明，当水质发生突变造成硫酸根浓度增加后，管网水质迅速响应，响应速

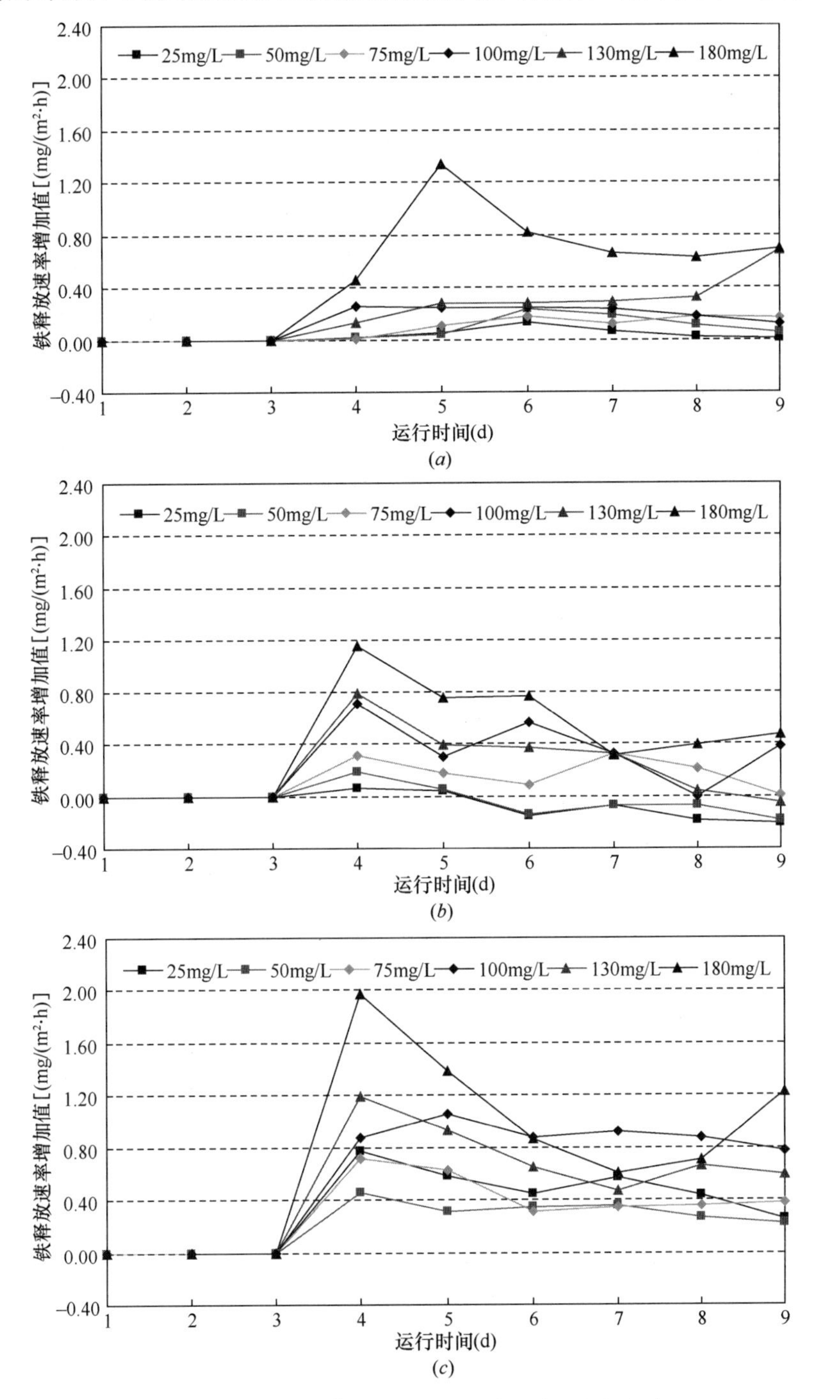

图 6-25 不同 SO_4^{2-} 浓度对管段铁释放速率的影响

(a) 马连洼；(b) 明光村；(c) 建工学院

度与硫酸根的浓度有关，硫酸根浓度越高，响应速度越快。在高硫酸盐浓度水质条件作用下，1d 之内立即导致管网水质变化。

在高硫酸根水质条件下，过量释放管段存在最大释放时段，随着易被溶解垢层的释放，后期释放量从最大值逐步下降。

当 SO_4^{2-} 为 25mg/L、50mg/L、75mg/L 的水质条件下，浊度、色度和铁含量基本稳定，没有较大幅度的增加；

当 SO_4^{2-} 为 100mg/L、130mg/L 的水质条件下，浊度、色度和铁含量均明显增加，其中铁释放速率增加值约为 0.8mg/(m^2 · h)，浊度增加值约为 4NTU，色度平均增加量约为 20 度；

当 SO_4^{2-} 为 180mg/L 的水质条件下，浊度、色度和铁含量均发生大幅度地剧烈增加，其中铁释放速率增加值约为 1.2mg/(m^2 · h)，浊度增加值约为 6NTU，色度平均增加量约为 50 度。

（2）不同地区管垢对硫酸根浓度突变的耐受能力。

在不同硫酸根浓度的水质条件下，待反应器运行达到稳定后，通过对试验数据的统计分析，比较不同 SO_4^{2-} 浓度条件下 3 个地区管垢铁释放速率、出水浊度、色度的差异，如图 6-26～图 6-28 所示。

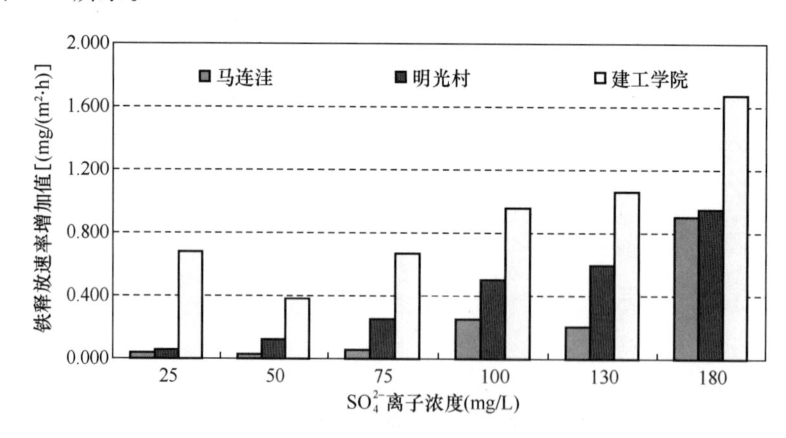

图 6-26　不同硫酸根浓度水质条件下铁释放速率增加值比较

试验结果表明，马连洼地区的管垢对于高硫酸盐浓度水质条件的响应最剧烈，在硫酸根浓度突变时，其管垢铁释放速率的增加倍数最大，管垢特征分析表明该地区的管垢致密壳层比较薄、比较脆弱，对高浓度硫酸盐的耐受能力较差，因此水质变化后该地区管垢管网水的响应最剧烈。

而明光村地区和建工学院地区的管垢对于高硫酸盐浓度水质条件的响应相对较弱，管垢特征分析表明这两个地区的管垢致密壳层比较密实、坚硬，对硫酸盐浓度的增加有一定的耐受能力，因此水质变化后该地区管垢管网水质的恶化程度不是很大。

3）碱度变化对管垢铁释放的影响研究

2010 年 7 月开展试验，同时研究了碱度变化（从 150mg/L 下降至 100mg/L）对北京

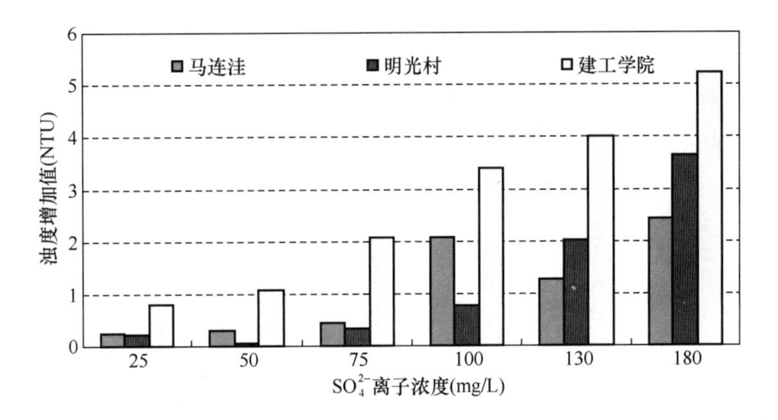

图 6-27 不同硫酸根浓度水质条件下出水浊度增加值比较

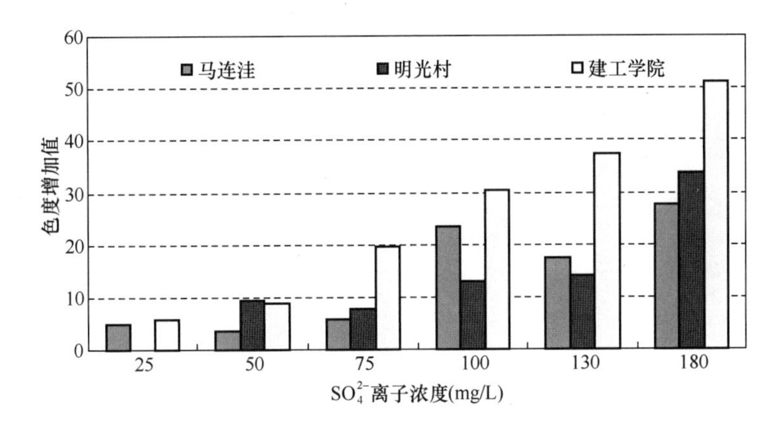

图 6-28 不同 SO_4^{2-} 浓度水质条件下出水色度增加值比较

市毛纺南小区管段 8h 滞留水水质变化的影响，以浊度、色度、总铁释放量为参考指标，定量评价了碱度变化对该地区管网管垢铁释放的影响。

管段反应器运行试验结果分别如图 6-29～图 6-31 所示。

由上述试验结果可知：

当 SO_4^{2-} 浓度为 75mg/L 的水质条件下，碱度的变化对管网水的浊度、色度、总铁释放量均无明显影响；

当 SO_4^{2-} 为 100mg/L 的水质条件下，随着碱度的降低，管网水的浊度、色度、总铁释放量均发生明显增加，当碱度由 150mg/L 下降至 100mg/L 时，浊度最大增加约 15NTU，色度最大增加约 60 度，总铁释放量最大增加约 1.5mg/L。

水源水质切换后，不同碱度条件下，管段反应器出水浊度、色度、总铁释放量的 5d 平均值和最大释放值分别如图 6-32～图 6-34 所示。

同样，随着碱度的变化，得出拉森指数（以浓度计）与总铁释放量的相关关系如图 6-35 所示。

由此可见，由于碱度造成的拉森指数（以浓度计）的变化与总铁释放量的关系并不能

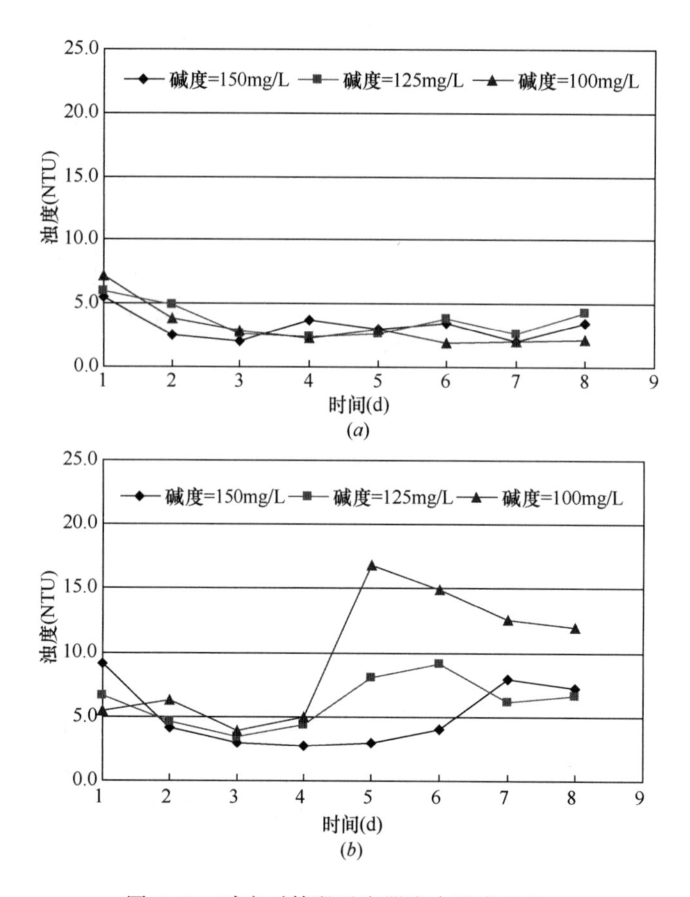

图 6-29　碱度对管段反应器出水浊度的影响

(*a*) [SO_4^{2-}] =75mg/L 的水质条件；(*b*) [SO_4^{2-}] =100mg/L 的水质条件

一概而论。同样的是，当拉森指数（以浓度计）小于 0.7 时，总铁释放量基本不超标（小于 0.3mg/L），管网水质基本稳定。

同时，将由于硫酸根浓度变化造成的拉森指数（以浓度计）改变和由于碱度的变化造成的拉森指数（以浓度计）改变对管网水总铁释放的影响进行比较，如图 6-36 所示。

4）硫酸盐和拉森指数的管垢铁释放控制指标体系的建立

对于同一地区的管段，总铁释放量随着拉森指数的升高而增加，两者具有显著的正相关关系。而不同地区的管段的铁释放速率的增加量相差很大，如图 6-37 所示。

基于上述研究，水源切换条件下，建立了硫酸盐和拉森指数的管垢铁释放控制指标评价体系。拉森指数可以作为硫酸盐浓度对铁释放影响的判别指数，硫酸盐浓度<75mg/L，拉森指数（以浓度计）<0.7，管道总铁释放量满足《生活饮用水卫生标准》(GB 5749—2006) 要求（总铁<0.3mg/L)。

同时，结果表明，拉森指数只是从水质角度判断对铁释放的影响，而铁释放速率同时受到管垢自身物理化学特性的影响，因此需要同时建立拉森指数与水质参数和管垢特性之间的关系。

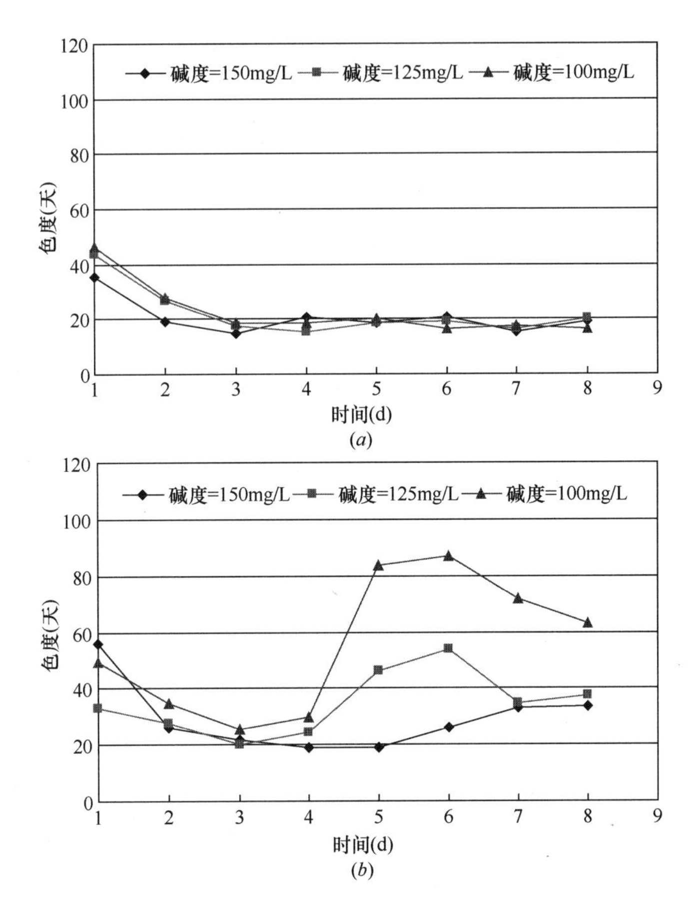

图 6-30 碱度对管段反应器出水色度的影响

(a) [SO_4^{2-}] =75mg/L 的水质条件；(b) [SO_4^{2-}] =100mg/L 的水质条件

4. 不同受水区的管垢特性及其对管网铁稳定性的影响

1) 给水管网管垢的组成

在前期研究中，分析了给水管网管垢的物理化学特征，提出了管垢模型。应用该模型，分析了北京市不同水质条件下形成的管垢特征，评价了不同管垢对水质化学组分突变的耐受能力。

研究表明，给水管网管垢分成 3 层，即表面沉积层、致密壳层和内部疏松层，如图 6-38 所示。当管垢表面致密壳层被破坏，管垢内层松散结构的二价铁和三价铁就会大量进入水流主体。其中二价铁在主体水流中被余氯和溶解氧氧化成三价铁，形成不溶于水的氢氧化铁胶体颗粒，再凝聚长大为铁锈悬浮颗粒，增加了水的浊度与色度，即产生“黄水”问题。

研究表明，正常状态下管网管垢相对稳定，铁腐蚀和铁释放速率很小，水中铁浓度不会超标。如果管垢致密壳层较薄并且脆弱，当水质条件发生变化时，管垢壳层极易因化学平衡的失衡而破坏，引发黄水问题。

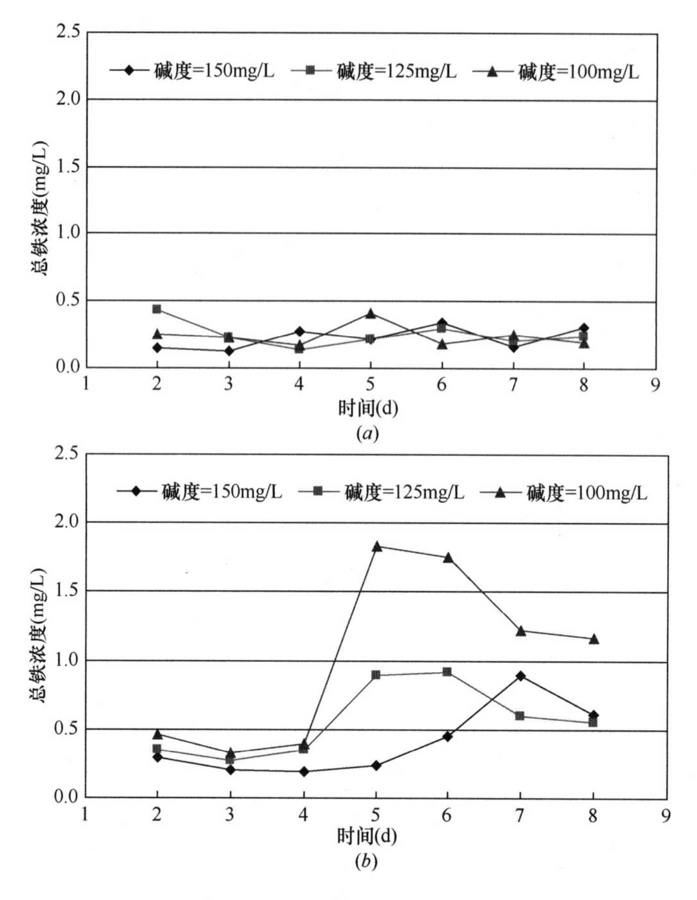

图 6-31　碱度对管段反应器出水总铁释放量的影响

(a) [SO_4^{2-}] =75mg/L 的水质条件；(b) [SO_4^{2-}] =100mg/L 的水质条件

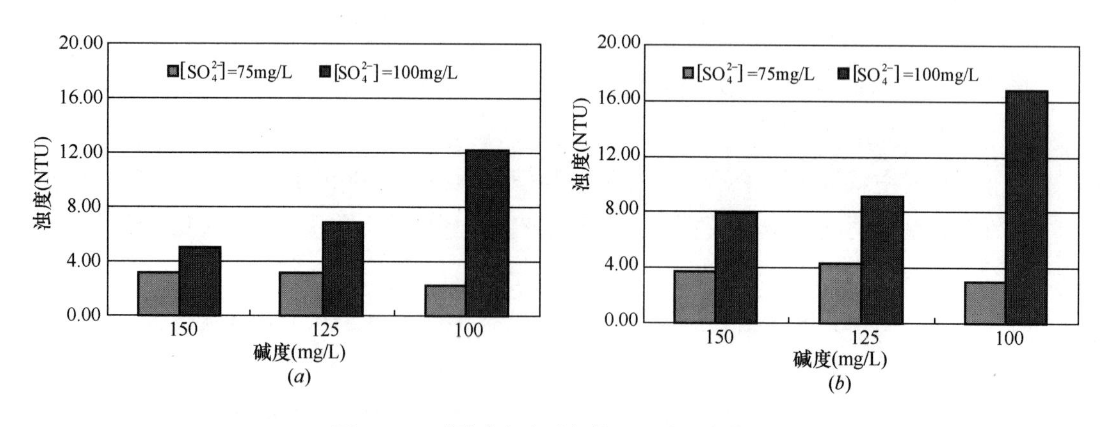

图 6-32　不同碱度水质条件下浊度变化规律

(a) 不同碱度条件下出水浊度值（5d 平均释放量）；(b) 不同碱度条件下出水浊度值（最大释放量）

2）发生黄水地区的管垢组成

对实际管网管垢取样发现，发生黄水问题地区管垢的外观形态如图 6-39 所示，管垢与管壁接触部分（内层）为黑色的松散多孔、潮湿的泥状物质。管垢与水相接触部分（外

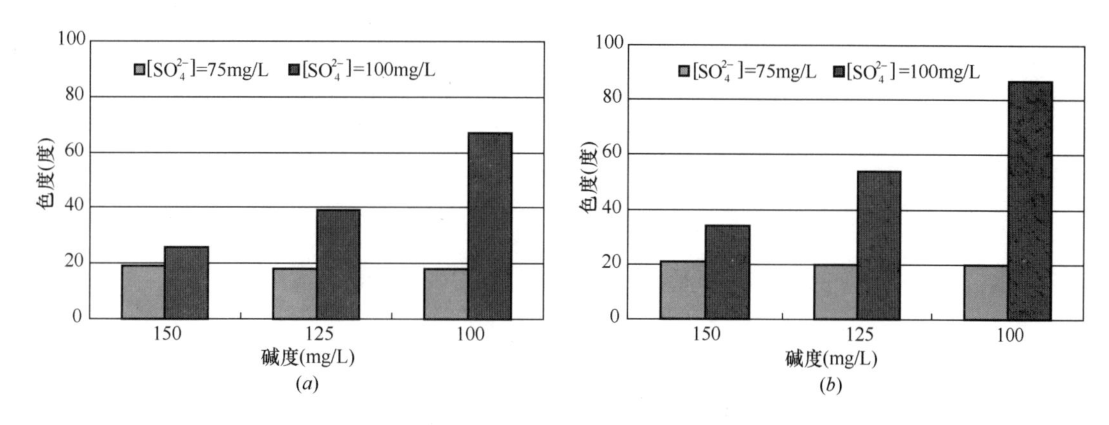

图 6-33 不同碱度水质条件下色度变化规律

(a) 不同碱度条件下出水色度值（5d 平均释放量）；(b) 不同碱度条件下出水色度值（最大释放量）

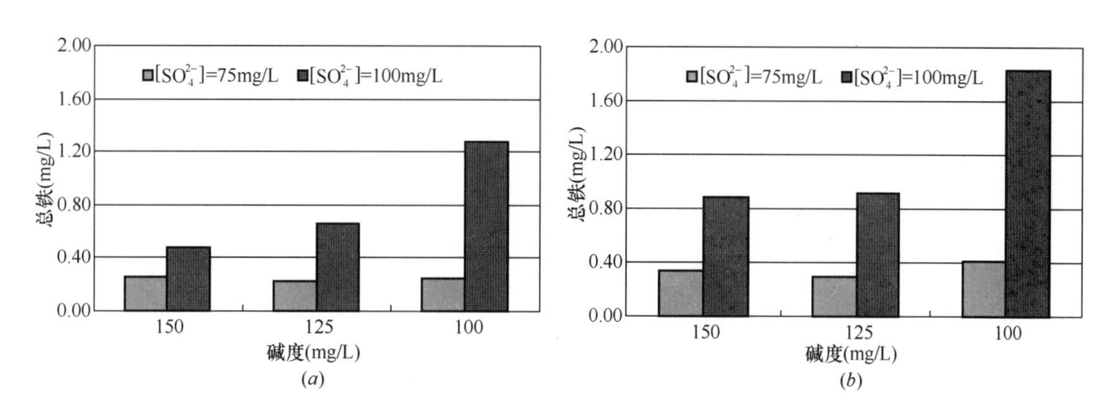

图 6-34 不同碱度水质条件下总铁释放量变化规律

(a) 不同碱度条件下出水总值值（5d 平均释放量）；(b) 不同碱度条件下出水总铁值（最大释放量）

层）为棕褐色覆盖层，覆盖在一层致密的黑色壳层上。

为了进一步了解管垢特征，对其微观形态进行分析，利用扫描电镜分别观察管垢内外层的形态，如图 6-40 所示。管垢内层呈疏松多孔的形态特征；外层相对致密，并且表面覆盖的晶体物质为 α-FeOOH。

为了对发生黄水问题的管垢中化合物的特性进行分析，使用 XRD 对管垢的晶体结构进行了分析。结果表明，管垢内层晶体组成主要是 γ-FeOOH（Lepidocrocite），可能存在少量 SiO_2 和 $CaAl_2Si_2O_8 \cdot 4H_2O$。管垢外层晶体组成主要是 α-FeOOH（Goethite）和 Fe_3O_4（Magnetite）。

3）未发生黄水问题地区的管垢组成

同样，对未发生黄水问题地区的管垢取样分析。该管垢外观形态如图 6-41 所示。管垢主要呈瘤状，管垢内部为松散多孔、潮湿的泥状物质，曲别针可以轻易地插入；刚取时为黑色，在空气中极易氧化成红棕色。管垢内部的松散物质被一层致密的具有金属光泽的壳层包裹，壳层表面还覆盖一层红棕色的松散物质。与发生黄水问题的管垢相比，未发生黄水问题管段的管垢壳层更厚，更坚硬。

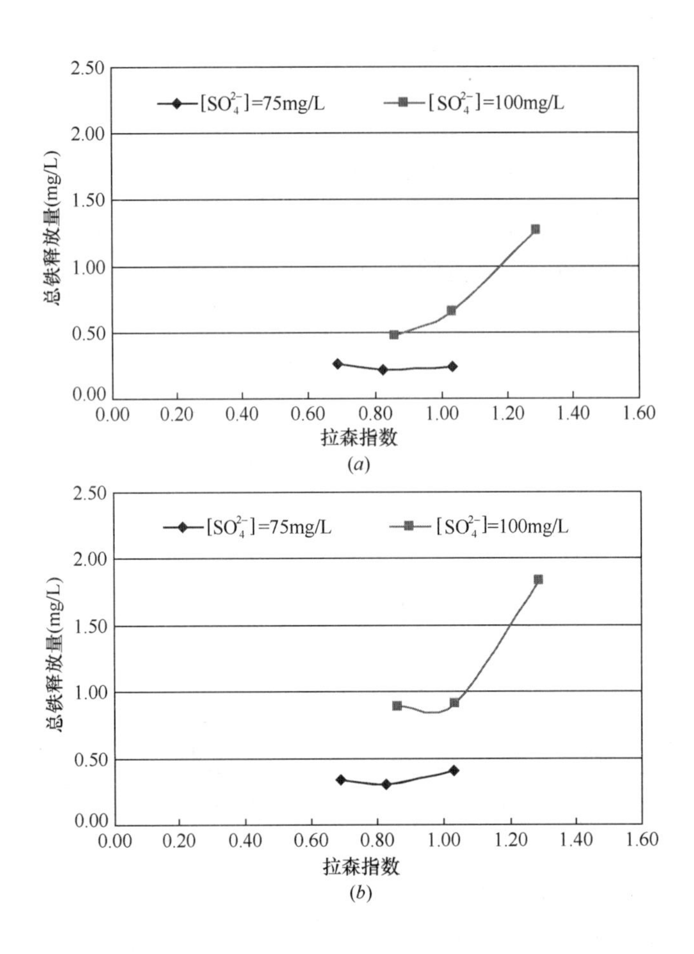

图 6-35　拉森指数（以浓度计）与总铁释放量的关系曲线图

(*a*) 拉森指数与总铁（5d 平均释放量）的关系；(b) 拉森指数与总铁（最大释放量）的关系

进一步利用扫描电镜分别观察管垢内外层的微观形态，如图 6-42 所示。从图中可以明显看到管垢分为 3 层，即表面沉积层、致密壳层和内部疏松层。内部疏松层由于微生物如铁细菌、硫酸盐还原菌的作用，形成纵向多孔的结构，并且有六边形片状的 FeS 晶体（Pyrrhotite，磁黄铁矿）。致密壳层相对光滑致密，表面沉积层相对疏松无定形。

使用 XRD 对未发生黄水问题地区管垢的晶体结构进行了测定。结果表明，瘤状管垢内层晶体结构主要是 α-FeOOH（Goethite），瘤状管垢外部壳层晶体结构主要是 α-FeOOH 和 Fe_3O_4（Magnetite），瘤状管垢表面沉积层晶体结构主要是 α-FeOOH。

4）管垢特性对铁释放的影响

出现“黄水”问题地区在水源切换前长期使用硫酸盐、氯离子浓度较低的地下水，并位于管网末梢，管网水中余氯、溶解氧浓度较低。通过上述管垢特性分析表明，与未发生黄水问题的明光村地区管段相比，发生“黄水”问题地区管段的管垢致密壳层较薄并且脆弱，当水质条件发生变化时，管垢壳层极易因化学平衡的失衡而破坏。壳层被破坏后，内

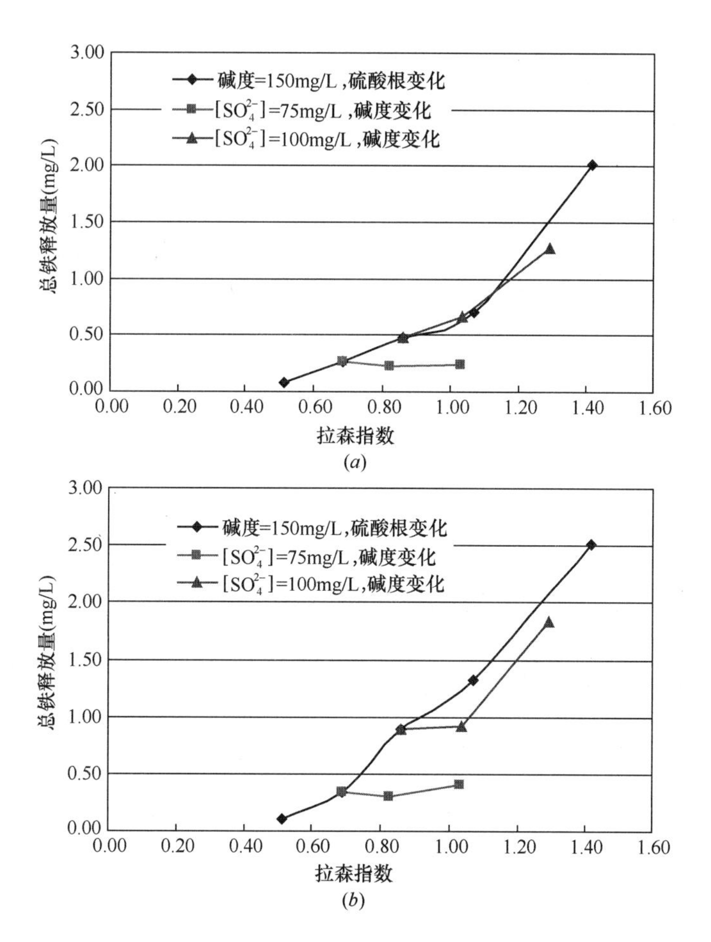

图 6-36 不同拉森指数（以浓度计）与总铁释放量的关系曲线图

(a) 拉森指数与总铁（5d平均释放量）的关系；(b) 拉森指数与总铁（最大释放量）的关系

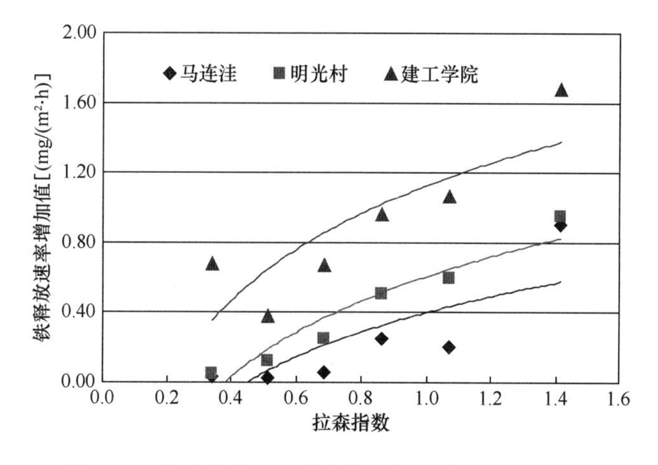

图 6-37 拉森指数（以浓度计）与总铁释放量的关系

部大量的二价铁化合物易释放到管网水中被氧化成三价铁化合物，使管网水变黄，引发总铁、浊度、色度超标现象严重的黄水问题。

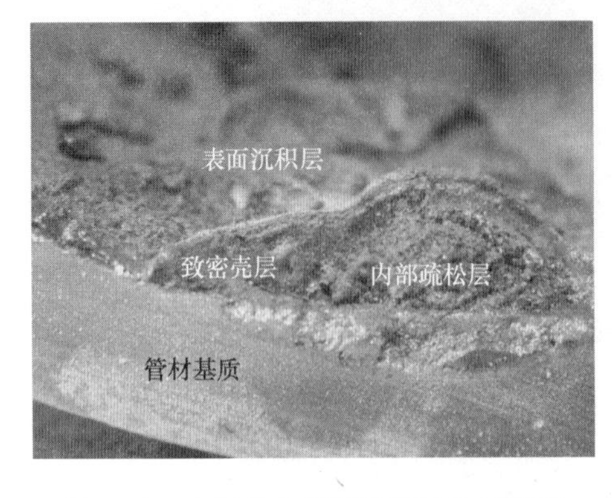

图6-38 实际给水管网分层结构示意图

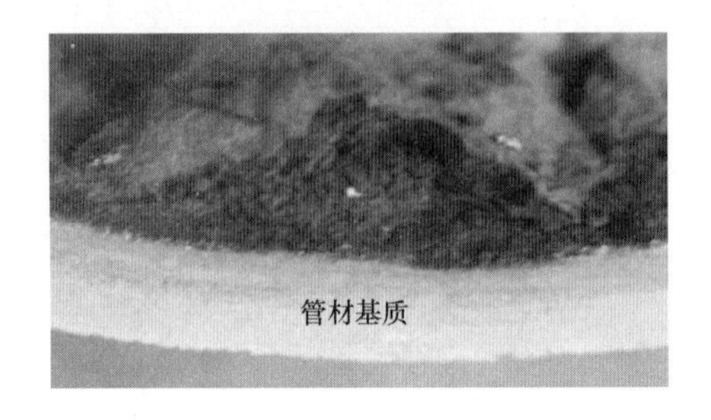

图6-39 发生黄水问题管垢外观特征

(*a*)

(*b*)

图6-40 发生黄水问题管垢扫描电镜照片

(*a*) 管垢内层；(*b*) 管垢外层

图6-41 未发生黄水问题瘤状管垢外观形态

图 6-42 未发生黄水问题管垢扫描电镜照片

(*a*) 管垢纵剖面；(*b*) 管垢表面沉积层；(*c*) 管垢致密壳层；(*d*) 管垢内部疏松层

6.2.3 管网腐蚀产物释放控制技术方案

1. 多水源供水条件下腐蚀产物释放控制技术

不同水源切换，由于水质特征的差异可能导致输配管网内铁腐蚀产物的释放升高从而产生管网黄水现象，影响供水安全。目前国内外对水源切换导致的管网黄水产生的机制尚缺乏认识，不能对黄水的发生进行有效预测，也没有形成有效的预防和控制黄水的技术。

本课题针对北京市本地水源和外调水源切换使用时管网发生黄水的一些特征，系统研究了水源切换情况下的管网黄水产生机制，提出了管网黄水的预测、预防和控制技术体系，并在南水北调水源地丹江口进行了较大规模的中试研究，同时在北京市部分管网区域开展了应用示范。

首先，通过对北京 2008 年水源切换时管网黄水实时跟踪检测发现，在外调地表水置换当地地下水时，地表水中较高的硫酸根浓度（相应较高的拉森指数）是诱发原输配地下水的管网产生黄水的主要原因。据此，提出了不同水源混合勾兑（新旧水源比例 2∶8）控制水的拉森指数（小于 1.0）的水源切换策略，有效抑制了管网黄水的持续恶化，水质逐渐恢复达标。

在黄水应急控制技术的基础上开展了系统深入的试验研究，阐明了管网黄水的形成机制。研究发现，输配水质与管垢和生物膜的相互作用影响着铁腐蚀产物的释放过程。在具有以 Fe_3O_4 和 α-FeOOH 为主要成分的致密管垢层、在生物膜内以铁还原菌为优势菌的管网内（如门城、田村），水源切换过程中不会有黄水发生。而在无致密管垢层和生物膜内铁氧化菌为优势菌的管网区域（如九厂三期和八厂供水区），水源切换时容易发生黄水。这是因为，对无致密管垢层保护的管网内，水源切换时，新水源中较高的硫酸根浓度诱发铁腐蚀产物释放速率增加。切换初期，管网生物膜中铁氧化菌为优势菌，而随着腐蚀过程的进行，生物膜中铁还原菌逐渐成为优势菌，铁还原菌对三价铁的还原，以及铁氧化菌、溶解氧和消毒剂对二价铁氧化共同作用加速了溶出的铁离子重新形成铁氧化物沉积在管壁上，并不断形成致密的具有保护性的管垢层，管垢趋于稳定。同时，以铁还原菌为优势菌的生物膜的存在降低了水中溶解氧对管网的化学腐蚀作用。

基于以上黄水形成机制，提出了水源切换时防控管网黄水的综合技术方案：

（1）水源的合理调度调配。对管网稳定性强的独立管网区域，可以不采用混合勾兑的方式而实行 100%的水源置换，以最大限度利用新水源（工程示范：门城管网）；对管网稳定性差的区域，以适当比例混合勾兑的方式实行水源置换（工程示范：第九水厂三期供水区域），同时跟踪管网管垢与生物膜腐蚀菌的变化，并在适当时间转为 100%水源切换；对不同水源同时使用的互通管网，需要明确不同水源的供水边界，合理调控供水压力，使新水源不进入管垢稳定性差的管网区域（工程示范：对第九水厂和第八水厂供水压力的调控避免了新水源进入第八水厂供水区域而产生黄水）。

（2）管网稳定性调控。通过对出厂水和管网水的 pH 值、溶解氧、消毒剂水平等的调节，诱发生物膜中铁还原菌成为优势菌群，形成微生物抑制腐蚀的管网微生态环境，抑制水源切换过程的腐蚀产物释放，并促进管垢致密保护层形成，使管网趋于稳定，增强对水源切换的耐受性。丹江口中试表明，对于那些在水源切换时发生黄水的管网，当稳定的管垢层形成后，再大幅度提高拉森指数并不会诱发黄水的发生。

2. 多水源供水条件下腐蚀产物释放应急储备技术

不同水源的混合勾兑应急技术：使用多水源的水厂应在水厂进水口或出厂的清水池处设置不同水源可以按照不同比例进行混合勾兑的设施，包括铺设对应不同水源的厂内输水管道，安装流量可调控阀门，使两种水源的比例可以在 0～1 之间调配。当严重的黄水现象发生时，可以迅速降低腐蚀性较高的水源的比例，调整进入管网的水质的腐蚀性。

出厂水水质的应急调控技术：在水处理工艺中增设水质调整药剂投加设备，如可调整 pH 值、硬度、碱度等的 NaOH、石灰、碳酸氢钠投加装置，可较大范围调节消毒剂浓度的装置，可增加水中溶解氧含量的曝气装置，可投加缓蚀剂（如磷酸盐等）的装置等。各种药剂或气体投加量可以根据水的流量、调整目标实现自动控制。

管网应急冲洗排放技术：在水力停留时间较长的管网末端、支线管网选取、设置应急排水口和排水管路，在发生管网水质问题时，方便地实现管存问题水的排出，并实现对管道内沉积物质的冲洗清除。

3. 水源更换之后管网系统水质跟踪、监测与应急应对方案

管网监测点的优化布设和水源切换的水质跟踪：管网水质监测结合管网水质模拟的方法已经广泛应用于管网水质的管理中。在管网水质监测方面，如何利用有限的监测点实现最大范围的水质监测已经成为了一个重要的研究内容，即科学合理地布置监测点是提高管网水质监测能力和效率的重要手段。目前，监测点的优化布设主要是通过节点水龄法和覆盖水量法来完成，而节点水龄和覆盖水量的计算也是通过管网水质模型来实现。管网水质模型的建立方法已经比较成熟，也普遍得到认可，模型参数的获取是模型结果好坏的决定因素。管网水质模型在管网水质的日常监管和事故应急处理中可以提供有力的技术支持。通过水质模型的建立可以实现水源切换后新水源变化过程的跟踪。

管网的分区优化管理：随着城市化进程的加快和城市规模的扩大，城市居民生产和生活用水量日益增加，原来的单水厂供水模式已经不能满足这一需求。一方面，总体需水量的增加给水厂造成了巨大的供水压力，而单一水厂一般无法满足；另一方面，由于城市规模的扩大，自来水在到达离水厂较远的地方时，压力明显降低，而且水龄很长，水质变差。

目前，在一般的大型城市中，都是多水厂协作供水的模式，这就解决了上述单水厂供水的问题。但同时又带来了新的问题，即各水厂之间的调度与管理问题。这主要是由于在庞大的复杂给水管网中各水厂的供水范围不明确造成的。由于各水厂的出厂水压不同，各水质指标也有所差异，经过给水管网到达用户后，水压和水质都是一个综合作用的结果，当改变某一水厂的出厂水水力或水质指标时，用户端的指标变化是难以预测的，因此，水厂的调度可能缺乏理论依据。反过来，当某一地方出现水力或水质异常时，很难快速地判断问题出在哪个水厂，这也给安全事故的应急处理带来了困难。特别地，当部分水厂的水源发生切换时，相应出厂水的水质指标将发生剧烈变化，当自来水进入管网后，可能会打破管垢原有的稳定性，导致出现“黄水”事故。掌握并模拟“黄水”在管网中的形成发展过程，以及其影响范围是进行水质事故预防和处置的前提。而在大型多水厂复杂管网中，由于各水厂供水范围的不明确，该工作变得十分复杂。

因此，需要建立一种合理的管理方法，使多水厂供水既能弥补单水厂的不足，又能具有单水厂供水易于管理的特性。划分供水范围，将一个大而复杂的供水系统分解成多个小而简单的供水单元，可以提供一种解决方法。当前，将复杂的环状给水管网划分成多个独立计量分区（DMA）是一个研究的热点。从根本上讲，它是将环状管网进行枝状管理，从而将环状管网稳定可靠的特性与枝状管网易于管理的优点结合起来。一般来讲，这种DMA单元相对于整个给水管网来说小得多，一个给水管网可以划分出数十个甚至上百个DMA单元，但它没有考虑水厂的因素。

类似地，若将大而复杂的多水厂给水管网根据各水厂的供水范围，划分成多个单水厂给水管网，用管理单水厂供水的方法来管理多水厂供水，就可以将可靠性与易于管理两个优点结合起来，实现供水的合理高效管理。目前，在给水管网供水范围的划分方法上，有图论法、拓扑理论法等，但这些方法都是静态的、粗略的，所得到的供水范围精度有待进一步提高。本课题采用管网水质模型来确定水厂的供水范围，相对来讲，这种方法更加科学，所得到的供水范围也更加精确，值得推广。

应急应对方案：

（1）水源切换前充分做好准备，包括：①根据水力水质模型和实际监测结果，明确多水源给水管网的不同水质供水边界；②根据管网管垢调查分析结果，明确管网管垢稳定性差、可能对水源切换敏感的管网区域；

（2）水源切换过程中，密切监测水质变化，采取有效控制措施：①在敏感区域和不同水质供水边界合理设置监测点，监测重要水质参数（如pH值、浊度电导率、溶解氧、余氯）的变化规律；②设定管网排水方案，便于及时排出管存水；③水质出现问题时及时与居民沟通，正确引导，避免恐慌；④根据小区需水量及需水时间分布，安排应急供水车辆。

6.3　管网水质生物稳定性控制技术

6.3.1　影响给水管网水质生物稳定性的因素

1. 有机物

有机物质在控制水的生物稳定性中是重要因素。我国水环境污染以有机污染为主，主要污染指标为高锰酸盐指数和氨氮等。正是由于水环境状况的恶化，致使我国城市的饮用水水源普遍存在有机污染现象，饮用水水源中的有机物能够检测出很多。由于常规水处理工艺并不能有效去除有机物，因此经过常规处理后的饮用水中仍然含有大量有机物。

天然有机物主要是指动、植物在自然循环过程中经分解所产生的大分子有机物，其中腐殖质在地面水源中含量最高，是水体色度的主要成分，占有机物总量的60%～90%，是饮用水处理的主要去除对象。水中非腐殖质部分的天然有机物是主要的可生物降解部分，具有较强的亲水性和较低的芳香度，可能由亲水酸、糖类、氨基酸和蛋白质等组成。

目前采用较多的去除天然有机物的方法主要有：强化混凝、颗粒活性炭吸附和膜过滤（主要包括纳滤、微滤和超滤），其中强化混凝被美国环境保护（EPA）推荐为控制水中天然有机物的最好方法。混凝处理去除大分子有机物：粉末活性炭不仅能有效地去除小分子有机物，对大分子量有机物也有很好的去除效果：臭氧主要氧化大分子有机物。生物预处理由于微生物新陈代谢产物的影响，没有分子量变化的规律性。根据水源有机物分子量分布和净水处理单元去除不同分子量有机物的特点，可达到净水处理工艺的最佳组合。

深度处理的首要任务是解决现代工业给水体带来的因常规工艺无法去除的有机污染问题。此外，深度处理后的水中有机物和浊度都很低，也降低了微生物、细菌的营养成分和载体量，对二次污染也有较好的抑制作用。深度处理方法中，以活性炭为代表的吸附工艺是对付有机污染的有效实用技术，其比表面积大，对色、臭、味、农药、氯化物等都有良好的去除率，而且还能吸附水中的微生物。据研究，生物活性炭技术对酚的去除率达80%，对氯化物的去除率是65%，对铁、锰和铜等重金属的去除率可达80%～92.5%。因此，随着经济的发展和技术水平的提高，应不断改进水厂工艺来降低出厂水浊度，并应用生物处理、活性炭吸附过滤等深度处理措施来提高出厂水水质及其稳定性。

饮用水水源的有机污染是城镇水质安全保障所存在的最大问题，亦是对饮用者健康与安全的最大威胁。据报道，采用现有的检测分析技术，已经发现水源水中有2221种有机物，饮用水中有756种，其中20种为致癌物，23种为可疑致癌物，18种为促癌物，56种为致突变物。在我国许多城市的饮用水中发现了致突变阳性的结果。

内分泌紊乱物的污染给饮用水水质安全保障带来又一新的难题。经研究分析，已经确定有50多种可影响内分泌系统的化学物质，主要是杀虫剂、除草剂和杀菌剂等农药，其中多数是多氯联苯等有机氯化物、阿特拉津类、烷基苯酚、邻苯酸酯类等。用于食品保鲜的化学物质、各种塑料和树脂的原材料和洗涤剂的化学物质也会导致内分泌失调。这类近似于生物激素结构的化学物质可引起生物分泌紊乱，导致癌症、不育症、甲状腺机能失调、神经系统障碍和生殖器官畸形等疾病。

2. 氨氮

凡是受到污染的水源普遍含有氨氮。在我国，不论是水源还是饮用水中，氨氮也是影响城镇供水水质安全保障的问题之一。尽管氨氮本身对人体的影响很小，但原水中含有氨氮会影响净水工艺；影响有机物和锰的去除，在净水构筑物中会诱发藻类滋生，会影响水的感官性状指标。在国家的《生活饮用水卫生标准》（GB 5749—2006）非常规指标中对氨氮限定为0.5mg/L，欧共体和许多发达国家对饮用水中氨氮含量也提出了要求。但对于受到氨氮污染的水源，采用传统水处理工艺的水厂氨氮难以达标。

另外，氯胺消毒产生的氨能被硝化细菌利用，引起硝化作用。微生物硝化作用可能导致饮用水输配系统产生化学、微生物和技术问题。氨氧化细菌（Ammonia Oxidation Bacteria，AOB）的数量及其氧化潜能在氯胺消毒饮用水输配管网中是最高的，硝化细菌在饮用水中的生成与异养细菌数量和浊度成正比，与总氯含量成反比。AOB数量与亚硝酸盐浓度成正比。

也有研究表明，自由氯短期内控制AOB活性很有效，但是可能不能阻止硝化生物膜生长。临时的氯处理并非长期有效的策略，因为它对于改善支持硝化作用的条件没有什么用处。减少可以得到的氨氮（通过增加氯气和氨氮的进料比）被认为是更有效的长期抑制措施。硝化水平与过剩的AOB在质量上有很好的对应，没有观察到HPC生长和硝化作用之间的相关趋势。

3. 磷

磷也是影响细菌繁殖的重要限制因子。Iikka T. Miettinen等（1997）对芬兰饮用水中细菌再繁殖的研究中发现，饮用水中PO_4^{3-}大于10μg/L时细菌的繁殖会明显增加。A. sathasivan等（1997）的研究也表明无机磷与有机磷相比是一个更好的控制细菌再繁殖的限制因子。他们后来对AOC和磷对细菌生长的影响作用进行了比较，认为磷是优于AOC的细菌再繁殖潜力的限制因子。吴卿等人的研究也证实了细菌总数与总磷成较好的正相关关系。磷、温度、微生物数量随管网沿程通常增加。

4. 管网材质

有研究表明，在饮用水输配系统中采用管材的粗糙度已经确定为影响细菌接触的重要因素。孔隙小、粗糙度小的管材，固定细菌密度也小。

此外，管材本身的稳定性对于在其中流动的水体水质也有影响。水在管内流动的过程中，由于腐蚀等原因，内壁往往形成沉淀及结垢现象。管内产生的沉淀和结垢，不仅使管道内壁粗糙度增加，过水断面减少，导致水头损失增加，输水能力下降，而且增加了水的色度、浊度和臭味，降低了氯的消毒作用，影响了出水水质。结垢的原因归纳起来主要有以下几方面：水对金属管道内壁腐蚀形成的结垢，水中含铁量高所引起的管道堵塞，水中碳酸钙（镁）沉淀形成的水垢，管道内的生物性堵塞。

多项研究表明塑料管材可以支持生物膜的生长，但是塑料管道中生物膜的生长与铸铁管、钢管和水泥管相比，相同或更低。塑料管网因为其组成中含有磷元素可能释放出很多磷，从而被水中的细菌利用。柏油铁管道可能提供了很多的细菌接触点，细菌免于被氧化。因为和饮用水接触的材料可以释放出可生物降解化合物到饮用水中，加强了生物膜的形成。最后，管材还可以影响生物膜中的微生物种群的组成。

就中国供水管材而言，不仅现有管道 90%以上使用的是铸铁管、钢管，近几年来新建的给水管道仍有 85%采用金属管道。金属管材由于电化学腐蚀而产生腐蚀瘤和垢层，细菌和许多微量有害元素存在其中；石棉水泥管中，对人体健康有着严重影响的石棉纤维从水源到管网有不同程度的增加；使用塑料管材，浸出的化学物质污染了管中流动的水；沥青涂层由于含有致癌物质已不在我国给水管网中使用；使用水泥砂浆衬里的给水管道由于砂浆衬里的腐蚀或软化、水的碱化作用，不仅降低了管径的有效过水断面，而且对水质也产生不良影响。因此，目前迫切需要用新的管网材料（涂层）去装备新铺管线及更新已有管线，但是新材料必须经过严格的测试（包括毒理学及微生物学测试），才有可能得到应用。

5. 病原微生物

病原微生物的控制仍然是城镇供水水质安全保障的最基础和最敏感问题。由城镇饮用水引起的介水传染病（water borne infection disease）具有影响范围广，传播速度快，爆发性强和危害性大等特点，因此介水传染病的控制是城镇供水水质安全的重点，应时时刻刻得到重视。饮用水中的病原体（微生物）有三类，即细菌、病毒以及寄生原虫。经饮用水引起的介水传染病主要是霍乱、伤寒、痢疾、胃肠炎和肝炎等等，可分别由霍乱弧菌（Vibriocholerae）、致病性大肠杆菌、沙门氏菌、肠道病毒、肝炎病毒等病原体引起。

近年来饮用水中的寄生原虫引起的传染性疾病开始引起人们的重视，主要是贾第鞭毛虫病（Giardiasis）和隐孢子虫病（Cryptosporidiosis）。研究资料表明，仅仅使用传统的氯化消毒工艺不能提供足够的杀死隐孢子虫的剂量，特别当原水的水质比较差时更是如此。由于水环境的污染，水源中病原微生物在种类和数量上还都在继续增加，对人体的健康与生命安全造成了极大的威胁，同时也对城镇供水水质安全保障造成了极大的压力。

6.3.2　饮用水生物稳定性控制技术研究现状

1. 生物（预）处理

从 AOC 和 BDOC 的定义来看，它们代表的是细菌易利用分解的有机物，无疑生物处理是去除可生物降解有机物有效的单元处理工艺。饮用水生物处理是指借助于微生物群体的新陈代谢活动，对水中的有机污染物以及氨氮、硝酸盐、亚硝酸盐进行有效去除。目前在饮用水处理中采用的生物反应器大多数为生物膜类型，生长在生物载体上的微生物多数是贫营养菌，如土壤杆菌、嗜水气单胞菌、黄杆菌、芽孢菌和纤毛菌等。这些贫营养微生物对可利用基质有较大的亲和力，且呼吸速率低，有较小的最大增殖速度和 Monod 半速率常数。因此，贫营养菌能使微量有机物降解至极低浓度，并且贫营养菌还可以通过二次基质的利用去除浓度极低的难降解有机物。生物氧化对有机物的去除机理包括：

（1）微生物对小分子有机物的直接降解；

（2）微生物胞外酶对大分子有机物的分解作用；

（3）生物吸附絮凝作用。此外，经生物处理后还能降低水中胶粒的 *Zeta* 电位，使胶粒更容易脱稳。

Kooij 报道生物滤池出水可使 AOC 含量低于 10μg 乙酸碳/L。Huck 等报道运行 70d 煤砂双层生物滤池出水 AOC 能达到低于 50μg 乙酸碳/L 的水平。Hu 等对生物预处理后水中有机物特性的研究发现，生物预处理对烷烃类有机物有较好的去除效果，而对芳烃和羰基化合物处理效果较低，AOC 的去除率为 45%左右。Zhang 等对 AOC 在生物滤池去除的动力学模型研究发现，生物处理过程中 AOC 的去除主要受反应过程控制，而非受传递过程控制。空床接触时间是影响去除效果的关键参数，但空床接触时间超过一定数值后并不会带来过高的去除率，因为存在着一个最小基质浓度 S_{min}。进水 AOC 浓度与去除的 AOC 量成线性关系。吴红伟等的研究表明生物陶粒预处理对 BDOC 的去除率为 65%，对 AOC 的去除率为 45%左右。因此采用生物氧化（预）处理技术可有效地去除溶解性有机物，提高出厂水的生物稳定性，并可减少后续消毒剂的用量，因而已成为给水处理中备受关注的工艺方法。

2. 常规工艺及其强化工艺对有机物的去除

现有水厂常规净水工艺一般由混凝、沉淀（澄清）、过滤和加氯消毒四部分组成，形成于 20 世纪初，已有百年历史，目前仍被广泛采用。诸多研究均表明常规工艺对水中有机物有一定去除能力，但比较有限。DOC 去除率一般小于 30%，而对水中可生物降解有机物（BDOC 与 AOC）的去除不稳定，波动较大，受水源水质、水温影响大，有时还会出现出水 AOC 增加的现象。这是因为常规工艺中混凝剂易与憎水性强的大分子有机物螯合，发生电性中和与吸附架桥作用，使其脱稳凝聚，形成较大的絮体并从水相中分离得到有效的去除；而小分子有机物亲水性强，在水中接近于真溶液状态存在，不易与混凝剂结合或被絮体吸附，故去除效果不佳。总体上看，常规处理主要去除分子量大于 10000Da 的有机物，而 AOC 主要与分子量小于 1000Da 的有机物有关，因此常规工艺处理出水难以确保达到水质生物稳定性。此外，水源水中低腐殖质含量和低 DOC 浓度，都是常规工艺对有机物去除效果差的原因。

Volk 等人的研究发现，低 pH 值下的强化混凝使 DOC 与 BDOC 的去除均得到了改善，DOC 与 BDOC 含量的减少可使得消毒过程中副产物生成量减少；但对 AOC 的去除没有影响，这可能是因为AOC是由小分子的非腐殖质物质组成。强化过滤是通过改换滤料或采用多层滤料，让滤料既能去除浊度、氨氮和亚硝态氮，又能降解有机物，其关键是选择滤料，并使滤料的微环境有利于生物膜生长。Milhier研究认为生物过滤对DOC的去除率为13%～41%，对BDOC、AOC的去除率达90%以上。因此强化过滤可提高对小分子有机物的去除效果。

强化混凝和强化过滤是在现有工艺基础上进行改造，不用增加构筑物，改造费用和运转费用增加很少，是改善净水处理效果的较为经济可行的方法，但也存在一定的局限性。

3. 臭氧氧化

众多研究证实，臭氧氧化虽会使水中DOC降低，但也将引起AOC和BDOC的增加。这是由于臭氧氧化具有极强的氧化能力，可将水中的一部分有机物彻底分解，同时也可将大分子有机物分解为小分子的、异养菌易于分解利用的中间有机产物，从而造成AOC和BDOC值的升高。有研究发现经臭氧预氧化后，水中分子量＜3000Da的低分子量有机物浓度增加了，而大分子量有机物的含量减少了。这证明引起AOC和BDOC的主要物质为水中有机物中的小分子量部分。臭氧工艺虽然使水中可生物降解有机物浓度增加，降低了水质的生物稳定性，但是臭氧对有机物的氧化分解强化了后续工艺，特别是生物处理工艺的处理能力。臭氧与生物处理联用可有效消减有机物含量，使后续消毒需氯量减少，余氯维持较高水平，并保持较长时间。

4. 活性炭吸附

活性炭属于一种多孔疏水性吸附剂，具有发达的细孔结构和巨大的比表面积，有机物的极性与分子大小是活性炭对有机物去除的主要影响因素；溶解度小、亲水性差、极性弱、分子不大的有机物较易被活性炭吸附。活性炭吸附主要用于饮用水的深度处理。研究发现活性炭对中小分子量有机物具有较强吸附能力，因而对AOC和BDOC有着良好去除作用。Hu等研究表明，GAC对烷烃类有机物的去除效率最高，其次是苯类、硝基苯类、多环芳烃类和卤代烃类，对醇类、酮类、酚类的去除效率相对较弱。活性炭工艺如与臭氧联用或长期使用形成生物碳后，生物降解作用将会使去除效果有进一步的提高。吴红伟等发现新活性炭单元因其吸附作用对AOC的去除效果稳定在30%左右，如和臭氧氧化联用，去除效果能提高到50%以上。

5. 臭氧—生物活性炭（O_3-BAC）

臭氧以及反应过程中所产生的氧化势能更高的羟基自由基，可利用其强氧化性氧化分解大多数有机物，尤其是具有苯环的难降解有机物，可提高水中有机物的可生化性，并为水中提供充足的溶解氧，使活性炭床处于好氧状态。活性炭的强吸附作用可迅速将水中有机基质吸附于活性炭表面，在活性炭上形成适宜微生物生长的微环境，促进好氧微生物繁殖生长，进而形成生物活性炭（BAC）。O_3-BAC技术的优势在于微生物的降解作用使活性炭吸附的有机物被去除，将活性炭内这部分物质所占有的吸附位重新空出来，从而长时间地保持活性炭的吸附能力，即活性炭的生物再生作用，延长了活性炭工作寿命。其有机物的去除机理主要有三种：臭氧化学氧化作用、活性炭物理化学吸附作用和微生物生物降解作用。

Ribas 等研究发现臭氧会引起 BDOC 增加。因为臭氧氧化使一些天然有机物氧化成小分子的有机物，而小分子有机物易被微生物作为营养吸收，如富里酸氧化后会产生烷烃、脂肪醛、酮、脂肪酸等有机物。臭氧与活性炭结合形成生物活性炭，可使 DOC 和 BDOC 都有较高的去除率，DOC 和 BDOC 去除率为 53.6%和 70.7%。Hu 等研究发现臭氧氧化使羰基化合物显著增加，结合活性炭处理，可显著去除羰基化合物，O_3-BAC 工艺对 AOC 的去除率为 80%以上。吴红伟等研究结果表明 O_3-BAC 对 AOC 的去除率达 51.6%，对 BDOC 的去除率达到了 93%。可见 O_3-BAC 工艺能有效地去除水中溶解性有机物，提高出厂水的生物稳定性。

6. 管网水中细菌再生长限制因子间的比较

1）磷对细菌再生长的限制作用

管网水贫营养环境中，微生物生命活动所需的各种营养均处于很低水平。细菌生长属基质限制型。微生物生长对各种营养成分的需求有一定比例关系，一般认为 C(BOD_5)：N：P 为 100：10：1。研究者们基于有机物（即碳元素）为管网中细菌生长最主要的限制因素这一假设，开始了细菌再生长的研究，并以 AOC 作为生物稳定性的评价指标。1996 年，Miettinen 等在《自然》（Nature）杂志发文指出，当管网水中有机物含量相对较高时，磷会取代有机物成为细菌再生长的限制因子。近年来，各国学者都广泛开展了磷与饮用水生物稳定性的相关研究，并发现相当部分的管网水中磷含量极低，已成为细菌再生长的限制因子。

有文献表明，管网水中细菌生长所需的 C：P 为 100：（1.7～2）。虽然细菌对有机碳的需求大大高于磷元素，但应看到水源水中的磷含量本身就处于较低水平；并且磷元素一般是与大分子有机物结合或以胶体状态存在。常规制水工艺对磷的去除非常有效，去除率可达 90%以上，而对可生物降解有机碳的去除效果却并不显著。这样就可能形成出厂水中磷源相对缺乏的状况，使磷成为管网水中细菌再生长和其生物稳定性的限制因子。

国外学者认为，水中溶解性正磷酸盐（SRP）的浓度低于 10μg/L 时，水中微生物的生长可能会受到磷的限制。国内学者针对管网水生物稳定性各限制因子的研究表明，在被研究的大部分管网水中，磷元素较可生物降解有机碳对细菌再生长表现出了更为明显的限制作用。仿照 AOC 的生物测定方法，Lelttola 等提出了一种用来测定水中所含磷元素中可被微生物吸收利用的那部分磷的分析方法——微生物可利用磷（MAP ）。他们对芬兰 21 个水厂的饮用水生物稳定性研究表明，大部分的出厂水 AOC 与细菌再生长相关性较差，而 MAP 与细菌再生长有着较好的相关性。

磷作为细菌再生长限制因子的发现，改变了可生物降解有机碳是管网水细菌再生长唯一营养限制因子的传统观念，使饮用水生物稳定性的研究更加地深入和全面。

2）AOC 与磷对细菌再生长的限制因子作用比较

AOC 与磷已被认为是饮用水中细菌再生长主要的两个限制因子，它们含量间的比例关系将决定着水样中细菌再生长最主要的营养限制因子。有机碳含量相对较少，水样为碳限制型；磷含量相对较少，水样则为磷限制型。但在某种限制型的水样中，并不表示另一种限制因子对细菌的再生长不起作用，往往在一种水样中有机碳和磷同时具有限制因子的作用。因此，割裂两种限制因子的联系，片面地看待它们在管网水细菌再生长所起的作用都是不正确和不科学的。

但从饮用水安全性角度考虑，水中存在的有机物质会使饮用水的化学风险和微生物风险增加。控制饮用水中 AOC 含量因而具有更为重要的意义，应成为生物稳定性研究的重点和首要指标：①细菌生长对有机碳的需求远远大于对其他营养物质的需求，有机碳是决定细菌生长发育状况最重要的影响因素；②可反映制水工艺过程和管网中有机物的去除和转化；③AOC 含量与消毒副产物的含量成正相关性，AOC 的去除可使饮用水安全性大大提高。

常规工艺出厂水中 AOC 含量很难达到生物稳定性的标准。通过在制水工艺中引入生物处理，削减可生物降解有机碳含量是控制生物稳定性的重要手段。而常规工艺出厂水细菌再生长往往表现为磷限制型，水中磷含量已很低。如果后接生物处理工艺，微生物的生长势必受到影响，导致处理效果较差，因此生物处理单元在净水各工艺流程中的位置以及其进水中的碳磷比，都是优质（生物稳定）饮用水制备中需要深入分析和研究的课题。若在磷限制型的水样中添加适量的磷，使其碳磷配比更适合微生物生长需求，再进行生物处理，将有助于改善有机碳去除效果，提高出水水质生物稳定性。这应是净水工艺中生物处理技术的有益创新。

3）评价细菌再生长潜力的直接计数方法

针对管网水细菌再生长潜力（生物稳定性）评价指标 AOC 在测定中存在的一些问题，日本学者提出了一种以测试水样土著细菌为接种物，以总细菌数来衡量细菌再生长状况的测定方法——细菌生长潜力（BRP）。该方法采用制水工艺中沉淀池或滤池出水中细菌为接种菌种，待测水样中含有的营养物质为细菌生长所需营养基质，恒温培养细菌生长稳定期后，对水样进行细菌计数，所得结果即为该水样的 BRP 值，以 CFU/mL 计。BRP 值的大小可直接反映水样中支持细菌再生长能力的高低。

BRP 与 AOC 相比具有以下优势：

（1）接种菌种为同源土著菌种，在水样中生长具有更好的适应能力；

（2）接种菌种为混合菌种，对营养基质的利用更为充分；

（3）方法简单，常规条件便可完成。

BRP 方法的提出丰富了饮用水生物稳定性的研究方法，特别为实验条件有限的自来水厂和普通实验室进行细菌再生长研究提供了有效的手段；而 BRP 方法中水样同源土著菌种的采用，也使得其对细菌再生长潜力的反应更为准确。

但 BRP 法也存在一些缺陷：由于不同水源或不同时期水样测定时采用了不同的接种细菌，使得不同批次间水样的 BRP 值的可比性不好，无法在空间和时间意义上实现对生物稳定性研究的连续性；还没有像 AOC 一样，建立与生物稳定性间的关系。此外，BRP 作为一种新兴的评价指标，其测定方法尚不够完善，各国学者对 BRP 测定的具体操作上存在着较大的差别，对接种液体积、培养时间、细菌计数方法等操作条件还需进行系统的研究与优化。

综上所述，AOC应成为评价细菌再生长潜力与饮用水生物稳定性的主要指标；磷元素成为细菌再生长限制因子的发现，改变了有机碳是细菌再生长唯一限制因子的传统观念，并为提高净水工艺对有机碳的去除效果提供了新的思路；BRP方法的提出为饮用水生物稳定性的研究提供了一种常规分析的手段。

6.3.3　上海市给水管网微生物再生和生物稳定性分析

1. 研究对象与采样方法

研究对象包括原上海自来水市南有限公司下属南市水厂和长桥水厂的市政给水管网，在其供水范围内选择了水量覆盖的若干采样点。研究调查取样时间为2009年7月至2011年11月。其中2009年期间，两水厂采用黄浦江上游水源，常规工艺；2010年1月开始，南市水厂增加臭氧活性炭深度处理工艺，长桥水厂仍为常规工艺；2011年1月开始，南市水厂切换为长江青草沙水源，2011年7月长桥水厂切换为长江水源，但仍采用常规工艺。

南市管网采样点分布情况如图6-43所示。

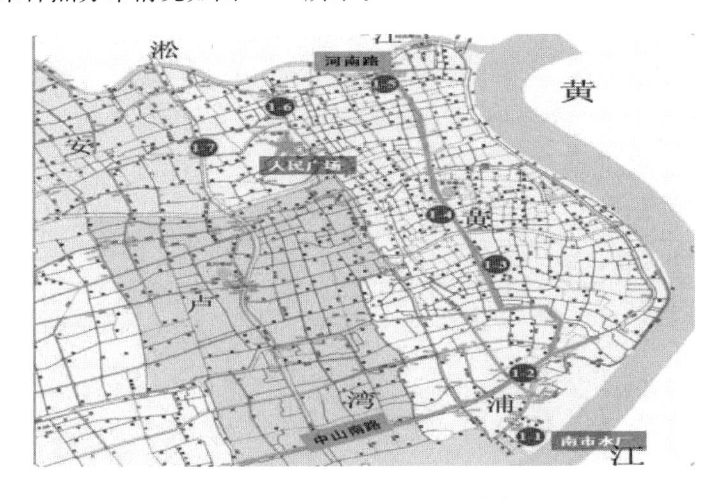

图6-43　南市管网采样点分布

长桥管网采样点分布情况如图6-44所示。

管网承担了水厂到小区的供水输配任务。输配过程中，消毒剂水平不断衰减，水中溶解物也会发生各种生化反应。了解管网输配过程中各种微生物相关理化指标的变化能更好地分析和认识输配过程中微生物再生长的可能原因，从而找出关键环节，限制微生物再生长。此外输配水质在变化之外更多地受到了出厂水水质的影响，在水厂经过引入深度处理工艺和切换水源的变化后，管网输配过程水质的变化规律和趋势是否发生改变是研究的关注点。细菌指标变化是生物稳定性的直观反映，其他指标则是生物稳定性指标的参照和验证。

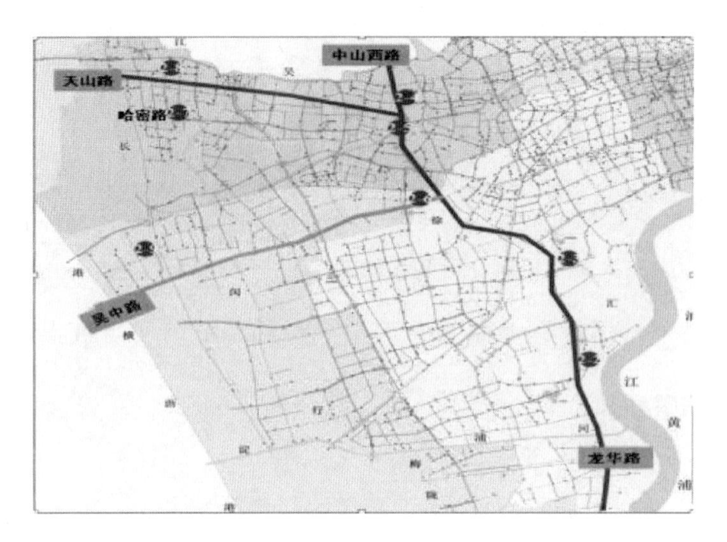

图6-44　长桥管网采样点分布

对管网同一采样点每月各指标结果进行正态分布检验，除细菌总数和AOC之外，其余数据在各月的采样结果基本符合正态分布，不同的采样时间对于样品的结果在各主要指标上影响不大。因此下文采用各采样点的各月平均值来比较给水管网水质指标的变化规律。表6-3对于南市水厂管网采样点2009～2011年各时期的水质数据进行了归纳和统计。

上海南市水厂管网采样点水质平均值统计　　　　**表6-3**

项目	编号	总氯	浊度	HPC	细菌总数	COD_{Mn}	AOC	氨氮	总磷	TOC
单位		mg/L	NTU	CFU/mL	CFU/mL	mg/L	μg/L	mg/L	μg/L	mg/L
常规工艺＋未切换水源	1	1.77	0.32	27	1	2.55	178	0.5	35	5.57
	2	1.71	0.31	388	70	2.65	183	0.43	40	5.51
	3	1.56	0.39	662	52	2.80	165	0.50	37	5.40
	4	0.78	0.63	1284	12	2.70	328	0.59	88	5.85
	5	1.28	0.39	435	2	2.70	147	0.85	34	6.12
	6	0.84	0.50	1428	95	2.78	139	0.62	35	5.97
	7	0.65	0.61	3723	282	2.60	82	0.53	62	7.08
	平均值	1.23	0.45	1135	73	2.68	175	0.57	47	5.93
深度处理工艺＋未切换水源	1	1.72	0.22	59	1	2.19	84	0.61	17	5.35
	2	1.49	0.25	80	2	2.10	146	0.60	11	4.15
	3	1.43	0.27	136	1	2.03	131	0.76	9	4.42
	4	0.58	0.45	474	142	2.14	67	0.51	10	4.91
	5	1.22	0.27	170	8	2.01	182	0.67	12	4.91
	6	0.98	0.34	99	7	2.09	125	0.67	23	5.03
	7	0.67	0.38	361	144	2.22	137	0.54	15	5.75
	平均值	1.15	0.31	197	43	2.11	125	0.62	14	4.93

续表

项目	编号	总氯	浊度	HPC	细菌总数	COD_{Mn}	AOC	氨氮	总磷	TOC
单位		mg/L	NTU	CFU/mL	CFU/mL	mg/L	μg/L	mg/L	μg/L	mg/L
深度处理工艺+切换水源	1	1.50	0.16	117	1	1.43	70	0.39	3	2.11
	2	1.39	0.22	154	33	1.22	87	0.63	3	1.10
	3	1.19	0.25	195	88	1.09	97	0.55	5	0.92
	4	0.75	0.37	200	25	1.31	85	0.26	5	1.30
	5	1.01	0.24	179	19	1.54	67	0.29	6	1.51
	6	0.84	0.24	226	19	1.54	67	0.29	6	1.05
	7	0.69	0.31	255	49	1.36	91	0.25	4	1.14
	平均值	1.05	0.26	189	34	1.35	81	0.38	4	1.31

2. 水厂工艺变化对于给水管网水质的影响

按照第二章对管网采样的说明，选择南市水厂 2009～2010 年作为研究对象，分析给水管网水质的变化规律，并研究引入深度处理工艺对管网水质的影响。

图 6-45 可以看出总氯在管网中的规律是随着管网沿线不断下降。其中 4 号采样点位于管网取样拐点，因此与同管网的规律并不一致。在统计分析当中 3 号采样点之前的总氯与出厂水浓度没有显著差异，之后的采样点浓度平均值低于出厂水总氯浓度。因此，可以认为从南市水厂给水管网供水的角度而言，在 3 号采样点之内的管网水都能很好地保证其总氯浓度，不需要额外加氯。之后的采样点如果需要保证其消毒剂浓度与水厂出水水平一致则必须通过泵站进行二次加氯补充。

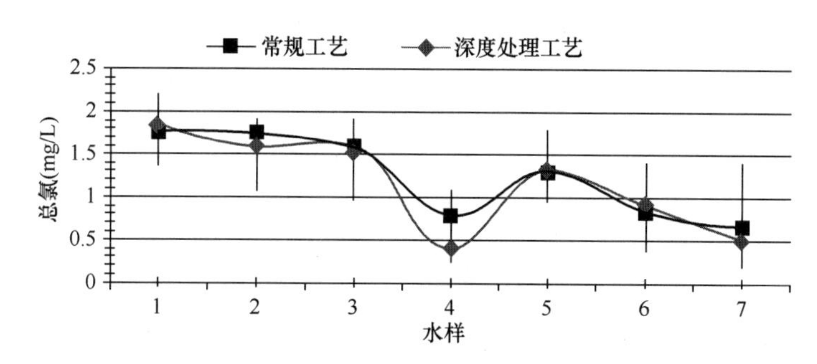

图 6-45 南市水厂常规工艺阶段和深度处理工艺阶段管网总氯变化规律

余氯是由水厂控制的指标，变动主要因人工添加进行调控。改变工艺前后管网总氯平均值为 1.23mg/L 和 1.15mg/L，在统计中，水厂采用常规工艺和深度处理工艺对于管网余氯没有显著的变化影响。

浊度作为表征水质的一个常用定性指标所反映的规律与余氯成反比。随着管网输配距离的延长，浊度逐步上升，如图 6-46 所示。高浊度往往同臭味感官指标下降以及高浓度的微生物相关。同总氯的预测一致，浊度在 4 号位点也有一个明显的突变。统计发现，4 号采样点和 7 号采样点与出厂水有显著性差异，因此从控制管网水质的角度出发，管网末端和拐点是需要密切关注的位点。

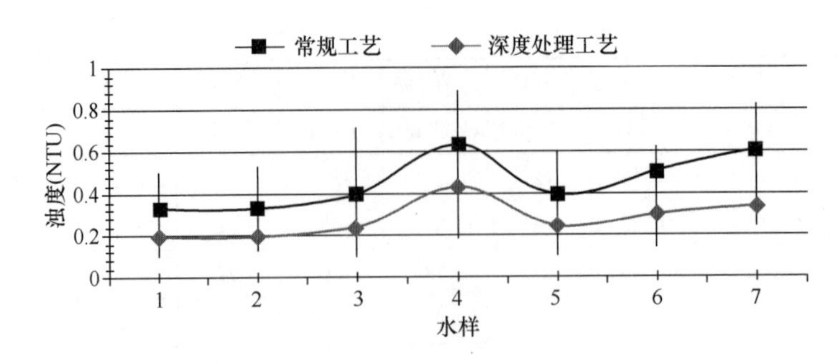

图 6-46　南市水厂常规工艺阶段和深度处理工艺阶段管网浊度变化规律

在均值上改变工艺前后管网平均浊度有 31%的差异，常规工艺时期南市水厂给水管网平均浊度为 0.45NTU，之后平均浊度为 0.31NTU，在 SPSS 分析上，改变工艺前后管网末端 6 号、7 号采样点表现出了显著性的差异。因此可以认为改变工艺后管网末端的水质恶化得到了更好的控制。

高锰酸盐指数（COD_{Mn}）是判断水体污染的常用指标。高锰酸盐指数在整个管网输配过程变化较小，可以认为管网输配对于高锰酸盐指数没有显著性的影响。因此管网水高锰酸盐指数的水平完全受制于出厂水。工艺改变前后出厂水高锰酸盐指数分别是 2.55mg/L 和 2.18mg/L，管网平均值分别是 2.83 和 2.11mg/L，所反映的规律与上文中工艺变化对于其他指标的影响分析结果基本一致，如图 6-47 所示。

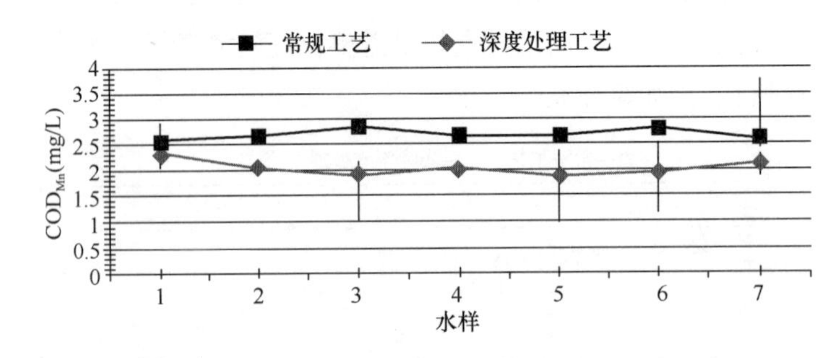

图 6-47　南市水厂常规工艺阶段和深度处理工艺阶段管网 COD_{Mn} 变化规律

管网输配过程中氨氮规律性较差。经过检验，出厂水氨氮与输配过程氨氮没有显著性差异，如图 6-48 所示。由于南市水厂采用氯胺作为管网主要消毒剂，其实氨氮在出厂阶段也受到了正调控。这可以说明为什么对于两个不同时期来说，氨氮没有体现出显著性的差别。

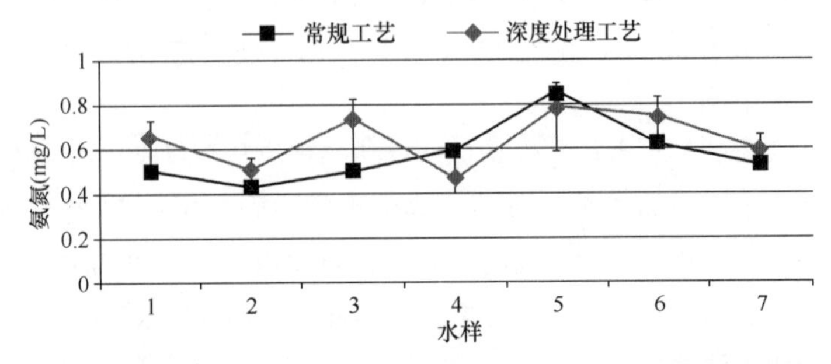

图 6-48　南市水厂常规工艺阶段和深度处理工艺阶段管网氨氮变化规律

磷是微生物的必要营养之一，控制磷元素的浓度也能从一定程度上限制微生物再生长。水中总磷在管网输配过程中变化有限，在输配过程，从出厂水 34μg/L（常规工艺阶段）和 2μg/L（深度处理工艺阶段）开始分别增加到 62μg/L（常规工艺管网平均值）和 15μg/L（深度处理工艺管网平均值），如图 6-49 所示。但是从控制微生物再生长的角度来说，总磷在输配过程中的增长不可以忽视，通常认为磷的浓度超过 5μg/L 后就不会对微生物的再生长造成限制了，因此尽管深度处理工艺几乎可以把出厂水的总磷限制在检测标准极限之下的程度，但是由于管网中磷的变化导致即使深度处理工艺引入后磷得到了极大程度的去除却无法达到抑制微生物再生的目的。

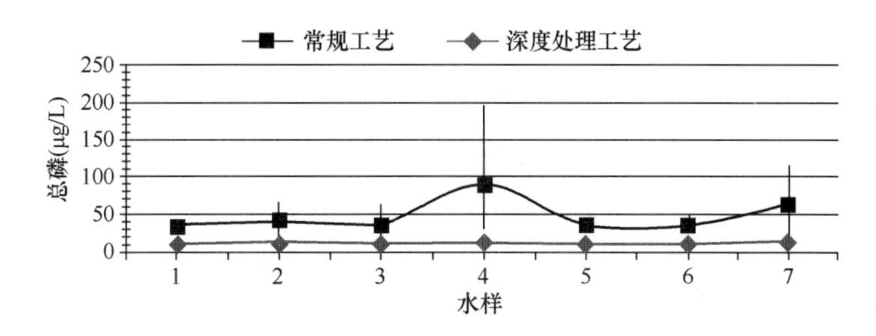

图 6-49 南市水厂常规工艺阶段和深度处理工艺阶段管网总磷变化规律

因为磷在管网中的波动没有显著性的差异，常规工艺和深度处理工艺阶段在总磷上的差别也可以用平均值来比较，分别为 47μg/L 和 14μg/L，工艺改变使得管网总磷下降了 70.2%。

图 6-50 分析了管网细菌总数指标的变化情况。细菌总数属于国标中限定的指标，在 GB 5749—2006 中对于细菌总数的规定是不得高于 100CFU/mL。在管网中细菌总数的波动规律与总氯趋势相反，相关性为 0.718。细菌总数作为微生物的表征指标之一，其具体数值上升就意味着微生物再生长的出现。在饮用水管网输配过程中，微生物的再生很难得到完全抑制，而在这个阶段要抑制微生物只有通过补加消毒剂，提高水中余氯浓度来实现。因为细菌总数的变动并不满足正态分布的要求，也无法单纯的通过平均值来阐明管网各采样点的变化规律。但总体来说，管网末端的微生物高于出厂水的水平，微生物再生长是客观存在的。

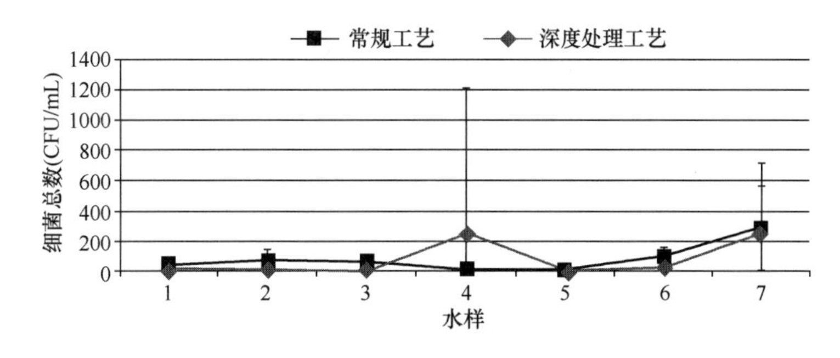

图 6-50 南市水厂常规工艺阶段和深度处理工艺阶段管网细菌总数变化规律图

管网输配过程中细菌总数变化也不是十分明显。从平均值来看，常规工艺阶段管网平均值为 73CFU/mL，深度处理工艺阶段为 43CFU/mL，降低了 44%。可以认为是深度处理工艺的引入降低了管网中微生物再生的风险，从而产生了这个结果。这也证明了深度处理工艺的确能够有效地提高水厂出厂水的生物稳定性。

图 6-51、图 6-52 展示是管网中管网各采样点 HPC 的分布情况。从图 6-51 来看，采用 HPC 指标测定饮用水中细菌总数更加灵敏，管网中微生物的数目波动很大。微生物一方面将管网作为栖息环境不断生长，另一方面又受到消毒剂的抑制。将微生物的数目通过对数的形式进行比较，可以认为微生物在管网中的变化规律是随输配距离的延长而缓慢增长，不过这个趋势并不显著。

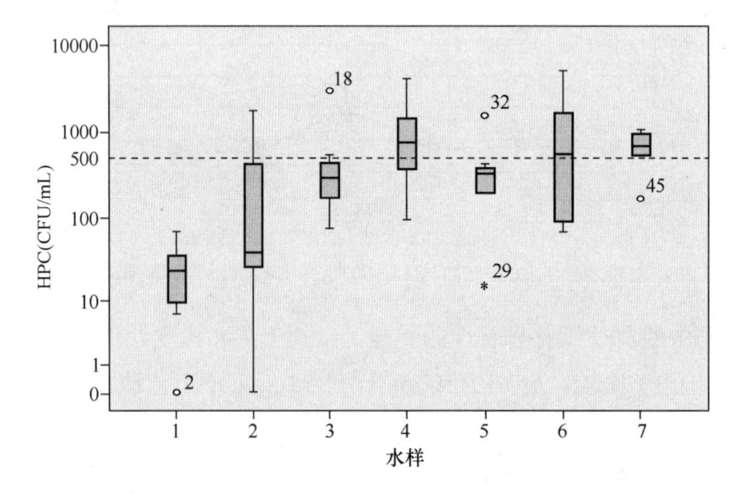

图 6-51 常规工艺阶段南市水厂管网 HPC 变化规律图

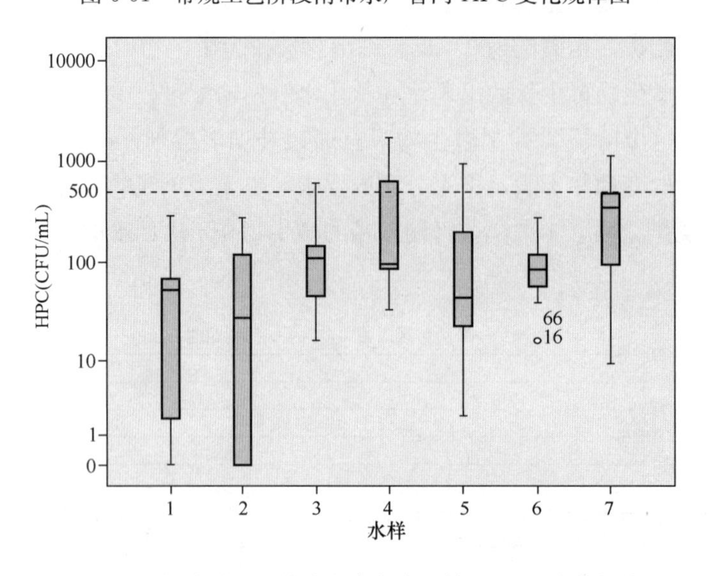

图 6-52 深度处理工艺阶段南市水厂管网 HPC 变化规律

引入深度处理工艺后所反映出来的微生物变化规律与之前的情况基本相同。1～4 号采样点 HPC 的潜在趋势是增加的，4～5 号下降，到管网末端又继续上升。描述微生物的变化规律并不适合直接用平均值来表征，微生物是以对数的形式增殖，通过对数坐标轴分析变化区间更为准确。从图6-52来看，从出厂水开始，1～4号微生物增加的风险持续增高，5号有所下降，末端7号最高。这就是通过采样位点了解到的整个管网微生物再生的基本情况。

图6-53比较了改变工艺前后HPC的情况。分析可知，采用深度处理工艺之后，HPC的变化区间低于未改变工艺的水平。均值上，常规工艺阶段管网的HPC均值高于深度处理工艺阶段，因此可以认为改变工艺对于管网微生物的再生长有效。

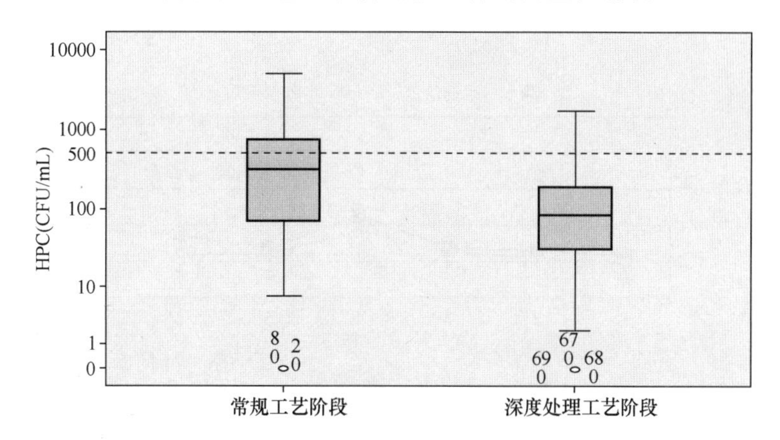

图6-53　南市水厂常规工艺阶段和深度处理工艺阶段管网HPC比较

总体上来看，在管网输配过程中，各指标均有不同程度的变化。其中不可忽视的是总氯、浊度和微生物指标的变化。浊度、细菌总数、HPC、总磷在管网输配过程有不同程度的上升，消毒剂则在管网中不断衰减，浓度下降。

改变工艺之后，管网高锰酸盐指数、浊度和总磷相对常规工艺阶段均有所下降，同时伴随的是细菌总数、HPC的降低。总体而言改变工艺提高了出厂水的生物稳定性，但是从管网输配微生物再生风险的角度来看，单纯采用深度处理工艺仍然不能满足管网范围内细菌总数低于100CFU/mL的要求。这不仅是消毒剂的局限，也是出厂水生物稳定性不足的体现。

3. 水厂水源切换对于给水管网水质的影响

南市水厂和长桥水厂分别于2011年1月和2011年6月由黄浦江水源切换为长江水源。现将这个过程中管网输配过程水质变化规律进行比较。

1）南市水厂水源切换变化对其给水管网水质的影响

将图6-54与图6-45比较可以看出切换水源没有改变管网中总氯变化规律。从出厂水开始，总氯就有明显的下降。同样4号采样点是整个过程的意外点。切换水源之后，在1号、3号、5号采样点处，水中同2010年切换水源前的总氯有明显的差异，这说明在切换水源之后，水厂采用了不同的消毒策略，降低了管网总氯控制水平。基于长江水源水质确实明显优于黄浦江水源，因此可以用略低的总氯来控制微生物再生。

浊度的规律也没有随水源切换发生改变，仍然同总氯保持良好的相关性。水源切换之

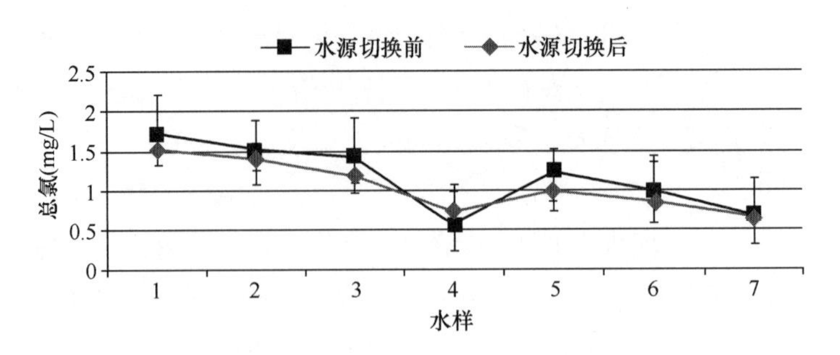

图 6-54　南市水厂切换水源前后管网总氯变化规律

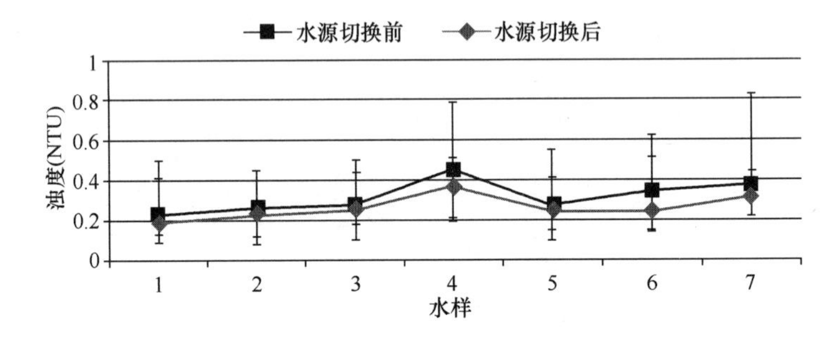

图 6-55　南市水厂切换水源前后管网浊度变化规律

后，管网浊度的平均值从 0.31NTU 下降到了 0.26NTU，如图 6-55 所示。这个差别虽然很小，但是考虑到在出厂水浊度只有 0.1NTU 的水平了，所以很难通过其他方式再进一步减少浊度。

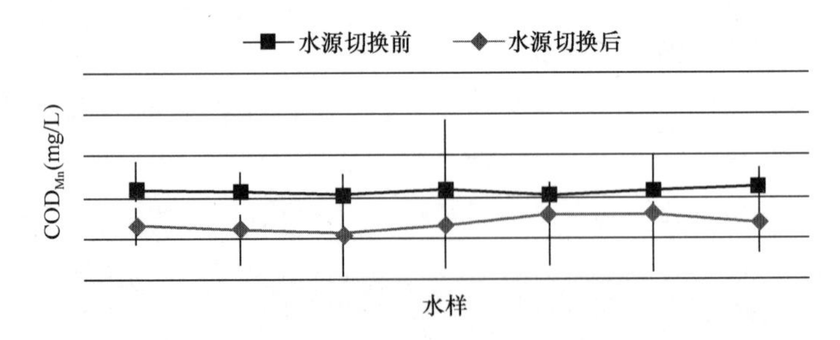

图 6-56　南市水厂切换水源前后管网 COD_{Mn} 变化规律

切换水源后，管网输配过程中 COD_{Mn} 没有显著波动，但切换前后差距明显，由 2.19mg/L 的平均水平下降到 1.43mg/L，下降幅度为 36.5%。

AOC 是反映水体生物稳定性的重要指标。在管网中，AOC 浓度会因为生化反应而变化。统计中，水源切换之前，AOC 在管网输配过程中相对出厂水浓度有所增加。AOC 属于可以被微生物利用同化的部分 TOC。管网中在消毒剂等物质的接触下，TOC 会发生生化反应，有部分转化为 AOC，因此出现了管网输配沿线中 AOC 上升的情况。在切换水源之后，AOC 在管网中的变化不再显著，可以认为是由于切换水源后出厂水中可以作为潜在 AOC 前体的有机物浓度减少，从而导致了管网 AOC 转化量的减少，如图 6-57 所示。

水源切换前后，AOC 的变化从 125μg/L 下降到 81μg/L。这个变化也同切换水源前

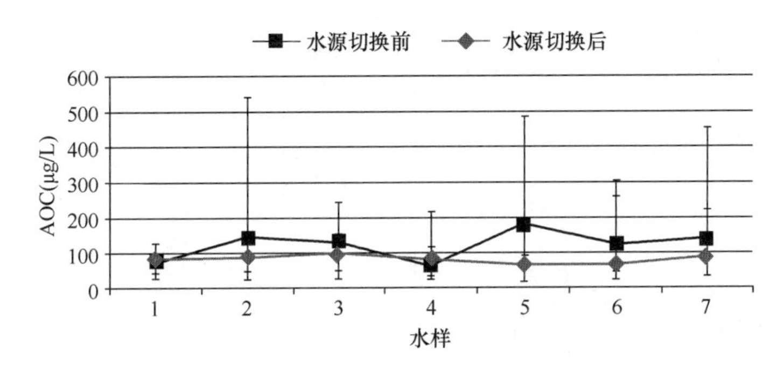

图 6-57 南市水厂切换水源前后管网 AOC 变化规律

后的出厂水中的 AOC 差别相符合。出厂水未切换水源经深度处理工艺处理后的出厂水 AOC 为 84μg/L，切换之后变为 70μg/L，也证明了管网输配过程中 AOC 的波动减少。

此外氨氮和总磷在管网中仍然没有显著波动。从表 6-3 上可以看出切换水源前，氨氮和总磷分别为 0.62mg/L 和 14μg/L，切换水源后变为 0.38mg/L 和 4μg/L。对于总磷来说，最大的改变是接近了 5μg/L 的生物稳定性限值，对于控制微生物再生有一定的意义。

从各指标的变化程度来看，水源切换能使得出厂后管网输配水质恶化程度下降，有助于保证供水水质安全。

图 6-58 所反映的 HPC 变化规律同切换水源前，即图 6-51、图 6-52 反映的一致。沿管网输配方向，采样点 HPC 呈增长的趋势，其中 4～7 号采样点之间差别较小。因此切换水源也没有改变管网输配过程微生物变化的规律。

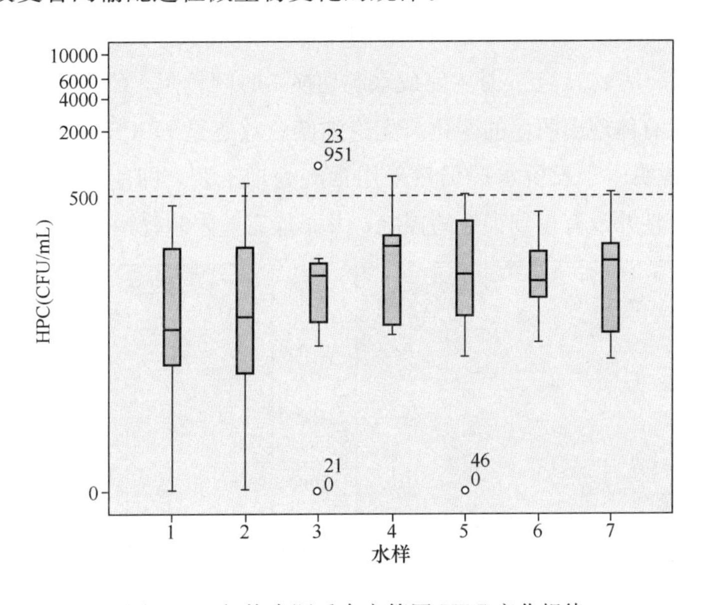

图 6-58 切换水源后南市管网 HPC 变化规律

从图 6-59 水源切换对管网微生物指标比较可以认为水源切换对南市水厂给水管网中微生物的变化影响并不大。切换水源前，管网细菌总数的平均值为 43CFU/mL，切换之后为 40CFU/mL；HPC 分别为 197CFU/mL 和 116CFU/mL。这个变化结果没有从常规

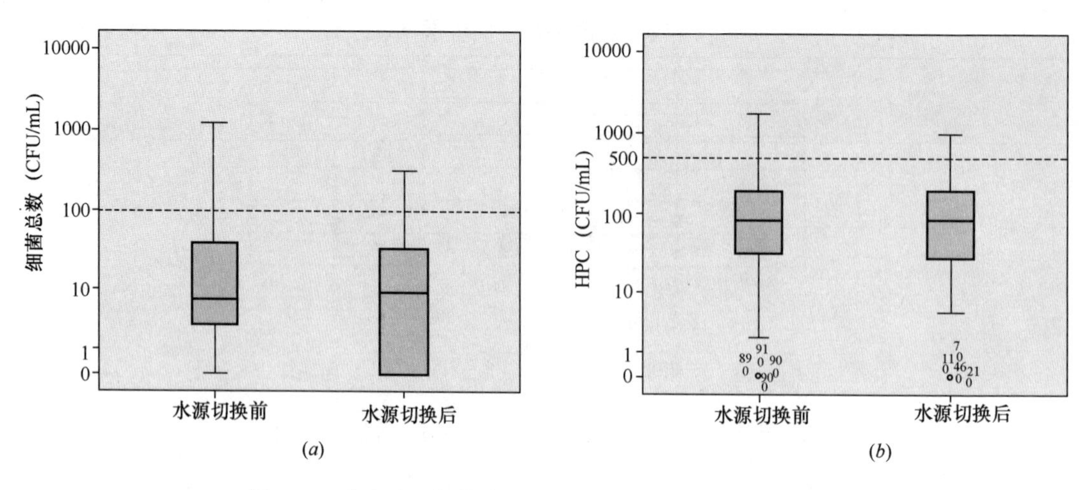

图 6-59　南市水厂切换水源前后管网细菌总数和 HPC 比较

（a）细菌总数；（b）HPC

处理工艺改变为深度处理工艺对管网微生物的改变大。这也与在增加深度处理工艺后水源切换对于出水 AOC 等营养去除效果较小有关。但整体而言切换水源仍减少了管网微生物的再生，证明其确实提升了供水生物稳定性。

2）长桥水厂给水管网水质变化规律

与南市水厂调研同期研究的还有同属市南自来水公司下属长桥水厂。长桥水厂水源切换开始于 2011 年 6 月，现将数据整理列出：

长桥水厂各指标基本符合正态分布，管网输配所反映的趋势也与南市水厂基本一致（表 6-4）。不过长桥水厂从 2011 年 6 月才完成水源切换，时间较短，COD_{Mn}同比下降了 44.0%，但在微生物上并没有体现出明显的变化。无论细菌总数还是 HPC 都保持在相同的水平，如图 6-60 所示。这说明由于长桥水厂仍然采用常规处理工艺，即使切换为长江水源水之后，其出厂水生物稳定性并没有得到很好的控制，并不能有效限制管网微生物再生。

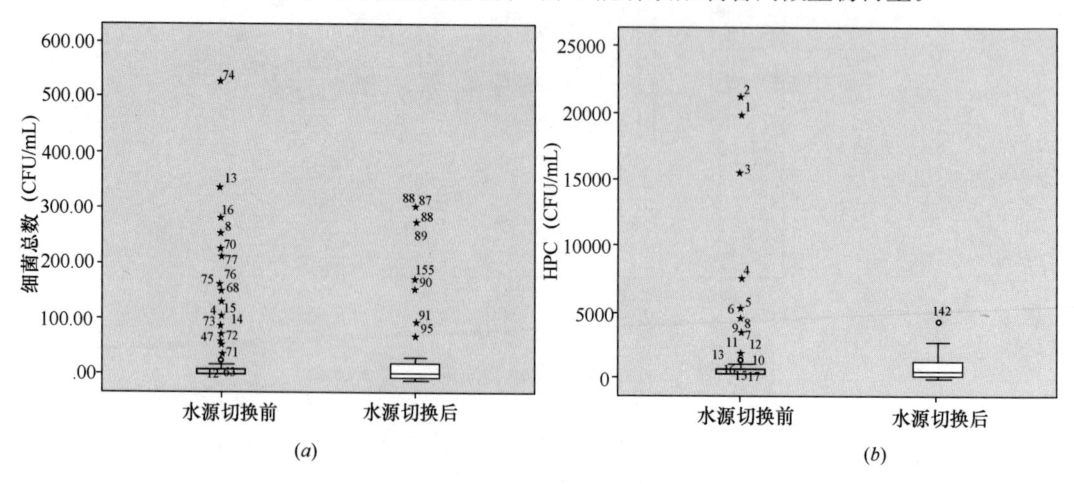

图 6-60　长桥水厂切换水源前后管网细菌总数和 HPC 比较

（a）细菌总数；（b）HPC

长桥水源切换管网水质比较 表 6-4

指标	编号	总氯	浊度	HPC	细菌总数	COD_{Mn}	AOC	氨氮	总磷	TOC
单位		mg/L	NTU	CFU/mL	CFU/mL	mg/L	μg/L	mg/L	μg/L	mg/L
黄浦江水源水	1	2.03	0.09	257	6	3.50	178	0.59	109	5.77
	2	1.66	0.22	166	7	3.41	224	0.52	90	6.70
	3	1.27	0.29	331	8	3.42	97	0.55	103	5.88
	4	1.41	0.21	586	88	3.39	311	0.53	117	5.94
	5	0.71	0.34	2070	41	3.17	105	0.46	89	5.84
	6	0.97	0.30	1010	41	3.31	114	0.47	90	6.02
	7	1.13	0.24	1646	65	3.30	161	0.48	82	6.37
	平均值	1.31	0.24	867	37	3.36	170	0.51	97	6.08
长江水源水	1	1.75	0.05	142	1	1.92	104	0.22	54	2.98
	2	1.10	0.14	559	57	1.88	148	0.49	61	2.74
	3	1.00	0.26	678	19	1.91	152	0.42	82	2.83
	4	1.11	0.13	1240	31	1.82	195	0.46	76	3.14
	5	0.69	0.21	1406	20	1.86	95	0.51	67	2.57
	6	0.91	0.20	433	21	1.90	122	0.41	67	2.54
	7	0.94	0.14	1297	72	1.90	262	0.35	51	2.57
	平均值	1.07	0.16	822	35	1.88	154	0.41	66	2.77

4. 管网水质特征与水厂出水水质的联系

管网水质继承自出厂水，但输配过程中管网水仍然会有一定的变化。表 6-5、表 6-6 分析了两个出厂水各月水质与管网水质均值的相关性。

南市水厂供水管网水质相关性 表 6-5

水厂 / 管网	总氯	浊度	HPC	细菌总数	COD_{Mn}	AOC	氨氮	总磷	TOC
总氯	0.719	0.639	−0.351	−0.064	0.220	−0.274	0.000	−0.099	0.233
浊度	0.303	0.909	0.000	−0.170	0.149	0.073	−0.221	−0.353	0.453
HPC	−0.057	−0.342	0.205	−0.160	0.312	0.218	−0.197	0.339	−0.371
细菌总数	−0.367	−0.066	0.92	0.398	−0.298	−0.084	0.205	0.319	−0.056
COD_{Mn}	−0.022	−0.213	0.158	0.635	−0.213	−0.185	−0.126	0.021	−0.521
AOC	0.394	−0.036	−0.243	−0.032	0.811	0.301	0.126	−0.122	0.746
氨氮	0.033	0.036	−0.183	−0.207	0.292	0.964	−0.098	−0.306	0.652
总磷	0.090	−0.018	0.182	−0.060	0.121	−0.015	0.968	0.386	0.514
TOC	0.150	0.089	0.308	−0.231	0.598	0.381	0.130	0.163	−0.085

表中横向为出厂水水质指标，纵向为管网采样平均值水质指标，表中数值为出厂水与管网水水质相关系数。首先管网的水质继承了出厂水水质特征，对角上相同指标相关性比较突出。此外，总氯与浊度，HPC 和细菌总数这两对指标互相印证十分明显。在管网微

生物指标方面，长桥的管网微生物再生并未受到出厂水氨氮和总磷的影响，南市因为总磷水平较低，因此磷和微生物指标呈现一定的相关性。AOC 作为重要的生物稳定性指标与所调查的管网中微生物的相关性并不高，只有长桥水厂的 HPC 同 AOC 有一定的关系。一方面 AOC 处于生物稳定性的临界点，在管网输配过程中的一点点变化都会对微生物的再生造成影响，而在输配过程中 AOC 也有一定程度的上升，因此用出厂水来评估管网微生物的再生有一定的难度。

在管网输配中，管网水质一方面基本沿袭出厂水的特征，另一方面主要由输配过程影响了水质的变化。从管网微生物再生来看，一个特点是沿输配距离增加，微生物数目上升；此外，也体现出在管网输配流速较高，时间较短的情况下，受到消毒剂而不是营养因素限制特征更为明显。因此，管网输配环节微生物再生人为可控性较好，无需生物稳定性指标影响即可达到抑制微生物再生的目的。

长桥水厂给水管网水质相关性　　　　**表 6-6**

水厂／管网	总氯	浊度	HPC	细菌总数	COD_{Mn}	AOC	氨氮	总磷	TOC
总氯	0.339	0.245	0.49	0.03	0.197	−0.22	0.128	0.056	0.062
浊度	−0.065	0.436	0.112	−0.276	0.022	0.108	0.121	0.222	0.37
HPC	−0.258	0.014	0.478	0.487	−0.094	0.306	−0.075	−0.162	−0.048
细菌总数	−0.276	0.318	0.421	0.508	0.176	0.234	−0.179	−0.188	−0.286
COD_{Mn}	0.274	0.782	0.338	0.118	0.846	0.638	0.667	0.293	0.911
AOC	−0.086	0.031	−0.118	−0.021	0.022	0.348	−0.123	0.357	−0.411
氨氮	−0.222	0.075	0.277	−0.174	0.197	0.122	0.101	−0.114	0.012
总磷	0.041	0.034	0.119	−0.045	0.219	0.09	0.066	0.899	0.609
TOC	−0.519	0.801	−0.162	−0.322	−0.386	−0.055	−0.671	0.063	0.708

5. 给水管网微生物再生与管网水质相关性分析

将管网中微生物表征指标 HPC 和细菌总数与相同采样位置的各指标进行相关性分析可以看出，管网中微生物与各指标的关系均不明显（表 6-7）。总氯、浊度、AOC 和氨氮与 HPC 只在统计上有关。管网检测指标同管网中微生物水平没有直接关系。HPC 和细菌总数的情况也有所不同。HPC 能反映更多种类的微生物情况，在分析贫营养水体的微生物再生情况时更为准确。

给水管网微生物与管网各水质指标相关性比较　　　　**表 6-7**

	总氯	浊度	温度	COD_{Mn}	AOC	氨氮	总磷	TOC
HPC	−0.136*	0.156*	0.069	0.090	0.137**	0.164*	0.057	−0.010
细菌总数	−0.082	0.052	−0.037	0.118	0.024	−0.039	0.082	−0.138

**按双侧检验，该相关系数在 0.01 检验水准上具有统计学意义。

*按双侧检验，该相关系数在 0.05 检验水准上具有统计学意义。

6. 上海市供水水质生物稳定性分析

管网输配过程中有许多指标并不随输配过程发生显著变化，如COD_{Mn}、TOC、氨氮、总磷、AOC。总氯沿管网不断衰减，而浊度则有所增加。其中以 HPC 和细菌总数所表征的微生物指标在管网中波动较大，随着输配距离的延长也有不同程度的增加。总体而言，在稳定的管网体系中，各指标的波动大致在统计误差范围之内。

常规工艺切换为深度处理工艺不会对管网水质变化规律造成显著影响。南市水厂由常规工艺切换为深度处理工艺后，以COD_{Mn}为代表的指标因为在管网中没有显著波动，管网的水质基本继承了出厂水的差异，同样 AOC 表征的生物稳定性也得到了提升，水质好于工艺切换之前的水平。微生物方面，改变工艺后管网中微生物变化的水平并不是很显著，其中 HPC 的平均值由 409CFU/mL 下降到 197CFU/mL，证明了出水生物稳定性的提升。

切换水源也没有改变管网水质变化规律。2011 年切换水源全面提升了南市和长桥水厂的出厂水水质，各污染指标均有所下降。南市和长桥的管网微生物也没有因为切换水源有显著的变化，切换水源主要体现在管网中 HPC 和总菌的波动区间有明显缩小，说明切换水源后微生物的潜在风险得到了控制，减小了饮用水安全隐患。

管网作为沟通用户和水厂的桥梁，是控制出厂水水质稳定性，选择优良管网材质和保持合理的消毒剂水平调控管网水质的重要途径。

6.4 工程实例与应用

6.4.1 北京市典型地区调用河北水源水对给水管网铁稳定性的影响研究

本案例结合 2010 年北京市水源调配的具体应用情况，研究了硫酸根浓度变化对管网铁释放的影响，确定了适合北京市给水管网的水源调配控制指标；跟踪监测了北京市典型地区的用户水质，为北京市 2010 年度利用河北水库水的水源调配稳定运行提供了有效技术支持。

1. 系统设计与试验方法

根据 2010 年度北京市城市供水调用河北水源、缓解水源短缺矛盾的目标与任务，为了确保供水水质安全，防止出现“黄水”问题，为调用河北水源期间的水源调配方案提供依据，从 2010 年 3 月开始，清华大学对马连洼地区（第九水厂三期供水，2008 年调水出现“黄水”问题的重点区域）的用户水质进行了跟踪监测，在掌握了调用河北水源以前的水质背景情况的基础上，跟踪分析调用河北水源后对该地区用户水质的影响。

选取马连洼地区梅园、菊园小区用户各一家，每家用户设定 2 个取样点，分别为厨房和卫生间，共 4 个采样点。

用户管道及其材质：梅园、菊园小区的楼外干管均为 *DN*100 铸铁管，使用年限约 15

年。用户的楼内立管和厨房和卫生间的横向支管均为镀锌钢管，其中菊园小区用户的入户立管和横向支管使用年限约15年，梅园小区用户中间曾更换了家中的横向支管，使用年限约6年。

每个取样点每次采集3个水样，分别为前夜晚睡觉前水样（图中标示“晚”）、当日早晨隔夜初始水样（图中标示“早滞留”）和当日早晨用水大约1h后水样（图中标示“早正常”）。其中，早滞留水样可以反映用户家中支管中的水的隔夜滞留影响；早正常水样可以反映小区干管水质情况；因晚间用水量大，在小区和用户家中的停留时间较短，前夜晚水样可以反映自来水主干管的水质。

采样检测频率为每周1～2次，固定为每周一，或每周一和周四。6月初换水的关键几天是每2d测1次。

试验流程和方法如下：

1）水质检测项目

水质检测指标10个：浑浊度、总铁、色度、硫酸盐、氯离子、碱度、pH值、电导率、总硬度、钙硬，并计算铁稳定性判别指标拉森指数。

其中，色度的测定方法前期采用国标规定的目视比色法，由于测定精度不高，后期改用分光光度法测定，但因前后测定方法不同，无法进行前后数据对比。

2）监测阶段

第一阶段：确定该地区水质特性的背景值。时间2010年3月18日至5月底。供应马连洼地区的第九水厂三期的水源水为怀柔地下水。在4月底和5月初梅园和菊园小区干管进行了管道喷涂改造。

第二阶段：确定调用河北水源后该地区水质变化特性。时间2010年6月以后（本阶段总结所用数据的最后检测日期是2010年12月27日，监测工作仍在继续）。2010年北京市调用的河北水库水6月2日左右开始到达北京市第九水厂，九厂三期所用水源水中约2/3采用河北水源，1/3为怀柔地下水。

2. 试验结果

以下列出其中最主要的浑浊度、总铁、硫酸根、拉森指数的变化情况，两个用户4个取样点的水质变化情况如图6-61至图6-64所示。

3. 结论

根据监测结果，可以分析得出以下基本特性：

1）水源切换后对实际管网铁稳定性的影响

该地区在调用河北水源之前，水质良好，与管网水质铁稳定性有关的主要水质指标浊度和总铁浓度稳定，距离饮用水水质标准限值尚有较大余量。

调用河北水源后的自来水在6月4日左右到达该地区（硫酸盐检测数据6月3日为原水平，6月4日未检测，6月5日已达到调用后的水平）。该地区为九厂三期供水，硫酸盐浓度，调用河北水源前略低于30mg/L（26～28mg/L），调用后在80～60mg/L。拉森指数，调用河北水源前约为0.35，调用后在0.8～0.6之间。

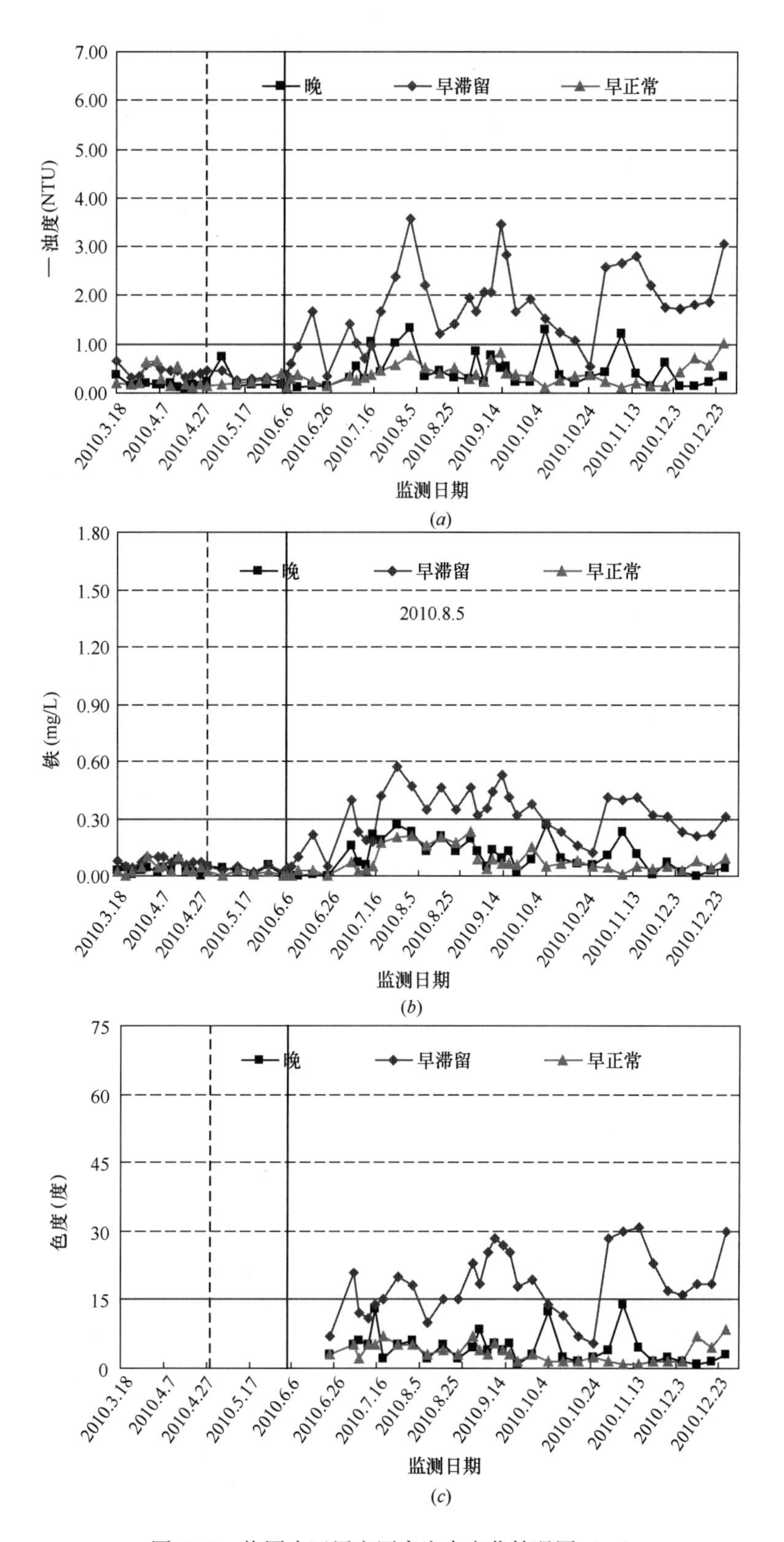

图 6-61 梅园小区用户厨房出水变化情况图（一）

（a）浊度；（b）总铁；（c）色度

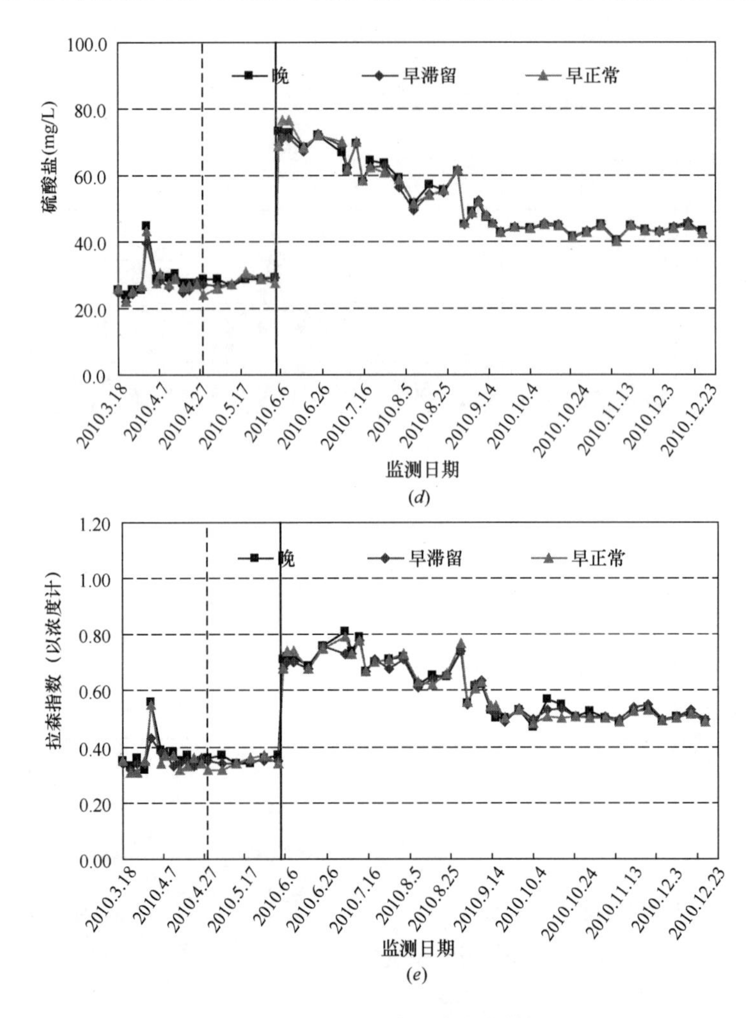

图 6-61　梅园小区用户厨房出水变化情况图（二）

（*d*）硫酸盐；（*e*）拉森指数

（注：图中竖虚线为小区管道喷涂内衬的日期，竖实线为开始调用河北水源的日期）

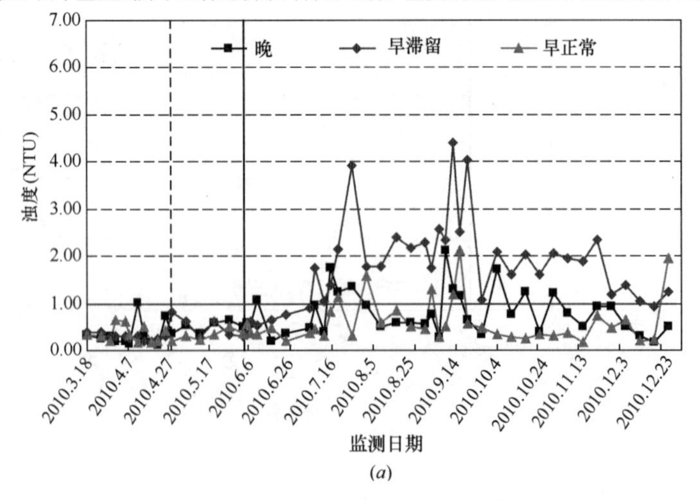

图 6-62　梅园小区用户卫生间出水变化情况图（一）

（*a*）浊度

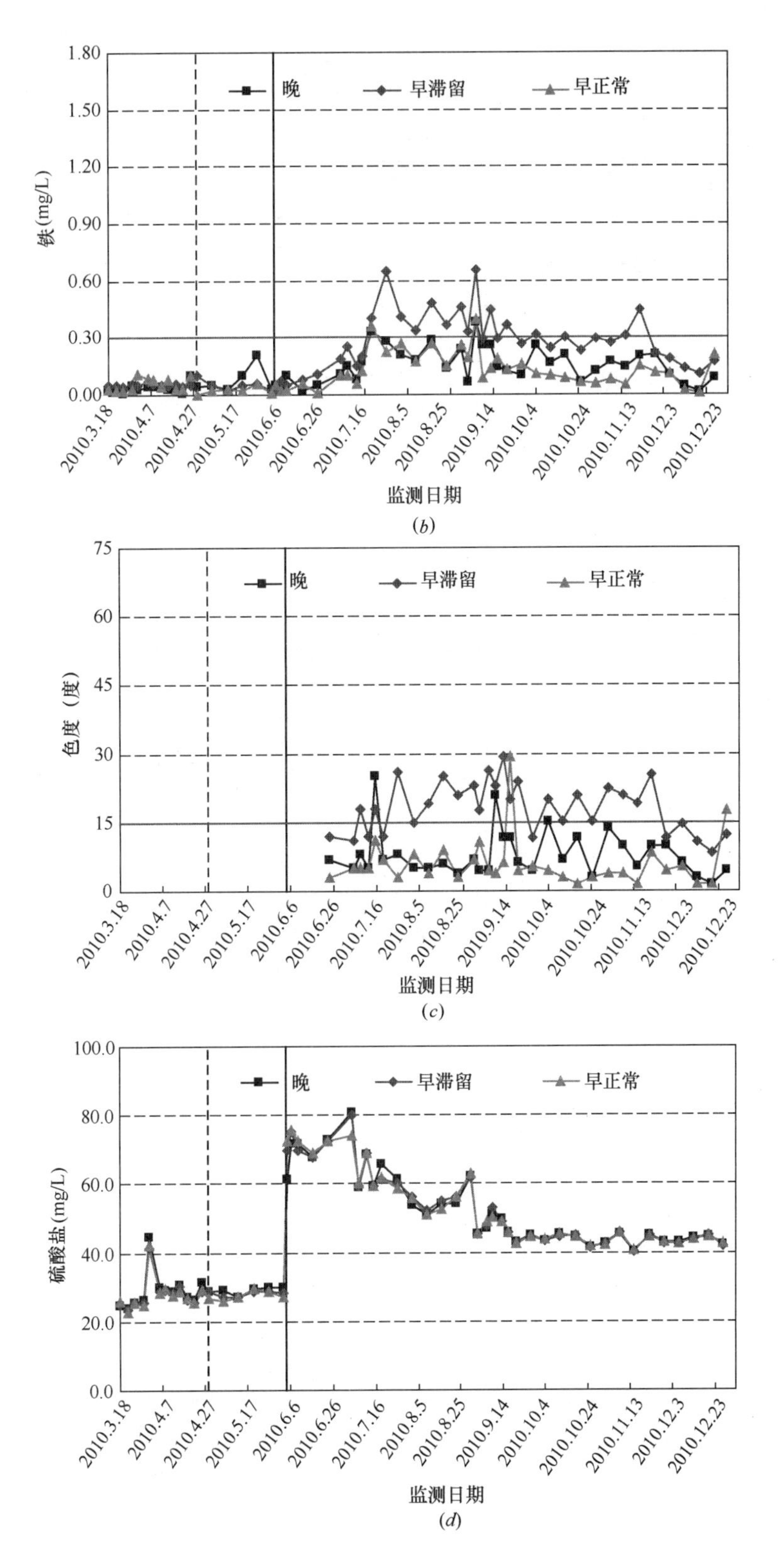

图 6-62　梅园小区用户卫生间出水变化情况图（二）

(*b*) 总铁；(*c*) 色度 (*d*) 硫酸盐

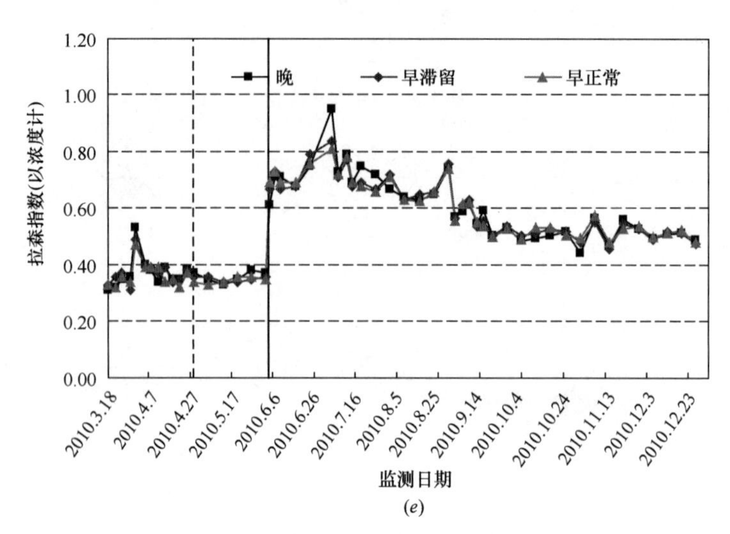

图 6-62　梅园小区用户卫生间出水变化情况图（三）

（e）拉森指数

（注：图中竖虚线为小区管道喷涂内衬的日期，竖实线为开始调用河北水源的日期）

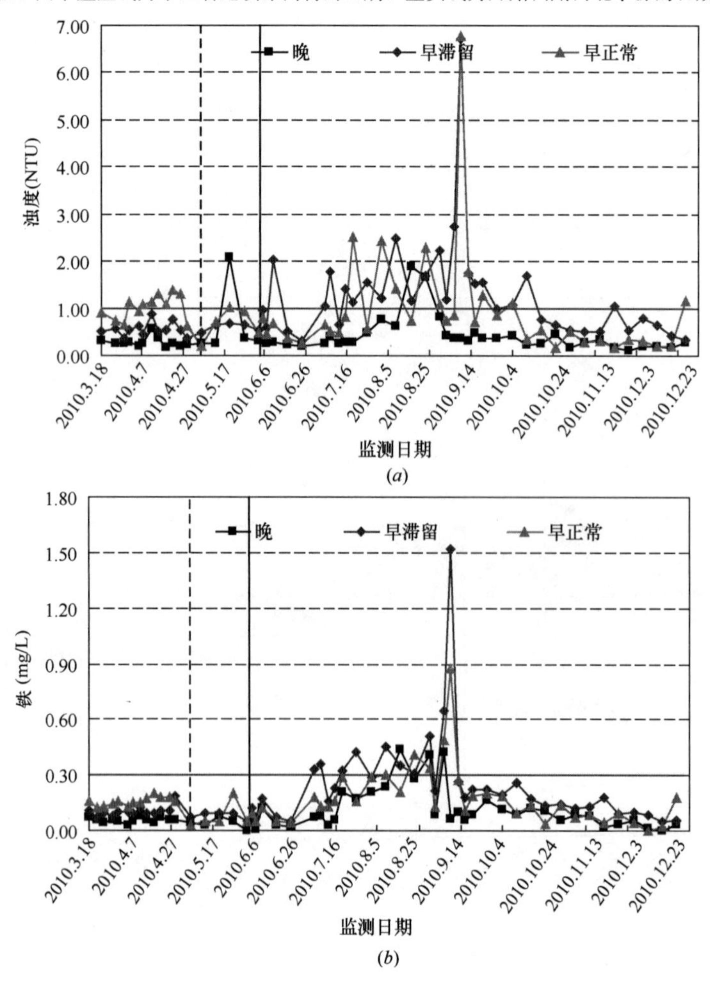

图 6-63　菊园小区用户厨房出水变化情况图（一）

（a）浑浊度；（b）总铁

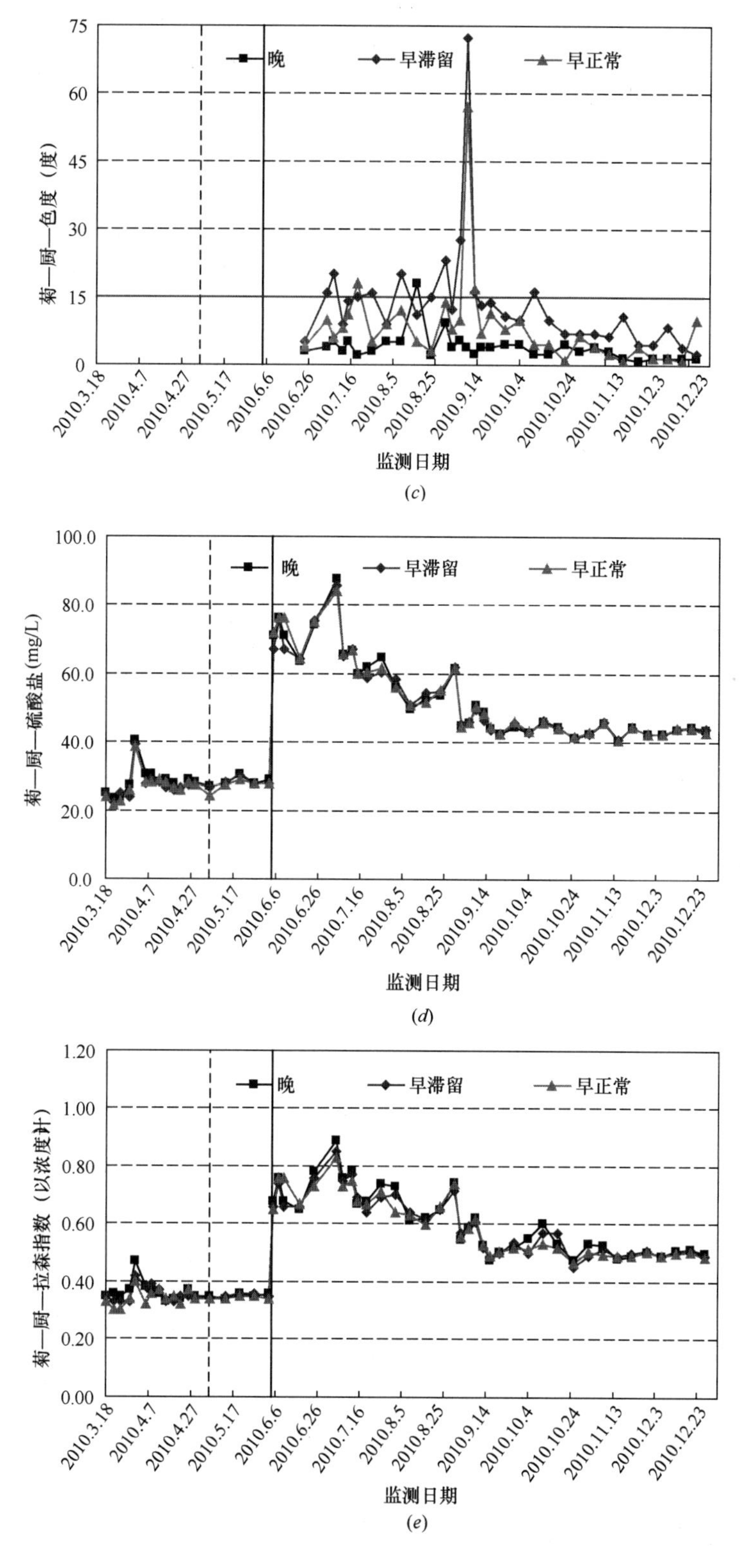

图 6-63 菊园小区用户厨房出水变化情况图（二）
(c) 色度；(d) 硫酸盐；(e) 拉森指数
（注：图中竖虚线为小区管道喷涂内衬的日期，竖实线为开始调用河北水源的日期）

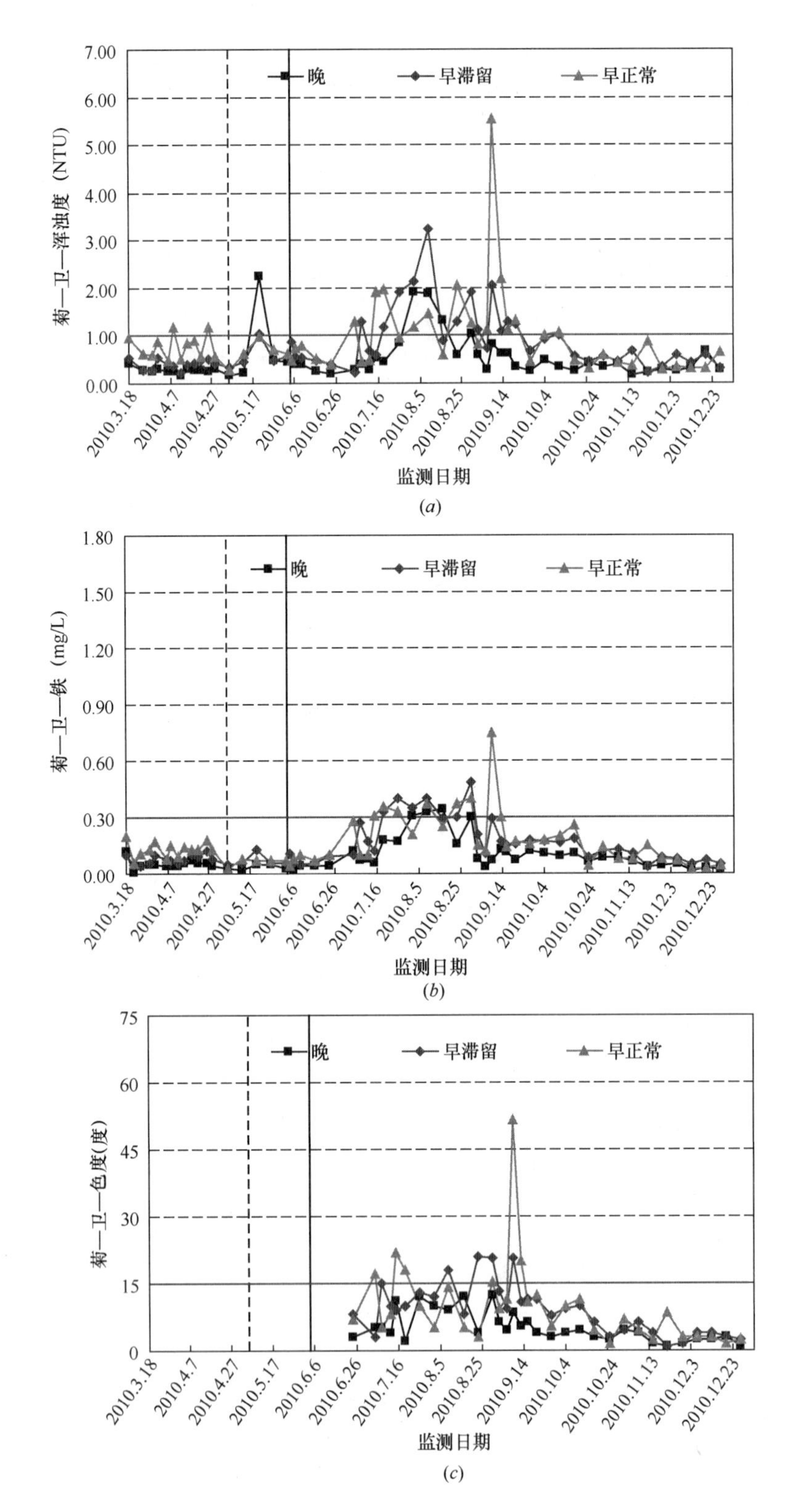

图 6-64　菊园小区用户卫生间出水变化情况图（一）
（a）浑浊度；（b）总铁；（c）色度

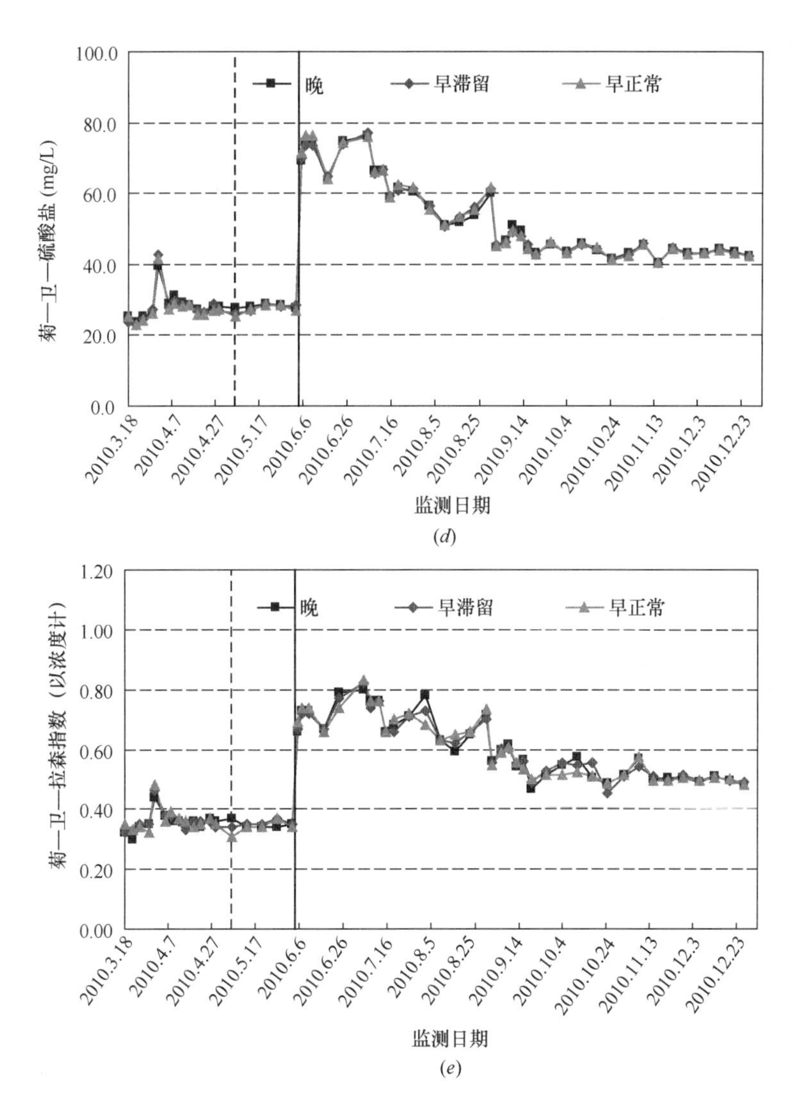

图 6-64 菊园小区用户卫生间出水变化情况图（二）

（*d*）硫酸盐；（*e*）拉森指数

（注：图中竖虚线为小区管道喷涂内衬的日期，竖实线为开始调用河北水源的日期）

根据前期实验室管段模拟试验，在硫酸盐浓度 75mg/L 左右，拉森指数 0.7 左右的条件下，试验管段铁释放量有所增加，但增加值有限，调水后不会突发水质恶化的“黄水”问题。基于以上试验结果，本次调用河北水源控制自来水的硫酸盐浓度不超过 80mg/L，拉森指数不超过 0.8。在此条件下，所监测的用户水的总铁和浑浊度指标在调水后的短期内未发生明显变化，没有发生突发“黄水”问题，与前期实验室管段模拟试验结果一致。

2）不同管道的铁稳定性差异

根据采样时间的设置，晚上取样点的出水水质反映的是市政干管的管网铁稳定性，早晨滞留初始水的水质反映的是入户横向支管和楼内立管的管网铁稳定性；早晨第二个取样点的出水水质反映的是小区干管的管网铁稳定性。

梅园小区早晨滞留初始水的总铁浓度最高，除个别异常点外，早晨正常水样和晚上水样的情况基本一致。结果表明，梅园小区楼内管和入户支管的铁稳定性相对最差。而菊园小区早晨正常水样的总铁浓度最高，早晨滞留初始水样次之，晚上水样最低。结果表明，菊园小区干管的铁稳定性相对最差。三种出水水质差异表明不同管道的铁稳定性差异，针对不同小区需要重点关注不同管道的铁稳定性。因此，研究不同地区管网的化学稳定特性，应当针对性地对入户支管、小区支管和市政干管分别加以关注和分析。

3）喷涂技术对管网铁释放的控制作用

菊园小区的小区干管存在问题，铁释放量大，造成早正常水样的水质明显变差。经过对小区干管管道喷涂后，情况显著改善，表明管道喷涂对铁释放有一定控制效果。但对比调水中后期的情况，管道喷涂对于防止黄水问题效果有限，主要原因可能是只对小区干管进行了喷涂，楼内立管和入户支管无法进行喷涂，因此不能形成对整个管道系统的防护。

4）水源切换初期对用户管网水质的影响

在调水后硫酸盐增加的第一个月内（6 月），总铁、浑浊度、色度等表征铁释放的水质指标基本保持稳定，未见明显变化，距离水质标准限值尚有一定余量。在调水后的第二个月内（7 月），水质开始逐渐恶化，总铁浓度和浑浊度、色度逐渐增加，部分水样超标。在调水后的第三个月内（8 月），水质继续恶化，总铁浓度和浑浊度继续增加，并且所测水样的超标率很高，早滞留水样、早正常水样，甚至夜晚水样基本上都超标。

5）水源切换中期对用户管网水质的影响

管垢铁释放与硫酸盐浓度有很好的相关关系，随着硫酸盐浓度的增加，铁释放速度也相应增加。对于硫酸盐浓度的少量增加，虽然未能造成管垢钝化层的突然破坏，但是仍会增加管垢的溶解速度，随着管垢钝化层的逐渐溶解破坏，水质可能会逐渐恶化。经过一段时间的调水，调水对管垢稳定性的中长期影响在马连洼地区已经明显反映出来。

在调水后的第四个月内（9 月），由于河北水库水改为水质相对较好的王快水库水，九厂三期出水的硫酸根浓度从前一阶段的 60～80mg/L 降低到 40～50mg/L，拉森指数也从前一阶段的 0.6～0.8 降低到 0.5 左右，对管垢的负面影响明显降低，铁、浊、色指标逐步好转，在整个 9 月份中逐步下降。到 9 月底，夜晚水样和早正常水样都已达标，早滞留水样也只有个别轻微超标。

在调水后的第五个月内（10 月），九厂三期出水的硫酸根浓度继续维持于 40～50mg/L，相应的拉森指数维持于 0.5 左右，总铁、浊、色指标继续好转并维持稳定达标，除一个早滞留水样的浊度超标外，其余水样的所有指标均全部达标。

6）水源切换后期对用户管网水质的影响

在调水后的第六个月内（11 月），九厂三期出水的硫酸根浓度继续维持于 40～45mg/L，相应的拉森指数维持于 0.5～0.6 之间，与 9 月至 10 月的情况基本相同。所测定的两个用户的水质情况有较大差异：梅园用户早滞留水样比 10 月份的情况有所恶化，总铁、色度和浊度保持在较高浓度水平，基本上都超标，但该用户的其他时段水样都达标。菊园用户的所有水样则稳定保持在低浓度水平，全都达标。

在调水后的第七个月内（12 月），九厂三期出水的硫酸根浓度继续维持于 40～45mg/L，相应的拉森指数维持于 0.5～0.6 之间，与 9 月至 11 月的情况相同。所监测的两个用户的水质情况与 11 月份的情况规律基本一致：梅园用户早滞留水样比 11 月份的情况有所好转，总铁、色度和浊度在标准值附近，但用户其他时段水样都达标；菊园用户的所有水样稳定保持良好，全部达标。

基于以上研究，对 2010 年北京市调用河北水源水的指导性建议如下：

根据 2010 年度的跟踪监测结果，在北京市现有水厂出厂水 SO_4^{2-} 约 75mg/L，碱度约 150mg/L 的条件下，管网水质基本稳定。但是，SO_4^{2-} 已不能再提高。如将 SO_4^{2-} 提高到 100mg/L 的水质条件下，管垢铁释放将明显增加，对北京市管网水质稳定性（浊度、色度和总铁浓度）将造成较大影响。

由水源切换后中后期的监测结果可得，虽然水厂出水的硫酸根浓度从前一阶段的 60～80mg/L 降低到 40～50mg/L，拉森指数也从前一阶段的 0.6～0.8 降低到 0.5 左右，对管垢的负面影响明显降低，但用户出水的总铁、色度和浊度保持在较高浓度水平，存在超标问题。因此，建议水厂调水方案的出厂水水质保持稳定，不能轻易改变。

通过本课题的研究工作，有效地支持了北京市 2010 年的水源调配工作，在控制铁释放基本稳定的条件下，最大程度地使用河北水源，有效缓解了北京市的水资源紧缺的矛盾，课题研究与工程应用结合紧密，已经取得了重要的社会效益和经济效益。

6.4.2 丹江口水库水源对北京市管网水质影响的中试研究

丹江口水库是南水北调的中线水源地，将是北京市主要的水源。研究北京市现有管网对丹江口水库水源的适应性具有重要意义。从北京市四个不同的地区挖取了运行中的铸铁管道，在丹江口中试基地搭建了模拟管网中试系统，研究丹江口水源水质对北京市管网可能造成的影响效应，并提出控制管网水质恶化的措施。

1. 系统设计与试验方法

1）系统设计

选取不同水厂供水范围内的四个典型区域，门城、翠微、马甸月季园、央视新址，分别挖取管龄在 20 年以上的 *DN*100 的铸铁管（翠微管为 *DN*80）各约 30m，运输至丹江口中试基地，并搭建成管网中试装置。同一地区来源的管道构成一个独立的模拟管路系统，如图 6-65 所示，共 4 套系统。相关图片如图 6-66、图 6-67 所示。

试验用水取自中试基地汉江集团自备水厂的出厂水，水源为丹江口水库水。该出厂水经过常规工艺处理，氯消毒。

2）指标和监测方法

常规理化指标：pH、浊度、色度、电导率、总溶解性固体（TDS）、溶解氧（DO）、总碱度、钙硬度、总硬度（表 6-8）。

消毒剂指标：余氯、总氯。

金属离子指标：铁离子。

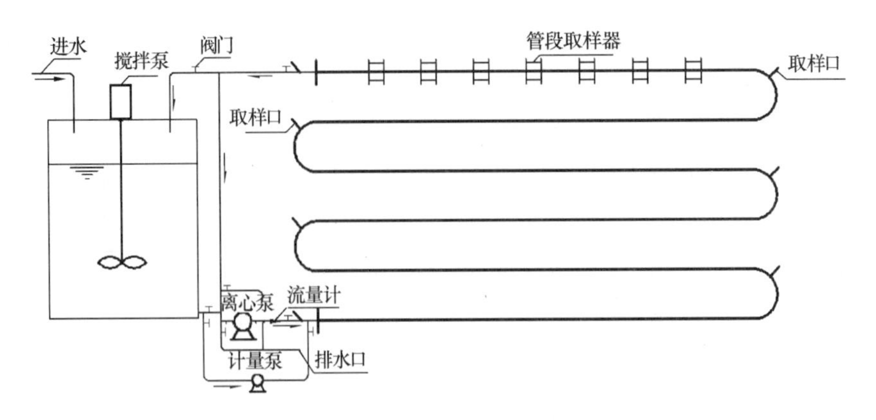

图 6-65　管网实验系统原理图

图 6-66　从北京市的 4 个典型地区采集试验管道

(*a*)　(*b*)

图 6-67　管道临时通水试验布置（*a*）以及搭建成的中试模拟装置（*b*）

阴离子：硫酸根、氯离子。

管垢分析：每个系统设有 5 个 10cm 左右的管段，可以在整个实验周期中根据腐蚀控制情况采集管垢，对管段管壁腐蚀产物做 SEM+EDX 分析，XRD 定量分析、XRF 元素分析、比表面分析、总铁和无定形铁分析。

监测指标及其方法　　表 6-8

水质指标	分析方法	分析仪器
pH	pH 计	HACH HQ40D 便携式 pH \ 电导率 \ 溶解氧计
溶解氧	溶解氧仪	
电导率	电导率分析仪	
TDS	电导率分析仪	
浊度	光散射浊度仪	2100P Turbidimeter (USA, Hach Co.)
色度	铂钴标准比色法	具塞比色管
总碱度	酸碱指示剂滴定法	滴定管
钙硬度	EDTA 滴定法	
总硬度	EDTA 滴定法	
总氯	DPD 比色法	HACH DR/2800 可见分光光度计
自由余氯	DPD 比色法	
硫酸根	DPD 比色法	
氯离子	DPD 比色法	
铁离子	邻二氮菲分光光度法	

3）运行操作

中试装置建成后，立即开始通水试验，水单向流动，不循环。

第一个阶段：最初一个月（2011 年 5 月 17 日至 6 月 16 日）的运行方式为：每天每套管路系统以大约 $1m^3/h$ 流量运行约 16h，然后关闭进水阀门，停滞 8h。

2011 年 6 月 17 日至 12 月 5 日，改为每天每套系统以 $1m^3/h$ 流量运行 12h，再用计量泵以 37L/h 的流量（翠微系统为 22L/h）运行 8h。计量泵运行时水在系统内的水力停留时间（HRT）约 8h，取样监测进出水水质指标；每隔 10d，用离心泵以 $14m^3/h$ 的流量对管路系统进行冲洗，排出管内沉积物，冲洗用水量 $1m^3$。

第二个阶段：2011 年 12 月 6 日至 2012 年 2 月 14 日，为探究硫酸盐对系统的影响阶段，此阶段观察了水质硫酸盐浓度分别为 100mg/L、200mg/L、250mg/L 时对输水管网系统的影响。运行方案为：晚上用离心泵以 $14m^3/h$ 的流量（翠微系统为 $10m^3/h$）内循环流动运行 12h 左右，经计算门城、央视、马甸系统内水流流速为 0.5m/s 左右，翠微系统为 0.55m/s 左右；白天用计量泵以 37L/h 的流量（翠微系统为 22L/h）单向流运行 8h；早上和晚上各配换水一次。

第三阶段：2012 年 3 月 1 日至 31 日，为探究氯离子对系统的影响阶段，此阶段观察了水质氯离子浓度分别为 50mg/L、100mg/L 时对输水管网系统的影响。运行方案和第二实验阶段一致。

2. 试验结果

1）系统进出水水质变化

（1）第一实验阶段。

中试装置运行期间监测的各管网系统进出水浊度、总铁浓度变化，分别如图6-68、图6-69所示。从图中可以发现以下几个现象：

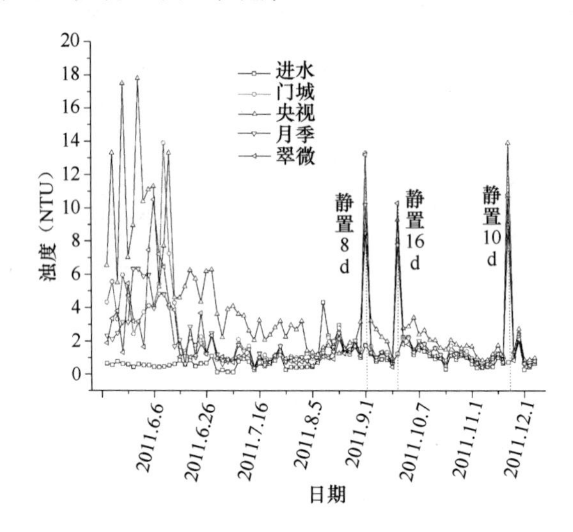

图6-68 4套管网中试装置第一实验阶段进出水浊度变化

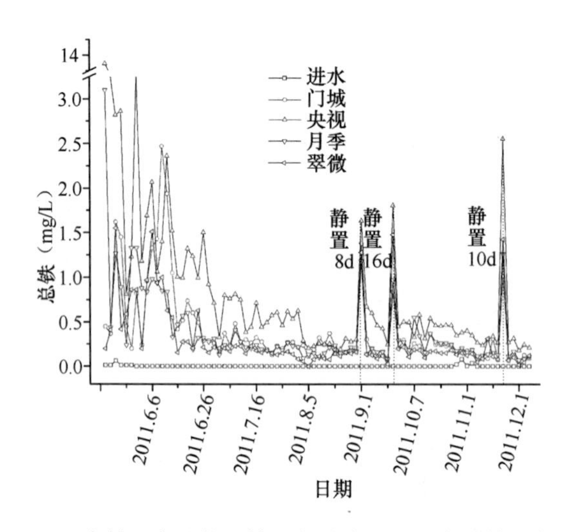

图6-69 4套管网中试装置第一实验阶段进出水总铁浓度变化

a. 央视新址管系统的出水浊度和总铁浓度大大高于其他几个系统，特别是在最初一个月内，其出水呈现明显的“黄水”现象，如图6-70所示。

b. 央视新址管系统的浊度和总铁随时间呈现逐渐降低的趋势。

c. 经过2个月的运行后，除央视新址外，其他几个系统都基本趋于稳定，央视新址管系统的出水浊度降低到3NTU左右，总铁浓度降至0.6mg/L以下，明显的“黄水”现象消失，但水质仍较其他系统差。

d. 除央视新址外，其他几个系统均无明显的“黄水”现象出现，其中，翠微管系统的出水浊度和总铁浓度较低，且最为稳定，而门城管和马甸管系统出水开始时有明显的波动，经过约40d后，趋于稳定。

图 6-70　从左到右：翠微、马甸、央视新址、门城

e. 系统经过三个月的运行后，四套系统全部趋于稳定，此时系统停止运行一周，当系统再次启动后，门城、月季、翠微系统能迅速恢复稳定，而央视新址系统则是经过了 10d 左右才恢复稳定。待系统稳定后，再次停止运行两周左右，央视新址系统经过了一个月的时间其铁释放才下降到 0.3mg/L 以下，其他三套系统则立刻表现出了稳定的特征。

以上这些现象说明，央视新址管系统内的铁释放的过程与其他几个系统有着明显的不同，管壁上较大程度的腐蚀反应可能是造成央视新址管系统铁释放量较大的直接原因。

其他水质指标具体分析如下：

pH 值如图 6-71 所示。在系统未稳定之前（8 月 1 日左右），各系统出水的 pH 值都低于进水，但央视新址管系统的出水 pH 要明显低于其他系统；而系统刚稳定后的一段时间内（8 月 1 日到 20 日左右），各稳定系统出水的 pH 值和进水相比较，没有明显的规律；8 月 20 日到 9 月 11 日之间，则是进水的 pH 值都小于各系统出水；9 月 29 日到 11 月 14 日期间，pH 值则表现为进水大于央视新址系统而小于其他三套系统。

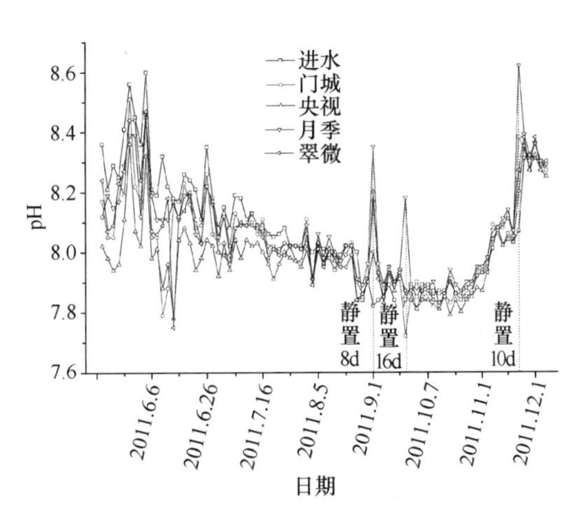

图 6-71　4 套管网中试装置第一实验阶段进出水 pH 值变化

溶解氧如图 6-72 所示。各系统出水的溶解氧都明显降低，但央视新址管系统的 DO 降低程度最大，其他几个系统 DO 的降低水平相近；随着时间的进行，各系统溶解氧降低的水平呈减小趋势。

总碱度如图 6-73 所示，各系统出水的总碱度都有降低，但央视新址管系统的总碱度降低最大。另一方面进水的总碱度随时间也有明显变化的趋势，这主要是由于季节性降雨水库蓄水变化所导致的。总硬度和电导率的变化也呈现与总碱度相同的现象。

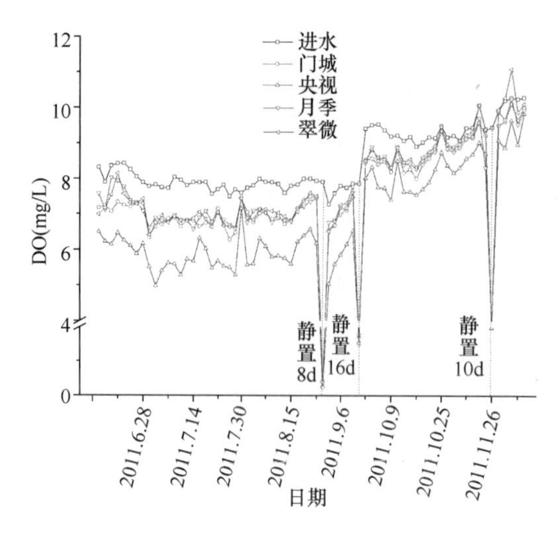

图 6-72　4 套管网中试装置第一实验阶段进出水溶解氧变化

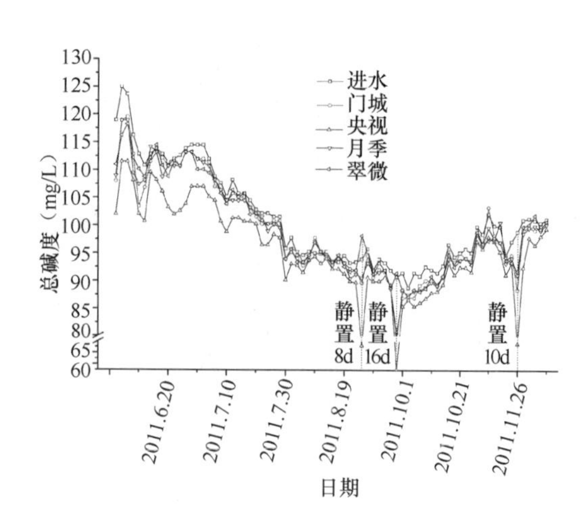

图 6-73　4 套管网中试装置第一实验阶段进出水总碱度变化

余氯如图 6-74 所示，可以看出系统在稳定前，出水余氯几乎消耗殆尽；系统稳定后才会有余氯剩余。

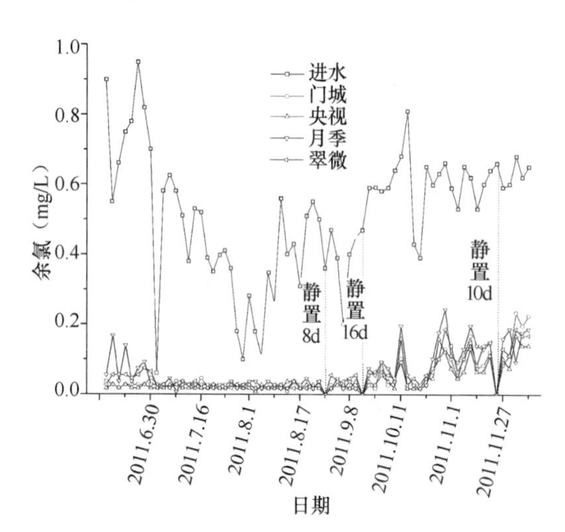

图 6-74　4 套管网中试装置第一实验阶段进出水余氯浓度变化

在 2011 年 5 月至 12 月份监测期间，丹江口水库水的 pH 较北京水略高，雨季水库蓄水较多时在 7.9 左右，其他季节都在 8.0 以上；总碱度在 90～120mg/L 之间波动（以 $CaCO_3$ 计）；总硬度在 110～145mg/L 之间波动（以 $CaCO_3$ 计）；这样算出的 Langelier 饱和指数 I_L＝0.2 左右，判断为碳酸钙结垢性水质；而 Ryznar 稳定指数 I_R＝8.2 左右，判断为碳酸钙腐蚀性水质；但是由于水质中氯化物含量一直在 4～7mg/L 之间波动，硫酸盐的含量相对也不高，在 30～50mg/L 之间波动，计算所得拉森指数为 0.55 左右，因此从这 3 个指数角度来说，可以判断丹江口水库水为微腐蚀性水质。

（2）第二实验阶段。

这一实验阶段主要是探究硫酸根浓度对管网系统中铁释放的影响。

从这一实验阶段监测的各管网系统进出水浊度、总铁浓度变化的数据，如图 6-75 和图 6-76 所示：

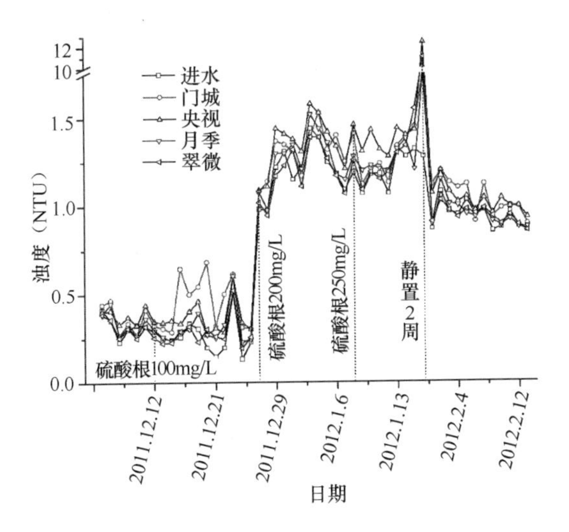

图 6-75 4 套管网中试装置第二实验阶段进出水浊度变化

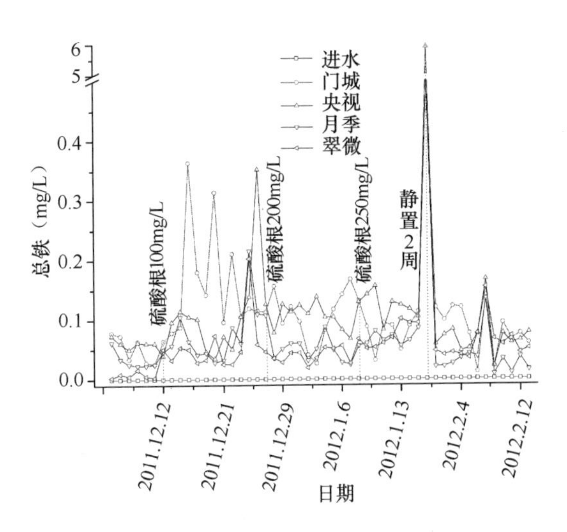

图 6-76 4 套管网中试装置第二实验阶段进出水总铁浓度变化

a. 刚开始投加硫酸盐浓度至 100mg/L 时，门城系统出水的浊度和铁释放都较稳定时明显升高（铁释放量在 0.3mg/L 左右），但是没有明显的“黄水”现象，经过一个星期左右就趋于稳定，其他三套系统则没有明显变化。结合后面的壁腐蚀产物 XRD 定量分析可以看出，管壁成分此时主要是以比较稳定的磁铁矿和针铁矿为主，尤其是以央视新址系统最为明显。

b. 在以后硫酸根浓度增加到 200mg/L 甚至 250mg/L 时，4 套系统都始终没有发现明显变化。

pH 如图 6-77 所示，在这一试验阶段，四套系统出水的 pH 值都是略大于进水。

溶解氧和总碱度、总硬度依旧表现出出水小于进水的现象；而由于是配高硫酸根浓度水进行的试验，电导率、TDS 较高，故没有表现出明显的规律。

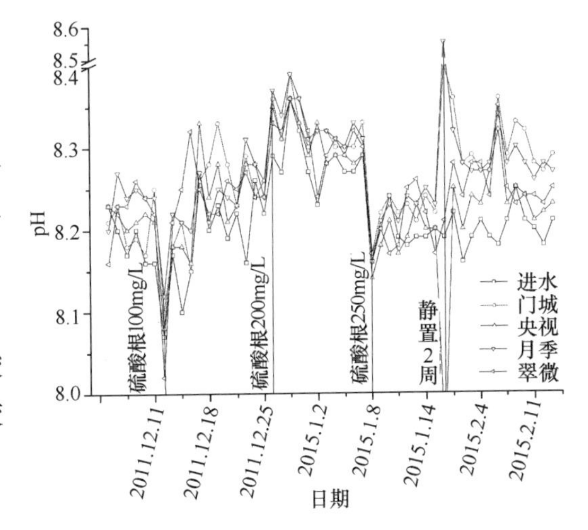

图 6-77 四套管网中试装置第二实验阶段进出水 pH 值变化

（3）第三实验阶段。

这一实验阶段主要是探究氯离子浓度对管网系统中铁释放的影响。

从这一实验阶段监测的各管网系统进出水浊度、总铁浓度变化的数据来看，如图 6-78 和图 6-79 所示，投加氯离子浓度至 50mg/L 和 100mg/L 时，4 套系统出水的浊度和铁释放都较稳定，且没有明显的“黄水”现象。

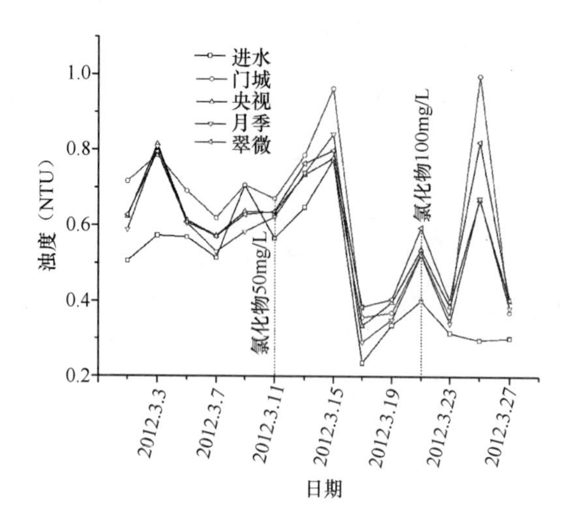

图 6-78　4 套管网中试装置第三实验阶段进出水浊度变化

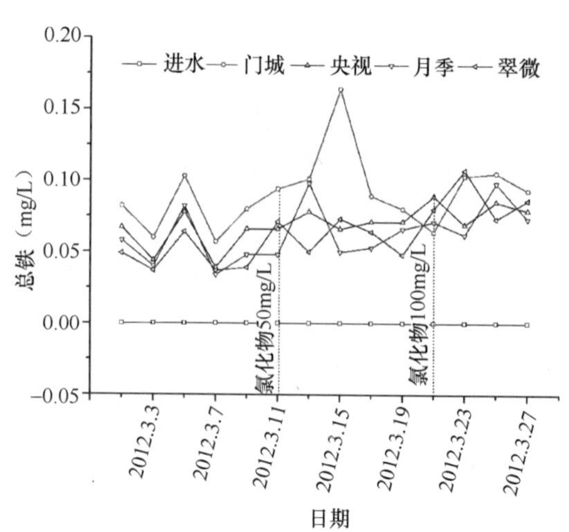

图 6-79　4 套管网中试装置第三实验阶段进出水总铁浓度变化

pH 如图 6-80 所示，在这一实验阶段，4 套系统出水的 pH 值和进水都没有明显的规律，但总体趋势是出水的 pH 值要大于进水，门城、马甸、翠微系统比较明显。溶解氧和总碱度、总硬度依旧表现出出水小于进水的现象；而由于是配高氯离子浓度水进行的实验，电导率、TDS 较高，故没有表现出明显的规律。

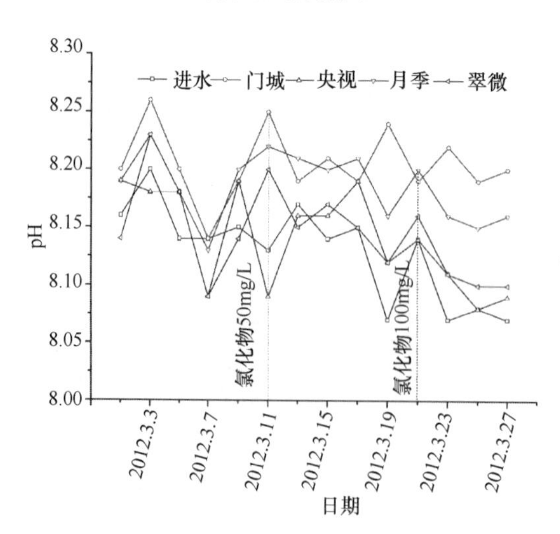

图 6-80　4 套管网中试装置第三实验阶段进出水 pH 值变化

由于系统在这一阶段始终保持稳定，故剩余的余氯量也相对较高。

2）管垢特征分析

2011 年采集了花园楼小区、门城、郎家庄央视新址、马甸月季园和翠微中里的铸铁管（图 6-81），对其外观形态和管壁腐蚀产物组成进行测定，并分别采集了花园楼小区、马甸月季园和郎家庄央视新址的水样进行相关指标的测定（表 6-9、表 6-10）。

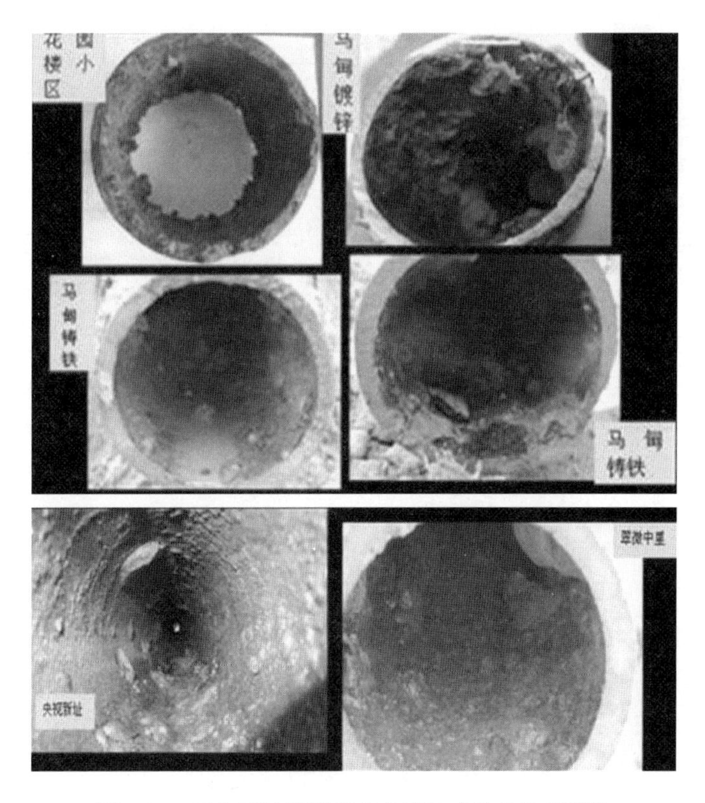

图 6-81 采集原始管段管内壁腐蚀产物的外观照片

原始管段采集地水质参数 **表 6-9**

	Ca (mg/L)	Mg (mg/L)	Si (mg/L)	SO_4^{2-} (mg/L)	Cl^- (mg/L)	LR	碱度	pH	电导率 (mS/m)
生态中心	51.57	19.31	5.00	56.94	33.71	0.83	134.8	7.60	383.5
八厂平均	59.00	23.64	15.6	21.47	19.81	0.25	193.9	7.18	418.5
花园楼小区	48.01	20.72	3.12	47.70	25.91	0.66	130.0	7.06	331
马甸月季园	46.25	18.56	2.38	17.05	22.73	0.37	134.3	8.43	318
央视新址	56.73	22.89	12.88	20.05	24.39	0.30	187.0	8.61	361

采集管段管壁腐蚀产物 XRD 定量分析结果（不同铁矿物占铁矿物总量的百分比） **表 6-10**

名　称	磁铁矿	四方纤铁矿	纤铁矿	针铁矿	绿锈	菱铁矿	紫铁矾
门城（原始管 2011.5.17）	29%	39%	3%	10%	19%	21%	—
门城内软层（丹江 2011.9.16）	7%	—	2%	2%	87%	2%	—
门城硬壳垢（丹江 2011.9.16）	12%	—	3%	10%	75%	—	—
门城内软层（丹江 2011.11.21）	54%	—	5%	15%	18%	8%	—
门城硬壳垢（丹江 2011.11.21）	47%	—	6%	25%	22%	—	—
门城内软层（丹江 2012.2.21）	15%	44%	—	4%	—	4%	33%
门城硬壳层（丹江 2012.2.21）	34%	—	4%	20%	30%	—	12%
门城实心垢（丹江 2012.2.21）	42%	16%	4%	32%	—	6%	—

续表

名 称	磁铁矿	四方纤铁矿	纤铁矿	针铁矿	绿锈	菱铁矿	紫铁矾
央视新址（原始管2011.5.17）	21%	27%	3%	22%	16%	11%	—
央视新址（丹江2011.9.16）	12%	19%	15%	51%	—	3%	—
央视新址（丹江2011.11.21）	13%	16%	6%	55%	—	10%	—
央视新址（丹江2012.2.21）	44%	—	5%	52%	—	—	—
马甸（原始管2011.5.17）	17%	28%	6%	22%	27%	—	—
马甸内软层（丹江2011.9.16）	—	—	1%	—	99%	—	—
马甸硬壳垢（丹江2011.9.16）	2%	—	1%	1%	96%	—	—
马甸内软层（丹江2011.11.21）	5%	—	7%	5%	59%	—	—
马甸硬壳层（丹江2011.11.21）	28%	—	7%	16%	50%	—	—
马甸实心垢（丹江2011.11.21）	22%	—	12%	30%	32%	4%	—
马甸内软层（丹江2012.2.21）	—	69%	1%	—	23%	—	7%
马甸硬壳层（丹江2012.2.21）	24%	—	5%	12%	59%	—	—
马甸实心垢（丹江2012.2.21）	30%	—	5%	24%	40%	—	—
翠微中里2号管（原始管2011.5.17）	16%	—	5%	79%	17%	—	—
翠微中里5号管（原始管2011.5.17）	21%	—	4%	75%	—	—	—
翠微表面层+小硬壳（丹江2011.9.16）	11%	12%	6%	52%	—	19%	—
翠微实心垢（丹江2011.9.16）	—	13%	3%	63%	—	21%	—
翠微内软层（丹江2011.11.21）	23%	—	—	52%	—	25%	—
翠微硬壳层（丹江2011.11.21）	16%	—	9%	61%	6%	8%	—
翠微实心垢（丹江2011.11.21）	36%	—	8%	44%	9%	3%	—
翠微硬壳层（丹江2012.2.21）	6%	12%	1%	50%	—	31%	—
翠微实心垢（丹江2012.2.21）	30%	—	—	70%	—	—	—

注：2011.5.17化验的管垢是管网运到湖北丹江口之前分析的；2011.9.16和2011.11.21化验的管垢是第一个实验阶段中分析的；2012.2.21化验的管垢是第二个实验阶段增加硫酸盐后分析的。

3. 结论

门城管：可以看出四方纤铁矿消失，菱铁矿含量降低；绿锈含量是先增加后降低；而稳定性较强的磁铁矿和针铁矿的含量是先降低后增加的，这就解释了此系统前期会出现黄水，经过一段时间后系统变得很稳定的原因。因此即便第二实验阶段和第三实验阶段分别增加高浓度硫酸根和氯离子等侵蚀性离子时，系统也没出现“黄水”现象。

央视新址管：结合系统进出水水质的变化，可以判断央视新址管网的管壁上存在着原有旧铁垢成分的溶解和新铁垢的形成生长，同时伴有碱垢的变化，铁垢的演化；随着进水中的溶解氧、pH、碱度以及硬度的变化，不稳定态的四方纤铁矿、纤铁矿和菱铁矿不断变化，通过他们的过渡态作用，最后铁垢逐渐向稳定态的磁铁矿和针铁矿方向进行，也正是因为铁垢的演化造成了水中铁含量的增加，严重时产生“黄水”现象。

马甸管：实验开始后管垢成分几乎全部转化成过渡态的绿锈，然后部分绿锈成分又向磁铁矿、针铁矿转化，达到稳定状态，后期即使加入了高浓度硫酸根，管垢成分也变化不大。

翠微管：稳定性较强的磁铁矿和针铁矿的总含量在整个实验阶段中变化不大。

6.4.3 广州低硬低碱饮用水水源管网水质稳定性保持技术

1. 案例背景

广州芳村地区位于广州市的西南角，与中心城区为珠江相隔，供水服务面积 46.2km^2，日供水量约 25 万 m^3，服务人口约 45 万。随着芳村地区经济发展，原有给水管网布局逐渐显露不足，尤其芳村西部管网流速慢，出现余氯偏低、浊度上升的情况。芳村示范区由石门水厂、西村水厂和南洲水厂三间水厂联合供水，处于三间水厂供水的末端，具有非常典型的水质特征。

1）研究目标

研究输配水管网水质稳定性综合控制技术，形成输配水管线运行水质评估与模拟系统、管网水质稳定评价体系，从而达到减少长距离输配水管道降低水质在管网中的二次污染、提高管网水水质等安全输配水的目的。

2）主要研究内容

围绕广州中心城区管网水质生物稳定性和化学稳定性两个问题开展，针对给水管网生物稳定性评价与控制指标体系、给水管网化学稳定性评价判别体系与铁稳定性控制机理、给水管网余氯衰减规律及其对水质稳定性的影响等三个突出的科学问题开展研究。

3）主要研究方法

采用技术调研、小试、中试、技术集成等方式开展研究长距离净水管网水质稳定技术研究与应用；围绕广州中心城区管网水质生物稳定性和化学稳定性两个问题开展，针对给水管网生物稳定性评价与控制指标体系、给水管网化学稳定性评价判别体系与铁稳定性控制机理、给水管网余氯衰减规律及其对水质稳定性的影响等三个突出的科学问题开展研究。主要内容包括：

（1）典型管网中微生物的识别与分析；

（2）典型管网中生物稳定性的特性分析；

（3）典型管网中生物稳定性控制技术研究；

（4）给水管网化学稳定性评价判别体系；

（5）给水管网铁稳定性控制机理；

（6）给水管网化学稳定性现状分析；

（7）给水管网余氯衰减规律及其对水质稳定性的影响。

4）管网水质化学稳定性

管网水质化学性质的变化对管网水质化学稳定性有很大的影响，所以可以通过调节水质的化学性质来解决管网水化学不稳定问题。珠江下游地区低硬度低碱度的地表水特征，使得出厂水化学腐蚀性较强。由于我国大部分管网采用铸铁管材，所以管网中铁的化学稳定性问题相对比较突出。针对给水管网的钙一碳酸盐系统和铁稳定性系统的水质化学稳定系统，建立了判别评价体系，分析了广州市各水厂出厂水的化学稳定特性（表 6-11）。

广州市各水厂出厂水化学稳定性指数表 **表 6-11**

取样点	钙—碳酸盐稳定性系统						铁稳定性系统	
	LSI	*RSI*	*CCPP*	*ME*	*F*1	*PSI*	*AI*	*LI*
南洲出厂水	−1.1	9.19	−27.95	−0.69	−3.03	8.72	10.1	0.75
西村出厂水	−1	9.07	−24.29	−0.68	−2.92	8.64	10.8	0.56
石门出厂水	−0.72	8.65	−17.94	−0.53	−2.65	8.26	11.08	0.39

注：$LSI<0$，水中所溶解的 $CaCO_3$ 低于饱和量，倾向于溶解固相 $CaCO_3$。

$RSI<6.5$ 或 >7，表明水处于不稳定状态。

$CCPP<0$，碳酸钙能够溶解。

$ME<0$，管网水不形成碳酸钙沉淀，有溶解碳酸钙的趋势。

$F1<-2$，碳酸钙结垢溶解。

$PSI>6$，管网水溶解碳酸钙结构，有产生腐蚀的趋势。

$AI=10\sim12$，管网水中等程度侵蚀。

$LI>0.2$，管网水对铁质管材有腐蚀性。

各水厂出厂水均具有溶解碳酸钙的趋势和腐蚀铁管的风险。其中西村水厂和石门水厂的 *LI* 指数低于南洲水厂，说明其对铁管的腐蚀性略低。各水厂宜投加石灰作为碱度、硬度、pH 值的调节剂，提高钙一碳酸盐系统的稳定性。

因此，本地区使用带内衬的管材或者塑料管材，以减少铁质腐蚀，但是在采用水泥砂浆内衬管材时，尤其需要注意碳酸钙的溶出，可能带来管网出水浊度升高。

5）管网水质生物稳定性

对广州的南洲水厂、新塘水厂、江村水厂、石门水厂等水厂的典型管网的微生物识别与分析，建立了南方地区管网水质生物稳定性判别评价体系，对本地区给水管网的生物稳定性现状进行评价，分析得到主要问题，并有针对性地开展控制技术研究，提出了提高本地区给水管网生物稳定性的技术措施，有力地保障了本地区给水管网的生物稳定性。研究认为余氯和 AOC 是控制本地区给水管网生物稳定性的主要控制指标，控制出厂水 AOC 值 50～100μg/L，给水管网余氯 0.3mg/L 以上，能够有效控制管网细菌再生长。改善水源水质和增加深度处理工艺，有助于降低出厂水 AOC 值，提高出厂水生物稳定性。通过技术措施优化出厂水内控指标，广州芳村地区管网水质合格率逐年上升，2011 年管网 7 项合格率大于 99%，稳定达到国标要求。

2. 工程概况

1）完善管网水质检测点设置

芳村地区合计设置了 24 个管网水质监测点。管网水质监测点的布设以均匀分布和重点突出为原则进行设置，并在管网关键控制节点处设置管网水质监测点，进而对芳村地区的管网整体水质情况进行有效的监控。具体管网水质监测点的布设如图 6-82 所示。

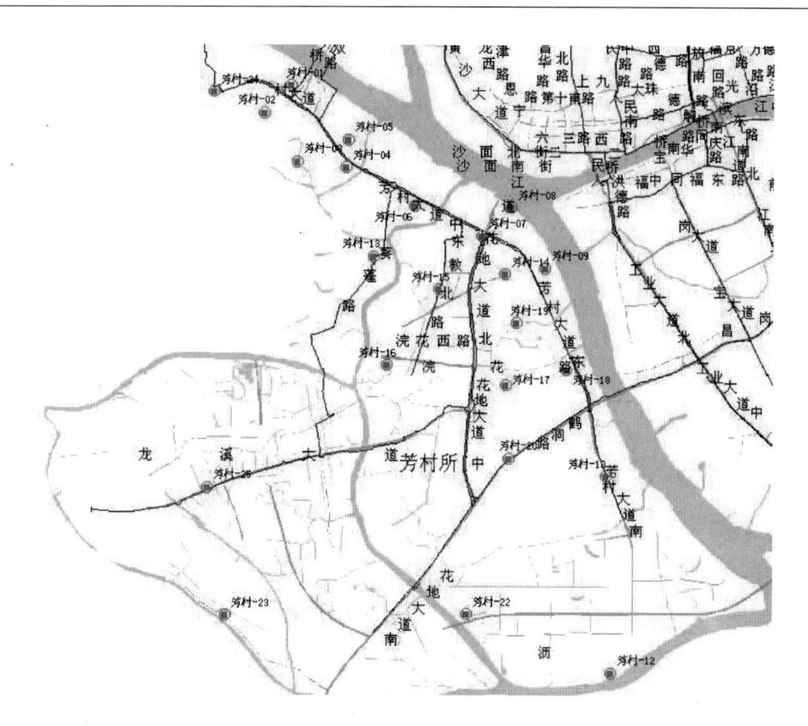

图 6-82 芳村地区管网水质监测点布设情况

2）芳村地区管网优化前的水质状况（2008～2009 年）

（1）出厂水余氯。

2008 年、2009 年主要向芳村地区供水的石门水厂、西村水厂出厂水余氯维持在 1.8±0.5mg/L 之间，南洲水厂出厂水余氯维持在 1.5±0.3mg/L 之间。

（2）管网水余氯。

2008～2009 年监测芳村区管网水质监测点 820 次，余氯的平均值为 0.22mg/L，最高值为 1.64mg/L，最低值为 0.08mg/L，整个区域的余氯处于偏低的水平。

（3）管网七项综合合格率。

由于管网的余氯偏低，生物稳定性和化学稳定性较差，导致存在一定的微生物超标风险，管网 7 项（浑浊度、余氯、臭和味、肉眼可见物、色度、菌落总数、总大肠菌群）的综合合格率较低，分别为 2008 年的 97.74%和 2009 年的 98.22%。

3）芳村地区管网优化及其水质变化（2010～2011 年）

通过逐步采纳课题“南方大型输配水管网诊断改造优化与水质稳定技术集成与示范”的子课题“长距离输配管网安全保障技术”提出的一系列管网技术管理措施和工程改造措施，主要进行了旧管道改造、水力水质监测点优化等工作。2010 年和 2011 年管网 7 项的综合合格率大幅提高到 99.75%和 99.84%。

（1）芳村地区管网优化的第一阶段（2010 年）。

a. 出厂水余氯优化。2010 年主要向芳村地区供水的石门水厂、西村水厂出厂水余氯维持在 1.5±0.3mg/L 之间，南洲水厂出厂水余氯维持在 1.2±0.2mg/L 之间。

b. 管网水余氯优化。2010 年检测管网水质监测点 420 次，余氯平均值 0.69mg/L，最高值 1.36mg/L，最低值 0.18mg/L，余氯对比 2008～2009 年的 0.22mg/L 大幅提高了 0.47mg/L。菌落总数合格率为 97%。

（2）芳村地区管网优化的第二阶段（2011 年）。

a. 出厂水余氯优化。2011 年主要向芳村地区供水的石门水厂、西村水厂出厂水余氯维持在 1.1±0.2mg/L 之间，南洲水厂出厂水余氯维持在 1.0±0.2mg/L 之间。

b. 管网水余氯优化。2011 年监测管网水质监测点 430 次，余氯平均值 0.62mg/L，最高值 1.27mg/L，最低值 0.07mg/L；菌落总数合格率为 99%以上。

虽然 2011 年芳村区管网余氯的平均值与 2010 年相比略低 0.07mg/L，但是菌落总数的合格率 99%相比于 2010 年的 97%，再次提高了 2 个多百分点。使得管网 7 项的综合合格率由 2010 年的 99.75%进一步提高到 2011 年的 99.84%。

3. 小结

通过向芳村地区供水的石门水厂、西村水厂和南洲水厂出厂水余氯控制值的调整和一系列的管网技术管理措施和工程改造措施，芳村地区管网水质达到《生活饮用水卫生标准》（GB 5749—2006），出厂水余氯内控指标逐年优化，管网监测点的余氯及菌落总数合格率逐年提高。

（1）2008～2009 年芳村区管网优化前的管网水质监测点余氯平均值仅为 0.22mg/L，整体属于偏低的水平；到 2011 年优化后芳村区的管网水质监测点余氯平均值为 0.62mg/L，提高了 0.40mg/L。

（2）通过一系列的技术管理措施和工程改造措施对芳村地区管网水质进行连续优化，使得芳村地区管网水质监测点的管网 7 项综合合格率从 2008 年的 97.74%稳步提高到 2011 年的 99.84%，如图 6-83 所示。

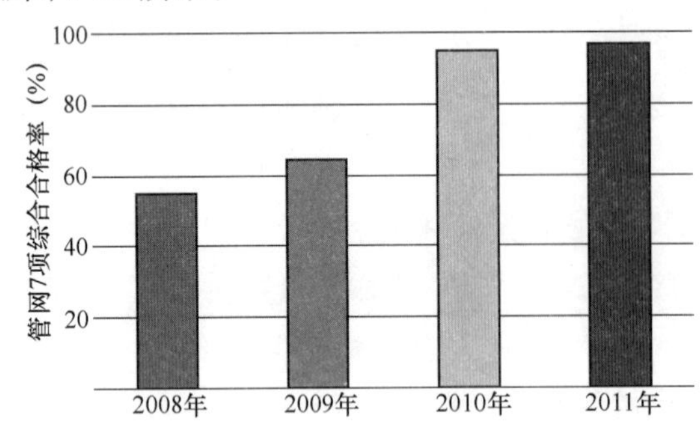

图 6-83　2008～2011 年芳村地区管网 7 项综合合格率（%）

第7章　管网二次供水改造和管理

7.1 概　　述

近几年来，随着城市建设的飞速发展，高层建筑日益增多，市政自来水不能直接送到楼顶。因此，大多数高层住宅采用增设低位蓄水池和高位水箱的二次加压供水办法来满足居民的用水需要。由于历史原因，以往二次供水设施建设单位各自为政，或建设资金投入不足、或没有按严格的规范和标准进行规划、设计和安装，为二次供水设施的规范化管理带来了不小的难度，以至于二次供水水质污染成为了城市供水中普遍存在的问题。

二次供水（Secondary water supply）是集中式供水在入户之前经再度储存、加压和消毒或深度处理，通过管道或容器输送给用户的供水方式（《生活饮用水卫生标准》(GB 5749—2006)）。二次供水设施定义为饮用水经蓄存、处理、输送等方式来保证正常供水的设备及管线（《二次供水设施卫生规范》(GB 17051—1997)）。居民住宅二次供水设施具体是指居民住宅小区内的供水水箱、水池、管道、阀门、水泵、计量器具及其附属设施。

随着城市的发展，多层、小高层、高层建筑不断涌现。按《城镇供水厂运行、维护及安全技术规程》规定，管网干线水压不低于0.14～0.16MPa。按照建排水设计理论，0.14～0.16MPa的自由水头至多能满足3层建筑的水压要求，因此相当部分的建筑物需要设置二次供水设施。二次供水的主要作用是将符合水质标准的水送至生活或生产供水系统的各用水点，以满足水量和水压的要求。

二次供水的主要给水方式及其适用场合：

(1) 仅设置屋顶水箱，上行下给供水：适用于市政给水管网的水量水压昼夜周期性不足，夜间的市政压力能满足屋顶水箱补充进水的需要；

(2) 贮水池—水泵增压—屋顶水箱，上行下给供水：适用于市政给水管网的水量、水压经常性不足，管网条件不允许直接增压，用户不允许停水或有水量调蓄要求；

(3) 贮水池—变频水泵增压—各用水点，下行上给供水：适用于市政给水管网的水量、水压经常性不足，管网条件不允许直接增压；

(4) 无贮水池，市政管网—变频水泵直接增压—各用水点，下行上给供水：适用于市政给水管网的水量、水压经常性不足，管网条件允许直接增压；

(5) 无贮水池，市政管网—水泵直接增压—屋顶水箱—各用水点：适用于市政给水管网的水量、水压经常性不足，管网条件允许直接增压，用户不允许停水或有水量调蓄要求。

我国城市二次供水在发展过程中取得了很多有益经验，但也产生了很多的问题，特别是二次供水产生的水质污染问题，已经相当严重。如1990～1998年北京市发生水污染事故88起，其中29起是因为二次供水污染引起。在经济发达国家，二次供水系统水质污染也时有发生，据美国1992年的一项调查报告中表明，在美国58666个供水系统中，约有16284个存在不同程度的水质不合格，其中由二次供水系统污染造成的约占95%以上。

7.1.1 城市二次供水水质问题

1. 污染致病事故频发

据文献报道，全国各地频频发生因二次供水污染引起的致病事故。如1998年，沈阳市某住宅小区屋顶水箱发生碱污染事故；2002年，乌鲁木齐市某居民小区发生污水回流导致二次供水污染造成暴发性腹泻事故；2003年，长春市某住宅小区因污水回流导致二次污染造成腹泻事故；2004年，北京市某居民小区发生碱性紫污染事故；2005年，郴州市某县厂区因供水池顶部未密闭，只用石棉瓦遮盖，厂内含有砷、铅、镉的灰尘和烟尘落入水池中，造成二次污染发生重金属中毒事故；2006年，大同市某居民小区地下水池污水回流二次污染事故引起腹泻暴发；2008年上海浦东市政大厦由于隔壁餐馆污水流入地下水池造成二次污染事故引起居民投诉等。

2. 供水水质恶化，合格率下降

调查结果表明，饮用水经二次供水系统后，水质合格率普遍下降。二次供水系统的污染主要是水池和水箱，水质恶化主要表现为：

1）肉眼可见物及红虫

南方城市水箱（池）水中肉眼可见的“红虫”情况经常发生。据调查，某小区二次供水水箱中，在4～10月份发现红虫数次，几乎每周均有用户反映。该小区水池每隔三个月清洗消毒一次，但每次清洗后不到1周又可见红虫。此类红虫与水中的有机物、温度、水池（箱）清洁程度、水池（箱）的结构等因素有关。

2）浑浊度及色度升高

二次供水出水浑浊度明显高于管网水、出厂水，这是二次供水设施（水池及供水管）污染所致。同时，使用镀锌管材的小区，水的停留时间过长，特别是早晨，龙头水会呈现黄色。

3）余氯浓度下降

由于水在水箱（池）停留时间过长，或内部材质耗氯，导致出水余氯下降或者消失，这是导致红虫、微生物生长的直接原因。

4）微生物生长

出水中的细菌总数、总大肠菌群数超标。全国各地曾发生多起由于二次供水引起的肠道传染病暴发流行。

3. 水量、水压不足

由于区域性水压不足、给水管网漏水严重、管径偏小、或管网布置不合理，城市部分小区经常性发生水量、水压不足的二次供水问题，影响居民的正常生活。

7.1.2　城市二次供水水质问题原因

1. 设计或施工不合理引起的污染

1）贮水池容积过大，水力停留时间过长，导致余氯耗尽，微生物繁殖

一般情况下，由于城市管网中含有一定量的余氯，微生物的繁殖受到抑制。但如果水流速度较低，在管网中停留时间较长，水中残留微生物再次繁殖以及还原性二次污染物都会大量消耗余氯。监测和实验证明自来水在水箱中储存 6h 余氯浓度已经很低，储存 12h 后余氯含量即为零。

2）泄水管、溢流管等与污水管道连通

正常情况下，泄水管和溢流管不会被污水污染。但在污水管道阻塞时，污水经虹吸作用倒流入储水装置，引起水质污染。据调查，有相当一部分水池（箱）的溢流管与污水管相连接，而溢流管又缺乏行之有效的防倒灌措施。一旦污水排放不畅，就会引起污水倒流而污染水质；有的溢流管虽没有与污水管相通，但缺乏防虫、防鼠设施，清洗水池时发现死鼠的情况时有发生。

3）生活饮用水与消防用水共用蓄水池

由于消防用水的不确定性，合用水池势必导致贮水池体积增加，储水量增大，延长了水的停留时间。

4）工艺设计不合理导致死水区产生

水箱设计不当，易形成“死水”。引起“死水”形成的原因：一是部分高位水箱容积过大，蓄水量远远大于生活用水量，显著超过了水在水箱中停留的理论允许时间；二是高位水箱的出水口显著高于池底，池中水不能排净，使池底长期保存一部分不流动的死水。另外，水池的进水管与水泵的吸水管设在同一位置，水池的另一端则形成死水，导致大量浮游生物的繁殖。

5）贮水池位置不当

二次供水设施在技术标准上没有许可证要求。工程图纸设计缺乏卫生意识，施工未按卫生要求，建筑工程多层承包，导致工程质量难以保证。按照《建筑给水排水设计规范》，生活贮水池位置应远离化粪池、厨房、厕所等卫生不良的地方（>10m），防止生活饮用水被污染。对水泵房的布置也有一定要求。但有的房地产开发商从节约成本出发，不按规范行事，导致地下贮水池选址不当，化粪池与贮水池近在咫尺，饮用水与脏水互相渗透。还有相当部分泵房空间偏小，设备与管路之间的距离达不到规范要求，给设备及系统的维护和保养带来了一定难度。

2. 二次供水设施材质引起的污染

相当一段时间，我国给水管材主要采用普通冷镀锌钢管，这种管材防腐锌层薄且附着力差，极易造成局部脱落使水中锌含量增高。储水装置中地下蓄水池大都采用混凝土建造，水箱则大部分采用混凝土或钢板加红丹防腐材料建造，少数采用不锈钢或玻璃钢材

料。混凝土化学成分复杂，经浸泡可渗出石灰，增大水的硬度和 pH 值，并且还有钡、铬、镍等金属渗出，造成水质污染。红丹防锈漆主要成分是 PbO，其与钢板附着力差，不抗水力冲刷，易脱落，造成水中铅含量增加。上海市对 90 个居民龙头水的典型调查结果显示，使用镀锌钢管的居民早晨第一次打开龙头水，其浑浊度、色度和铁分别高出国家标准 6.5 倍、2.7 倍和 2.3 倍，直接影响饮用水水质。

3. 二次供水管理不到位引起的污染

1）没有完善的卫生管理制度

建立完善的卫生管理制度，进行经常性的卫生监督检查，是二次供水卫生管理中的一个重要内容。有些单位缺乏完善的管理制度，管水不设专人，水房内杂物乱放，不卫生。水池无盖、无锁，或有盖未盖没加锁，排气孔和溢流口无防护装置。

2）水池（箱）清洗频率不足或清洗不当

对水箱进行后期清洗将有利于保证水箱水质的卫生与安全。根据饮用水的基本要求，凡设立屋顶水箱至少半年要清洗一次。然而这些事情要居民自己去做是不现实的。城市高楼除少数宾馆基本按要求做到了以外，由于费用问题，几乎所有宿舍楼的屋顶水箱都未做定期清洗。由于水池的清洗并未形成制度化，许多居民楼的水池两年、三年、甚至更长时间未被清洗。许多单位和居民楼清洗水池不是请专业队伍进行，而是临时随便找几个人，这些人员的身体素质没有保障，一旦有传染病，就可能会污染水池。

3）二次供水管理部门多，二次供水单位不明确，不便统一管理

二次供水管理部门五花八门，有物业公司、开发公司、部门房屋管理科室、房产经营公司等。也有跨区供水现象，管理起来非常复杂，也给卫生监督工作带来不便，甚至有部分居民楼无二次供水管理部门。

小区管网和市政管网的管理责任不清楚，存在二次供水设施的维护和更换不及时的问题。如：有的泵站建成较久，设备、管道老旧，水泵高效区偏移，导致能耗增加；有的住宅区二次给水管网采用镀锌钢管为主，内壁老化腐蚀、结垢，对水质影响较大。

4）二次供水的外部执法环境不理想

虽然我国现有的有关卫生法律法规，如《中华人民共和国食品卫生法》、《公共场所卫生管理条例》、《生活饮用水卫生监督管理办法》和《二次供水设施卫生规范》，对供水项目进行预防性卫生审查作出了相关规定，但由于没有全国统一的配套细则，致使基层卫生部门无法开展预防监督工作。

目前二次供水系统从设计、施工、验收、管理、卫生标准等方面都还缺乏完善的技术标准和管理法规。为了保证供水的水质，要逐步完善这方面的法规。

7.1.3　城市二次供水水质控制对策

从国外和我国一些城市的成功经验和做法来看，二次供水的设计和管理都有非常严格的要求，所以防治二次供水污染的措施可以从以下几个方面来探讨：

1. 进一步提高自来水出厂水水质

提高自来水出厂水水质等于提高了二次供水原水的水质。随着《生活饮用水卫生标准》（GB 5749—2006）的颁布和实施，提高自来水出厂水水质已势在必行。

2. 独立设置生活、消防水池（水箱），减小生活水池（水箱）的停留时间

不采用生活、消防水池（水箱）合用的方式，可以大大降低生活水池（水箱）的容积。对于服务人数为1000人的高层建筑，其生活水池的调节容积约为40m³；若该建筑的室内外消防用水量为60L/s，其消防水池的调节容积应为400m³左右，是生活水池调节容积的10倍。

3. 水池（水箱）的合理设计与施工

按照规范设计与施工，包括合理确定水池（水箱）容积；正确设计与施工导流和通气装置；正确设计与施工进出水管的位置；采用符合卫生标准的材料；改善不密封水箱为密封水箱，防止污染物进入，将人孔密封加锁；改善水池的池壁表面材料，防止微生物的滋长；对于生活、消防合用水池（水箱），采用隔壁、虹吸管等方法消除水箱（池）滞水。

4. 对于区域性水压不足的地区，取消生活水池和水箱，直接补压供水

有些地区属于区域性水压不足，而不是水量不足，这种情况可以取消生活水池和水箱，直接补压供水。对于较小的二次供水系统，可以采用气压供水设备进行自动补压供水；对于较大的二次供水系统，可以变频调速供水设备进行自动补压供水。这种供水方式不适合区域性水量不足或高峰时水量不足的地区。

5. 增加二次供水处理设施

增加二次供水处理设施，可消除二次供水的污染问题。现行的处理方法主要有活性炭吸附、微滤膜过滤、超滤膜过滤和消毒等。

6. 合理选用二次供水设施材质

随着技术的进步，新型管材不断地推陈出新。现今，已开发出可用于给水工程中的管材有聚乙烯管、聚丙烯管、交联聚乙烯管、聚丁烯管、金属塑料复合管（包括铝塑复合管、钢塑复合管等）、预应力钢筋钢筒混凝土管（PCCP管）、玻璃钢管、铜管、不锈钢管等。尽管这些管材的材质不尽相同，生产工艺各有其特点，但在给水工程中表现出的结构独特、强度高、内壁平滑、过流量大、耐腐蚀、无毒无污染、连接方便、接头密封好、重量轻、施工快捷、使用寿命长等特点使其大大地优于普遍使用的镀锌管、钢管、铸铁管，成为它们最理想的替代品。最近，有些地区供水行业禁用硬聚氯乙烯管（UPVC管），理由是管中含铅和用铅盐作稳定剂的铅盐严重超标，同时制备PVC的单体氯乙烯（VCM）是否有致癌作用，学术界尚在研究讨论中。

综上所述，防治二次污染、改善管网水质的主要措施是在提高出厂水水质的前提下加快城市旧管网改造步伐，推广应用新型管材，按照规定做好设备及管道的内外防腐，加强管网的冲洗，并按《建筑给排水设计规范》（GB 50015—2003）要求安装倒流防止器。

7. 加强管理和监督

根据卫生部、建设部颁布的《生活饮用水卫生管理办法》，制定适合本地区实际情况的二次供水管理办法；卫生部门理顺部门关系，加大执法力度；加强预防性监督力度，健全监督制度；搞好后续衔接工作。

7.2　城市二次供水管理模式

7.2.1　城市二次供水管理模式分类

通过对国内部分城市二次供水管理模式的调研，目前国内二次供水管理主要有以下四种模式：一门式管理模式；专业化管理和服务外包相结合模式；供水企业与物业企业并存管理模式；市场化管理模式。

1. 一门式管理模式

这一模式主要特征是：新建二次供水设施或二次供水设施经改造，并通过供水企业验收合格后，由供水企业统一接管二次供水管理。供水企业接管后，自行承担二次供水设施的日常管理、运行养护、更新改造等工作，并将二次供水设施管理的职能分解到内部管理部门和分支机构。

采用这种管理模式优势：

（1）施工质量保障。二次供水设施从立项设计、建设施工、验收移交、运行管理的整个过程都在供水企业掌控中，不仅能够确保二次供水设施的安全正常运行，还能确保城市供水的正常秩序。

（2）管理责任清晰，管理环节少。所有关于二次供水的水质、水压等问题全部在供水企业内部解决，减少了管理层级和协作环节，责任十分明确。

（3）管理规范统一。管理体制调整比较简便，管理质量通过内部考核解决，所有日常管理工作将依照统一的标准执行，居民住宅二次供水获得真正的统一管理和服务。

采用一门式管理，无疑是一个较为理想的模式。但是，它比较适合二次供水规模小、二次供水设施数量少的地区。

如：深圳市，由于该市的市政供水压力能保障到居民住宅六楼，所以一般多层建筑没有增压泵组，水箱和地下水池数量十分有限，实际需要二次供水加压的水量不到4%。目前，深圳仅接管多层小区1000多个，加压泵房经过整合最终只剩50余处，大量及难度较高的高层建筑的接管工作深圳至今尚未实施。所以，深圳水司接管二次供水工作量并不是很大，接管二次供水对水司原有工作影响有限。

2. 专业化管理和服务外包相结合模式

这一模式主要特征是：新建二次供水设施或二次供水设施经改造，并通过供水企业验收合格后，由供水企业统一接管和管理。供水企业接管过程中，制定了系统的管理制度，建立了完善的运行养护作业标准和作业规范。在此基础上，供水企业将二次供水设施运行养护作业外包给具有相应资质和信誉好的企业，双方签订相应的运行养护作业合同，明确管理层和作业层职责，严格工作流程。

采用这种管理模式优势：

（1）管养分离，充分发挥管理和作业两个方面的专业优势。供水企业通过其自来水专业管理的优势，着重在制度建立、标准制定、作业监管、水质检测、确保供应上发挥专业管理的作用；着重做好参与新建二次供水设施源头管理、二次供水设施改造和计划推进、二次供水设施标准验收、二次供水接管；着重做好二次供水管理中，供水企业与政府部门的协调、与居民住宅小区物业的协调、与服务外包企业的沟通（包括计划下达、养护作业监督）等。外包企业依据政府部门规定和供水企业标准要求，充分发挥专业技术和人员资源的优势，规范操作，通过合约取得合理收入。

（2）便于供水企业集中精力搞好生产服务，聚精会神提高水质和确保供应，有利于二次供水接管工作有序开展，使供水企业正常经营和内部体制不产生大的折腾，避免供水企业二次供水设施维护人员紧缺的压力。

（3）有利于促进养护作业企业规范服务，有利于降低运行成本。二次供水服务外包由于采取了市场化的外包企业择优比选制度，优胜劣汰，外包企业服务质量和成本控制直接关系到自身的经济利益，这将促使外包企业提高服务质量，着力降低养护成本。

采用专业化管理和服务外包相结合模式，实施管养分离，是供水企业接管二次供水的一种探索，对供水企业接管二次供水具有现实意义。他通过市场化运作，将二次供水服务外包，使得专业化管理和专业养护优势都能得到充分发挥。

如：天津市供水企业接管二次供水后，将二次供水设施运行养护委托给华澄工程技术有限公司，取得了较好收效。

3. 供水企业与物业企业并存管理模式

这一模式主要特征是：在推进二次供水专业化管理过程中，政府未就二次供水统一由供水企业接管作出规定，在物业实施居民住宅二次供水管理的同时，供水企业参与了二次供水管理工作。

采用供水企业与物业企业并存的管理模式，是该城市政府针对实际情况而采取的措施，政府要求供水企业承担起居民住宅二次供水管理薄弱区域的社会责任，同时政府在资金等方面予以支持。对居民住宅二次供水管理正常的区域，政府通过出台相关规定和标准，继续推行由物业企业管理。

采用这类管理模式，实际上是计划和市场两种模式并存的方式。它能集中和较快解决二次供水历史遗留问题，使居民住宅二次供水管理的落后区域，在政府主导下，通过供水企业统一管理得到较快改观。同时，对居民住宅二次供水管理较好的区域，仍继续发挥物业管理优势，鼓励物业企业规范管理。但是，这类管理模式涉及供水企业承担二次供水管理和养护后，管理运行费用如何解决问题，如果全面调整水价，那么对物业企业管理的住宅业主就会感到不公平，如果实行供水企业接管和物业管理的两种价格，那势必会使一个地区水价复杂化。

如沈阳市在二次供水改造和接管时规定：

（1）凡独立向居民供水的二次供水设施，改造后交供水企业管理。

（2）公建与居民合用的二次供水设施以公建用水为主的，原则上由公建单位管理；以居民用水为主的，原则上交供水企业管理。

（3）高档住宅小区二次供水设施已由物业管理的，可继续由物业管理。

4. 市场化管理模式

这一模式主要特征是：在推进二次供水专业化管理过程中，供水企业在政府部门领导下，参与研究和起草制定实施二次供水规范化、标准化的文件，参与二次供水设施验收、监督等工作，但自身不参与二次供水管理工作，二次供水管理通过市场方式予以解决。

采用这类管理模式，通过市场规律解决二次供水管理问题，是一个较为合理的方法，它能够一揽子解决二次供水设施产权问题、委托和受托双方的责任问题、二次供水管理和养护费用问题等等。但是，这类管理模式需要创造一定的条件：一是需要提高居民住宅业主自主管理意识，业主和业主机构必须依照政府颁布的《物业管理条例》规定，真正履行其职责，择优选用信誉好、专业能力强的作业队伍；二是需要创造条件，较好解决历史遗留问题，实现居民住宅二次供水设施运行处于良好状态。

如，重庆市组建了独立核算法人实体的重庆二次供水管理有限公司，专门从事二次供水管理经营服务，为小区业主提供二次供水设施改造和维护管理。业主和二次供水公司双方通过合约明确责任，并由业主支付相应改造和运行养护费用。

又如，深圳市供水企业目前正在按照政府的要求，着手研究高层居民住宅二次供水管理方案，据了解深圳供水企业初步方案倾向于学习港澳地区的市场化运作模式，即高层居民住宅二次供水管理和养护，由业主委托具有相应资质的专业企业管理和养护，委托和受托双方签订合约，业主依照合同约定向受托方支付相应的管理和养护费用。

通过上述四种管理模式汇集和分析，可以得出：相应的管理模式都有着各自的优势，或存在的不足，或需要具备的条件。相关城市之所以采纳其中一种模式，主要是该城市结合了自身的实际情况。

7.2.2　国内部分城市二次供水管理模式

1. 天津市二次供水管理模式

1）概况

2005 年天津市启动了二次供水管理工作的试点，他们将二次供水设施改造与抄表到户结合起来进行。天津市需要改造二次供水设施 2020 处，其中泵房 472 处，7～8 层水箱 1548 处，改造计划投资 2.3 亿元。天津市原来高层住宅相对较少，近几年来，新建高层增长较快，二次供水设施每年以 100 处递增。天津市的市政管网压力能保障供水到六楼。截至 2008 年底，天津市已累计完成改造 1114 处，计划 2010 年全部完成，预计改造资金约 2.0 亿元。

天津市二次供水存在主要问题：一是二次供水设施多家建设、多家管理、产权多样；二是建设年代不同，设计和材质标准不一；三是业主与产权或管理单位存在矛盾，有些泵房处于无人维护状态，设备年久失修，给正常用水带来很大隐患；四是屋顶水箱损坏严重，造成七楼、八楼居民吃水难。改造中存在“上三难、中三难、下三难”。即：“上三难”，协调百姓配合难，协调产权单位和物业支持难，协调共筹资金难；“中三难”，泵房无地难，避免噪声和施工扰民难，改造切换新系统难；“下三难”，改造后产权不一接管难，座落分散管理难，接管后管理费用来源难。

2）管理模式

在二次供水产权归属上，依据天津市2006年5月24日修改的《天津市城市供水条例》“新建居民住宅二次供水设施产权移交供水企业，由供水企业统一管理”等规定，2008年1月天津水司制定了《新建二次供水设施管理办法（暂行）》的规定，在竣工后由建设单位将相关设施的产权、使用权、管理权移交天津水司（包括泵房的产权）。新建住宅二次供水设施80%委托天津水司施工，还有20%由建设单位自行施工，但建设单位事先必须将设计方案报天津水司批准，使用材料必须在其定点供货名单中选择。施工完成后，由专业的资产评估公司对相关的二次供水设施进行资产评估，天津水司根据评估值将资产入账。对于改造后的二次供水设施，依据《条例》“原有居民住宅的二次供水设施，其产权移交和管理办法由市人民政府另行制定”的规定，目前天津水司通过使用权和管理权移交的方式避开产权划归问题。

在改造实施主体上，天津水司全面负责二次供水设施改造，各区及原产权单位配合。改造设计由天津水司下属设计院负责，监理为天津水司下属子公司，工程施工由天津水司下属有资质的施工单位投标承接，设备向社会公开招标。

在改造资金来源上，采取政府或产权单位、市财政、天津水司三家共同承担的方式筹集。

在二次供水设施管理模式上，坚持改造与理顺管理相结合，对改造后符合接收标准的，由天津水司接管统一管理；对不符合接收标准暂时不能接管的，由各区组织产权单位与供水企业共同协商确定管理方式。天津水司对接管符合标准的二次供水实行管养分开，在运行维护作业上，委托天津华澄工程技术有限公司进行专业化管理。

在服务上，在对泵房的日常管理中，采用无人值守、远程监控、流动巡检、应急抢修的方式，指派专人每天至少对泵房进行一次巡视，每周完成一次检查，突发事件抢修人员必须在40min内赶到现场。在服务网点的设置方面，将考虑在新建小区中设立服务网点或抢修站点。在二次供水设施运行费用支付上，目前仍由原产权单位负责。

分散管理难度大，可通过建立远程监控中心办法，达到高效和低成本运行。由于现在许多屋顶人孔被小区业主控制，管理上极其不方便；水箱漏水时又无法及时发现并修复，造成居民财产损失而面临索赔诉讼；在安全防恐方面有困难。因此在条件许可的情况下，特别是结合天津供水压力较高等特点，天津水司计划取消屋顶水箱。

2. 深圳市二次供水管理模式

1）概况

深圳水司于1997年开始实施二次供水设施改造和接管工作，用了十年的时间。到2006年年底基本完成对多层住宅的改造接管和产权移交。开始改造时多层加压泵房有160

多处，通过改造对其中部分进行了压缩整合，到全部接管时只有117处，接管小区1000多个。由于深圳市的市政给水管网压力能保障到居民住宅六楼，所以一般多层建筑没有增压泵组，水箱和地下水池数量远少于上海，实际需要二次供水加压的水量不到总水量的4%。深圳高层建筑有近4000幢，约1000个小区。至今，深圳高层住宅的改造和接管工作尚未实施，目前深圳水司按照政府部门要求，正在拟定“高层建筑改造和接管方案”。

2）管理模式

在二次供水产权归属上，依据深圳市《用户二次供水加压设施管理规定》的要求，完成二次供水设施改造并经验收合格后，由深圳水司与小区物业管理处签订协议，产权和管理权移交深圳水司；对于验收不合格或者不愿移交的小区，由其自行管理。

在改造实施主体上，深圳二次供水设施改造的主体为深圳水司，二次供水设施改造设计到实施全部由深圳水司负责，各区、原产权单位或物业配合。在改造资金来源上，二次供水开始改造时，深圳水司坚持先改造后接收，改造费用由业主承担。

在二次供水设施管理模式上，深圳水司实行统一管理，由企业内部分工负责，供水调度中心负责现有加压设施管理的职能部门，负责对加压设施的管理业务进行总体规划、组织协调和审核验收；管网运营部是待建用户加压设施的管理职能部门，负责发展新用户、确定新用户的供水方式；设备部、工程部分别负责加压设施的设备及土建改造部分的管理；化验中心负责水箱、水池的水质监管工作；下属的管网分公司中设立二次加压管理部，负责二次供水设施的日常管理工作，包括巡查、维修、抢修和值班等；工程分公司负责新建项目的施工和水箱的清洗；客户服务分公司负责抄表收费和“三来”受理。

在二次供水设施运行费用支付上，对已接管的多层住宅，其运行养护费用由深圳水司承担。深圳物价部门在水价调整时，其中0.05元/t作为二次供水设施管理的专项资金（折合实际运行费约1.25元/t）。

3. 合肥市二次供水管理模式

1）概况

合肥市自2006年起启动二次供水工作，其实该市二次供水主要问题是：水质水压存在差别，供水安全存在隐患；总表计量和二次供水分表计量存在较大误差；价格不统一；二次供水管理无规范可依，用户意见大。这些问题逐渐演化成社会问题，二次供水矛盾不断加剧。

2）管理模式

2007年4月1日政府颁布了《合肥市二次供水管理办法》，合肥水司先后制定了《合肥市二次供水工程技术导则》、《二次供水管理手册》、《二次供水水质的管理维护》、《二次供水水泵管理制度》等规定。《办法》在二次供水的界定方面及水价方面作了明确规定，楼高16m以上的部分实行二次供水。明确已建高层小区改造任务，在保修期内由建设单位承担。

在二次供水产权归属上，二次供水设施的设备仍归属业主所有。在改造资金来源上，新建小区（2007年后的住宅）由开发商负责，老居民住宅二次供水设施改造原则上由政府、开发商、水价基金共同承担，其中供水企业承担部分在自来水价调节基金（0.05元/m^3）中支出。改造中，供水企业实施全过程监理。

在二次供水设施管理模式上，新建住宅二次设施经验收合格，由供水企业统一管理维护。已建住宅二次供水设施，保修期内由建设单位承担改造任务，经质量检测机构检定合格后，交供水企业统一管理维护。接管后居民小区实行抄表到户，户表采用远传技术（数据以小区为单位集中采集），服务相应时间半小时到场（中心城区）。在二次供水设施运行费用上，合肥市通过调整水价予以解决，楼高16m以上的部分水价执行3.2元/m^3，即在原来水价2.15元/m^3基础上增加1.05元/m^3。

4. 沈阳市二次供水管理模式

1）概况

沈阳市1997年起开始二次供水进行集中接收、专业管理工作，至今共接收二次供水设施2519处，占沈阳市二次供水设施总数的85%，还有423处由企事业单位、物业公司进行管理。

2）管理模式

在二次供水产权归属上，二次供水设施的设备、房屋及土地等一次性无偿划归沈阳水司（包括二次供水的原用电容量指标一并过户）。

在实施改造和移交接收上，一是凡独立向居民供水的二次供水设施，原则上由沈阳水司负责统一改造，改造后交水务集团管理；二是公建与居民合用的二次供水设施以公建用水为主的，原则上由公建单位自行改造和管理。以居民用水为主的，原则上移交沈阳水司管理；三是高档住宅小区二次供水设施，已由物业管理的，可继续由物业管理。

在二次供水设施运行费用上，沈阳市最近通过调整水价予以解决，在水价调整中0.80元/m^3作为二次供水设施管理的专项资金。

5. 重庆市二次供水管理模式

1）概况

重庆作为山城特征，普遍需要城市二次供水加压。仅主城区需要二次供水服务达70多万户，200多万人。长期以来重庆市二次供水在运行管理中存在诸多问题，已严重影响了城市供水市场的健康发展。

2）管理模式

在二次供水产权归属上，二次供水设施的设备仍归属业主所有。

在二次供水设施建设、维护、运行管理上，重庆市运用市场化、专业化模式，成立了二次供水有限公司，该公司由重庆水司和职工投资（自然人控股），政府核发二次供水许可证。二次供水公司实行建管合一办法，专业从事二次供水经营服务，为房地产企业有偿提供二次供水设施建设安装、二次供水设施维护管理等。

重庆二次供水强调二次供水设施建设、改造、管理集中统一。建设和改造标准高，居民户表全部实行远传技术（数据直接传送至收费中心）；二次供水设施新建和改造资金全部由开发商承担；二次供水接管与抄表到户相结合，居民用户与二次供水公司签订公用水合同，二次供水运行费经物价部门同意，暂定在综合水价3.50元/m^{3}基础上加价0.80元/m^3，该价格远远低于实际运行费（实际约为2.00元/m^3）；重庆水司与二次供水公司签订供水合同，结算计量以小区总表为准，结算价按照重庆综合水价执行。

7.2.3　二次供水改造面临的主要问题

综合相关城市推进和实施二次供水工作开展情况，集中反映在如下几个方面：

（1）在城市建设和发展中，二次供水供应和水质矛盾突出，二次供水遗留问题亟待解决，全社会对此十分关注。

（2）政府重视，政策配套，供水企业责无旁贷。为解决二次供水存在的问题，各地政府都颁布了相关文件或法规，出台了一系列配套措施。供水企业在实施二次供水设施改造、理顺二次供水管理体制、推进二次供水规范管理方面起着举足轻重的作用，承担着十分繁重的任务，其中大部分城市二次供水设施改造和接收主体是供水企业。

（3）管理专业化、服务规范化、作业标准化，已形成共识。为确保城市居民生活质量，各地政府和供水企业从人民群众根本利益出发，初步建立了专业化、规范化、标准化的共识，并在这个共识基础上，作出了卓有成效的努力，取得了较好的成果。

（4）各地结合自身实际，建立适合本地的二次供水管理模式。由于各地供水方式有所区别，为此，各地依照国家和地方相关法规，结合各自实际情况，有针对性地采取适合本地区的管理模式。

（5）在实施二次供水设施改造中，普遍遇到了改造资金筹措和运行费用来源的问题。从推进工作比较好的城市来看，改造资金社会各方统筹已是一个趋势；在二次供水设施运行维护费用来源上，比较多的城市采取了通过水价调整方式解决，基本形成了运行维护费用向最终用户收取的共识。

（6）二次供水设施产权问题，因涉及国家《物权法》和《物业管理条例》相关的规定，各地处理都比较谨慎。一部分城市采取了产权和管理同时移交供水企业（如沈阳、深圳市等）；一部分城市采取了仅新建住宅产权和管理同时移交供水企业（如天津市等）；一部分城市采取了产权维持原状（如重庆、合肥市等）。

7.3　深圳市二次供水技术研究

7.3.1　管网叠压供水与市政管网相互影响

1. 研究方法

1）基本工况的Flowmaster模拟分析

深圳市沙头角片区已建成完善的市政管网系统。沙头角片区（含沙头角、海山）由沙头角水厂及其附属管网供水，相对独立，自成系统，适合进行建模分析。据深圳水务集团统计资料显示，沙头角水厂现状供水量约4万m^3/d，系高位水池供水的重力供水方式。

经适当地简化，建立基于 Flowmaster 的沙头角水力模型，后续瞬态模拟均利用该模型分析管网叠压供水设备运行对市政管网的影响。

2）实验测量仪器

实验过程中主要实验测量仪器见表 7-1。为测得增压泵工况改变瞬间设备前后压力的瞬时变化，需要利用高速压力采集系统。采用“高速压力传感器＋数据采集卡＋计算机”实现，采样频率 30 次/秒，并对测压系统精度进行校核。市政管网压力检测时将传感器安装于接入点附近消火栓，由于市政压力瞬时变化较小，且由于设备安装限制，采样频率定为 1 次/s；流量计安装于引入管上，采样频率为 2 次/s。

主要实验测量仪器 **表 7-1**

名　称	型　号	数　量（个）
压力传感器	CRP1000-A-G-B08-G2-03	3
压力数据记录仪器	DLF-REC01	2
多功能型便携式超声波流量计	DCT1288Pro	1
USB 数据采集卡	USB0816	1

3）景田机场宿舍泵房实验

景田机场宿舍管网叠压供水设备主要参数：3 台大泵，额定流量 $Q=80m^3/h$，额定扬程 $H=32m$；1 台小泵，额定流量 $Q=45m^3/h$，额定扬程 $H=32m$；泵前有 2000mm×1000mm 稳流罐，该稳流罐未带气囊；通过 $DN400$ 的引入管从 $DN400$ 和 $DN600$ 两市政管取水；出口设定压力为 41m；小泵有独立变频器控制，3 台大泵由另一个变频器控制。用水低谷期由小泵单独供水，早晚用水高峰期由 1 台小泵和 1 台大泵并联供水。

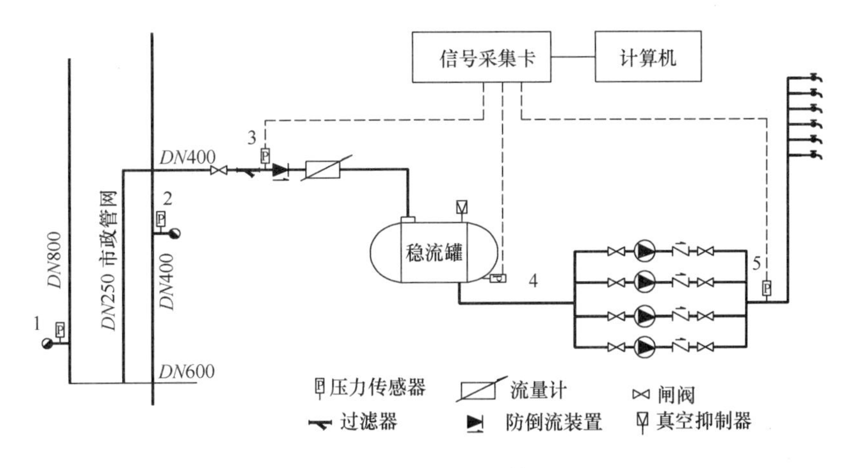

图 7-1　机场宿舍实验装置图

实验装置如图 7-1 所示，在接入点附近消火栓安装具有自动记录功能的压力传感器 1、2，记录市政压力变化；在倒流防止器前、稳流罐底、出水总管处分别安装压力传感器 3、4、5（所测压力均为表压力，未考虑安装高程的影响）；在进水管处安装外夹式超声波流量计。实测24h，选取有代表性的实验曲线进行分析。

4）东湖丽苑泵房实验

该泵站采用"工频叠压+高位水池"供水方式。主要通过高位水池向用户供水，由水池液位控制水泵的启停。共设3台型号为SLW125-160单级单吸卧式离心泵，2用1备；通过DN400的进水管从DN800市政管取水，进水管长约15m。管网叠压供水设备运行时，相当于水泵从市政管网直接抽水，势必会对市政管网造成一定影响。以东湖丽苑泵房作为研究对象，分析管网叠压设备运行对市政管网的影响。

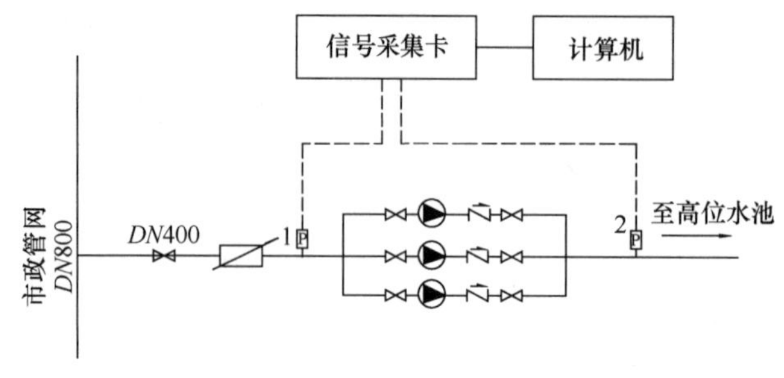

图7-2　东湖丽苑实验装置

实验装置如图7-2所示，在水泵进出水口安装传感器1、2，由于进水管管径较大且管长较短，因而传感器1所测压力与接入点市政压力变化基本相同，进水总管安装电磁流量计，利用多功能转速记录仪记录水泵转速。

2. 研究结果及分析

1）市政压力变化对管网叠压设备运行的影响

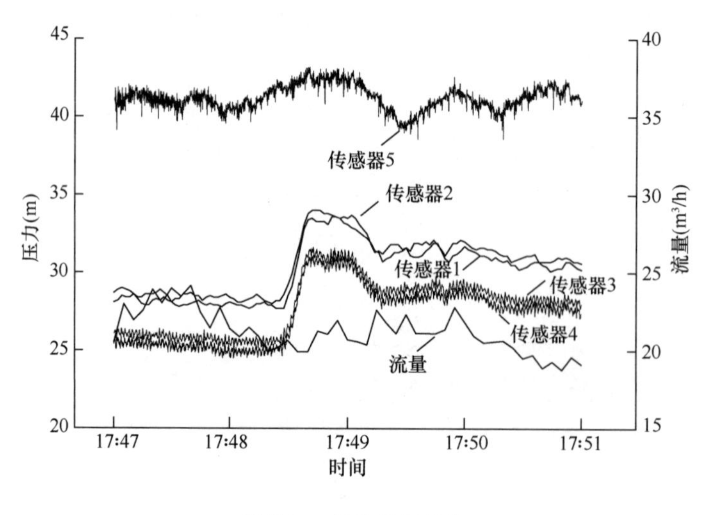

图7-3　市政压力突升

由于水厂调度，周围大用户突然进水等原因，都将导致市政管网压力变化。与变频恒压供水方式一样，系统出水压力主要通过PID模块调节，变频恒压供水方式进水端压力恒定，而管网叠压供水方式进水端压力随市政压力变化。由图7-3知，当市政压力突升时，管网叠压设备出口压力有相应的增加，但压力增加幅度小于市政压力变化；稳流罐内压力与市政压力同步升高，且增加幅度基本相同；而系统流量并没随市政压力升高而增加。

由图 7-4 知，市政压力突降时，管网叠压设备出口压力有明显的“波谷”，约有 20s 左右时间低于出口设定压力值；稳流罐内压力与市政压力同步下降，且下降幅度相同，系统流量略有下降。由图 7-5 可知，当市政压力缓慢增加时，系统出水压力基本无变化。稳流罐内压力与市政压力同步下降。

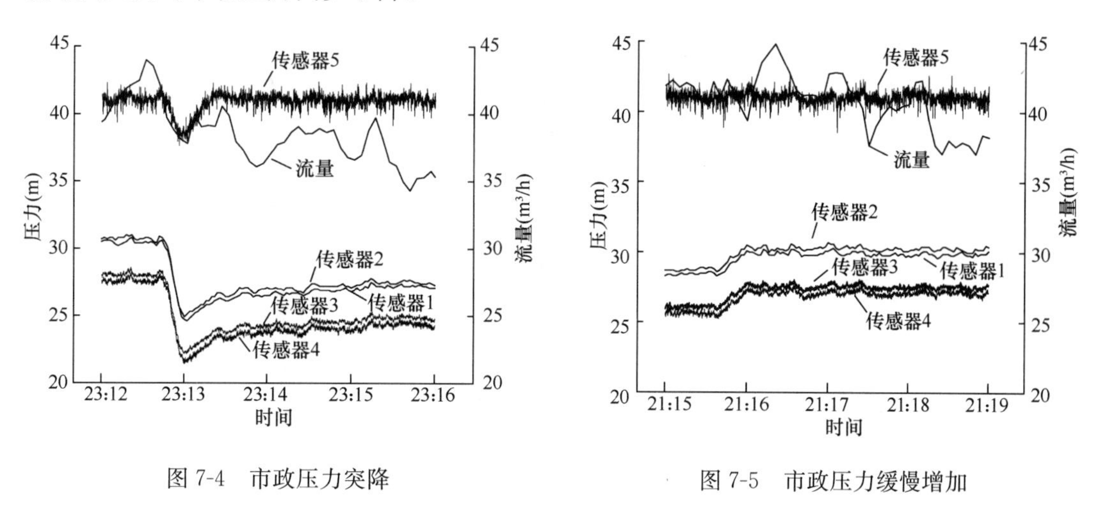

图 7-4 市政压力突降

图 7-5 市政压力缓慢增加

由图 7-6 可知，当市政压力缓慢下降时，系统出水压力基本无变化。稳流罐内压力与市政压力同步下降。

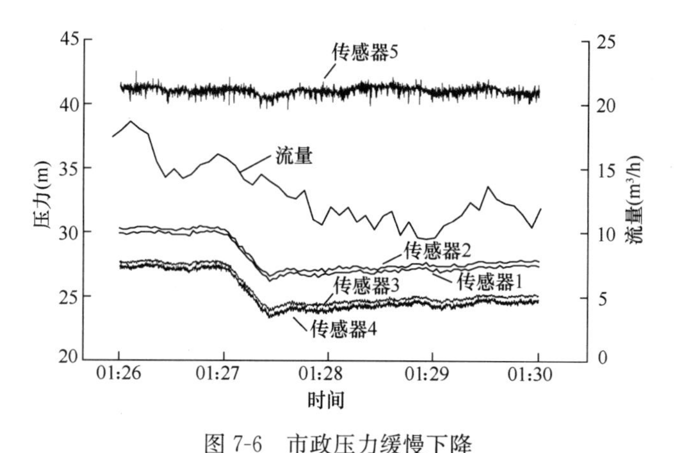

图 7-6 市政压力缓慢下降

2）增压泵切换对市政压力及出水压力稳定性的影响

管网叠压供水系统大多根据出口压力由程序自行决定水泵的开启数量。当出水压力低于设定压力下限一定时间后，自行增泵；当出水压力高于压力上限一定时间后，自动减泵。分析在增减泵过程中系统供水压力的稳定性以及是否会引起市政压力的异常波动。

由图 7-7 可知，系统增泵时，市政压力、稳流罐内压力基本没有变化。系统出水压力低于设定压力值约 35s 左右，可能影响最不利点附近用户用水。由图 7-8 可知系统减泵时，市政压力、稳流罐内压力基本没有变化。系统出水压力高于设定压力值约 35s 左右，最低压力不会低于设定压力，因而不会影响用户的正常用水。

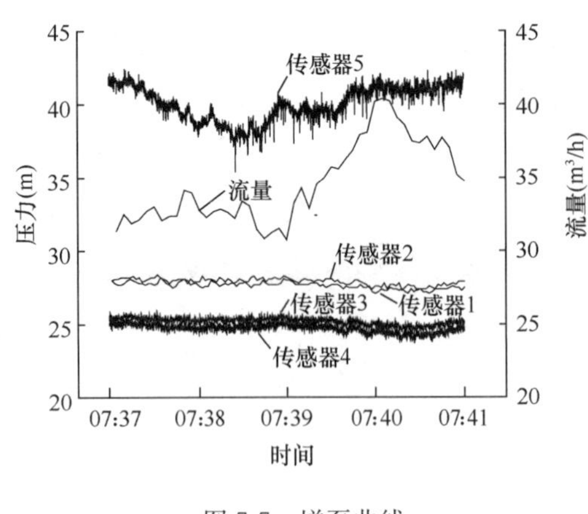

图 7-7　增泵曲线

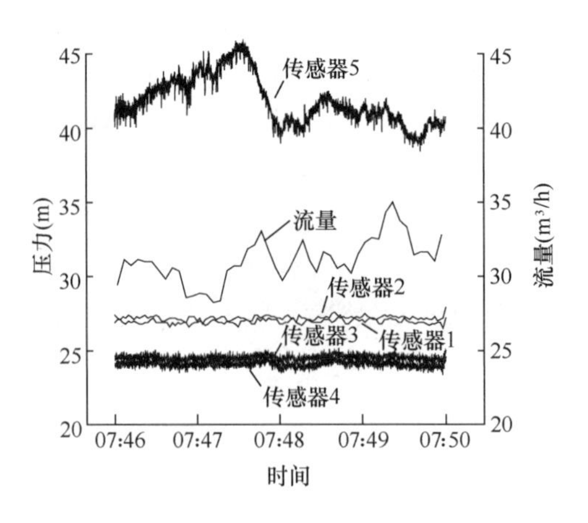

图 7-8　减泵曲线

7.3.2　深圳市原特区内管网供水能力研究

管网叠压设备与市政管网直接连接，因此会对市政给水管网造成一定的影响，当取水量过大或超过管网供水能力时将可能产生较大压力降，影响其他用户正常用水。管网叠压设备能否正常运行主要取决于市政管网的供水能力。利用基于 EPANET 的深圳原特区内管网模型（图 7-9），结合管网测压报告，从市政给水管网管径、现有管网负荷、市政整体压力等角度出发，对现有市政管网供水能力分析。

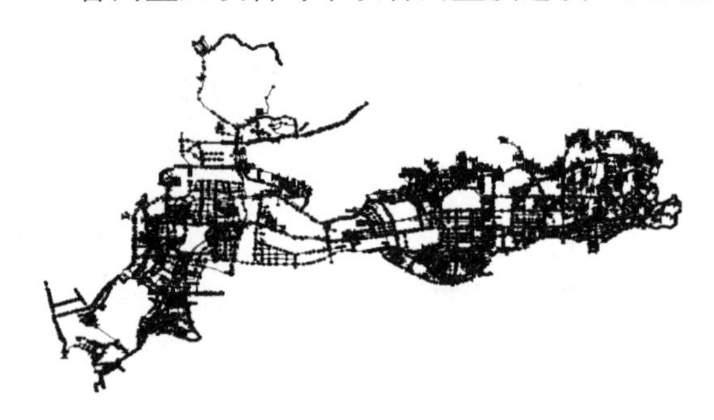

图 7-9　深圳原特区内管网水力模型

1. 管网负荷分析

选取夜间用水高峰期（21：55 时用水量最大）进行分析，因为只要用水高峰期市政给水管网能满足用水需求，那么用水低谷期必然可以满足。

由图 7-10 可知，在夜间用水高峰期，约 86％的管段流速小于 0.5m/s。一般情况下，

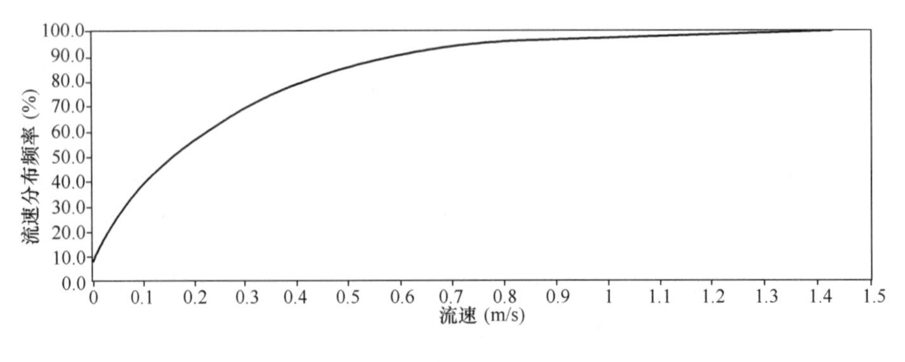

图 7-10　流速分布频率

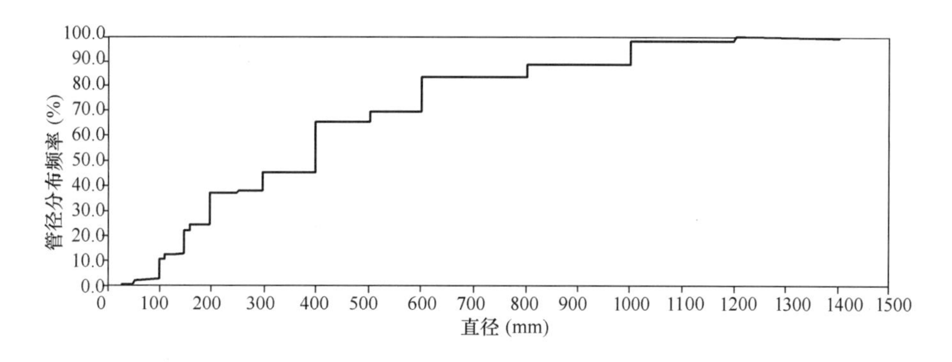

图 7-11 管径分布频率

给水管网平均经济流速范围为：$DN100$～$DN400$ 时，平均经济流速在 0.6～0.9m/s 之间；≥$DN400$ 时，平均经济流速在 0.9～1.4m/s 之间。由图 7-11 可知，深圳市原特区内市政给水管网，超过 75%的管段管径≥$DN300$。因而当前深圳市原特区内大部分市政给水管网流速低于经济流速，同时也说明管网负荷较低。

2. 管网供水压力分析

目前深圳市供水服务承诺压力为 18m，由图 7-12 可知，用水高峰期仅有 4%左右区域

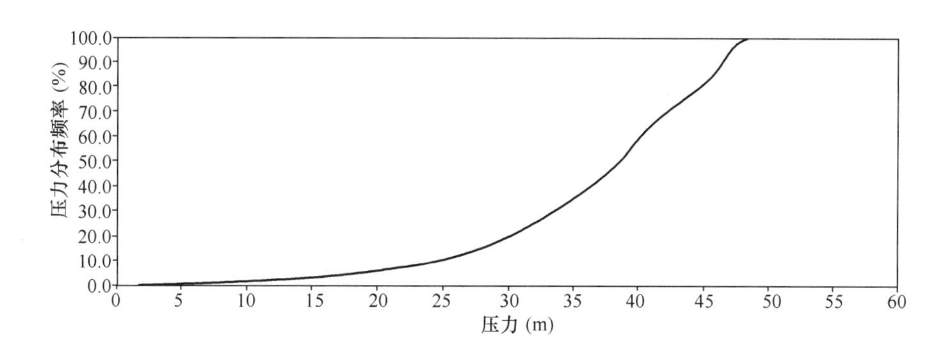

图 7-12 压力分布频率

压力小于 18m；超过 80%区域压力在 30m 以上，其中 25～45m 的区域占 70%；由图 7-13 可知，深圳市地形南高北低，北边大部分地区压力超过 35m。另据 2010 年测压报告，原特区内区域平均服务水压为 37.67m，深水集团管网不低于 18m 的服务水压为 94.51%，供水服务压力主要集中在 25～45m 之间，占总点数的 65.90%。实测和模拟结果比较接近，其数据可说明深圳原特区内整体服务水压较高，服务质量较好。

图 7-13 压力分布等值线

3. 水厂供水范围分析

深圳原特区内（不包括盐田区）主要的水厂有：南山水厂、东湖水厂、笔架山水厂、梅林水厂和大涌水厂（图 7-14）。各水厂主要分布在地势较高的南部。所以，虽然南部地区水压较小，但由于与水厂距离较小，因而增压节点流量后市政管网接入点产生的压力降较小，相应对其他用户的影响不大；在北部地区虽然与水厂距离较远，但由于其地势较低，因而水压较高，市政压力稍有下降仍能满足正常用水需求。总结得各水厂供水范围情况，见表 7-2。

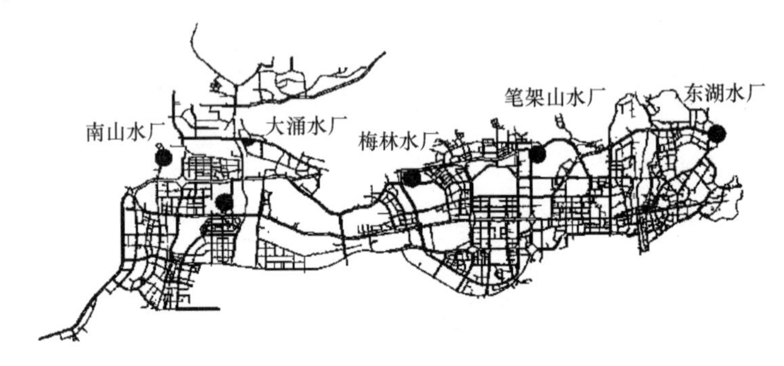

图 7-14 主要水厂分布

用水高峰期各水厂供水状况 表 7-2

水厂	水厂出水总水头（m）	环状网最远点总水头（m）	水头损失（m）	环状网最远点与水厂距离（km）
东湖水厂	57.89	45.88	12.01	5.6
笔架山水厂	55.81	45.88	9.93	4.7
梅林水厂	56.73	49.23	7.5	6.1
大涌水厂	57.36	49.32	8.04	5.5
南山水厂	55.83	49.32	6.51	5.3

各水厂主供水范围多在 6km 以内，供水水头损失基本在 10m 以内。总体来说各水厂主要供水距离不长，水头损失较小。由管网水力模型分析可知：用水接入点与水厂距离、节点流量大小、现有系统流量以及管道比阻对市政压力降有影响（市政压力大小与压力降无直接关系）；在与水厂距离较远处往往由两个水厂同时供水，这样用水就由两个水厂同时分担，因而压力降也相应减小；在与水厂较近区域，虽然只有一个水厂负担用水，但由于路线距离较小，因而压力降也较小。利用 EPANET 软件，模拟增压 70L/s 节点流量后各点压力降，可知：在多水厂供水情况下，在距离水厂较远点增加用水量产生的压力降不一定比近水厂点增加节点流量产生的压力降大；即与单水源给水管网相比，多水源给水管网更适合使用管网叠压供水方式。

7.3.3 水质改善效果研究

1. 水质检测点分布

目标：比较管网叠压供水方式与传统二次供水方式的水质，比较分腔的稳流罐与未分腔稳流罐对水质的不同影响。

检测指标：浑浊度、色度、臭和味、肉眼可见物、总大肠菌群、菌落总数、pH、余氯，共八项指标。

水质检测点概况见表 7-3 所列。

水质检测点概况 **表 7-3**

泵站	水质检测点			备注
机场宿舍	市政来水	稳流罐水质	出水总管	叠压→用户（稳流罐未分腔）
越众小区	市政来水	稳流罐水质	出水总管	叠压→用户（稳流罐分两腔）
东湖丽苑	市政来水	山顶水池出水	—	叠压→山顶水池→用户
新岭山庄	市政来水	用户出水	—	变频恒压
银湖泵站	市政来水	地下水池出水	山顶水池出水	地下水池→山顶水池→用户

2. 水质检测结果分析

1）机场宿舍泵房

机场宿舍泵房进水、稳流罐内及出水的色度、臭和味、肉眼可见物、总大肠菌落、pH 情况如表 7-4。可知，这五项指标经过未分腔的稳流罐后均未检测出变化。

机场宿舍水质 **表 7-4**

检测指标	进水	罐内	出水	限值
色度（度）	5	5	5	15
臭和味	无任何臭和味	无任何臭和味	无任何臭和味	无异臭、异味
肉眼可见物（mpn/100mL）	无	无	无	/
总大肠菌落	未检出	未检出	未检出	不得检出
pH	7.1～7.94	7.14～7.71	7.12～8.07	6.5～8.5

图 7-15～图 7-17 表明，经过带未分腔的稳流罐的管网叠压供水设备后，水质变化较小，浑浊度、余氯、菌落总数指标略微下降，说明未分腔稳流罐对水质稍有影响。

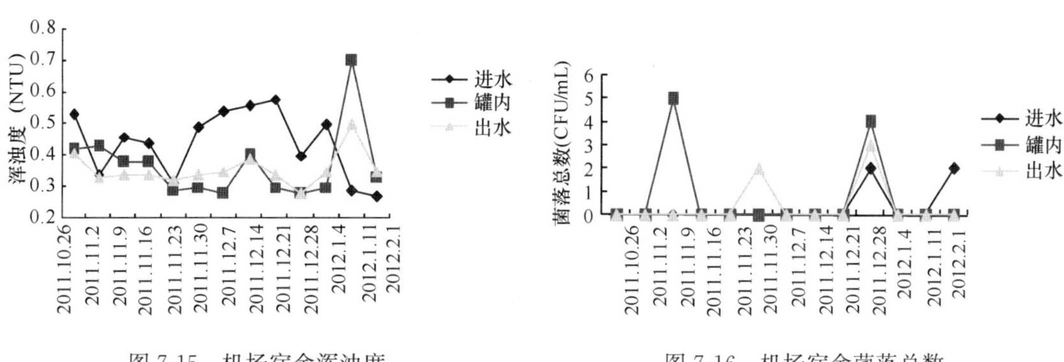

图 7-15 机场宿舍浑浊度

图 7-16 机场宿舍菌落总数

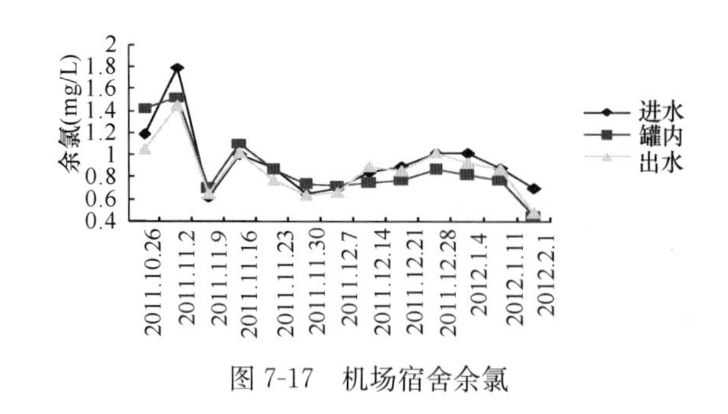

图 7-17 机场宿舍余氯

2）越众小区泵房

越众小区泵房进水、稳流罐内及出水的色度、臭和味、肉眼可见物、总大肠菌落、pH 情况见表 7-5，设备稳流罐分为高压腔和低压腔，高压腔“起小流量保压作用”。

越众小区水质 **表 7-5**

检测指标	进水	罐内（高压腔）	出水	限值
色度（度）	5	5	5	15
臭和味	无任何臭和味	无任何臭和味	无任何臭和味	无异臭、异味
肉眼可见物（mpn/100mL）	无	无	2 次检测出细小白色颗粒	/
总大肠菌落	未检出	未检出	未检出	不得检出
pH	7.02～8.0	7.1～7.82	7.15～7.86	6.5～8.5

图 7-18 表明，总体来看，稳流罐内浑浊度>进水浑浊度>出水浑浊度（不计因二次出水中有细小颗粒物引起出水浑浊度偏高）；说明稳流罐高压腔内浑浊度较大。

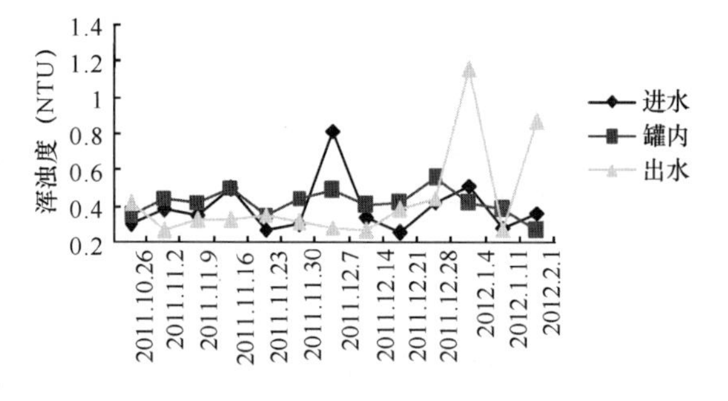

图 7-18 越众小区浑浊度

由图 7-19 知，检测到菌落总数的频率为：进水仅 2 次，稳流罐高压腔有 8 次（最高值为 61，限值为 100），出水 3 次；说明稳流罐内水质较差，甚至已经影响出水水质。

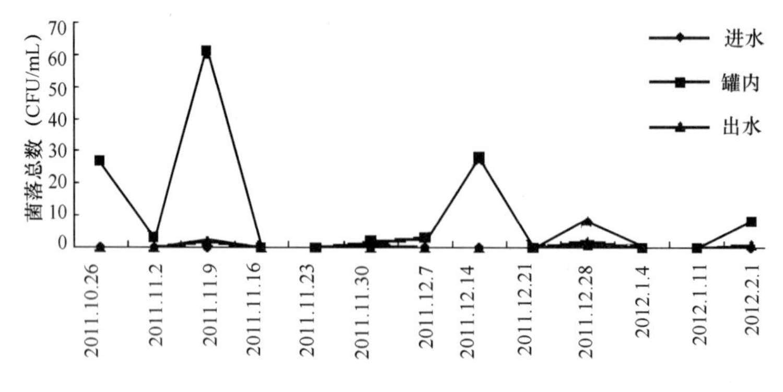

图 7-19 越众小区菌落总数

由图 7-20 知，经过稳流罐后，出水余氯略有下降；明显的是，稳流罐高压腔内余氯极低，均小于 0.08mg/L，甚至有 4 次（占总检测次数的 1/3）检测结果小于 0.05mg/L，不达标，检测的最低值为 0.02mg/L。利用余氯衰减一级模型估算高压腔中水力停留时间。

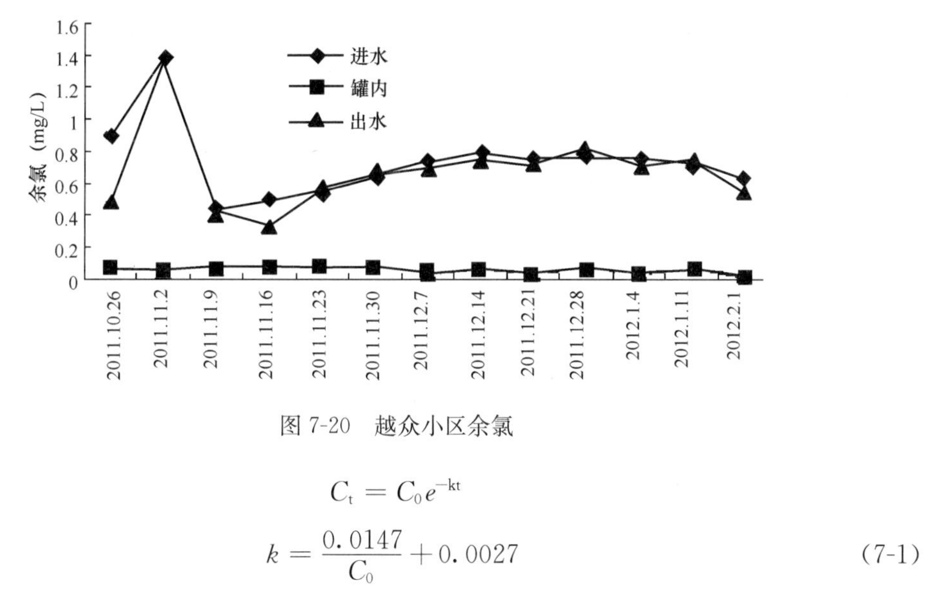

图 7-20 越众小区余氯

$$C_t = C_0 e^{-kt}$$

$$k = \frac{0.0147}{C_0} + 0.0027 \tag{7-1}$$

式中 C_t——时刻氯浓度，mg/L；

C_0——初始氯浓度，mg/L；

K——余氯衰减系数。

进水平均余氯 0.74mg/L，稳流罐高压腔内平均余氯 0.06mg/L，由式 7-1 计算可得，平均停留时间 t 为 111h，说明稳流罐高压腔内水体长时间得不到交换，相当于死水，也说明稳压罐高压腔已丧失“小流量保压”作用。

以上数据表明，对于分腔的稳流罐，高压腔内水体浑浊度较高、菌落总数较多、余氯极低，水力停留时间过长，总体来说高压腔内水质较差，且此类型稳流罐运行一段时间后将丧失“小流量保压”作用。

3）东湖丽苑泵房

东湖丽房进水、山顶水池出水的色度、臭和味、肉眼可见物、总大肠菌落、pH 情况见表 7-6，经过高位水池后这 5 项指标检测结果无明显变化。

东湖丽苑水质 **表 7-6**

检测指标	进　水	山顶水池出水	限　值
色度（度）	1 次检测色度为 5 度	5	15
臭和味	无任何臭和味	无任何臭和味	无异臭、异味
肉眼可见物（mpn/100mL）	1 次检测出“细小白色悬浮物”	无	/
总大肠菌群	未检出	未检出	不得检出
pH	6.86～7.78	6.74～7.84	6.5～8.8

由图 7-21 可知，整体来看，市政来水经过山顶高位水池后浑浊度无明显变化。9 月 14 日进水浊度超标（5.79NTU），说明市政管网来水有时杂质含量偏高。

由图 7-22 可知，东湖丽苑市政来水水质中多次检测出菌落总数，其中 8 月 24 日市政

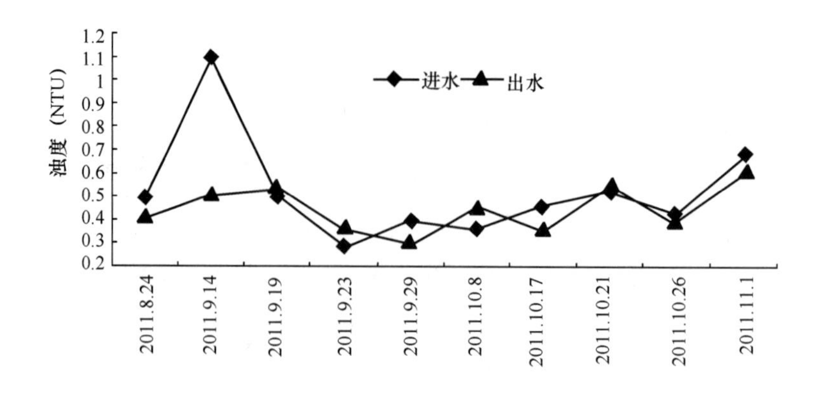

图 7-21　东湖丽苑浑浊度

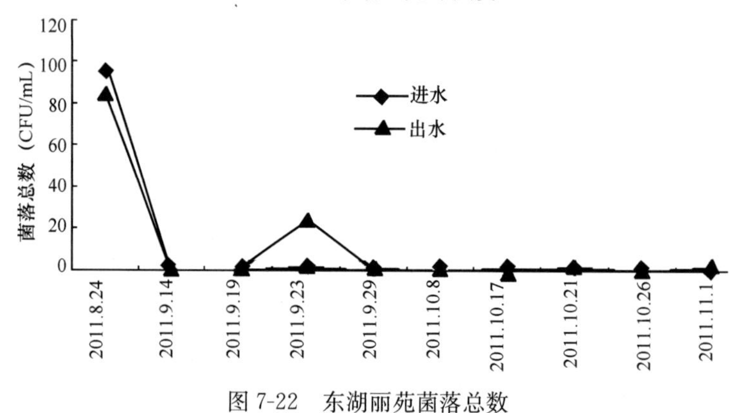

图 7-22　东湖丽苑菌落总数

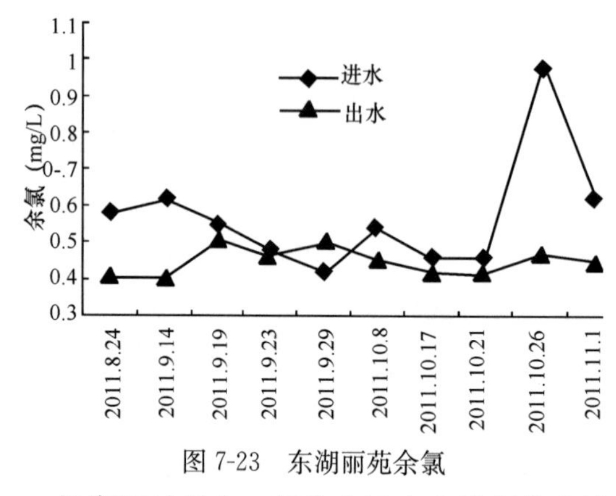

图 7-23　东湖丽苑余氯

进水水样检测出菌落总数 96 个（限值 100）。总体来看，出水与进水相比，菌落总数稍有增加。

由图 7-23 可知，经过山顶高位水池之后，余氯含量有较明显下降。

以上数据表明，经过高位水池之后菌落总数、余氯指标均有下降，说明山顶水池对水质有一定的影响。

4）银湖泵站

银湖泵站进水、低位水池出水及高位水池出水的色度、臭和味、肉眼可见物、总大肠菌群、pH 检测结果见表 7-7。

银湖泵站水质　　**表 7-7**

检测指标	进水	低位水池出水	山顶水池出水	限值
色度（度）	2 次检测为 5 度	5	5	15
臭和味	无任何臭和味	无任何臭和味	无任何臭和味	无异臭、异味
肉眼可见物（mpn/100mL）	4 次检测出细小白色颗粒	1 次检测出细小白色颗	无	/
总大肠菌落	未检出	未检出	未检出	不得检出
pH	7.19～7.83	7.26～7.83	7.19～7.87	6.5～8.5

由表 7-7 可知，市政来水有时可发现细小颗粒物，据现场调查，是由于引入管比较老，内有管垢或其他沉积物，当水池进水流量较大，引起管道震动（从侧面证明水池进水影响较大），导致管内管垢或沉积物脱落，色度和肉眼可见物指标偏高。

由图 7-24 知，进水浊度较地下水池和山顶水池出水浑浊度大，原因同上。

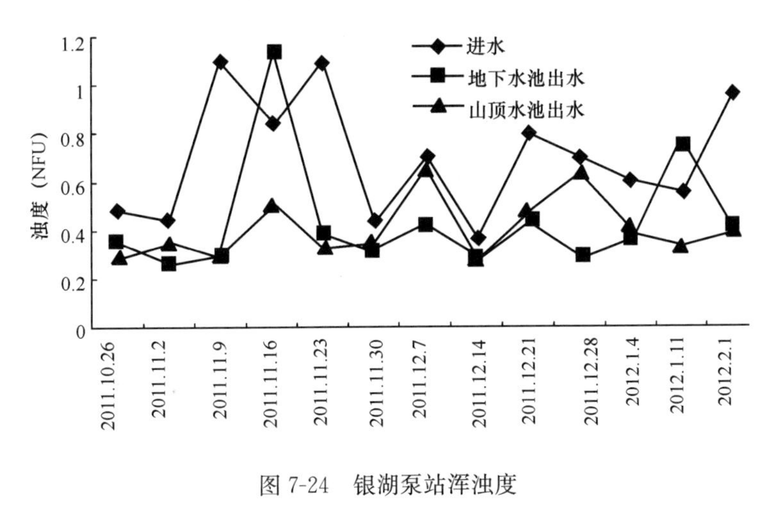

图 7-24 银湖泵站浑浊度

由图 7-25 可知，银湖泵站的进水、地下水池出水、山顶水池出水均有检测出菌落总数。

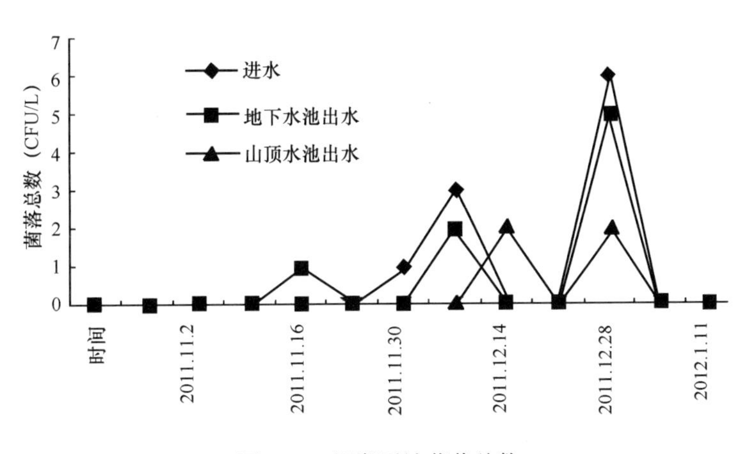

图 7-25 银湖泵站菌落总数

由图 7-26 可知，经过水池后，余氯有明显下降（进水由于在管中水力停留时间长，所以余氯低）。

以上数据表明，经过水池后，水质有一定的下降；市政进水多次检测到白色颗粒物，也可从侧面证明水池进水时流量大，甚至引起进水管振动。

5）新岭山庄泵房

新岭山庄泵房进水、出水的色度、臭和味、肉眼可见物、总大肠菌落、pH 情况见表 7-8。这 5 项指标经过水池后均未检测出变化。

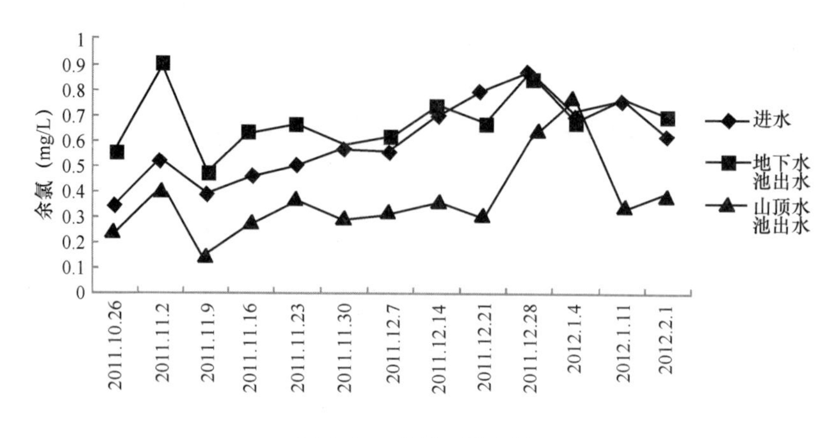

图 7-26　银湖泵站余氯

新岭山庄水质　　**表 7-8**

检测指标	进　水	出　水	限　值
色度（度）	5	5	15
臭和味	无任何臭和味	无任何臭和味	无异臭、异味
肉眼可见物（mpn/100mL）	无	无	/
总大肠菌群	未检出	未检出	不得检出
pH	6.9～7.91	6.7～7.92	6.5～8.5

由图 7-27 知，总体来看，经过水池后，出水浊度稍有增加。

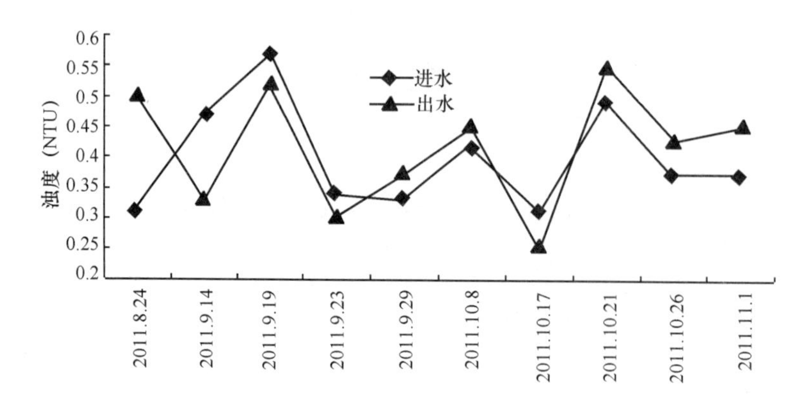

图 7-27　新岭山庄浑浊度

由图 7-28 知，水池出水中共 5 次检测出菌落总数（最高出水菌落总数 97CFU），进水池中有 3 次检测出菌落总数，说明经过地下水池后水质有一定劣化。

由图 7-29 知，经过水池后，水中余氯含量有明显下降。

以上数据表明，经过地下水池后余氯、浑浊度、菌落总数指标均有下降，说明地下水池对水质有一定影响。

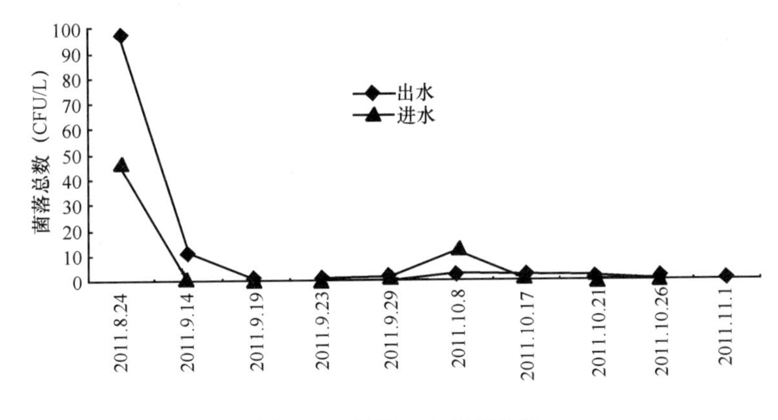

图 7-28　新岭山庄菌落总数

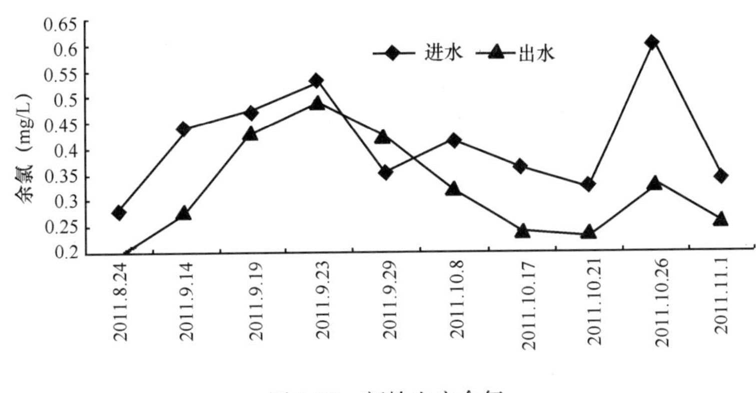

图 7-29　新岭山庄余氯

7.3.4　管网叠压供水方式节能分析

1. 横向比较

根据本市实际工程运行情况，选取具有代表性的二次供水增压泵房进行能耗分析。选样结果见表 7-9。

泵房基本概况　　**表 7-9**

泵站名称	梅林一村	金马花园	武警医院	东湖丽苑	棕榈泉	脑库
供水方式	传统二次供水			工频叠压→水池	水池→工频增压→用户	
扬程（m）	63	50	76	54	60	38
泵站名称	越众小区	机场宿舍	笔架山花园	大众公寓	新岭山庄	
供水方式	变频叠压供水			变频恒压供水		
扬程（m）	41	41	38	39	40	

由于各泵房平均扬程均不同，为方便比较，引入“单位供水量单位扬程平均电耗概念”，各泵房的平均单位供水量单位扬程电耗为 8.66×10^{-3}kW·h/（m^3·m）。

由图 7-30 知，管网叠压供水方式的能耗水平约为平均能耗水平的 30%，节能效果显著。

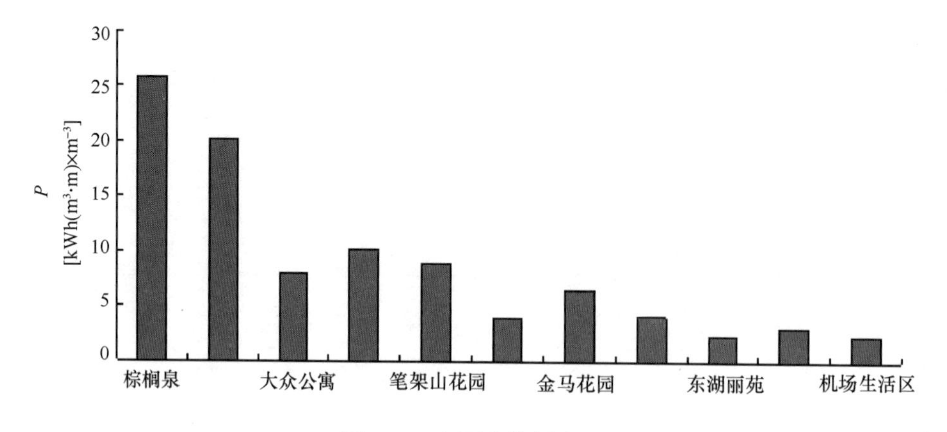

图 7-30　各泵房能耗水平

与机场宿舍泵房相比，棕榈泉泵房能耗水平高出近 10 倍；该泵房月供水量 2000m^3，平均每月电耗 3098.40kWh，电费按 0.70 元/kWh 计，每月电费达 2168.88 元；若将其改造成变频恒压供水方式，达到武警医院能耗水平，月均电费可降至 340.20 元，每年可节省电费 21944.16 元。

梅林一村、金马花园及武警医院泵房均采用传统二次供水方式，但金马花园与梅林一村及武警医院相比，平均能耗水平高出近 40%。由于传统二次供水方式一般适用于区域性的加压泵房，供水量较大，对其进行节能效果改造的经济效益比较明显。若该泵站所处区域供水能力好，具备使用管网叠压供水设备的条件，能耗水平还可进一步降低。

2. 纵向比较

通过一系列技术措施，如对位置分散、能耗偏高、水质较差泵房进行关停并转改造，在管网供水能力好的区域使用管网叠压供水方式等，节能改造取得了不错的效果，平均能耗水平分别下降 29.70%～56.20%。

3. 最佳节能方式探讨

1）现有叠压供水方式比较

变频叠压供水和工频叠压＋高位水池这两种供水方式均能利用市政压力，因而能耗水平较低。一般来说，工频叠压＋高位水池供水方式在利用市政压力的同时增压泵能保持工频运行，应该更节能，但东湖丽苑与机场宿舍相比平均能耗水平无明显优势。

2）新型增压方式

由以上分析可知，在高效区范围内，变频叠压供水方式不能完全适应流量变化，工频叠压供水方式对市政管网压力变化适应能力较差。使用变频叠压＋高位水池供水方式可解决这 2 个问题。

首先，在高位水池高度及出水管路一定的情况下，通过设定增压泵出口压力，可使水池进水保持稳定，能避免小流量、低效率工况；同时可通过改变增压泵出口压力达到控制系统取水量的目的。

其次，由比例律及水泵在高效区内高速范围可知，在流量一定情况下，水泵在

0.64$H_{额}$～$H_{额}$范围内可保持高效运行状态。如某增压泵额定扬程为25m，其高效区域内扬程变化范围为16～25m；即市政压力比设计时确定的最低可利用压力高9m时系统仍可高效运行，当前深圳市政管网最高与最低压力一般不会超过此值。

所以，变频叠压+高位水池供水方式既能适应市政管网压力变化，又可避免小流量运行工况的出现；达到最佳节能效果的同时还可解决叠压供水设备超量取水问题；具有对市政管网影响小、供水可靠性高、能耗低等优点。

7.3.5 管网叠压供水设备准入条件

1. 常见问题调查分析

通过调查壆岗统建楼、共乐统建楼、南头中学、布吉西环路供水等11个叠压设备供水点实际运行情况，分析设备实际运行过程中常出现的问题。

管网叠压供水系统主要存在的问题有：设计、设备本身、施工不当以及管理问题，而其中设计问题又是出现频率最高，且设计问题出现后，一般难以改正，问题严重时甚至必须更换设备（图7-31）。从设计中实际出现的问题可以看出，确定合适的可利用市政压力对设备运行非常重要，因而在选用管网叠压供水方式前有必要实测接入点处市政压力；同时有必要对变频器与水泵“一对一”控制，提高系统可靠性和供水压力的稳定。此外，施工过程中，必须严格按照规范施工，做好管道清洗等工作。

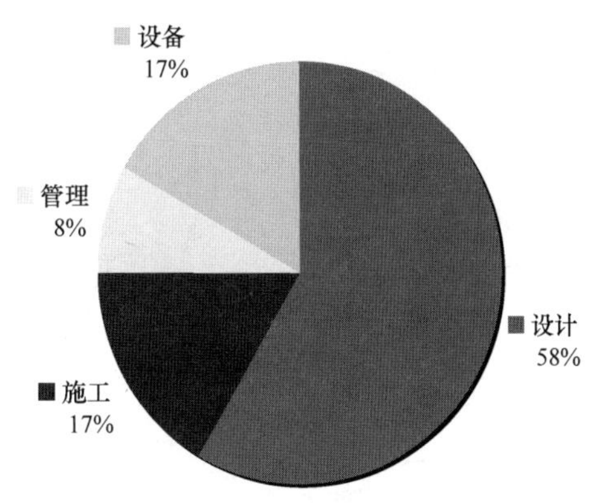

图7-31 设备运行问题统计

2. 管网叠压供水设备的比选

对比分析罐式叠压供水设备、箱罐式叠压供水设备、智慧型叠压供水设备，智慧型叠压供水设备与前两种叠压供水设备相比系统相对简单，类似于直抽（图7-32～图7-34）。

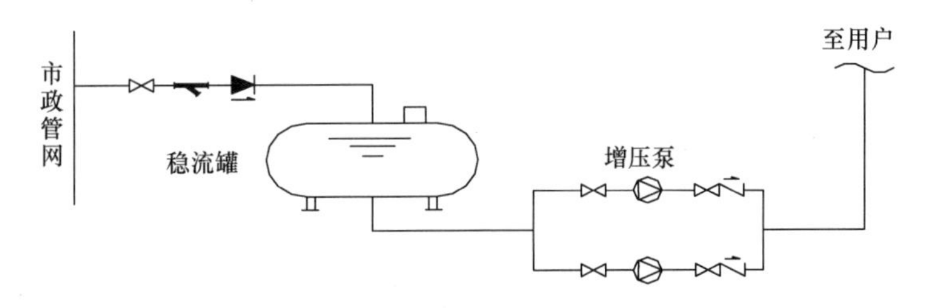

图7-32 罐式叠压力供水设备

但控制系统较为复杂，必须保证设备的进口压力不低于供水企业允许出现的最低压力，在正常供水时也必须保证设备出口压力满足用户需要。在设备硬件确定的基础上，系统运行的稳定性及对市政管网的影响，主要取决于控制系统的好坏。由于没有稳流罐，设备体积小、占地较少、设备造价较低，基本上可以避免二次污染，符合优质供水的要求，

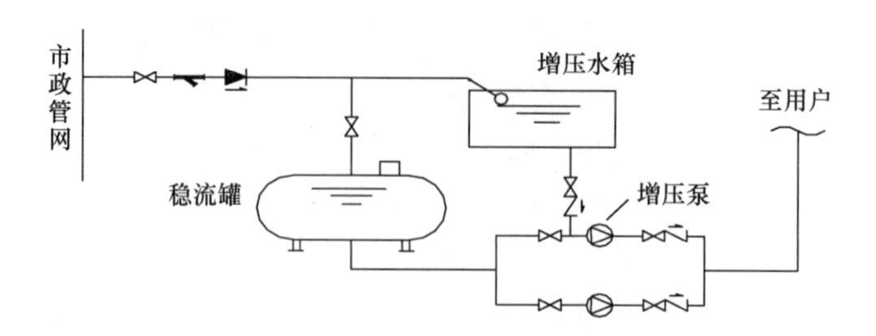

图 7-33　箱罐式叠压设备设备

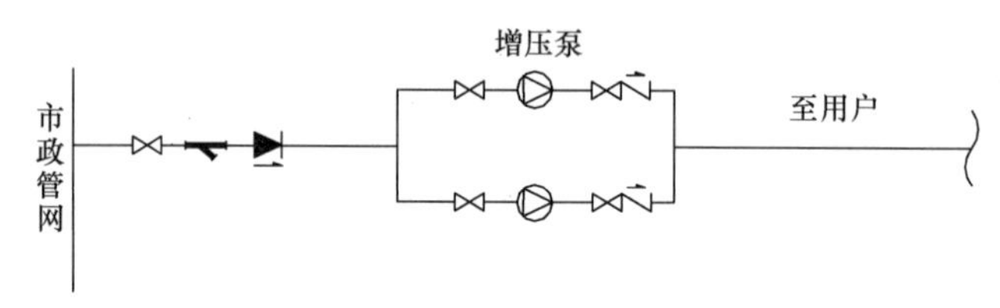

图 7-34　智慧型叠压供水设备

也与国外直接增压供水设备发展趋势一致。从长远的角度来看，智慧型叠压供水方式将逐渐成为叠压供水设备中的主流。

3. 防压降方式的比选

1）进排气式

进排气防压降方式比较简单，应用较早，当稳流罐内水位下降时，浮球阀自动打开，空气进入，增压设备从稳流罐取水。由水力学原理可知，密闭的稳流罐水位下降说明其内部开始产生真空。现在市政管网供水压力较高，若在设备入口出现真空时浮球阀才打开显然会影响其他用户正常用水。若将设备入口压力下降到允许最低压力（一般为水司承诺最低服务压力）作为浮球阀开启条件，那么浮球阀打开时，稳流罐内水压大于大气压力，水将通过进排气阀外溢，威胁泵房安全。因而，进排气方式只可防负压方式，将其作为防压降措施是不可取的。

2）气囊式

气囊式防压降方式主要原理是在稳流罐内设置一个气囊，气囊内部充入惰性高压气体。当市政供水能力大于用水需求时，气囊压缩，积蓄压力，当市政供水能力小于用水需求时，气囊膨胀，补足市政供水量与用水量之间差量，当设备入口压力低于允许最低压力达到设定时间后，自动停机。但这种方式存在补水量小的问题，由波义耳定律：

$$P_1V_1 = P_2V_2 \tag{7-2}$$

式中　P_1——正常供水时稳流罐内压力，MPa；

P_2——设备入口允许出现最低压力，MPa；

V_1——正常供水时气囊体积，m^3；

V_2——允许最低压力时气囊体积，m^3。

不少地方性技术规程中要求叠压设备运行时，接入点压力降不得超过 0.02MPa，在满足此要求的前提下，P_1与P_2相差较小，由式 7-2 可知，补水量 V_2-V_1也很小，为获得大的补水量设置体积庞大的气囊是不经济的。若将标准放宽到 P_2 为服务承诺压力，那么这种设备在压力较低的地区补水量仍较小。此外，这种方式对气囊密封工艺要求很高，曾出现过设备运行一段时间后气体泄漏事故。

3）流控制器与高压腔结合式

流控制器与高压腔结合的防压降方式原理如下，当设备入口处压力传感器检测到压力低于设定允许最低压力值时，流量控制器工作，减小进水阀的开度，以减小从市政管网取水量，同时高压腔内压缩气体膨胀，补足供水量与需水量之间差值。在用水低谷期，利用水泵出口高压水压缩高压腔内气体，这样可保持 P_1、P_2 相差较大，由式 7-2 可知，高压腔内充入少量的气体的情况下便可得到较大的补水容积，这相对于气囊式防压降措施是一大进步。单纯的减小阀门开度，并不能达到减小从市政管网取水量的目的。因为，减小阀门开度相当于增大引入管水头损失，则设备的可利用市政压力降低，此时系统会自动提高水泵转速，保持供水压力恒定，因而取水量不会改变。另外，高压腔内水体平均停留时间不容易控制，在市政供水能力较好的区域，高压腔可能长时间不工作，内部水体相当于死水，直接威胁水质安全。

4）降低出口压力方式

智慧型管网叠压供水设备主要采用降低供水压力的方式防压降，当设备入口压力传感器检测到入口压力低于允许最低压力时，逐渐降低水泵转速，以减小供水压力，相应的用水器具流量下降，从而减小取水量，防止市政压力进一步下降。这虽然会影响本设备服务区内部分用户的正常用水，但可保障周围其他用户的用水安全。其他三种防压降方式也只能起到暂时缓冲作用，当少量补水容积用完后必须停机，而降低出口压力的供水方式仍可向部分用户供水。与其他三种防压降方式相比，该方式具有简单易行，安全可靠，便于自动化控制等优点。

7.3.6 深圳二次供水改造示范工程

1. 深圳东湖丽苑二次供水区域整合改造示范工程简介

1）背景及原因

东湖丽苑二次供水区域位于深圳市罗湖区爱国路以西、太宁路以南、大头岭东侧，包含东湖丽苑、水库新村、叠翠居、新岭山庄等。区域内各加压泵房相互独立，设备陈旧，能耗高，不便于管理；水库新村由市政管网直接供水，其西部地势较高地区水压不足；片区内人口密集，供水系统建设较早，部分管材使用年限长，管网陈旧，漏耗较大。鉴于以上原因，对东湖丽苑片区二次加压泵房进行整合，完善供水系统，降低能耗、改善水质、提高供水压力，确保供水安全。

2）改造内容

本次改造以“重视现状、充分利用市政水压、规模效益、集中加压、提高供水安全性”等为原则，对区域内泵房整合、泵房扩建改造、泵房进出水管改造、给水管网优化、水池内壁改造等。

根据该片区地势及地理分布，通过方案比较，总体分为东湖丽苑和新岭山庄两个主泵房供应区。东湖丽苑泵房所处区域市政管网供水能力较好，所以采用“市政叠压＋高位水池”联合供水方式，并在高位水池内壁贴瓷砖，以改善水质。服务区域包括：东湖丽苑、水库新村（加压区域）、巨邦公司宿舍及周边、翠竹小学。新岭山庄、叠翠居地势较高，东湖丽苑泵房高位水池高度不够，故改造新岭山庄泵房，更换水泵，采用变频供水方式，新建加压管线与叠翠居、翠苑泵房加压管碰通，由新岭山庄泵房同时向新岭山庄、叠翠居和翠苑小区供水。

3）工程效果

示范工程优化整合后的供水系统建立了统一的大型水池和加压泵站集中供水，取消了原来分散的屋顶水箱、地下水池和加压泵站，用水节点大幅减少，并将叠压供水研究成果应用其中，原来纷繁复杂的管理转移为统一管理，大大减轻了工作量，并能提高供水的安全可靠性。

本次改造工程泵房供水规模为4540m^3/d，涉及管网改造为3230m。工程于2009年12月动工，2011年1月竣工。该工程自投入运行以来，设备运行稳定、节能效果明显，平均能耗从改造前（2009年）的0.315kWh/m^3降至改造后（2011年）的0.119kWh/m^3；二次供水水质明显提高，均符合《生活饮用水卫生标准》（GB 5749—2006）的要求；加压区域采用加压供水后，原来水压不足的区域压力提高10～15m，能充分满足用户用水压的需要。

2. 二次供水设施清洗保洁管理措施的应用

深圳市二次供水设施信息化管理系统，基于ArcGIS平台进行二次开发，实现了水池档案资料管理、水池清洗管理、水池验收管理、水池维修记录备案、水池故障管理等，使二次供水档案资料达到制度化、规范化、标准化、科学化的要求，并建立二次供水设施的定期更新制度，从而保证资料的完整性。通过严格二次供水设施的管理，做到对深圳市的所有二次供水设施的全面监控和数据库资料随时更新，为二次供水水质保障提供预警，也为二次供水优化技术研究提供基础数据支撑和效果跟踪。

该系统采用动态加载数据的技术，根据需要自动加载数据到内存，使用后及时释放资源；该系统实现了二次供水设施的在线访问，能及时了解设施的运行状态，为二次供水设施管理提供全方位的信息服务；突破了GIS系统只管理资源资产数据的模式，将各类与二次供水设施相关的日常业务也融入到GIS中，并与地理信息密切关联，使二次供水管理工作进一步细化。

利用该系统，可以为二次供水设施的规划、设计、运行和管理等方面提供全方位的信息服务和可靠的决策依据，从而节约大量现场的勘察人力和物力，降低企业的运营成本。

7.3.7　结论

在深圳市市政供水压力偏高的大背景下，水池进水对市政管网的瞬时冲击比管网叠压供水设备对市政管网的瞬时冲击大；管网叠压供水设备对较缓慢的市政压力变化可完全适应，但市政压力突降将会影响管网叠压供水设备的供水压力及系统流量，因而在市政压力易出现频繁较大波动的区域不宜使用此供水方式；管网叠压设备正常运行时对市政管网影响较小，采用用小泵代替大泵并错开启动、水泵变频减速启停、闭阀启泵等措施可进一步减小对市政管网的影响。

叠压供水方式与其他二次供水方式相比，在能耗和水质上都有显著优势。"水池＋变频控制泵"区域集中加压供水方式优于单体楼变频加压供水方式且该方式的使用条件较为宽松，应用范围广阔，在深圳东湖丽苑示范区应用取得良好效果，平均能耗水平分别下降29.70％～56.20％。

叠压供水稳流罐（不带缓冲介质）对瞬时压力波动无缓冲作用，且高压腔内水质较差，建议取消稳流罐；每台水泵对应独立变频器，有助于提高设备性能；对于新建项目，宜通过水力软件模拟确定是否允许使用管网叠压供水方式。

在水质方面，管网叠压供水方式水质保障最高，水库和管道增压方式次之，水库增压药耗较大，存在二次污染的风险；在能耗方面，水库增压供水方式能耗最高，水库和管道增压方式次之，管网叠压供水方式最小；在管理上，水库增压供水方式要求严格，水库和管道增压方式次之，管网叠压供水方式管理方便；在供水安全方面，水库增压由于其保留了大型地下水池，供水保障率最高，水库和管道增压方式次之，管网叠压安全性稍差。通过供水模型软件的模拟结果表明，三种区域优化改造方式理论上合理可行，不同供水方式有其自身的优缺点，在实际应用中，应该结合改造区域的实际情况，综合分析来选定合适的改造方式。

7.4 上海市二次供水技术研究

7.4.1 上海市二次供水现状

1. 二次供水设施现状

1）二次供水设施概述

据初步统计（截至2007年5月），上海市中心城区自来水市南、市北、浦东威立雅和闵行公司服务范围内（涉及中心9个整区以及浦东新区、闵行区、嘉定区和宝山区部分地区），居民住宅建筑面积约3.52亿m^2，套式水表419.95万只。由于本市给水管网压力较低，所以居民住宅普遍配置二次供水设施，二次供水设施规模十分庞大，约有屋顶水箱13.82万只，地下水池2.36万只，水泵5.18万台（套），公共管道26646km。大部分生活水泵为铸铁材质，水池为钢筋混凝土结构，内壁为水泥砂浆；大多数水箱为钢筋混凝土结构，内壁为水泥砂浆池壁。小区管网材质主要是灰口铸铁管、钢管和镀锌钢管。

2）二次供水设施主要类型

上海市居民住宅二次供水类型可分为屋顶水箱供水（无泵房）、水池和水箱联合供水、水池和变频水泵联合供水等3类。住宅分为老（新）式里弄、简易工房、多层、小高层、高层等 5 类；按产权类型分为直管房、系统房和商品房等 3 类。目前高层建筑一般采用贮水池、加压水泵和屋顶水箱的给水系统，即由加压水泵将水全部一次提升至屋顶水箱，然后再由水箱通过贯穿全楼的立管向各楼层用水点供水。屋顶水箱作为供水调蓄设施，可有效降低高峰用水量和水压，以达到满足市政管网给水水压周期性不足的问题。多层建筑的 1～3 层采用市政直供水，4～6 层由屋顶水箱供水。

3）上海市二次供水设施的特点

综上分析，上海市二次供水设施具有三个典型的特点：

（1）规模庞大。从本市统计的水表、水箱、水池、水泵和公共管道的数量进行分析，其二次供水设施的数量惊人、规模庞大，与其他城市的二次供水设施无可比性。如天津市二次供水设施需要改造有 2020 处；深圳市经区域优化加压后多层二次供水设施仅有 50 余处；沈阳市二次供水设施 2942 处。

（2）涉及面广。全国大部分城市市政管网压力较高，多层住宅设置二次供水设施较少，多数集中在高层建筑上。由于历史原因，上海市政管网压力较低，居民住宅普遍设置二次供水设施。

（3）结构多样。随着本市居民住宅建设的稳步推进，二次供水设施建设时间跨度大，标准不一，采用的水泵类型、水箱（池）材质以及立管材质等多种多样，规格不一，难以统一管理。

2. 上海市二次供水水质现状

近年来，市民反映二次供水水质问题较多。据资料统计，2003 年中心城区反映水质问题共 1579 件，其中二次供水引起的水质问题占 52%，2004 年中心城区反映水质问题共 2003 件，其中二次供水引起的水质问题占 49.2%。将 2007 年水质投诉受理情况进行统计，各公司共受理水质问题 4167 件，其中涉及二次供水水质问题的约占 70%，有逐年上升的趋势（见图 7-35）。

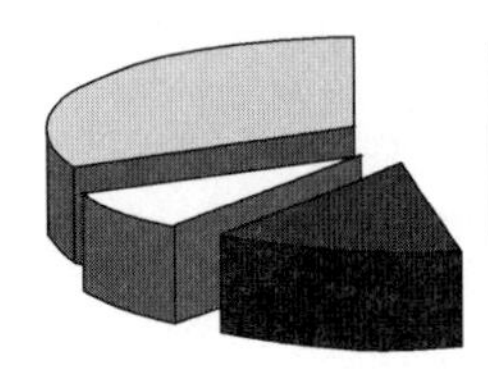

图 7-35　2007 年上海市中心城区水质投诉问题分析

从反映二次供水水质问题的类型和原因分析，由管材、工程等原因引起的黄水水质问题占二次供水水质问题的 50%以上，屋顶水箱和水池管理不善造成的红虫和异臭味问题约占二次供水水质问题的 20%，其他原因造成的水质问题约占二次供水水质问题的 30%。

通过对某小区（老式多层公房）二次供水改造前水质进行检测，具体结果见表 7-10。

二次供水改造前某小区（老式多层公房）水质情况　　**表 7-10**

采样点	细菌总数	总大肠菌群	浊度	余氯	色度	臭与味	铁	锰	耗氧量
位置	CFU/mL	CFU/100mL	NTU	mg/L	CU		mg/L	mg/L	mg/L
二次供水设施前	0	0	0.41	0.20	10	无臭无味	0.06	0.05	3.5
四楼用户	20	0	1.60	<0.05	10	无臭无味	0.23	0.01	3.4
屋顶水箱	2	0	0.71	0.10	12	无臭无味	0.10	0.04	3.4

由于选用了一个二次供水设施陈旧的小区进行调研，其数据仅代表同类型的小区水质污染情况。由表 7-11 可知，屋顶水箱水质与二次供水设施前水质比较，屋顶水箱出水浑浊度、铁、色度等浓度均有升高，余氯降低；屋顶水箱出水与四楼用户水质比较，四楼用户水浑浊度增幅较大，铁浓度上升，余氯下降。由此可知，二次供水设施对水质的污染比较严重，主要是由于设施内的材质老化、水力停留时间过长等原因所致。

由表 7-11 可知，上海市供水水质由出厂水至管网水至二次供水的过程中，浑浊度、余氯和铁等三项指标变化幅度较大，其变化趋势为：浑浊度逐渐升高、余氯逐渐降低、铁浓度逐渐增加，水质逐步恶化。尽管如此，从数据的平均值来看，用户龙头水水质均达到标准。

上海市中心城区供水水质与二次供水水质比较 **表 7-11**

检测项目	国家标准	出厂水	管网水	二次供水
浊度（NTU）	≤1.0	0.10	0.27	0.52
化合余氯（mg/L）	≥0.05	1.6	1.1	0.67
色度 CU	15	8	9	9
臭与味	无异臭异味，用户可接受	无异臭味	无异臭味	无异臭味
耗氧量（mg/L）	≤3.0	—	3.1	3.0
铁（mg/L）	≤0.3	0.03	0.04	0.08
锰（mg/L）	≤0.1	0.05	0.05	0.04
细菌总数（CFU/mL）	≤100	0	0	1
总大肠菌群（CFU/100mL）	不得含有	0	0	0

3. 上海市二次供水管理现状

1）二次供水设施产权归属

国家 2007 年 10 月 1 日修订颁布的《物业管理条例》第九条物业管理区域的划分应当考虑物业的共用设施设备、建筑物规模、社区建设等因素。具体办法由省、自治区、直辖市制定。现行的《上海市住宅物业管理规定》未作出解释。国家和上海市的两个条例都未就物业公共设施、设备作出明确界定。

《关于本市中心城区居民住宅二次供水设施改造和理顺相关管理体制实施意见》（沪府［2007］69 号）文件，第四条第三款中说明，供水企业管水到表后，二次供水设施产权性质不变，仍为业主所有。第一条中说明，居民住宅二次供水设施是指居民住宅小区的供水水箱、水池、管道、阀门、水泵、计量器具及其附属设施。由此可知，上海市规定了二次供水设施产权归业主所有。

2）二次供水设施管理主体

根据沪府［2007］69 号文件第一条中说明，供水企业未接管之前的居民住宅二次供水设施由物业企业负责，供水企业只管到街坊管为止。因此，目前，居民住宅二次供水设施管理主体是物业企业。

多年来，水务部门和房管部门为保障居民的用水做了大量工作，但分工管理仍日显其弊端，人为造成供水管理与用水管理相分割的管理模式不利于实现高效管理和达到以人为本、方便居民的目的。主要表现为：难以界定职责，使一些用水的老大难问题很难得到根本的解决；多头管理，比较容易发生部门之间相互推诿，使居民反映的用水问题不能及时解决；居民不了解管理分工，造成信息迟滞，服务不及时，引起居民不满等。

长宁区、卢湾区和宝山区二次供水卫生状况调查结果表明，上海市二次供水的卫生管理情况较好，基本能做到水箱定期清洗（一年两次），清洗水箱人员一年一次健康体检等等。但同时还存在一些问题，主要是依法规范管理意识不强，管理人员专业水平较低，日常管理不到位。

7.4.2 上海二次供水改造示范工程

1. 二次供水示范小区概况

（1）庆宁寺小区：1994年建造，位于浦东大道2641弄（6-42号），所辖面积41100m^2，总户数774户，售后公房。小区内有37个水箱，水箱无内衬，有一座水泵房和两台水泵，水泵声音异常，开启扰民。小区内用户水表为非嵌墙表，立管和支管为镀锌管。小区街坊管有渗漏现象。居民反映楼内水压不足，水质不好。

2008年3月份进行水质检验，小区泵房的进水和其他三个采样点检测数据比较，浊度升高1倍左右，总铁升高2～4倍；另外，101室和403室比较，即用楼顶水箱供水的水质和直接供水的水质比较，使用楼顶水箱供水水质的浊度更高。各点的余氯均较高，锰和耗氧量无升高现象，无肉眼可见物。小区内居民迫切希望早日进行二次供水改造。

（2）上钢四村：1980年建造，位于昌里路340弄（19～59号），所辖面积43061.32m^2，总户数984户，售后公房，小区内有47个屋顶水箱，水箱无内衬，无水泵房和水泵，小区内用户水表为非嵌墙表，立管和支管为镀锌管。小区街坊管建造以来没有改造过。小区内有四个门牌号为商品房。居民反映五楼、六楼水压不足，水质不好。

两个试点工程2008年开工，改造后，进行了水质采样检测，进行了充分比对。

2. 示范小区二次供水设施改造内容

（1）泵房、水泵的大修及改造：水泵、水泵房按上海市水务局、上海市房地局《关于在旧住房综合改造中执行二次供水设施改造标准要求的通知》精神进行大修与改造。水泵采用不锈钢立式水泵；阀门采用软密封弹性闸阀；控制柜采用变频控制柜；泵房管道采用衬塑镀锌管。

（2）半地下水池内衬：采用经专业部门检验合格的瓷砖（图7-36），水池内其他所有管配件均采用符合标准要求的材质。

（3）楼内立管外移至公共部位：立管与支管采用PP-R材料敷设。

（4）居民水表外移至公共部位：水表箱及水表三件套安装（图7-37）。

（5）屋顶水箱内衬：采用经专业部门检验合格的瓷砖，水箱内其他所有管配件均采用符合标准要求的材质（图7-38、图7-39）。屋顶水箱引至居民立管处所用材质为钢塑复合管。

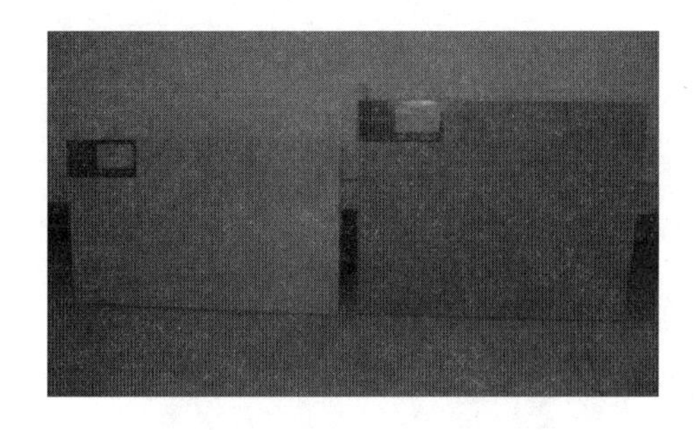

图 7-36 水箱、水池内衬瓷砖

图 7-37 水表箱及水表

图 7-38 水箱浮球

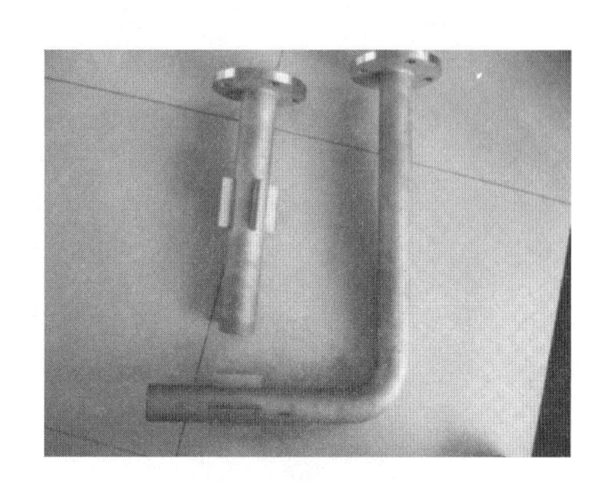

图 7-39 水箱内管配件

（6）街坊管道重新敷设。

二次供水设施改造前后比较 **表 7-12**

	改造前	改造后
水箱	水泥砂浆内壁，铜铁浮球阀，进出阀门为铸铁闸阀，镀锌穿墙管，无人孔扶梯，无防虫溢流管滤网，玻璃钢、水泥、木质水箱盖或无水箱盖	食品安全级的瓷砖贴面，食品安全级的胶粘剂、勾逢剂，铜球不锈钢浮球阀，进出阀门为铜球阀，不锈钢穿墙管、钢塑复合内管，增加不锈钢人孔扶梯，增加防虫溢流管滤网，不锈钢水箱盖
水表	表位在居民屋内	表安装在公共部位的表箱内
立管	镀锌管，在屋内	包裹防冻层的 PP-R 管，在楼道公共部位
水池	水泥砂浆内壁，铜铁浮球阀，镀锌穿墙管，铁制人孔扶梯，木质水池盖	食品安全级的瓷砖贴面；食品安全级的胶粘剂、勾逢剂，铜球不锈钢浮球阀，不锈钢穿墙管、钢塑复合内管，增加不锈钢人孔扶梯，不锈钢水池盖
泵房	老式手动操作公频泵，卧式，铸铁材质；进出管为钢管或铸铁管，铸铁闸阀	带控制柜的变频泵，立式，全不锈钢材质，采用钢塑复合管连接，穿墙部分用不锈钢管材，铸铁橡皮阀门

设施改造前后见表 7-12、图 7-40～图 7-44 所示。

图 7-40　改造前后泵房水泵对比

图 7-41　改造前后立管对比

图 7-42　改造前后水表对比

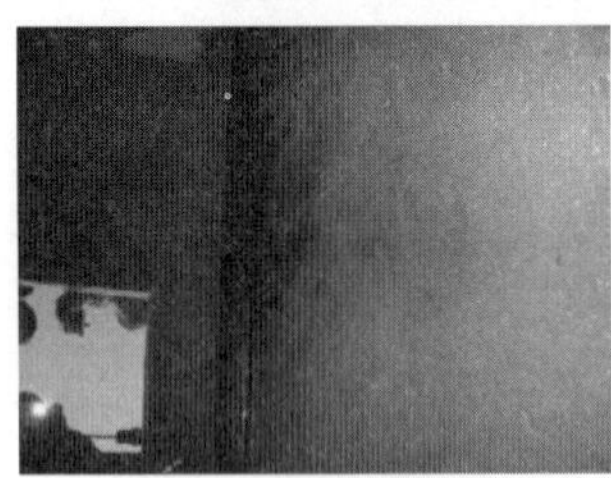

改造前水箱内壁水泥内衬

改造前水箱及浮球阀

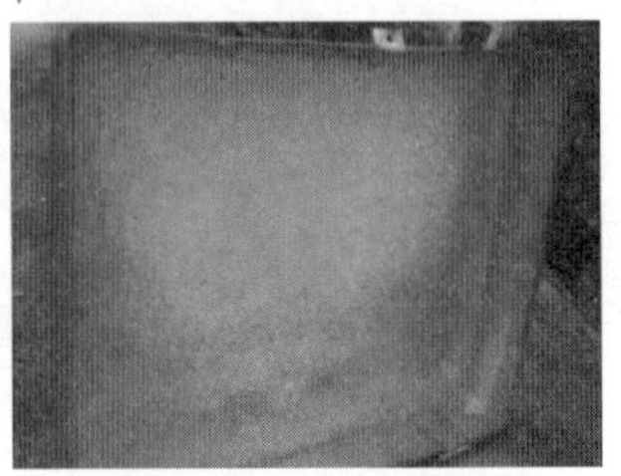

改造前水箱玻璃钢人孔盖

图 7-43　改造前水箱

改造后水箱内部运行状况

改造后新浮球阀及不锈钢扶梯

改造后水箱不锈钢人孔盖

图 7-44　改造后水箱

7.4.3　示范小区二次供水设施改造效果

经二次供水改造后，这两小区绝大多数居民普遍反映供水水质得到了明显改善。

1. 示范小区二次供水改造前水质

上钢四村二次供水改造前不同楼层用户及屋顶水箱水质检测结果见表 7-13、图 7-45 和图 7-46。

上钢四村二次供水改造前水质　　**表 7-13**

采样点 位置	细菌总数 CFU/mL	总大肠菌群 CFU/100mL	浊度 NTU	余氯 mg/L	色度 CU	臭与味	铁 mg/L	锰 mg/L	耗氧量 mg/L
小区门房	0	0	0.41	1.0	8	无嗅无味	0.06	0.05	3.0
1 楼用户	6	0	1.2	0.31	12	无臭无味	0.33	0.07	3.0
4 楼用户	20	0	1.1	0.36	10	无臭无味	0.18	0.07	2.9
屋顶水箱	5	0	0.69	0.67	8	无臭无味	0.10	0.07	3.0

数据结果分析表明该小区的给水管道比较陈旧。小区门房水质与一楼用户水质比较，显而易见，一楼用户水浊度、色度、铁、细菌总数均有明显上升，余氯骤降，可见小区内管道的污染比较严重。其次，将屋顶水箱水质与四楼用户水质比较，四楼用户水质污染严重，浊度骤增，说明居民楼房的立管也是二次污染的重要因素。

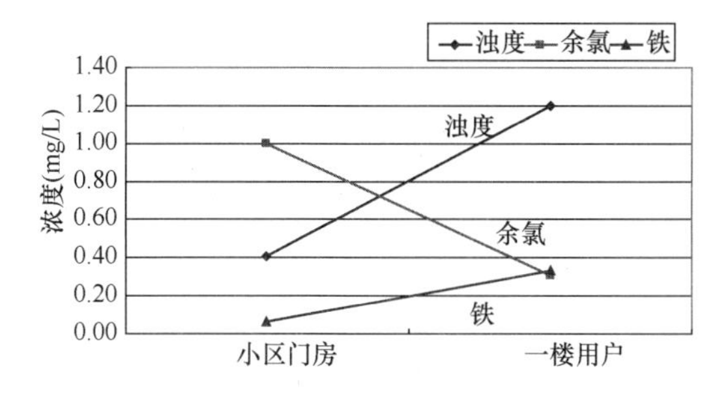

图 7-45　小区门房水质与一楼用户水质比较

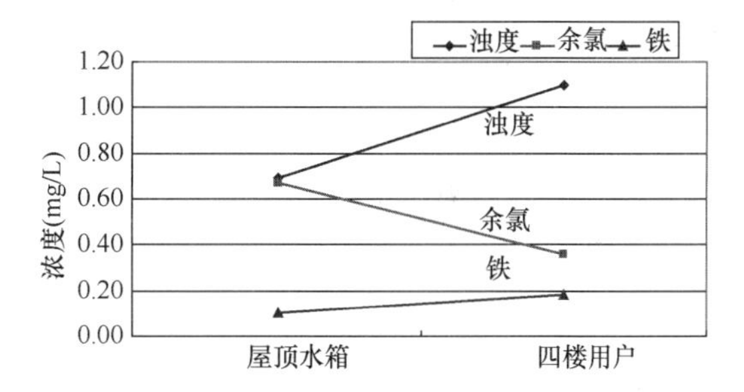

图 7-46　屋顶水箱水质与四楼用户水质比较

2. 示范小区改造前后水质比较

从水质调查结果分析比较，给水管网水质在经过二次供水设施后 12 项指标有不同程度的改变（表 7-14、图 7-47）：

（1）升高（即水质下降）指标主要有：浊度、色度、铁、细菌总数、锰、锌和亚硝酸盐氮，其中浊度、铁、锌和亚硝酸盐氮指标升高幅度较大，浊度升高幅度达 80%以上，铁、锌升高幅度也均在 150%以上。

（2）降低指标有：余氯、氯仿和四氯化碳，这主要由于随水在管道中停留时间的增加，水中余氯降低幅度较大，有时甚至会出现用户龙头无氯的现象。相应氯消毒副产物浓度也会随之降低。

（3）其余指标在经过二次供水设施后，变化不大。

二次供水设施前后水质常规指标比较　　表7-14

项　目	国家标准	上钢四村	庆宁寺小区		
		二次供水设施前	二次供水设施后	二次供水设施前	二次供水设施后
细菌总数（CFU/mL）	100	0	20	0	20
总大肠菌群（CFU/100mL）	0	0	0	0	0
耐热大肠菌群（CFU/100mL）	0	0	0	0	0
化合余氯（mg/L）	0.05	1.0	0.20	1.3	<0.05
色度（CU）	15	8	10	10	10
浊度（NTU）	1	0.41	0.78	0.52	1.6
臭与味	无异臭异味，用户可接受	无臭无味	无臭无味	无臭无味	无臭无味
肉眼可见物	无	无	无	无	无
pH	6.5～8.5	7.1	7.1	7.6	7.8
总硬度（mg/L）	450	126	125	131	130
阴离子表面活性剂（mg/L）	0.3	0.17	0.18	0.24	0.23
氰化物（mg/L）	0.05	0.003	0.003	<0.002	<0.002
硒（mg/L）	0.01	0.0004	0.0005	0.0025	0.0004
铝（mg/L）	0.2	<0.03	<0.03	<0.03	<0.03
砷（mg/L）	0.01	0.0146	0.0029	0.0026	0.0038
硫酸盐（mg/L）	250	42	48	73	47
硝酸盐氮（mg/L）	10	2.0	2.4	2.5	2.4
氯化物（mg/L）	250	26	33	67	45
汞（mg/L）	0.001	<0.0001	<0.0001	<0.0001	<0.0001
锰（mg/L）	0.1	0.05	0.07	<0.01	0.01
铁（mg/L）	0.3	0.06	0.15	0.03	0.23
铅（mg/L）	0.01	<0.002	<0.002	<0.002	<0.002
铜（mg/L）	1	<0.005	0.005	0.005	<0.005
锌（mg/L）	1	0.02	0.06	0.03	0.08
镉（mg/L）	0.003	<0.002	<0.002	<0.002	<0.002
铬（六价）	0.05	0.004	<0.004	0.006	<0.004
氟（mg/L）	1	0.38	0.46	0.93	0.45
耗氧量COD_{Mn}（mg/L）	3	3.5	3.5	4.2	3.4
挥发酚（mg/L）	0.002	<0.002	<0.002	<0.002	<0.002
氯仿（mg/L）	60	5.9	1.7	10.1	6.9
四氯化碳（mg/L）	2	0.094	0.016	0.031	0.010
溶解性总固体（mg/L）	1000	266	172	206	200
亚硝酸盐氮（mg/L）	—	0.002	0.018	<0.001	0.007
氨氮（mg/L）	—	0.36	0.43	0.26	0.07
电导率（mS/m，25℃）	—	55	54	54	55
总碱度（mg/L）	—	84	80	69	68
总有机碳（mg/L）	—	3.1	3.1	3.2	3.0

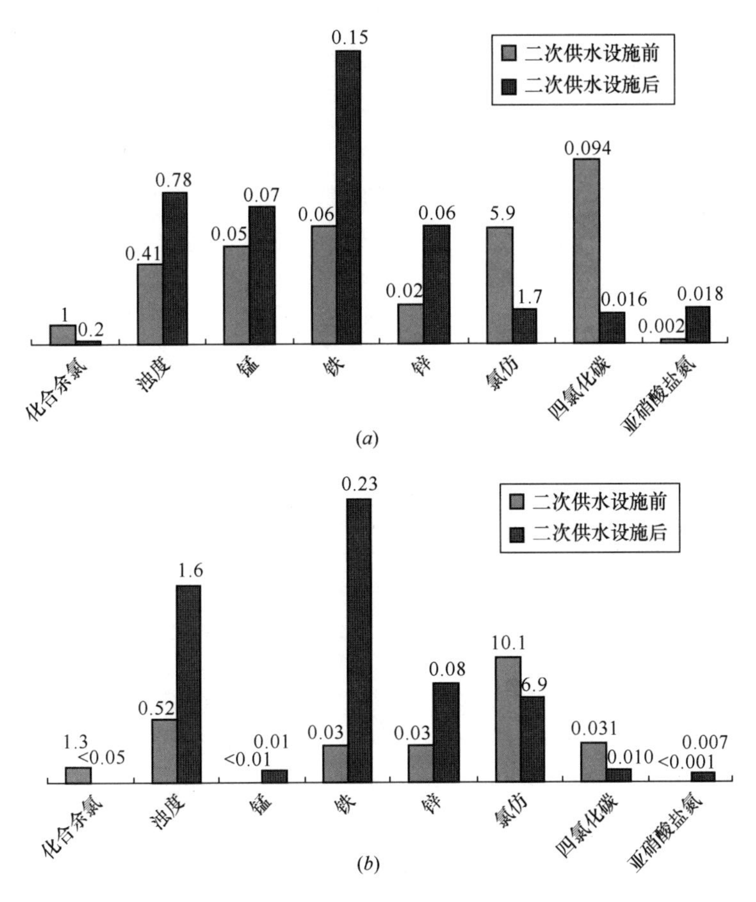

图 7-47 示范小区二次供水设施前后水质比较

（a）上钢四村；（b）庆宁寺小区

由此可见，小区内部管道、居民楼房的立管以及屋顶水箱是二次供水污染的重要因素。为了使居民用上优质的自来水，小区（老式多层公房）内二次供水的改造是迫不及待的。

3. 示范小区改造后水质追踪分析

由表 7-15 分析，经二次供水改造后，供水水质将有所改善，主要表现在：

（1）余氯下降幅度由 1.25mg/L 减小到 0.5mg/L。其中，夏季下降约 0.65mg/L，冬季下降约 0.4mg/L，用户龙头水均保持有一定余氯；

（2）生物稳定性提高，微生物滋生速度明显减缓，细菌总数提高幅度明显下降；

（3）经二次供水设施后，浊度虽有上升，但升高幅度由 1.08NTU 明显下降到 0.25NTU；

（4）小区内街坊管、楼道立管更新后，水中铁、锰含量明显下降；

（5）水中有机物含量有所下降，如氯仿、四氯化碳、耗氧量均稍有下降。

二次供水试点小区改造前后水质分析　　**表 7-15**

项目	GB 5749—2006 标准限值	改造前		改造后			
				夏季		冬季	
		二次供水设施前	二次供水设施后	二次供水设施前	二次供水设施后	二次供水设施前	二次供水设施后
细菌总数（CFU/mL）	100	0	20	2	4	0	0
化合余氯（mg/L）	0.05	1.3	<0.05	1.3	0.65	1.0	0.60
色度（CU）	15	10	10	10	10	10	10
浊度（NTU）	1	0.52	1.6	0.34	0.39	0.27	0.42
硝酸盐氮（mg/L）	10	2.5	2.4	2.6	2.7	2.8	2.9
锰（mg/L）	0.1	<0.01	0.01	0.02	0.02	0.03	0.03
铁（mg/L）	0.3	0.03	0.23	0.02	0.04	0.01	0.03
锌（mg/L）	1	0.03	0.08	0.01	0.10	0.02	0.06
耗氧量 COD_{Mn}（mg/L）	3	4.2	3.4	3.3	3.3	3.2	3.2
氯仿（mg/L）	60	10.1	6.9	5.2	4.2	2.2	2.3
四氯化碳（mg/L）	2	0.031	0.010	0.031	0.016	0.027	0.020
亚硝酸盐氮（mg/L）	—	<0.001	0.007	0.002	0.066	0.005	0.011

综上所述，二次供水设施改造后，居民用水水质普遍有较大程度提高，但仍有小部分居民家中由于表后管材（使用年代已久的镀锌管）未同步更新，在水压变化时，仍有短时间的“黄水”现象发生。我们建议用户尽快将这部分管材加以更新。

二次供水试点小区改造运行一年后水质情况　　**表 7-16**

项　目	GB 5749—2006 标准限值	上钢四村		庆宁寺小区	
		二次供水设施前	二次供水设施后	二次供水设施前	二次供水设施后
细菌总数（CFU/mL）	100	0	0	0	0
总大肠菌群（CFU/100mL）	0	0	0	0	0
耐热大肠菌群（CFU/100mL）	0	0	0	0	0
化合余氯（mg/L）	0.05	1.6	0.30	2.0	0.10
色度（CU）	15	9	10	10	8
浊度（NTU）	1	0.32	0.33	0.25	0.38
臭与味	无异臭味	无异臭味	无异臭味	无异臭味	无异臭味
肉眼可见物	无	无	无	无	无
pH	6.5~8.5	7.4	7.3	7.5	7.5
总硬度（mg/L）	450	118	118	120	120
阴离子表面活性剂（mg/L）	0.3	0.10	0.19	0.17	0.13
氰化物（mg/L）	0.05	<0.002	<0.002	<0.002	<0.002
硒（mg/L）	0.01	0.0008	0.0005	0.0007	0.0008

续表

项目	GB 5749—2006 标准限值	上钢四村		庆宁寺小区	
		二次供水设施前	二次供水设施后	二次供水设施前	二次供水设施后
铝（mg/L）	0.2	<0.01	0.08	0.05	0.03
砷（mg/L）	0.01	0.0003	0.0039	0.0026	0.0008
硫酸盐（mg/L）	250	122	112	99	91
硝酸盐氮（mg/L）	10	2.27	2.47	2.18	2.34
氯化物（mg/L）	250	84	91	95	95
汞（mg/L）	0.001	<0.0001	<0.0001	<0.0001	<0.0001
锰（mg/L）	0.1	0.01	0.01	0.01	<0.01
铁（mg/L）	0.3	0.04	0.02	0.11	0.03
铅（mg/L）	0.01	<0.002	<0.002	<0.002	<0.002
铜（mg/L）	1	<0.005	<0.005	<0.005	<0.005
锌（mg/L）	1	0.01	0.08	0.08	0.04
镉（mg/L）	0.003	<0.002	<0.002	<0.002	<0.002
铬（六价）	0.05	<0.004	<0.004	<0.004	<0.004
氟（mg/L）	1	0.64	0.71	0.76	0.78
耗氧量 COD_{Mn}（mg/L）	3	2.7	3.6	3.0	3.2
挥发酚（mg/L）	0.002	0.003	<0.002	<0.002	0.003
氯仿（mg/L）	60	2.5	2.8	4.6	3.9
四氯化碳（mg/L）	2	0.031	0.024	0.057	0.019
溶解性总固体（mg/L）	1000	384	364	378	366
亚硝酸盐氮（mg/L）	—	0.009	0.182	0.006	0.244
氨氮（mg/L）	—	0.11	0.10	0.34	0.07
电导率（mS/m，25℃）	—	63	63	63	62
总碱度（mg/L）	—	66	70	76	74
总有机碳（mg/L）	—	4.2	4.4	4.3	4.1

上钢四村和庆宁寺两试点小区二次供水设施改造运行一年后，设备运行情况良好，供应用户水质有较大幅度提高，浑浊度基本保持在0.3～0.4NTU之间，用户龙头水都能保持有一定量余氯以保证消毒效果。二次供水设施的出水水质和管网水基本保持一致（表7-16）。

7.5 二次供水水质保障管理体系

针对上海市、广州市新建和改建住宅二次供水工程特点及二次供水设施运行维护管理不规范等问题，对国内城镇二次供水现状及其设施技术标准进行了分析，在对住宅二次供水设施改造情况进行调研的基础上，广泛征求了建设、设计、审图、施工和管理等部门和单位的意见。同时，依据和参考了有关国家、行业和地方的相关规范和标准，征询了有关专家的意见，形成一系列住宅二次供水设计、管理行业和地方规程。上海市地方标准有《住宅二次供水设计规程》、《二次供水设计、施工、验收、运行维护管理要求》；企业标准有《二次供水水质管理规程》、《二次供水水箱（池）清洗消毒管理技术规程》；广州市地方标准有《二次供水设施清洗保洁技术规范》、《二次供水系统水质监测技术规范》。

《住宅二次供水设计规程》：针对上海市新建和改建住宅二次供水工程设计，对国内城镇二次供水现状及其设施技术标准进行了分析，在对上海市住宅二次供水设施改造情况进行了调研的基础上，广泛征求了建设、设计、审图、施工和管理等部门和单位的意见，同时，依据和参考了有关国家、行业和地方的相关规范和标准，征询了有关专家的意见，最终形成本规程。

《二次供水设计、施工、验收、运行维护管理要求》：为贯彻落实《中华人民共和国水法》、《中华人民共和国传染病防治法》、《中华人民共和国产品质量法》、《城市供水条例》、《上海市供水管理条例》、《上海市生活饮用水二次供水卫生管理办法》等有关法律、行政法规，防止水质二次污染，确保二次供水的质量和使用安全，规范对二次供水的监督管理，保证居民身体健康，在广泛调查研究、认真总结实践经验的基础上，结合本市实际情况，制定本规范。

《二次供水水箱（池）清洗消毒管理技术规程》：为加强上海市二次供水设施给水工程的水箱清洗消毒管理工作，保证二次供水设施施工质量达到优质、安全、经济的目的，制定本规程。本规程适用于上海市城市建设投资开发总公司接管的水箱清洗消毒管理。

《二次供水水质管理制度》：为加强二次供水水质管理，确保安全、稳定供水，制定本制度。本制度适用于上海市城市建设投资开发总公司所属供水企业接管小区的二次供水水质管理。

《二次供水系统水质监测技术规范》：广州市地方标准 2010 年 11 月实施。广州市为加强二次供水监管，规范水质监测从业人员职业操守和综合素质，制定采样、监测方法及相关操作等方面的规范，节省人力、物力成本，提高监测效率，准确掌控二次供水系统水质变化。

《二次供水设施清洗保洁技术规范》：广州市地方标准 2011 年 7 月实施。广州市为加强二次供水监管，增加二次供水规范服务覆盖面，规范从业人员职业操守，提高在岗人员的综合素质及服务质量，提高群众对二次供水服务的满意度，规范了二次供水设施清洗频率、保洁要求、设施调查统计表等工作，及时、准确地对用户反馈和投诉采取相应解决措施，有效防止水质二次污染，保障了广州市约 3.4 万个二次供水水池终端供水卫生质量、使用安全及居民身体健康。

第 8 章　给水管网水质中试基地建设

8.1　概　　述

给水管网水质中试平台和基地的建设是一种能力建设，一方面在“水专项”的研究中发挥着重要的作用，另一方面，在“水专项”课题结题后，继续发挥着科研和培养人才的任务。在饮用水输配环节，主要建立了 2 个中试平台（基地）：浙江大学管网卫生学综合实验平台和南水北调受水区丹江口管网中试基地。

浙江大学管网卫生学实验平台，位于浙江大学玉泉校区，占地 570m^2，由预处理系统、结构系统、模拟管网系统、配电控制系统、管网温控系统、在线监测系统以及中央控制系统和室温调节系统组成。可实现市政给水管网水力工况进行模拟、管网内生物膜生长、管网二次污染、管网水质参数变化规律等给水管网水力与水质方面的研究。该平台设计先进，具有多项创新，技术性上领先于国内外其他管网试验装置。

8.2　浙江大学管网卫生学综合实验平台

浙江大学给水管网综合模拟研究平台由多功能管网模拟系统、智能化中央控制系统、温控系统、加药系统、在线监测系统及结构、电力等附属系统组成（图 8-1、图 8-2）。重点针对目前及今后城市给水管网面临的新生水质问题，该平台首次在国内实现了复杂给水管网综合模拟试验功能的一体化集成：单一回路多水源切换模拟、突发外源污染入侵监测试验模拟、末端用户滞流管段水质仿真模拟、实际管道的平台嫁接试验研究以及管道二次消毒模拟等功能的集成。

通过对国内外给水管网二次污染问题、运行工况特征、管网水质安全事件、管网水质研究手段和技术等多方面分析论证的基础上，借鉴并吸取了国内外管网实验装置及实验方法存在的问题与不足，针对给水管网的多工况模拟技术、检测取样技术、精确模拟技术、智能化控制及协同试验技术等进行了专项研究和攻关，研发并建设完成了给水管网集成创新平台，同时在开放性、普适性、可扩展性和可兼容性方面取得了以下创新：

（1）该平台拥有 4 个环路，3 种管材（球墨铸铁、PE、不锈钢），每回路管长 78m，管径 *DN*150，管内可控压强 0.03～0.2MPa，流速 0～1.85m/s，水温 7～42℃（精度±0.5℃）。

（2）提出了实现封闭循环回路采样的不停水实验运行原创性关键技术：独特的生物膜

图 8-1　给水管网综合模拟平台

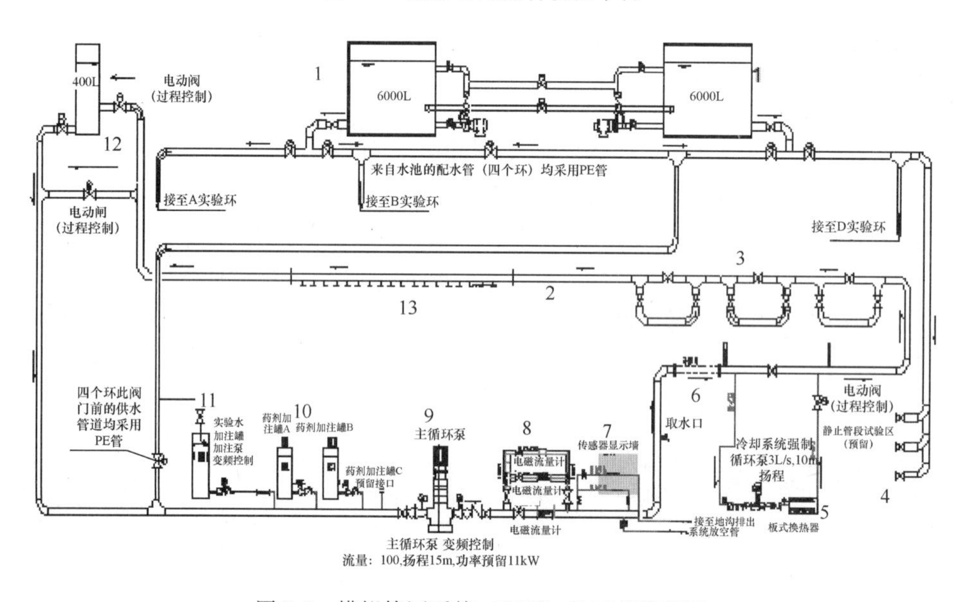

图 8-2　模拟管网系统（C 环）的工艺流程图

1—双水箱设计；2—主题水循环回路；3—可置换管段；4—静止水管段拓展口；
5—加热系统；6—可视管段；7—水质在线监测模块；8—流量校正环；
9—主循环水泵；10—加药系统；11—补水系统；12—高位补水排气水箱；
13—生物膜采样器

采样器、高位排气补水装置及并联管路的自动补水控制系、可置换管道并行回路。

（3）首次在国内实现了复杂给水管网综合模拟试验功能的一体化集成：单一回路多水源切换模拟、突发外源污染入侵监测试验模拟、末端用户滞流管段水质仿真模拟、实际管道的嫁接试验研究。

(4) 构建了基于内外双控技术的循环回路水温精确调节系统，实现了特定运行温度工况的精确仿真。

(5) 建立了 WEB 远程监测技术的试验共享平台，拓展了平台的运行空间，提升了平台开放水平。

平台目前已获 10 项发明专利申请号和 5 项实用新型专利申请号，授权软件著作权 2 项。2 家自来水公司和 1 所高校在该平台上开展了“给水管网中三氯甲烷随余氯衰减变化研究”、“给水管网余氯衰减模型”和“饮用水管网水质的红水和黄水”的试验研究，开放的管网平台、精确的温度控制、WEB 远程监测以及平台的智能化，为这些试验研究提供了有效的保障，获得的试验结果在实际生产中得到了应用，取得了很好的社会效益。

鉴定专家委员会一致认为：“课题组在给水管网集成创新平台的研发、系统建设及监测控制技术等方面取得了多项原创性的成果，在给水管网模拟试验平台建设的普适性、可扩展性和可兼容性方面取得了重大创新，该项目研究成果整体上达到了国际先进水平，其中在试验平台整体集成度、封闭循环回路的自动补水控制及远程监控与协同实验方面达到了国际领先水平。”

浙江大学给水管网集成创新平台在研制与建设过程中，主要突破了以下技术：

1. 提供了不同管材管道腐蚀与结垢、生物膜机理的研究平台

管道腐蚀、结垢与生物膜生长是目前管内水质指标特别是浊度、色度、细菌种类和数量、有毒重金属含量以及微生物等指标恶化的主要诱因之一。目前，针对管道腐蚀、结垢与生物膜的研究方法与手段主要局限于现场管道改造时留取管道样本来进行。但是，样本的获取非常困难。因此，为了在实验室实现管道腐蚀、结垢以及生物膜生长的机理研究，免除取样困难给研究带来的不便，给水管网集成创新平台对以下技术进行了研究：

(1) 实现同一平台不同管材（球墨铸铁、PE、不锈钢）、同一环境条件与同一水力、水质条件下，管材腐蚀、结垢与生物膜生长的同步对比研究。

(2) 独特设计的生物膜采样器实现了生物膜的无干扰采样。该生物膜采样器与国内外其他同类装置相比，实现了试验过程中生物膜的无干扰采样，即设计使采样器的采样靶表面与管壁一致（图 8-3），以避免采样管段“浮岛”和“凹槽”的形成，确保了采样靶表面与管壁水力条件一致，保证生物膜样本的代表性。同时，生物膜采样器一组 12 个，可

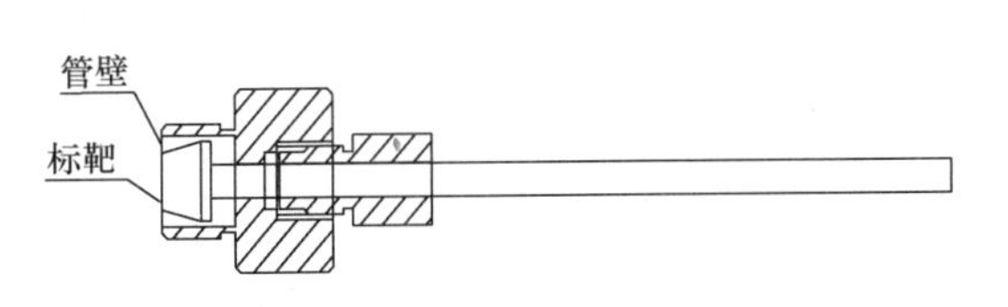

图 8-3 生物膜采样器原理结构图及其实物照片

根据试验周期和检测频率，定期定时采样，实现试验不间断情况下的采样。

（3）可置换管段实现了管道腐蚀、管垢与生物膜的即时形态观察与整体样本分析

管网创新平台在主循环管路上设置了多个可置换管段，在实验过程中，可将置换管段拆卸，分析并观察管内结垢、生物膜形态和物质，并进行取样分析，具体可实现：

a. 在不影响循环工作工况的前提下定期对目标管段进行拆卸，观察、分析管内壁的腐蚀、结垢情况和生物膜生长趋势。

b. 单一环路实现多种流速工况下的模拟，可分析相同水质情况下水力条件改变对管壁生化反应的影响。

c. 进行目标管段的更换试验，如将城市市政给水管段拆卸后，安装接入平台开展相应的分析评价研究。

这一独创的设计解决了实际管网中结垢层采样困难的难题，大大方便了试验人员的采样研究，提高了试验平台与试验人员的可交互性以及平台的可拓展性，提升了试验装置的平台作用。

（4）死水管段的设置实现了死水管段内水质、管壁生化反应机理研究的可能。

（5）可视管道的设置可帮助试验人员直观的掌握污染物质（铁锈、沉淀物等）在管内的沉积现象和规律，提高对管网内部运行状态的认识，体现了管网水质试验平台的实用性。

2. 稳定的试验环境控制与精确的水质指标在线监测

1）实际管网环境温度与试验水体水温的稳定模拟技术

市政给水管道一般敷设在地下，其管网温度与环境温度之间存在一定的差别，且中国南北差异较大，不同城市不同季节的市政管道运行温度差距很大。为了真实模拟管网所处的实际环境温度，该平台将模拟管网系统与控制、操作等单元分隔开，将作为主体的模拟管网系统单独置于密闭空间中，并通过石棉保温层对墙体四周进行隔热处理（图 8-4）。

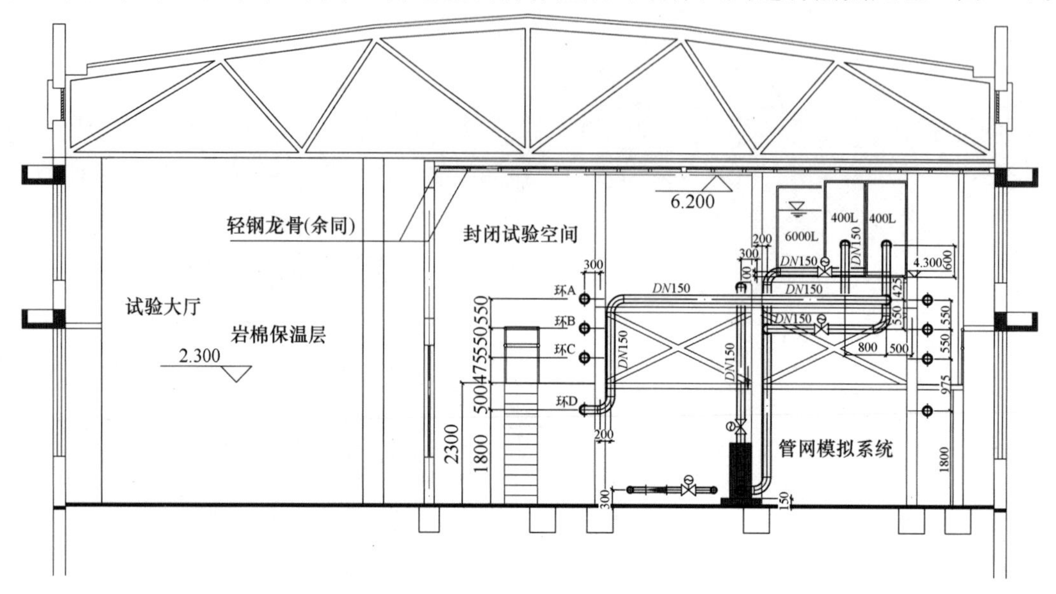

图 8-4　管网模拟装置的密闭空间

该环境温度控制由15组风机盘管室内空调实现，空调冷负荷52.67kW，空调热负荷37.47kW。建筑面积冷指标为92.4W/m²，建筑面积热指标为65.7W/m²。在实验室顶部均匀分布空调出风口，以保证密闭空间内的温度恒定。

给水管网集成创新平台的每个水循环回路配有一个板式换热器，两两相互独立，风冷热泵进出水通过两个管道与四个板式换热器连接，分组加热/冷却，达到水温后停止提供冷热源，以实现对模拟管网内的水温在7～42℃范围内的精确控制（精度±0.5℃），仿真了实际工况的温度条件，并能确保试验过程中同一工况下工作环内水温的稳定，保证试验结果的准确、可信。板式换热器可根据设定的温度自动调节，保证循环回路中的水温恒定。板式换热器设计负荷为：夏季设计冷负荷为52.67kW，供回水温为7/12℃；冬季空调热负荷37.47kW，供回水温为45/40℃。

2）实现试验过程中的同质补水和准封闭循环

国内外管网模拟系统在工作环中均设有水箱以排除管路空气，避免封闭循环回路内出现真空，防止产生的失稳和振动。而水箱的设置将不可避免使得水样在循环过程中有与空气接触的机会，导致每次循环中水质性质的改变，引起管网模拟的仿真度下降，研究结果出现偏差。为此，创新平台设计了高位排气补水水箱和二级补水系统（图8-5），即在管网高位设立一个水箱，内设活塞装漂浮片，当试验开始后，排气过程中使试验水在排气的同时尽量减少与空气的接触。当排气结束后，并联管路上的电动阀开度增大，使水循环主要通过并联管路进行，进一步减少试验水与空气的接触机会。当水样减少后，将通过高位排气补水水箱中的水自动进行补水。另外，在配水管路中设有一支管连接至二级补水水箱，试验开始进水后，确保二级补水水箱水质与循环回路中的水质一致。而当高位排气补水水箱补水消耗完后，则通过二级补水水箱继续补水，以确保循环回路的稳定和试验结果的准确，达到试验过程中的同质补水和准封闭循环。

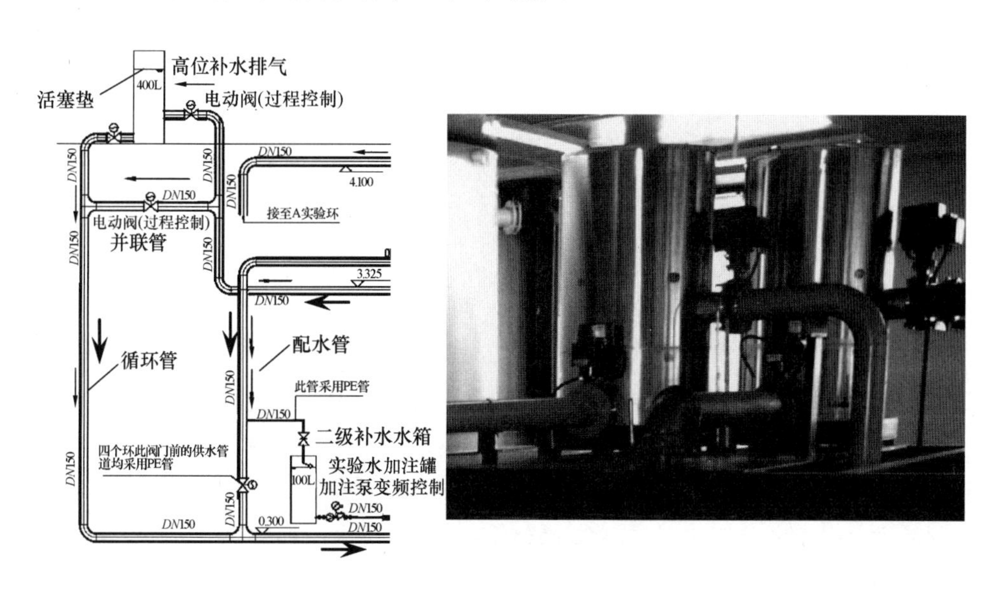

图8-5　高位排气补水和二级补水系统设计原理图与高位补气水箱实物图

3）高精度的在线监测与精确的加药系统

为了实时获取模拟管网的运行状态和水质参数，管网创新平台设计有精确的水质（余氯、颗粒物浓度、pH、溶解氧、电导率、浊度）在线监测系统，科学的水温、水压测点布置以及流量校准环的设计，确保了循环回路水温、水压、流量、流速等状态参数的全面掌握。水质在线监测系统中，分设了循环监测回路和不可循环回路，对监测系统中不受污染的水样返回到循环回路，减小水样流失。

精确的药剂加注系统可同时加注 1～2 种药剂进入管网模拟系统，加注时间、剂量可精确控制，支持管网创新平台二次加氯、外源污染物入侵、水质突变等工况的模拟，可用于研究药剂加注时间、加注剂量以及外源污染物侵入后的水质变化规律和潜在危害等，提升了管网水质试验平台的适应性。药剂加注系统支持瞬时加注、渐变加注、持续加注等多种加注模式。

3. 先进可靠的中央自动控制系统与友好的远程监控与协同实验共享平台

1）先进可靠的中央控制系统

给水管网集成创新平台采用 WebField ECS-700 工业级大型自动化控制系统硬件建立了高可靠性多级冗余的智能中央控制系统，并编制有先进便捷的可视化人机操作系统（图 8-6），可在控制室对管道运行流速、水温、水源切换、在线检测、加药时间、剂量等进行人工控制、动态反馈控制及预设控制，并只需在一位实验员操控下即可完成管网试验平台的各种多工况实验过程的全自动控制。同时，结合在线监测系统，管网创新平台还可以开展优化管网运行管理、防控管网水质二次污染的策略和方法的相关研究。

2）基于 WEB 的远程监测和远程实验共享平台

中央自动控制系统配置有一台 PIMS 数据兼 WEB 服务器，编制了基于 WEB 的实验远程监测服务系统，可同时与操作站信息网和学校 Internet 网相连。实验教师可通过 Internet 网远程 WEB 访问该 PIMS 服务器，通过与现场操作站同样的可视化实验管网监测运行界面，能够实时的远程监测实验设备和在线仪表水质检测数据，查阅实验参数设置、调整全过程，分析现场记录的全部采样数据，并输出及打印所有报表。极大地方便了教师跨空间即可通过现场实验助手设计运行管网给水模拟实验，分析实验结果，也为长周期实验的运行提供了随时随地监测分析的便利。有了该 WEB 远程监测服务系统，实际上为各地专家提供了一个给水管网模拟的远程实验平台，实现了国内最先进的给水管网综合模拟系统的资源共享。

由此可见，浙大管网水质试验平台的建立，为研究管网内水质二次污染的成因机理以及防治措施、外源污染入侵等机理的模拟，对突发性污染防控措施的评价，提供了大型模拟试验平台，有助于研究人员与供水企业更好地认识饮用水在管内的物理、生物、化学变化过程与规律，对改造现有饮用水处理流程、开发新技术和新工艺、建立管内饮用水水质污染控制的方法和策略，提供了广阔的试验舞台和强有力的试验支撑，具有重要的理论指导意义和工程应用价值。

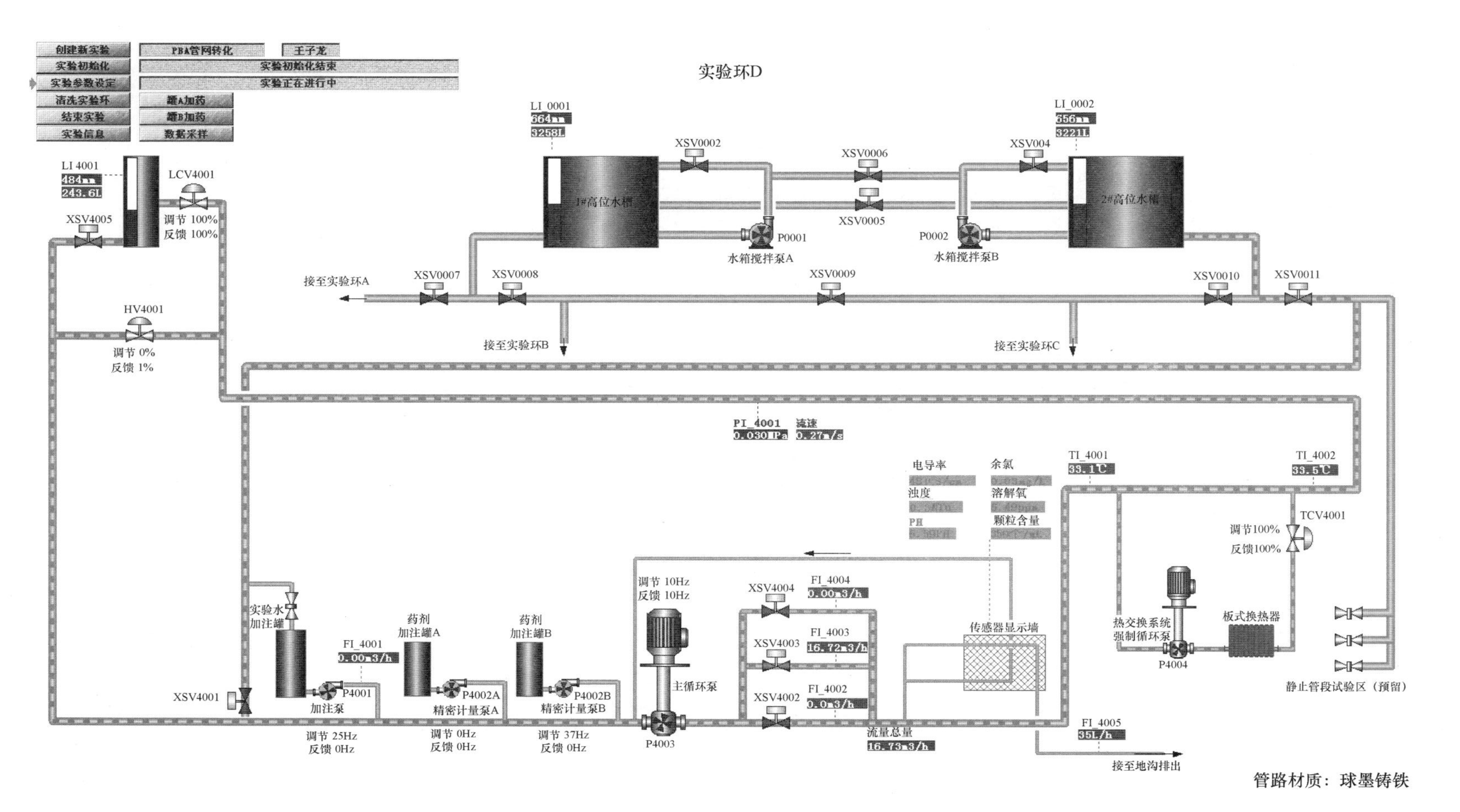

图 8-6 中控系统的可视化软件操作界面

8.3　南水北调受水区丹江口水库中试基地

为考察现有水厂及新改建水厂拟采用工艺和给水管网对南水北调丹江口水库水源水的适应性，在丹江口新建一座中试研发平台进行实验研究，平台设有净水工艺处理系统和给水管网模拟系统。

丹江口水库中试基地坐落在汉江集团水电公司水厂内，试验室和调节池占地面积 700m²，试验室为 2 层钢结构，系统设计处理能力为 $6m^3/h$。丹江口中试基地 2011 年 5 月开始运行。试验工艺流程如图 8-7 所示。中试工艺可以模拟“常规处理工艺”、“强化（预处理）处理工艺”、“（强化）常规处理＋深度处理工艺”和超滤膜组合工艺，基本涵盖中线沿线的各种工艺系统流程。中试工艺系统图如图 8-8 所示。不同单元的设计参数见表 8-1。

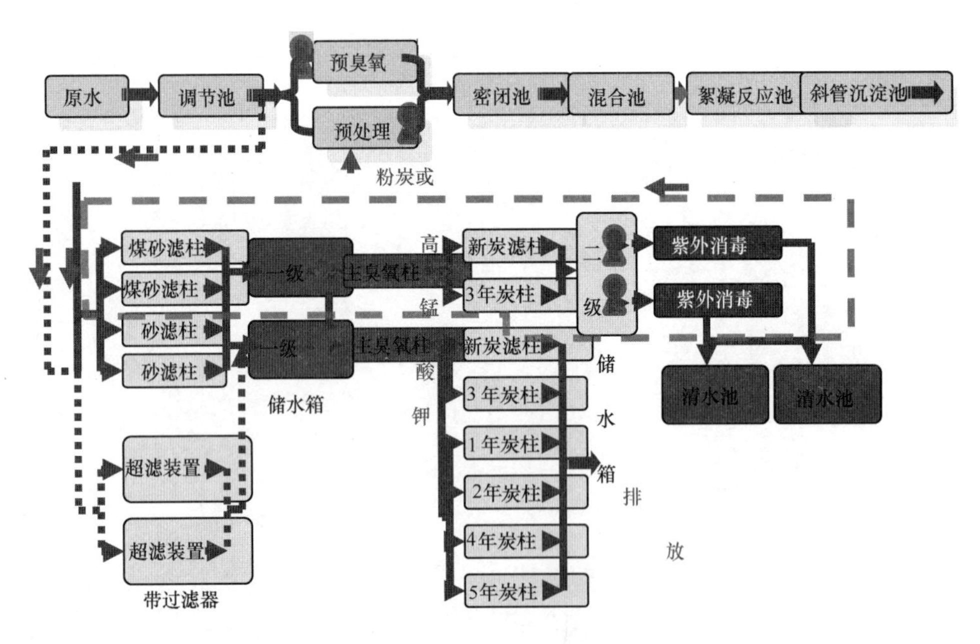

图 8-7　丹江口中试工艺流程简图

不同处理单元设计参数　　**表 8-1**

工艺单元	容积参数	停留时间	备注
原水调节池	700m³	4.9d	
预臭氧	有效水深 H=5.0m，直径 0.55m	10～13.76min	臭氧投加率 0.5～1mg/L
机械混合池	0.9m×0.9m×0.8m	60S	2 格，一格预留
机械絮凝池	0.85m×0.85m×1.0m	15min，共设 3 级，每级反应时间 5min	
斜管沉淀池	表面负荷 5～8m³/（m²·h）	9.6min	上升流速 1.8mm/s；斜管区高度：0.866m

续表

工艺单元	容积参数	停留时间	备注
煤砂滤柱	滤速 9m/h，过滤水头 2m	—	共有 4 个，滤料分别是粗砂、细砂、煤砂和煤
主臭氧柱	0.4m×0.3m×5m	15min	臭氧投加率 1～2mg/L
炭滤柱	直径 400mm 炭柱有 2 个，直径 300mm 炭柱有 2 个，直径 200mm 炭柱有 1 个，炭层厚度 1.5m	9～11.3min	滤料分别为新炭、再生炭、2 年炭、6 年炭和 4 年炭
清水池	2.7m³	2.7h	

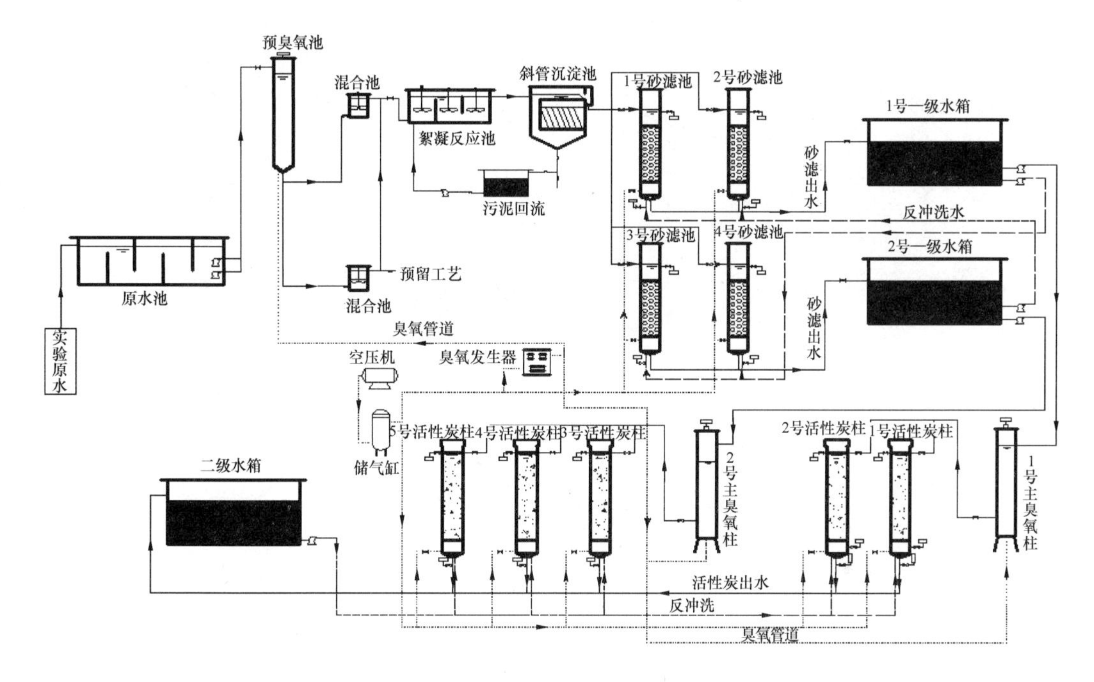

图 8-8　丹江口中试基地工艺流程图

研发平台由调节池和试验台两部分组成，其中调节池平面尺寸为 21mm×17.5m，试验台平面尺寸为 15.5mm×12m。实验台沉淀工艺及之前的处理量为 6m³/h，砂滤一臭氧活性炭工艺处理量为 4m³/h，紫外消毒一管网模拟系统处理量为 2m³/h。研发平台的设计着重对丹江口水源水的预处理技术、滤池反冲洗方式以及臭氧/活性炭联用工艺等方面进行研究（图 8-9）。通过对不同工艺单元之间的组合，可以实现 34 种工艺流程的中试试验（图 8-10）。

管网模拟系统试验管道取自受水区城市在役管网，并从不同水源供水区域筛选，具有代表性；该系统可同时运行四个独立的子系统，每个子系统试验管道长 30m；可模拟 0～20m³/h 流量的实际管网水力条件；该系统实现了受水区城市在役管网中的管道与丹江口水源的对接实验，可以系统研究丹江口水源水对受水区城市给水管网造成的影响，建立预防和控制管网水质恶化的技术方案（图 8-11）。

管网试验系统原理设计如图 8-12 所示，每套管网模拟系统均配有水箱、搅拌泵、

图 8-9　研发平台

图 8-10　超滤膜试验研究平台

图 8-11 管道临时通水试验布置（左上）以及搭建成的中试模拟装置

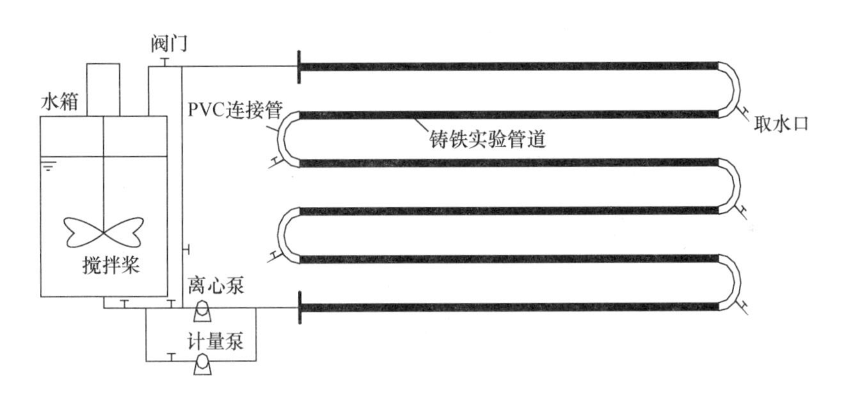

图 8-12 管网中试系统示意图

计量泵、离心泵、取样口等。搅拌泵用于水箱配水搅拌，水箱容积为 1m^3；计量泵用于模拟管内低流速状况；离心泵用于模拟高流速状况。试验系统运行中，管网水可以单向流排出，也可以经过或不经过水箱进行内循环流动；系统既有利用计量泵进行的低速流动，也有利用离心泵进行的高速流动。试验装置中的连接管、阀门和贮水箱材质均为 PVC；试验可以结合需要研究的方向，调节水质，模拟不同水质条件下的管网水质稳定性研究；管网试验系统中的管网可随时更换，可对受水区任何城市的供水管网开展研究。

同一地区来源的管网构成一个独立的模拟管网系统。在挖取和运输过程中，派专人全程监督，确保挖出的管段被轻拿轻放；运输车辆内铺上厚 10cm 左右的泡沫板以防止途中管网的颠簸碰撞；管网运输到丹江口市中试基地后，立即通水。这些保护措施最大限度地保证了所挖管段内的管垢不被破坏，以免影响试验。

研发平台为净水工艺和供水管网水质稳定性输配等相关研究创造了条件，同时为南水北调沿线其他城市相关研究提供了研发条件，中试试验的研究成果为南水北调受水区老水厂工艺改造、新建水厂工艺选择及管网改造提供了技术支持。

第 9 章　给水管网输配技术发展战略

饮用水输配系统是一个庞大和复杂的系统，出厂水经过数以千计不同材料和规格的管道、管件、阀门，以及经过水塔、水泵和二次供水设施到达用户龙头，在满足水量、水压和水质要求前提下，保障输配水系统安全、经济、可靠的运行。目前在给水管网输配技术领域，已经取得了一定的技术成果，但是在管网水力和水质模型精度与效率，管网漏损控制与检测，管网爆管预测与预防，管道健康诊断与修复，管网水质控制与改善，二次供水系统水质保障，城乡统筹与改扩建管网，大型管网优化运行与调度，管网智能化监管等方面需要进行深入研究。其战略需求主要体现在以下五个方面：

（1）提高管网输配环节的水质控制和改善能力，改善二次供水设施，保障龙头水质能力；

（2）完善管网规划和设计理论；

（3）优化管网运行和提高管理水平，减少管网漏损率和爆管率，节省供水企业生产和管理成本；

（4）提升供水系统健康监测能力，保障管网供水安全可靠性；

（5）建立智能供水平台，提高供水系统的智慧。

9.1　给水管网规划设计与复杂地质条件下的施工技术

1. 基于安全和水质保障的给水管网规划与优化设计理念

供水系统的规划和设计必然与城市规划相联系，包括对于城市新区的管网规划设计和管网改扩建规划设计。传统的优化设计是将经济性作为目标函数，即一定设计年限内管网建设费用和运行管理费用之和的最小值，而把水量、水压和可靠性等要求作为约束条件，把管道、阀门、水塔和相应操作作为决策变量，得到建设成本和运行成本的最小值。传统优化设计时较少考虑给水管网的水质、供水的安全性、可靠性和系统的适应性。

在规划设计中最主要面临的问题是用水量的不确定性。比如由于规划过大，而设计了较大的管径导致水流速度较慢而出现的水质问题；或者由于城市功能区的改变，供水水源的调整，而导致用水量的不足和过量。因此管网规划设计时应同时考虑管网水质，以及管网的自适应性，创新能够根据城市发展对管网系统进行适应性调节和扩展的供水系统设计理念。针对目前城市越来越大，供水范围越来越宽，供水水源越来越多等特点，综合考虑供水的安全性，对供水系统进行分区供水和分区管理。针对改扩建管网，原有供水系统设施的老化和陈旧会引起系统功能的降低和用水需求的大幅度增加，如何考虑新建管网与老管网的融合是管网规划设计中值得探讨的问题。

在管网规划和设计时，建议研究：

（1）基于考虑用水量不确定性的管网规划设计方法，包括气候变化、水资源改变、城市规划影响的区域用水量不确定性区间预测、供水极限工况分析、给水管网优化设计；

（2）基于供水安全的多水源供水系统优化设计方法，包括多水源给水管网系统的供水片区划分、基于水质保障的多水源给水管网布局优化设计、基于供水安全的多水源供水系统厂址选址、管网改扩建规划设计；

（3）考虑管网监测布局优化的管网规划设计方法，主要考虑管网监测布局与输配水管网协同设计方法。

2. 复杂地质条件下给水管网施工关键技术研究

针对软土地区、冻土地区、膨胀土地区、地震影响区等复杂地质下的管网设计及施工问题，主要研究管道基础地基处理、沟槽回填、管材接口及与构筑物的连接工艺、非开挖施工工艺，建议研究：

（1）适用于复杂地质条件下的管道沟槽回填技术。重点研究开挖土的改性技术，开发经济、快速、高效的回填土改性技术；研究沟槽回填施工参数，如分层厚度，密实度等，对回填质量的影响；研究沟槽回填质量对管道力学特性和变形的影响。

（2）不同管材接口及与构筑物的连接施工工艺，主要研究适应于软土地区地基大变形的柔性接口施工工艺，地震影响区的抗震接口设计和施工工艺等。

（3）非开挖铺管和修复工艺在复杂地质条件下的应用技术，包括顶管及微型隧道等施工工艺的改进和优化等。

9.2　给水管网模型以及高效计算技术

给水管网模型在规划设计、资产管理、日常维护等领域产生了巨大的经济效益和社会效益，管网模型是给水管网优化运行和管理的基础。目前，国内外知名的给水管网模拟软件有：美国 Benltey 公司的 WaterGEMS 和 Hammer、美国环境保护局的 EPANET、美国 Haestad Methods 公司的 WaterCAD、英国 Wallingford 软件公司的 InfoWorks WS、美国 MWH Soft 公司的 H2ONET、美国 Stoner 公司的 SynerGEEWater、丹麦 WaterTecha/s 公司的 Aquis、丹麦 DHI 软件公司的 MIKENET、法国 SAFFGE 公司的 PICCOLO、上海同济宏扬有限公司的 HY-Model、哈尔滨工业大学给排水研究室的 WNW 等。GIS 技术和 SCADA 系统也已广泛应用于给水管网模型的建设。总体上，管网模型在最近几年有较大的发展和应用，尤其是管网水力模型，在模拟管网流量和水压方面达到较高的实用精度和较快的计算速度，但是在管网水质模型方面，需要进一步改进。对于大规模管网，不管是水力模型还是水质模型，均需要结合目前计算机平行计算、云计算等提高其计算效率，达到实时调度的计算要求。主要体现在以下几个方面：

1. 完善给水管网模型

管网水力模型是分析城市管网问题的基础和核心，需重点突破特大型管网的计算效率和精度问题。管网水质模型主要反映管网水体在管网中传输的过程中，水体中的化学物质的传递、反应、混合过程。各组分之间相互的反应与转化，各组分与管壁之间的相互作用，主要包括消毒剂的衰减和消毒副产物的增加，以及微生物与水体的相互作用等。管网水质模型是个非常复杂的系统，目前的管网水质模型利用一些假定进行了简化，不能全面反映管网中水质的变化规律。因此，非常有必要对管网水质模型进一步完善和发展。

2. 提高管网模型计算效率

一方面随着计算机软硬件的发展，从单CPU到多CPU，从单核到多核的发展，存储和网络通信越来越快捷，而且随着大数据时代的到来，从给水管网获取的水力和水质数据越来越庞大，另一方面城市发展的越来越快，管网规模不断膨胀，而且出现城市群的管网联动。因此，无论是从管网模拟的角度，还是大数据的利用角度，需要解决的最根本问题还是管网的计算效率问题。从计算机给水管网模型产生以来，管网模型的计算效率还没有出现根本性的改变。因此，非常有必要利用新的计算技术对原有管网模型算法进行改进，特别是平行计算、云计算等新技术的应用，突破管网如何分块计算以及分块计算之间的协同和通信，从而提高计算效率。

3. 模型参数动态校核与自适应性

由于历史资料的缺失、物探资料的不准确性、城市的快速发展以及管网设施的动态变化，导致静态模型系统模拟真实给水管网的能力大打折扣。而基于真实动态摩阻系数的优化调度方法将供水系统模型与监测数据进行结合，运用准动态模型进行预测，其准确性大大提高。利用数据之间的反馈—融合—反馈，不断校核管网模型参数，从而达到模拟与监测结果保持高度一致，并实时进行调整的动态模型。

4. 管网模拟软件系统功能开发

突破国外给水管网软件在国内的长期垄断，以管网模型为计算内核，结合SCADA系统，自主开发建立一套集规划设计、仿真模拟、调度管理、漏损分析、应急决策等为一体的软件系统，并能够真正在供水企业实际应用中发挥出给水管网模型的应有作用。

9.3　给水管网水质控制和改善技术

随着经济的发展，社会的进步，人们对供水的要求已经从水量和水压满足转移到高水质上。2012年7月1日开始正式实施的《生活饮用水卫生标准》（GB 5749—2006）的水质指标由原来的35项提高到了106项，新标准对于整体提升我国的饮用水水质具有重要的推动作用。但从我国当前的发展状况来看，确保管网龙头水水质达标还面临着很多挑战，如：水源水的污染越来越严重；大多数给水厂只进行常规处理而很少进行深度处理；二次污染严重，管网急需升级改造；城乡供水机制和管理制度不健全；监测能力滞后以及应急处置能力不强。保障龙头水水质达标是一项系统工程，它集水源的保护、给水厂净化处理能力的提高、给水管网的安全输配、供水系统的自动化以及现代化管理于一体，只有每一环节都满足要求且配合得当，才能使水质达标。在管网输配环节，建议研究：

1. 消毒剂衰减和消毒副产物生成规律及其整体控制策略

1）管壁生物膜、垢层的余氯衰减动力学及机理研究

余氯与管壁附着生物膜、管垢反应，是消耗管网水余氯浓度的一个重要因素，准确地确定管壁余氯衰减系数是提高配水管网水质模型精度的关键之一。研究管壁无生物膜、生物膜生长期、成熟期、稳定期的余氯衰减动力学，借此研究并确定管道不同敷设年代下的管壁余氯衰减系数。同时，通过定期生物膜采样，研究余氯参与生物膜生长的作用，以此分析管壁生物膜、垢层的耗氯机理。

2）管网余氯衰减动态模型的研究

尽管国内外许多学者对管网中余氯变化的动力学机制和衰减规律进行了深入的研究，并用数学方法推导出了余氯衰减的一级或二级模型，提出了多种确定余氯衰减系统的方法和余氯衰减模型，但这些模型并未从生化角度研究管网内余氯衰减动力学机理，也未能体现管网中管径、管材、流速、管龄、管壁粗糙度、温度等因素的动态影响，因此，这些模型都未能有效地应用于实际生产中，工程应用价值不大。为此，建立准确的余氯动态衰减模型，分析管网内余氯时空分布规律，可为配水管网的管理和水质控制方案的制定提供基础数据和理论方法。

3）消毒副产物的控制措施和方法的研究

在消毒副产物生成规律的研究基础上，针对性地开展消毒副产物的控制措施研究，分析原水中前驱物控制、改善管内流态、改变消毒方法、加强管道清洗等措施的 DBPs 控制方法，评价各种方法的技术经济和效果，总结并建立管网消毒副产物的最佳控制措施，保证既通过氯化消毒使饮用水中微生物含量不损害人类健康，又力图使消毒副产物减少到最低量，寻找保持两者平衡的方法和措施。

4）基于动态反馈技术的整体消毒策略和新型物化消毒技术

研究管网中典型消毒副产物的生成机理，及其在不同条件下的迁移转化规律，不同影响因素对其生成的影响，并提出管网中合理控制该产物的策略。为保障特大型城市末梢管网水质安全，通过 SCADA 系统监测管网末梢水质，利用二次加氯措施及水质模型优化二次加氯计划。

2. 给水管道内管壁腐蚀、结垢性状及化学稳定性

给水管网在长期的输水过程中，由于物理、化学、生物等多种因素的作用，会造成管网腐蚀、管垢和铁释放等问题。腐蚀作用生成的腐蚀产物可以形成管垢，管垢的形成可以起到钝化层的作用以阻止进一步腐蚀，但管垢在溶解和电化学作用下也直接向管网水中释放铁，铁的释放现象可以破坏管垢结构，并进一步加剧腐蚀。提高供水水质仅改进水处理工艺或采用加大投氯量等措施是远远不够的，还应该从防止管道腐蚀，改善管壁卫生状况，保障给水的安全性和可靠性方面考虑。

1）管垢层形成的影响因素及抑制措施研究

研究不同溶解氧、pH 值、AOC、余氯等水质指标以及流动状态、水温等外界工况对管垢层生成、发展的影响，分析各影响因素的作用机理和控制因素，并在此基础上，提出管垢层的抑制措施和控制方法。

2）水力条件突变工况下结垢层破坏、释出规律研究

管壁结垢层的破坏和释出是饮用水二次污染的主要原因。研究实际管网中，流量变化引起的水力条件突变工况下结垢层的破坏形态以及污染物释放的机理，分析不同水流剪切力作用下对结垢层物理平衡的影响，研究管道冲洗除垢的运行参数和处理效率。

3）水质改变时结垢层性状变化规律及平衡原理研究

水源性质的改变而导致管网管壁结垢层破坏，引发管网水质的二次污染而影响龙头出水水质，这在国内许多城市都有发生。研究不同性质水源切换后，管壁结垢层的性状变化过程，分析不同水源下管壁结垢层与水体之间的化学平衡及化学平衡破坏，可以为多水源供水系统的水质管理提供技术支撑。

3. 管网水质生物稳定性的影响规律、风险评价和表征研究

给水水质的生物稳定性是指给水中有机营养基质（可生物降解有机物）能支持异养细菌生长的潜力，即细菌生长的最大可能性。给水管网生物稳定性高，即水中所含细菌生长所需的有机营养物低，细菌不易生长。饮用水生物不稳定会造成配水管网中异养细菌等微生物的再生长，对饮用水水质安全带来一定的微生物安全风险，同时还会对输水过程带来一系列的不利影响，如引起管网的腐蚀，饮用水产生臭味，导致色度及浊度增加等，最终造成饮用水水质下降。对管网中生物稳定性应积极开展如下研究：

1）管网中 AOC、BDOC 等营养物质的变化规律及降解机理

研究处理水中 AOC、BDOC 等营养物质浓度、种类以及微生物的可同化性；结合营养物质浓度变化规律，通过生物膜的采样分析营养物质与生物膜之间的传质作用及降解机理；分析处理水中不同营养水平下微生物群落、数量的变化规律；研究不同营养水平下管壁微生物种群的特性和优势菌种。

2）不同时期管壁生物膜微生物多样性及共生关系研究

研究不同管材管壁的生物膜、生物膜的不同成长期的细菌总数；对生物样本进行分离纯化，应用 API、PCR 等生物鉴定技术对管壁微生物膜生物多样性进行研究，确定优势菌落或致病菌种；研究生物膜内微生物生长的竞争、共生等交互关系。

3）管网水质稳定性的影响因素及控制因子研究

研究管网内水温、营养物质、管材、水力条件、余氯等因素对生物膜生长规律的影响，定量研究微生物促进剂（AOC、BDOC 等）和抑制剂（余氯、稳定剂）及不同工况下（水温、流速、pH 等）的微生物生长规律，掌握各因素对生物膜生长的影响规律，探索抑制生物膜生长的控制因子和条件。

4）管网水质生物稳定性的表征指标、风险评估方法研究

可同化有机碳是异养细菌直接用以新陈代谢的物质和能量为来源，因而传统的水质生物稳定性以可同化有机碳（AOC）作为评价指标，然而，管网是一个复杂而庞大的反应

器，运行工况、管内环境和控制措施等因素均可左右管网水质的生物稳定性，仅以 AOC 作为评价指标是片面的。因此，根据管网内微生物的生长规律和影响因素，提出以促进剂（AOC、温度等）、抑制剂（余氯等）及运行工况为综合指标的生物稳定性表征方法；研究以工况条件、外界环境、处理水水质为综合指标的管网水质生物稳定性的风险评估方法。

5）死水管段生境、水质变化过程及相应的生化机理

由于管网规模及用水量的变化，管网末梢容易出现水流过缓，甚至停滞现象，导致死水段的产生。死水段内由于水力条件及水体性质的改变，加速管道的腐蚀，水质的恶化，出现“红水”等现象。为了了解死水段内环境变化规律，避免死水段水质恶化，应进行不同条件下死水段内生境、水质变化过程规律及影响因素研究。研究不同初始水质、不同管材、不同水温等影响因素下的管内水质变化过程，分析余氯、溶解氧、营养物质等水质指标的变化规律及相应条件下管内微生物种群、优势菌群等生物特征。

4. 外源污染物侵入和突发水质污染模拟及对管内环境影响的研究

统计结果表明，美国每年有超过 25%的水传播疾病和给水管网的水质变化有关。由于给水管网管段更换、负压抽吸等原因易导致外源污染物进入管网，引起管网内水质恶化。但是，市政配水管网规模大，结构复杂，不易确定污染物入侵位置，更无从了解污染物入侵后对饮用水水质、管网内部环境等的影响。限于试验规模和条件，开展外源污染物入侵管网的试验室模拟研究难度较大，应开展如下研究：

1）污染物入侵后的扩散、迁移和衰减规律研究

通过药剂加注系统注入模拟污染物后，研究污染物在管网中的扩散、迁移过程，研究生物污染物入侵后在管网内的灭活特性以及相应的余氯浓度要求；研究 N、P、AOC 等营养物质入侵管道后降解、衰减过程与规律；研究化学污染物入侵后在管网内的扩散、转变过程及危害。

2）污染物入侵后对管网内部环境影响的研究

微生物、N、P、AOC 等进入管网后，可改变管网内部环境，特别是管网结垢层的物理化学特性和生物膜种群、数量的改变；研究管网环境改变后对水质的潜在影响和后续危害。

9.4　给水管网优化调控与节能技术

1. 大型城市管网多水源多区域联合运行调度

研究分区分级供水系统分片运行控制及联合优化调度技术，强化水厂间供水优化调度，提高分区分级供水系统的安全可靠性；研究在分区分级管网多级加压供水方式条件下，中途增压泵站的优化布局和分片运行控制技术；研究不同管材条件下，不同管道清洗维护水平、出厂水质、水温及管径等因素对管内消毒剂或污染物的分解反应模型参数的非线性影响；考虑管网运行管理费用及水质降低风险成本，以水泵调度方案、二次加氯方案

以及管线清洗维护水平等为决策变量，利用多目标优化技术建立基于水质保持的供水系统调度及运行管理优化模型，建立分区分级供水系统的联合优化运行和调度管理模式。

2. 高压管网余能利用技术研究

由于城市给水管网采用的是统一供水方式，因此绝大多数用户的供水水压远大于需求，不论采取何种优化设计技术均无法避免富余水压的浪费。供水压力和用水量之间存在平方关系，因此降低供水压力是节约用水的重要手段，节水降耗一直是给水管网领域公认的难题。

水力发电是一种充分利用给水管网富余水压的有效方法。给水管网发电机系统可实现“产能节水”的目的，并扩展传统给水管网的功能。一般城市的最低供水水压标准是28m，可满足6层楼住户的供水要求，所以6层楼以下的用户存在至少一层楼的富余水头，以此计算，平均每个用户浪费的水头约10m，按照PDD（基于压力的供水量计算）理论（Wu&Wang，2009）计算，因富余10m压力而浪费的水量高达实际需求水量的20%，因此余能发电研究会带来巨大的经济效益，尤其是对地形高差相对较大的山地地区。

目前给水管网发电的设计理论尚未形成，也未形成正式的发电机设置技术与方法。因此，如何充分利用富余水压，合理设置发电机，进行给水管网全生命周期的优化设计，就成为了给水管网领域需要解决的一个关键性前沿科学问题。

9.5 给水管网漏失检测与爆管预测技术

给水管网漏失检测与爆管预测技术如下。

1. 压力分区管理和漏失控制研究

针对我国城市错综复杂的环状管网，建立符合我国管网特征的多级供水分级分区管理模式，研发以漏失控制为目的的压力调控系统，减小管网总体漏损水量，提高城市管网漏失管理水平。研究漏损与管网水压定量关系，大规模复杂管网的压力分级分区方法，调压控制设备的优化布置以及压力调控方式。

考虑不明显降低原有给水管网可靠性和水质的情形下，研究经济有效的DMA分区原则和具体分区方法。研究基于夜间最小流量的漏失区域界定技术，以及DMA分区内漏失识别和定位技术，主要研发精确的漏损定位技术和产品设备。

2. 给水管网爆管预测技术与应急处理策略

通过利用先进的现代管道压力、流量、噪声、振动监测技术和传感手段，基于实测数据的数据挖掘和整合，揭示爆管风险和趋势。

管网SCADA系统能够实时监测管道的压力、流量和水质信号，通过分析和挖掘各测点的流量和压力短期和长期信号序列，获取流量和压力的正常变化模式，对突发隐性爆管事件引起流量和压力异常进行捕捉。通过对过去历史爆管资料的统计分析，结合逆向分析技术可以大致判定可能的爆管区域。

通过在重点区域布控的爆管多发区域安装噪声记录仪，利用物联网技术进行远程自动漏损监测和爆管预警，通过分析管道渗漏噪声信号的强度和带宽，快速和高效地找到管网泄漏点，并可以根据连续信号序列进行预测，基于历史管网漏水的产生过程变化，鉴别爆管发生的潜在区域，进行爆管预警。

3. 爆管应急处理策略研究

给水管网爆管往往不是由于不可抗拒的自然灾害造成的，而且它的危害容易被人们忽略。因此，若大口径管线爆管后没有得到有效的控制，那么实际危害程度将会远远大于理论危害程度。给水管网爆管后的应急指挥系统的建立亦是给水管网技术管理的一个空白点，尽管给水管网模型系统已经得到了广泛的认同，但基于模型系统的应急管理指挥平台建设理论尚有待进一步研究。通过对爆管的模拟，分析管网受爆管的影响范围和程度。通过管网拓扑结构分析，优化关阀措施隔离爆管点，并通过优化调度将供水受影响程度降低到最小。

9.6　给水管网监测与智能管理平台建设

给水管网监测是认识管网运行现状和确保安全性的最重要技术手段之一。监测设备通过现场运行设备对饮用水水力和水质数据的监视采集，并利用通信手段迅速反馈到中央控制室的数据库。管网智能平台通过提取数据库的数据进行分析，并把分析结果反馈给控制单元，调节各种管网设施，进而影响管网运行。但到目前为止，管网监测点设置，监测内容尚有待进一步探讨，高效监测设备有待进一步研发。同时给水管网智能平台的建设和应用也需提上议事日程。

1. 给水管网监测点布局优化技术

要了解整个管网的水质状况，最理想的情况是在管网每一个出流节点处都设置监测点进行监测。然而从经济、管理的角度来讲，需要在有限的监测点的情况，寻找能够最大限度反映管网整体水质状况的布局方式。监测点布局优化重点开展以下研究：

（1）在研究管网中水质时空变迁规律上，利用管网水质模拟获得的结果，建立从水厂到管网末梢整个管网的水质分布情况，以及不同节点之间的水质联系，这样可以在尽可能少的监测点情况下仍然能够有效监测整个管网的水质状况。

（2）管网水质监测点选取的代表性问题研究，把管网节点分为水质较差节点（管网末梢节点、水龄较大节点、用户投诉较多节点等）、重要节点（用水量较大、水质要求高、社会影响大）、大覆盖面节点（通过水力覆盖矩阵计算得到的能够反映较大区域水质质量的节点）等几类代表性监测节点，针对每一类建立细分指标划分系统，赋予不同的权重，并考虑不同类别中监测点布置的统筹兼顾原则，在线和人工采样监测方式的合理配合。

（3）适当考虑并兼顾管网发生突发污染的监测点布局优化，研究污染健康风险的量化。

2. 基于物联网的管网监测技术

物联网是按照约定协议，通过 RFID、感应器、GPRS、激光扫描器、摄像头等传感设备，把所有事物与互联网相联系，从而进行信息交换与通信，以实现智能化识别、定位、跟踪、监控、管理的一种网络系统。其实质上是互联网的延伸，本质是在互联的基础上增加了对于外界的智能感知、交互和智能处理功能，物联网的基础和核心是互联网。物联网技术的实现有助于更全面深入地掌握和利用管网实时信息，实现对整个管网系统的大规模智能化管理和资源的高效合理配置。

物联网平台建设的一次性投入较高，由于给水管网系统复杂庞大，需要监测的节点众多，因此，传感器的数量也会很多，并且传感器的通信范围有限，所以每隔一定的距离需要设置一个接收站，建设费用较高；其次，物联网系统采集到的数据具有实时性和动态性，对于实时数据的分析处理以及模型的稳定性要求较高，动态数据的实时注入依旧是一个难题；最后，物联网的数据安全也是一个不容忽视的问题，由于物联网是基于互联网构建的，数据也是通过互联网传输的，因此数据传输过程中会存在数据丢失、数据失窃等隐患。虽然物联网技术已在给水管网中得到了一定应用，但是要真正做到将物联网技术推广到给水领域中还需要解决设备成本、数据安全和数据驱动建模等关键技术问题。

3. 城市给水管网数字信息化智能平台

从提高用户水质安全保障水平和加强行业监管能力的目的出发，纳入实行联片供水的分散乡镇，考虑引水、配水、供水一体，综合利用网络技术、供水系统GIS、SCADA及远传水表信息，重点研究集水质信息监测、运行管理控制、调度优化、信息综合、预警、应急于一体的区域城乡供水保障网络系统构建技术及其平台建设，提高运行效率和管理能力。

9.7 给水管网健康诊断与维护管理技术

给水管网健康诊断与维护管理技术如下。

1. 给水管网健康诊断与评价技术研究

在役管网健康诊断与评价是城市给水管网更新改造优化的基础。针对管网的更新决策问题，研究两个方面的健康诊断技术：1）基于管道故障数据统计分析的在役管网健康诊断技术研究，重点围绕管材、管龄、管道基础条件、水力输送能力、管网水压水质监测情况、道路交通荷载特征及变化、用户反馈、历史漏损信息等数据信息，利用统计及数据整合手段，实现管道健康水平的诊断、预测及评价；2）结合现有电磁学、声学、结构动力学等领域的无损健康检测技术，研究无损探伤技术对于不同管材埋地管道的损伤识别能力和适用性，通过进行基于信号处理和数据挖掘的结构损伤反问题理论研究，发展和完善埋地管道无损探伤技术；3）城市在役管网健康度评价指标体系研究，从区域管网到具体管道构件等不同尺度范围对管网健康度进行判定和评价，包括管道结构风险评估、水力风险评估、水质风险评估、外界环境风险评估。

2. 基于水质保障的给水管网改造优化技术研究

随着城市供水服务范围的快速扩张，基于水压保障基础上的城市管网用户的水质安全保障问题日益突出，在前述在役管网健康诊断的基础上，重点开展以下几个研究：

（1）基于水质水压安全保障的改造管道比选及管径优化技术研究。以提高管网用户水质达标水平和水压保障能力为目标，综合考虑节能降耗及故障管道的可能影响，开展改造管道或管道改造区域的排序优化及特定改造管道组合方案下的管径优化技术研究。

（2）基于水压保障的管道增压设施布置及选型优化技术研究。针对城市密集区加压泵站设置的困难，开展管道加压设施替代加压泵站的技术可能性及适用性改进研究，开展协同现有管网加压泵站运行能力的管道加压设施布点及选型优化研究。

（3）基于水质保障的局域管道强制循环设施布置及选型优化技术研究。针对城市扩展地区用户用水量标准低，间歇性用水特点明显所带来的水质恶化隐患，开展局域管道强制循环设施用于解决小流量滞留管道的水质安全问题的技术适用性研究，开展协同局域管道用水过程的管道强制循环设施布点及选型优化研究。

3. 给水管网优化维护决策支持平台研究

针对城市供水管道存在的老化、腐蚀、爆管等需要更新改造决策问题，开展基于管道安全的既有管网维护体系理论研究，研究在有限资金约束下的既有管网优化维护与决策支持系统开发模型，建议开展：

（1）给水管网信息管理系统软件开发。主要包括管网图纸、文档电子化管理，现状管网管理数据库和管网 GIS 管理系统，管网监测水力与水质数据分析，管网实时模拟和管网数据动态管理信息系统融合。

（2）给水管网安全可靠性评价体系研究。通过整合管网监测数据和其他统计数据，利用管网模型分析评估现有管网的可靠性和失效风险，更新改造规划，建立现役管网安全性评价方法。

（3）给水管网更新改造技术支持。

研究制定给水管网更新改造优化方案，提高管网安全可靠性，以最低的费用保证给水管网连续不断地向用户提供良好的水质、水压和水量，为管网管理、维护和更新改造优化方案提供可靠的依据。主要研究内容包括给水管网造价费用数学模型的建立；给水管网水力、水质参数估计技术研究；以提高管网水质、治漏降耗为目标的管网改扩建实用优化决策模型及其求解技术；给水管网改扩建决策支持软件系统开发；研究供水管管材、外部环境等与管内水质的相互作用关系，提出基于有效改善水质的管网建设技术方案。

参 考 文 献

[1] 白丹. 重力单水源环状管网优化设计的遗传——线性规划算法[J]. 水利学报，2005(3)：378-382.

[2] 白建国，陈丽芳，王昭. 给水管道支墩的设计[J]. 河北工程技术高等专科学校学报，2001(4)：36-37.

[3] 白晓慧，蔡云龙，周斌辉等. 城市供水管网生物膜中氨氧化细菌对氯胺消毒效果的影响[J]. 环境科学，2009，30(6)：1649-1652.

[4] 白晓慧，徐文俊. 水泥涂衬金属管材磷释放对管网水质生物稳定性的影响[J]. 中国环境科学，2009，29(2)：186－190.

[5] 白晓慧，张玲，江翠婷等. 供水系统水质生物稳定性与细菌生长相关分析[J]. 中国环境科学，2006，26(2)：180-182.

[6] 白晓慧，张晓红，张玲等. 上海市供水管网中异养菌生长水平及相关指标变化[J]. 环境科学，2006，27(11)：186-189.

[7] 白晓慧，周斌辉，朱斌等. 上海市供水管网内壁生物膜的微生物特征分析[J]. 中国给水排水，2007，23(11)：105-108.

[8] 白晓慧，朱斌，王海亮. 城市供水水质生物稳定性与管网微生物生长相关性研究进展[J]. 净水技术，2006，25(4)：1-4.

[9] 白玉华等. 深度除磷提高水质生物稳定性的可行性探讨[J]. 北京工业大学学报，2006，32(7)：611.

[10] 边肇祺，张学工等. 模式识别[M]. 北京：清华大学出版社，1999.

[11] 常臣贵. 基于阀门调节技术的城市给水管网系统优化调度研究[D]. 太原：太原理工大学，2008.

[12] 常桂秋，吴刚. 徐州市二次供水的卫生学评估[J]. 江苏卫生保健，1999，1(2)：103.

[13] 陈磊. 大规模供水系统直接优化调度研究[D]. 杭州：浙江大学，2005.

[14] 陈湘晖，朱善君等. 与特征选取和离散化集成的决策规则挖掘方法[J]. 系统工程理论与实践，2001，21(11)：1-7，30.

[15] 陈义标，周晓燕，徐军等. 绍兴市给水管网中黄水产生的原因及其防治对策[J]. 给水排水，2004，30(9)：17-20.

[16] 承明华，陈晓东，周明浩. 60起管网及二次供水污染事故分析[J]. 环境与健康杂志，2002，19(1)：91-93.

[17] 邓聚龙. 灰色控制系统[M]. 武汉：华中工学院出版社，1985.

[18] 邓聚龙. 灰色系统基本方法[M]. 武汉：华中工学院出版社，1987.

[19] 丁宏达. 用回归3/4马尔柯夫链法预测供水量[J]. 中国给水排水，1990(1).

[20] 董辅祥. 城市水资源的价值观与水费体制[J]. 中国给水排水，1989(5).

[21] 董红线. 不良地基条件下给水管道地基处理方法[J]. 山西建筑，2009，35(33)：114.

[22] 董晓磊，信昆仑，刘遂庆等. 基于Matlab的给水管网余氯衰减模拟[J]. 中国给水排水，2009，25

(1)：49-52.

[23] 董志山. 广州市居民二次供水系统改造方案探讨[J]. 中国给水排水，2006，22(14)：16-18.

[24] 杜树新，吴铁军. 回归型加权支持向量机方法及应用[J]. 浙江大学学报(工学版)，2004，38(3)：302-306.

[25] 范晓萍. 无锡市居民住宅二次供水设备卫生问题分析[J]. 江苏卫生保健，2001，3(2)：59-60.

[26] 方伟，许仕荣，徐洪福等. 城市给水管网水质化学稳定性研究进展[J]. 中国给水排水，2006，22(14)：10-13.

[27] 甘文水，候忠良. 液化土中埋设管线的上浮反应[J]. 特种结构，1989，6(3)：3-7.

[28] 高华升，金一中，吴祖成等. 饮用水的"红水"现象与给水管网腐蚀控制的试验[J]. 水处理技术，2000，26(6)：183-187.

[29] 高斯波. 模糊聚类分析及其应用[M]. 西安：西安电子科技大学出版社，2004.

[30] 高伟. 供水管道检漏的基本内容及常规方法[J]. 管道技术与设备，1999(4)：19-21.

[31] 高新波，裴继红等. 模糊 c 均值聚类算法中加权指数 m 的研究[J]. 电子学报，2000，28(4)：80-83.

[32] 顾理莉，范庆涛，韩帮平. 青岛市高层建筑二次供水卫生现状调查[J]. 预防医学文献信息，1997，3(2)：173.

[33] 郭恩栋，冯启民. 跨断层埋地钢管道抗震计算方法研究[J]. 地震工程与工程振动，1999，21(4)：43-47.

[34] 国家环境保护总局，《水和废水监测分析方法》编委会编. 水和废水监测分析方法[M]. 北京：中国环境科学出版社，2002.

[35] 国家十一五重大专项《饮用水区域安全输配技术与示范》验收技术报告[R]. 2012.

[36] 韩志刚. 动态系统预报的一种新方法[J]. 自动化学报，1983(3).

[37] 韩志刚. 非线性离散时间非随机系统未知参数估计的一类递推算法[J]. 黑龙江大学学报(自然科学版)，1981(1).

[38] 何芳，何志勋等. 给水管网主干管爆管分析方法及对策[J]. 给水排水，2009，35(12)：115.

[39] 何文杰. 给水管网动态模拟技术的研究[D]. 哈尔滨：哈尔滨建筑大学，2001.

[40] 胡聿贤. 地震工程学[M]. 北京：地震出版社，1988.

[41] 黄国宝. 选择室外给水管网管材的几点建议[J]. 山西冶金，2010，33(3)：69-70.

[42] 黄润生. 混沌及应用[M]. 武汉：武汉大学出版社，2000.

[43] 黄淑华，叶向阳. 东莞市二次供水卫生现状及对策研究[J]. 中国卫生监督杂志，2011，18(1)：89-92.

[44] 姜登岭，鲁巍等. 饮用水中微生物可利用磷(MAP)的测定方法研究[J]. 给水排水，2004，30(4)：30-31.

[45] 姜继枕. 关于一类递推算法的进一步探讨[J]. 黑龙江大学学报(自然科学版)，1982(1).

[46] 姜乃昌. 水泵及泵站[M]. 北京：中国建筑工业出版社，1998.

[47] 蒋学坤，王树德，李颖梅. 郑州市中原区二次供水设施卫生调查与分析[J]. 河南预防医学杂志，2004，15(5)：301.

[48] 金建华，吴浩洋. 遗传算法在给水管网设计中应用的可行性分析[J]. 武汉理工大学学报，2004，2：56-58.

[49] 康均，周秀梅，陶毅等. 二次供水设施卫生管理存在的问题及对策[J]. 中国卫生工程学，2002，1(2)：108.

[50] 雷年生. 我国城市供水量增长率分析[J]. 中国给水排水，1987(2).

[51] 李宏男，肖诗云，霍林生. 汶川地震震害调查与启示[J]. 建筑结构学，2008，29(4)：10-19.

[52] 李杰，高新波等. 一种基于GA的混合属性特征大数据集聚类算法[J]. 电子与信息学报，2004，26(8)：1203-1209.

[53] 李杰. 生命线工程抗震——基础理论与应用[M]. 北京：科学出版社，2005.

[54] 李少阳. 二次供水污染致感染性腹泻暴发的调查[J]. 中国卫生工程学，2006，5(3)：192.

[55] 李淑梅. 给水管网可靠性分析[J]. 科技与生活，2011(9)：212.

[56] 李爽，张晓健，范晓军等. 以AOC评价管网水中异养菌的生长潜力[J]. 中国给水排水，2003，19(1)：46-49.

[57] 李欣. 配水管网水质变化的研究[D]. 哈尔滨：哈尔滨建筑大学，1999.

[58] 李岩，殷邦才，陈永生. 2003年青岛市城区高层建筑二次供水设施卫生学调查[J]. 预防医学论坛，2004，10(6)：690-691.

[59] 梁刚. 水管网检漏方法及技术运用[J]. 建筑科学，2009，8：37-39.

[60] 梁好，盛选军，刘传胜. 饮用水安全保障技术[M]. 杭州：化学工业出版社，2006：216-217.

[61] 梁吉业，曲开社等. 信息系统的属性约减[J]. 系统工程理论与实践，2001，21(12)：76-80.

[62] 梁建文，何玉敖. 弹性半无限空间中通过不同介质管线的三维地震反应[M]. 曹志远主编. 结构与介质相互作用理论及其应用. 南京：河海大学出版社，1993.

[63] 梁建文，何玉敖. 地下管线的轴向动态失稳分析[J]. 工程力学，1994，11(3)：129.

[64] 梁军，朱庆杰，苏幼坡. 流固耦合作用下流体对管道抗震性能的影响分析[J]. 世界地震工程，2007，23(3)：23-28.

[65] 林慧杰，胡聿贤. 非均匀场地中埋设管线的地震反应分析[C] //第三届全国地震工程会议论文集. 大连. 1990：966-1001.

[66] 刘爱文. 基于壳模型的埋地管线抗震分析[D]. 北京：中国地震局地球物理研究所，2002.

[67] 刘恢先等. 唐山大地震震害(第三册)[M]. 北京：地震出版社，1986.

[68] 刘同明. 数据挖掘技术及应用[M]. 北京：国防工业出版社，2001.

[69] 刘为民，孙绍平. 在地震行波作用下地下管道的反应[R]. 北京：北京市政工程研究所，1994.

[70] 刘文君，王亚娟，张丽萍等. 饮用水中可同化有机碳(AOC)的测定方法研究[J]. 给水排水，2000，26(11)：1-6.

[71] 刘文君，吴红伟，张淑琪等. 某市饮用水水质生物稳定性研究[J]. 环境科学，1999，20(2)：34-37.

[72] 柳景青，张土乔. 时用水量预测残差中的混沌及其预测研究[J]. 浙江大学学报(工学版)，2004，38(9)：1150-1155，1216.

[73] 柳景青，张土乔. 调度时用水量的分时段混沌建模方法[J]. 浙江大学学报(工学版)，2005，39(1)：11-15.

[74] 柳景青. 调度时用水量预测的系统理论方法及应用研究[D]. 杭州：浙江大学，2005.

[75] 柳景青. 用水量时间观测序列中的分形和混沌特性[J]. 浙江大学学报(理学版)，2004，31(2)：236-240.

[76] 龙小庆，罗敏，王占生. 活性炭-纳滤膜工艺去除饮用水中总有机碳和可同化有机碳[J]. 水处理技术，2000，26(6)：351-354.
[77] 吕立. 影响二次供水水质的原因分析及对策研究[J]. 上海城市规划，2005(4)：32-35.
[78] 吕谋，张土乔，赵洪宾. 给水系统多目标混合实用优化调度方法[J]. 中国给水排水，2000，16(11)：10-14.
[79] 吕谋，张土乔等. 大规模供水系统直接优化调度方法[J]. 水利学报，2001(7)：84-90.
[80] 吕谋，赵洪宾等. 城市日用水量预测的组合动态建模方法[J]. 给水排水，1997，23(11)：25-27.
[81] 吕谋，赵洪宾等. 时用水量预测的自适应组合动态建模方法[J]. 系统工程理论与实践，1998，18(8)：101-107，112.
[82] 吕谋. 大规模供水系统多目标混合直接优化调度[D]. 哈尔滨：哈尔滨建筑大学，1998.
[83] 马从容. 蚌埠市饮用水的生物稳定性研究[J]. 工业用水与废水，2001，32(4)：16-18.
[84] 马光文，王宏伟. 非线性灰色模型在城市用水量预测中的应用[J]. 系统工程，1993(1).
[85] 马军海，盛昭瀚. 经济系统混沌时序重构的分析和应用[J]. 管理科学学报，2002，5(3)：73-78.
[86] 米据生，吴伟志，张文修. 基于变精度粗糙集理论的知识约简方法[J]. 系统工程理论与实践，2004，24(1)：76-82.
[87] 苗夺谦. Rough set 理论中连续属性的离散化处理[J]. 自动化学报，2001，27(3)：296-302.
[88] 牛璋彬，王洋，张晓健等. 某市给水管网中铁释放现象影响因素与控制对策分析[J]. 环境科学，2006，27(2)：310-314.
[89] 牛璋彬，张晓健，韩宏大等. 给水管网中金属离子化学稳定性分析[J]. 中国给水排水，2005，21(5)：18- 21.
[90] 曲世林，伍悦滨，赵洪宾. 阀门在给水管网系统中流量调节特性的研究[J]. 流动机械，2003，31(11)：16-19.
[91] 曲祥瑞，迟兆春. 制定合理的费率结构是节水关键[J]. 中国给水排水，1990(6).
[92] 任基成，费杰. 城市给水管网系统二次污染及防治[M]. 北京：中国建筑工业出版社，2006：124.
[93] 桑军强，余国忠，王占生. 磷含量与饮用水生物稳定性的关系[J]. 中国环境科学，2002，22(6)：534-536.
[94] 桑军强等. 磷与水中细菌再生长的关系[J]. 环境科学，2003(24)：4.
[95] 沙丽，段坤志，高瑞. 青岛市二次供水预防性卫生监督现状及其对策[J]. 中国卫生监督杂志，2000，7(4)：177-179.
[96] 上海市人民政府. 上海市供水专业规划(沪府[2002] 105 号文)[R]. 2002.
[97] 沈新. 上海市二次供水的卫生监督管理情况[J]. 上海预防医学杂志，2004，16(9)：457-458.
[98] 沈之基. 给水管线的应力分析、爆管原因及对策[J]. 给水排水，1996，22(4)：40-43.
[99] 输油气埋地钢管过断层抗震实验及其计算方法研究[R]. 北京：中国地震局工程力学研究所，1999.
[100] 苏军. 给水管道接口形式的选择及注意的问题[J]. 科技信息，2010，20(20)：330-330.
[101] 孙丹辰等. 地下管道强震观测记录资料[R]. 北京：北京市市政工程研究所，1989.
[102] 孙德山，吴今培等. SVR 在混沌时间序列预测中的应用[J]. 系统仿真学报，2004，16(3)：519-524.

[103] 孙坚伟，吕娅琼，周云等. 上海市二次供水水质现状调查研究[J]. 给水排水，2009，35(8)：9-12.

[104] 孙立国，周玉文，谢文锋. 城市给水管网泄漏频谱与预警参数研究[J]. 北京工业大学学报，2010，36(100)：1381-1388.

[105] 孙绍平，韩阳. 生命线地震工程研究述评. 新世纪地展工程与防灾减灾[M]. 北京：地震出版社，2002，429-442.

[106] 孙绍平. 阪神地震中给水管道震害及其分析[J]. 特种结构，1997，14(2) ：51-55.

[107] 孙雅明，张智晟. 相空间重构和混沌神经网络融合的短期负荷预测研究[J]. 中国电机工程学报，2004，24(1)：44-48.

[108] 陶建科. 大规模配水系统微观模型与优化调度研究[D]. 上海：同济大学，2001.

[109] 陶毅，熊方毅，周秀梅. 城市二次供水设施卫生现状与相关水质指标的选定[J]. 中国公共卫生，2001，17(4)：348-349.

[110] 童祯恭. 输配水管网二次加氯的优化[J]. 中国给水排水，2009，25(19)：98-100.

[111] 汪光焘等. 城市供水行业 2000 年技术进步发展规划[M]. 北京：中国建筑工业出版社，1993.

[112] 王彬等. 城市工业用水预测的探讨[J]. 中国给水排水，1991(2).

[113] 王彬等. 城市生活用水预测方法探讨[J]. 中国给水排水，1990(6).

[114] 王东生，曹磊. 混沌、分形及其应用[M]. 合肥：中国科技大学出版社，1995.

[115] 王凤珍，乌凤兰. 二次供水水质污染原因及对策[J]. 内蒙古水利，2012(4)：85-86.

[116] 王国明. 一种多水源给水管网技术经济计算的方法[J]. 合肥工业大学学报，1991，(2)：149-156.

[117] 王海波，林皋. 半无限弹性介质中管线地震反应分析[J]. 土木工程学报，1988，20(3) ：80-91.

[118] 王宏伟，马光文. 城市用水量预测的灰色代数曲线模型[J]. 系统工程理论与实践，1993(3).

[119] 王宏伟，马光文. 灰色预测模型及其在取水量预测中的应用[J]. 中国给水排水，1991(5).

[120] 王宏伟，詹荣开等. 基于模糊聚类的改进模糊辨识方法[J]. 电子学报，2001，29(4)：436-438.

[121] 王丽花，周鸿，张晓健等. 给水管网中 AOC、消毒副产物的变化规律[J]. 中国给水排水，2001，17(3)：1-3.

[122] 王汝樑. 地下管线程抗震：基础理论与应用[M]. 北京：科学出版社，2005.

[123] 王绍杰，朱庆杰，刘英利等. 管土相互作用下埋地管道的抗震性能研究[J]. 世界地震工程，2007，23(1) ：47-50.

[124] 王淑莹，马勇，王晓莲等. GIS 在城市给水排水管网信息管理系统中的应用[J]. 哈尔滨工业大学学报，2005，37(1)：123-126.

[125] 王永，刘遂庆，信昆仑等. 给水管网水龄的逐节点遍历简化算法[J]. 计算机工程与应用，2009，45(20)：199-201.

[126] 王玉勇. 给水管网的管材选择[J]. 学术理论与探索，2009，4.

[127] 王元，汤林. 活动断层区埋地管道的地震反应分析[J]. 石油工程建设，1998，6(2)：7-11.

[128] 王占生，刘文君. 微污染水源饮用水处理[M]. 北京：中国建筑工业出版社. 1999：185-186.

[129] 魏东光，洪植，卢世懋. 二次供水管理存在的问题及对策[J]. 中国卫生工程学，2001，10(1)：44-45.

[130] 吴晨光，孙雨石，赵洪宾等. 环状管网模拟余氯衰减模型[J]. 中国给水排水，2006，22(1)：

9-12.

[131] 吴红伟，刘文君，贺北平等. 配水管网中管垢的形成特点和防治措施[J]. 中国给水排水，1998，14(3)：37-39.

[132] 吴红伟，刘文君，张淑琪等. 提供生物稳定饮用水的最佳工艺[J]. 环境科学，2000，21(3)：64-67.

[133] 吴迷芳. 城市二次供水系统的优化改造[D]. 天津：天津大学，2006.

[134] 吴兆申，梁敏华. 给排水工程管材的选用与发展[J]. 给水排水，1996，22(12)：49-53.

[135] 伍悦滨，赵洪宾，张海龙. 用节点水龄量度给水管网的水质状况[J]. 给水排水，2002，28(15)：36-38.

[136] 谢轩骞，李艳. 北京市高层建筑二次供水污染事故回顾性分析[J]. 中国公共卫生，1999，15(12)：1106-1107.

[137] 信昆仑. 给水管网微观模型优化调度应用研究[D]. 上海：同济大学，2003.

[138] 徐兵，贺晓基. 改善城市给水管网水质的实践与探讨[J]. 给水排水，2002，28(12)：14-16.

[139] 徐鼎文. 唐山市区地下给水管网震害[M]. 北京：地震出版社，1986.

[140] 徐毓荣，徐钟迹，徐玮等. 贵阳市城市给水管网黄、黑水成因分析[J]. 贵州环保科技，1999，3(5)：15-28.

[141] 许仕荣，方伟，徐洪福. 城市供水系统的水质化学稳定性变化规律研究[J]. 中国给水排水，2007，23(11)：5-12.

[142] 薛晓虎. 给水管网检漏技术研究进展[J]. 山西建筑，2008，34(28)：200-201.

[143] 严熙世，范瑾初. 给水工程(第五版)[M]. 北京：中国建筑工业出版社，2007.

[144] 严煦世，刘遂庆. 给水排水管网系统[M]. 北京：中国建筑工业出版社，2002.

[145] 阎立华，吕科峰. 城市日用水量预测的神经网络方法[J]. 沈阳建筑工程学院学报(自然科学版)，2004，20(2)：136-138.

[146] 杨秋明. 非线性灰色微分方程 $\frac{dx^{(1)}}{dt}+a\left[x^{(1)}\right]^{\otimes_a}=b$ 的拟合[J]. 应用数学，1990(3).

[147] 杨玉楠，王琳，王宝贞等. 纳滤膜出水的生物稳定性研究[J]. 哈尔滨建筑大学学报，2002，35(1)：53-55.

[148] 杨玉思，辛亚娟. 管网爆管的水力因素分析及防爆技术探讨[J]. 中国给水排水，2006，22(21)：61-63.

[149] 杨育红. 市政给水管道柔性接口支墩优化设计[J]. 中国给水排水，2012，28(16)：66-67.

[150] 叶劲. 成都市自来水的生物稳定性研究[J]. 中国给水排水，2003，19(12)：45-47.

[151] 叶耀先，魏琏，陈蚺. 浅埋地下管线的振动性状[M]// 中国建筑学会地震工程学术委员会. 地震工程论文集. 北京：科学出版社，1982：193-213.

[152] 殷传斌. 城市给水系统的优化调度研究[D]. 天津：天津大学，2005.

[153] 于鑫，张晓健，王占生. 磷元素在饮用水生物处理中的限制因子作用[J]. 环境科学，2003，24(1)：57-62.

[154] 俞国平. 给水管网优化设计的新方法——广义简约梯度法[J]. 给水排水，1988(5)：32-36.

[155] 俞海霞，张德跃，陈豪. 二次供水水质的保障措施[J]. 中国给水排水，2009，25(2)：84-86.

[156] 俞亭超，张土乔等. 峰值识别的SVM模型及在时用水量预测中的应用[J]. 系统工程理论与实

践，2005，25(1)：134-139.

[157] 郁俊莉，王其文等. 经济时间序列相空间重构与混沌特性判定研究[J]. 武汉大学学报(理学版)，2004，50(1)：33-37.

[158] 袁一星，张爱民等. 城市用水量 BP 网络预测模型[J]. 哈尔滨建筑大学学报，2002，35(3)：56-58.

[159] 原国平，王瑞云，卜晓晴. 一起高层建筑二次供水污染事故的调查报告[J]. 环境与健康杂志，1996(2)：86.

[160] 昝汝杰，刘玉明. 潍坊市二次供水设施和水质检测结果分析[J]. 中国热带医学，2005，5(1)：155.

[161] 张宏伟. 城市供水系统运行决策支持系统[D]. 天津：天津大学，2001.

[162] 张惠英. 我国城市二次供水污染现状分析及防治措施的探讨[J]. 湖南大学学报(自然科学版)，2000，27(6)：86-89.

[163] 张玲，白晓慧. 上海某水厂及其供水系统中水质指标的变化规律[J]. 中国给水排水，2008，24(11)：64-67.

[164] 张世泽，陈立新，王佳音. 供水企业管网漏损控制措施探讨[J]. 给水技术，2011，5(3)：61-64.

[165] 张淑琪，刘彦竹，胡江泳等. 臭氧氧化自来水生物稳定性研究[J]. 环境科学，1998，19(5)：34-36.

[166] 张素灵. 地震断层作用下埋地管线反应分析方法的研究[D]. 北京：中国地震局地球物理研究所，1999.

[167] 张土乔，柳景青等. 时变灰色模型及其在城镇用水量预测中的应用研究[R]. 1999.

[168] 张土乔，吕谋等. 基于人工神经网络及时间序列分析的城市用水量预测模型及其应用研究[R]. 2002.

[169] 张文修，吴伟志等. 粗糙集理论与方法[M]. 北京：科学出版社，2001.

[170] 张晓健，牛璋彬. 给水管网中铁稳定性问题及其研究进展[J]. 中国给水排水，2006，22 (2)：13-16.

[171] 张学成等. 双向差分模型在城市用水量预测中的应用[J]. 中国给水排水，1993(4).

[172] 赵成刚，冯启民等. 生命线地震工程[M]. 北京：地震出版社，1994.

[173] 赵洪宾，严煦世. 给水管网系统理论与分析——水质科学与工程理论丛书[M]. 北京：中国建筑工业出版社，2003.

[174] 赵洪宾. 给水管道卫生学[M]. 北京：中国建筑工业出版社，2008.

[175] 赵洪宾. 给水管网系统理论与分析[M]. 北京：中国建筑工业出版社，2003.

[176] 赵林，冯启民. 埋地管线有限元建模方法研究[J]. 地震工程与工程振动，2001，21(2)：53-57.

[177] 赵胜跃，赵新华，张丽等. 供水 SCADA 系统的研究与建立[J]. 中国给水排水，2002，18(1)：50-53.

[178] 赵新华，王谨等. 给水管网模拟显示屏及水闸微机管理系统研究[J]. 中国给水排水，1997，13(5)：12-14.

[179] 郑桂英，黄东等. 无吸程变频恒压设备用于二次供水[J]. 包钢科技，2004，30(2)：88-90.

[180] 郑锦其. 改善二次供水卫生状况的策略探讨[J]. 中国公共卫生管理，2003，19(1)：46-47.

[181] 郑小明. 二次供水管理问题的成因和解决思路[J]. 城镇供水，2012(5)：14-16.

[182] 郑毅. 城市给水管网事故状态调度决策支持系统[D]. 天津：天津大学，2004.

[183] 中国市政工程中南设计院. 给水排水设计手册 3[M]. 北京：中国建筑工业出版社，1986.

[184] 中华人民共和国建设部. GB 50032—2003 室外给水排水和燃气热力工程抗震设计规范[S]. 北京：中国建筑工业出版社，2003.

[185] 中华人民共和国卫生部，建设部，水利部，国土资源部，国家环境保护总局. GB 5749—2006 生活饮用水卫生标准[S]. 北京：中华标准出版社，2006.

[186] 仲伟涛，孙绍平. 管段与填土间轴向摩阻力的研究[C]//第四届全国地震工程会议论文集，1994：142-147.

[187] 周恒良. 模糊线性规划在给水管网优化中的应用[J]. 安徽理工大学学报：自然科学版，2005(2)：21-23.

[188] 周建华. 大规模城市给水管网系统优化运行模型研究[D]. 哈尔滨：哈尔滨建筑大学，2003.

[189] 周萌清. 信息理论基础[M]. 北京：北京航空航天大学出版社，1993：11-56.

[190] 周荣敏，雷延峰. 管网最优化理论与技术——遗传算法与神经网络[M]. 郑州：黄河水利出版社，2002.

[191] 周荣敏，买文宁等. 自压式树状管网神经网络优化设计[J]. 水利学报，2002，2(2)：66-67.

[192] 周雅珍，邵启耀，顾正明. 城市居民住宅二次供水管理模式研究[J]. 给水排水，2012，38(8)：23-26.

[193] 周志祥. 二次供水储水设备设计优化的探讨[J]. 中国卫生工程学，2001，10(1)：1-2.

[194] 朱宝璋. 关于灰色系统基本方法的研究和讨论[J]. 系统工程理论与实践，1994(4).

[195] 朱斌. 卢湾区二次供水水箱卫生管理现状及对策探讨[J]. 海峡预防医学杂志，2006，12(1)：56-57.

[196] 朱国强，刘士荣等. 支持向量机及其在函数逼近中的应用[J]. 华东理工大学学报，2002，28(5)：555-559.

[197] 朱庆杰，刘英利，蒋录珍等. 管土摩擦和管径对埋地管道破坏的影响分析[J]. 地震工程与工程振动，2006，26(3)：197-199.

[198] 格赫曼 A C，扎伊涅特季诺夫 X X. 管道的抗震设计施工与监护[M]. 刘昆，张宗理译. 北京：地震出版社，1992：21-22.

[199] Vapnik V N. 统计学习理论的本质[M]. 张学工，译. 北京：清华大学出版社，2000.

[200] Abarbanel I，Brown R，Sidorowich J J，et al. The analysis of observed chaotic data in physical systems[J]. Reviews of modern physics，1993，65(4)：1331-1392.

[201] Abrabanel H D I，Masuda N，Rabinovich M I，et al. Distribution of mutual information[J]. Physics Letter A，2001，281(5)：368-373.

[202] Alperovits E，Shamir U. Design of Optional Water Distribution Systems[J]. Water Resource Research，1977，13(6)：885-900.

[203] Altinbilek H. Optimum Design of Branched Water Distribution Networks by Linear Programming [J]. International Symposium on Urban-Hydrology，Hydraulic and Sediment Control，1981，249-254.

[204] An A，Chan C，Shan N，et al. Applying knowledge discovery to predict water-supply consumption[J]. IEEE Expert，1997，12(4)：72-78.

[205] Ardeshir A, Saraye M, Sabour F, et al. Leakage Management for Water Distribution System in GIS Environment[C]. World Environmental and Water Resource Congress, 2006, 1-10.

[206] Armon A, Gutner S, Rosenberg A, et al. Algorithmic Network Monitoring for a Modern Water Utility: a Case Study in Jerusalem[J]. Water Science and Technology : a journal of the International Association on Water Pollution Research, 2011, 63(2): 233-239.

[207] Baesens B, Viaene S, Van Gestel T, et al. An empirical assessment of kernel type performance for least squares support vector machine classifiers[A]. Proceedings of 4th Int. Conf. on Knowledge-based Intelligent Engineering Systems and Allied Technologies[C]. 2000, 1: 313- 316.

[208] Bahadur B, Samuels W B, Grayman W, et al. Pipeline Net: A Model for Monitoring Introduced Contaminants in a Distribution System[C]. World Water & EnvironmentalResources Congress, 2003: 1-6.

[209] Bahadur R, Pickus J, Amstutz D, et al. A GIS-based Water Distribution Model for Salt Lake City, UT[C]. Proc. 21st Annual ESRI Users Conference, San Diego, CA, 2001.

[210] Bai X H, Zhang X H, Sun Q, et al. Effect of Water Source Pollution on the Water Quality of Shanghai Water Supply System[J]. Journal of Environmental Science and Health, Part A: Toxic/Hazardous Substances . & Environmental Engineering, 2006, 41(7): 1271-1280.

[211] Bai X H, Zhi X H, Zhu H F, et al. Real-time ArcGIS and heterotrophic plate count based chloramine disinfectant control in water distribution system[J]. Water Research, 2015, 68(1): 812-820.

[212] Bai X, Wu F, Zhou B H, et al. Biofilm bacterial communities and abundance in a full-scale drinking water distribution system in Shanghai[J]. Journal of Water and Health, 2010, 8(3) : 593-600.

[213] Bazan J G, Skowron A, Synak P. Dynamic reducts as a tool for extracting laws for decision tables [A]. Methodologies for Intelligence Systems[C]. Berlin: Springer-Verlag, 1994: 346～355.

[214] Bergeron L. Water Hammer in Hydraulics and Wave Surges in Electricity[M]. Wiley, 1961.

[215] Bezdek J C, Hathaway R J, Sabin M J, et al. Convergence theory for fuzzy c-means clustering: counterexamples and repairs[J]. Systems, Man and Cybernetics, IEEE Transactions on, 1987, 17 (5): 873-877.

[216] Bezdek J C, Hathaway R J. Optimization of fuzzy clustering criteria using genetic algorithms[C]. FUZZ-IEEE'94, 1994: 589-594.

[217] Bezdek J C, Pal N R. Some new indexes of cluster validity[J]. IEEE Trans. SMC, 1998, 28(3): 301-315.

[218] Bezdek J C. A Review of Probabilistic, Fuzzy, and Neural Models For Pattern Recognition[J]. J. Intell. Fuzzy Syst. , 1996, (1): 1-25.

[219] Bezdek J C. Partition structures: A tutorial[J]. The Analysis of Fuzzy Information, 1987, 3: 81-107.

[220] Bezdek J C. Physical interpretation of fuzzy ISODATA[J]. IEEE Trans. SMC, 1976, 6(3): 387-390.

[221] Bhave P R. Noncomputer Optimization of Single-source Networks [J]. Journal of Hydraulic Divi-

sion, 1979, 104(4): 799-813.

[222] Billings R B, Agthe D E. State-Space Versus Multiple Regression For Forecasting Urban Water Demand[J]. Journal of Water Resources Planning and Management, 1998, 124 (2): 113-118.

[223] Boccelli D L, Tryby M E, Uber J G, et al. Optimal Scheduling of Booster Disinfection in Water Distribution Systems[J]. Water Resources Planning and Management, 1998, 124(2): 99-111.

[224] Boccelli D L, Uber J G. Incorporating Spatial Correlation in a Markov Chain Monte Carlo Approach for Network Model Calibration[A]. Proceedings of the 2005 World Water and Environmental Resources Congress[C]. Anchorage, Alaska, USA: 2005.

[225] Boualam M, Mathieu L, Fass S. Relationship between coliform culturability and organic matter in low nutritive waters[J]. Water Research, 2002, 36(10) : 2618-2626.

[226] Boulos P F, Wu Z, Orr CH. Optimal Pump Operation of Water Distribution Systems Using Genetic Algorithms[J]. Journal of Hydraulic Enginneering, 2000, 115(2) : 158-169.

[227] Brauer R, Catalano L. Project Management Information Systems for Pipeline Design and Construction—Prairie Net[C]. Pipelines , 2014, 192-202.

[228] Burges C J C. A tutorial on support vector machines for pattern recognition[J]. Data mining and knowledge discovery, 1998, 2(2): 121-167.

[229] Campbell C, Algorithmic approaches to training Support Vector Machines: a survey[C] //Proceedings of European Symposium on Artificial Neural Networks]. 2000: 27-36.

[230] Cao L. Practical method for determining the minimum embedding dimension of a scalar time series [J]. Physical D, 1997, 110(1): 43-50.

[231] Carrière A, Barbeau B, Gauthier V, et al. Unidirectional Flushing: Loose Deposits Characterization in the Test Zones of Four Canadian Distribution Systems[C]. Water Quality Technology Conference, 2002.

[232] Carrière A, Barbeau B. Evaluation of Loose Deposits in Distribution Systems through Unidirectional Flushing[J]. Journal -American Water Works Association, 2005, 97(9): 82-92.

[233] Cassuto A E, Ryan S. Effect of price on the residential demand for water within an agency[J]. Water resources Bulletin, 1979, 15(2): 345-353.

[234] Cembranoa G, Wellsa G, Quevedob J, et al. Optimal Control of a Water Distribution Network in a Supervisory Control System[J]. Control Engineering Practice, 2000, 8(10): 1177-1188.

[235] Chang C C, Lin C J. LIBSVM: A library for support vector machines[J]. ACM Transactions on Intelligent Systems and Technology, 2011, 2(3): 27.

[236] Chang C C, Lin C J. Training υ-support vector regression: Theory and algorithms[J]. Neural Computation, 2002, 14(8): 1959-1977.

[237] Chapelle O, Vapnik V. Model Selection For Support Vector Machine[EB]. NIPS[C]. 1999: 230-236.

[238] Charnock C, KJéNNé O. Assimilable organic carbon and biodegradable dissolved organic carbon in Norwegian raw and drinking waters[J]. Water Research, 2000, 34(10) : 2629-2642.

[239] Cherkassky V, Mulier F M. Learning From Data: Concepts, Theory and Methods[M]. New York: John Wiley & Sons Inc. Pub. , 1997.

[240] Cheung Y S, Chan K P. Modified fuzzy ISODATA for the classification of handwritten Chinese characters[C]//Proc. Int. Conf. Chinese Comput. Singapore, 1986: 361-364.

[241] Cook J B, Byrne J F, Daamen R C, et al. Distribution System Monitoring Research at Charleston Water System[J]. Water Distribution Systems Analysis Symposium, 2012, 1-20.

[242] Cook J B, Roehl E A, Daamen R A, et al. Decision Support System for Water Distribution System Monitoring for Homeland Security[C]. Proceedings of the 2005 Water Security Congress, American Water Works Association, Oklahoma City, 2005.

[243] Cristo C, Leopardi A. Pollution Source Identification of Accidental Contamination in Water Distribution Networks[J]. J. Water Resource. Planning & Management, 2008, 134(2): 197-202.

[244] Damas M, Salmerón M, Ortega J. ANNs and GAs for predictive control of water supply networks [C]. Neural Networks, 2000. IJCNN 2000, Proceedings of the IEEE-INNS-ENNS International Joint Conference, 2000, 4: 365-370.

[245] Daneels A, Salter W. What is SCADA? [A]. International Conference on Accelerator and Large Experimental Physics Control Systems[C]. Trieste, Italy: 1999.

[246] Daneels A, Salter W. What is SCADA[C]. International Conference on Accelerator and Large Experimental Physics Control Systems, Trieste, Italy, 1999: 339-434.

[247] Datta S K, Shah A H, EI-Akily N. Dynamic behavior of buried pipe in a Seismic environment[J]. J. of Applied mechanics. Trans. 1982, 49(1): 14-148.

[248] Davidson J, Bouchart F. Adjusting Nodal Demands in SCADA Constrained Real-Time Water Distribution Network Models[J]. J. Hydraul. Eng., 2006, 132(1): 102-110.

[249] Dehghan A, McManus K J, Gad E F. Probabilistic Failure Prediction for Deteriorating Pipelines: Nonparametric Approach[J]. Journal of Performance of Constructed Facilities, 2008, 22(1): 45-53.

[250] Detection in Water Distribution Systems [A]. Pipeline Systems Engineering and Practice [M]. 2011.

[251] Di Nardo A, Di Natale M. A Design Support Methodology for District Metering of Water Supply Networks[J]. Water Distribution Systems Analysis, 2010, 870-887.

[252] EERI. Northridge Earthquake of January 17. 1994 Preliminary Reconnaissance Report[R]. Earthquake Spectra Supplement C to Vol. ll, 1995.

[253] Effects of Water Age on Distribution System Water Quality[R]. by AWWA with assistance from Economic and Engineering Services, Inc.

[254] Fraser A M, Swinney H L. Independent coordinates for strange attractors from mutual information [J]. Physical Review A, 1986, 33(2): 1134-1140.

[255] Garcı' a V J, Garc ı' a-Bartual R, Cabrera E, et al. Stochastic model to evaluate residential water demands[J]. Journals of Water Resources Planning and Management, 2004, 130(5): 386-394.

[256] Gessler J. Pipe Network Optimization by Enumeration [J]. Computer Application for Water Resources, ASCE, 1989: 572-581.

[257] Ghidaoui M S, Zhao M, McInnis D A, et al. A Review of Water Hammer Theory and Practice [J]. Applied Mechanics Reviews, 2005, 58(1): 49.

[258] Glodberg D E, Kuo C H. Genetic Algorithms in Pipeline Optimization[J]. Journal of Computing in Civil Engineering, 1985, 1(2): 128-141.

[259] Goldman J, Murr A, Buckalew A, et al. Moderating Influence of the Drinking Water Disinfection By-product Dibromoacetic Acid on a Dithiocarbamate-induced Suppression of the Luteinizing Hormone Surge in Female Rats[J]. Reproductive Toxicology, 2007, 23(4): 541-549.

[260] Gouthaman J, Bharathwajanprabhu R, Srikanth A. . Automated Urban Drinking Water Supply Control and Water Theft Identification System[C]. Students Technology Symposium (TechSym), IEEE Conference, 2011, pp. 87-91.

[261] Grassberger P, Procaccia I. Measuring the strangeness of strange attractors[J]. Physical D, 1983, 9: 189-208.

[262] Gray D F. Use of consumption predictors[R]. Cambridge: Cambridge University, 1978.

[263] Grayman W M, Clark R M, Males R M. Modeling Distribution-System Water Quality: Dynamic Approach[J]. J. WRPMD, ASCE, 1988, 114(3): 295-312.

[264] Gupta I. Linear Programming Analysis of a Water Supply System[J]. Aiie Transactions, 1969, 1: 56-61.

[265] Haestad Methods Water Solutions, Bentley HAMMER V8i SS3 User's Guide[Z] , Bentley Institute Press, 2011.

[266] Hansen R D, Narayanan R. A monthly time series model of municipal water demand[J]. Water resources Bulletin, 1981, 17(4): 578-585.

[267] Hartley J A, Powell R S. The development of a combined demand prediction system[J]. Civil Engineering Systems, 1991, 8(4): 231-236.

[268] Hindy A, Novak M. Earthquake response of underground pipelines[J]. Earthquake Engineering and Structure Dynamics, 1979, 7(7): 451-476.

[269] Homwongs C, Sastri T, Foster J W III. Adaptive forecasting of hourly municipal water consumption[J]. Journals of Water Resources Planning and Management, 1994, 120(6): 888-905.

[270] Hsu C W, Lin C J. A comparison of methods formulticlass support vector machines[J]. IEEE Transon Neural Networks, 2002, 13 (2): 415- 425.

[271] Hu X. Knowledge discovery in databases: an attribute-oriented rough set approach[D]. Canada: University of Regina, 1995.

[272] Imran S A, Dietz J D, Mutoti G, et al. Red water release in drinking water distribution systems [J]. American Water Works Association, 2005, 97(9) : 93-100.

[273] Jacoby S L. Design of Optimal Hydraulic Networks [J]. Journal of Hydraulic Division, ASCE, 1968 (94): 641-661.

[274] Jain A, Joshi U C, Varshney A K. Short-term water demand forecasting using artificial neural networks: IIT Kanpur experience[C]//Pattern Recognition, 2000 Proceedings 15th International Conference on IEEE, 2000: 459-462.

[275] Joseph E S. Municipal and Industrial Water Demands of Wester U. S. [J]. Journal of Water Resource Planning and Management, 1982, 108(2).

[276] JOWITT P W, Xu C. Demand forecasting for water distribution systems[J]. Civil Engineering

Systems, 1992, 9(2): 105-121.

[277] Jowitt P, Germanopoulos G. Optimal Pump Scheduling in Water - Supply Networks[J]. J. Water Resource. Planning & Management, 1992, 118(4): 406-422.

[278] Jowitt P, Xu C. Optimal Valve Control in Water-Distribution Networks[J]. J. Water Resource. Planning & Management, 1990, 116(4): 455-472.

[279] Kaufman M. Small System Maintenance Management Using GIS[J]. AWWA, 1998, 60(8): 70-76.

[280] Kennedy R P, Cnow A W, Williamson R A. Fault movement effects on buried oil pipeline[J]. J. of Transp. Engineering, 1977: 617-633.

[281] Kennel M B, Brown R, Abarbanel H D I. Determining embedding dimension for phase-space reconstruction using a geometrical construction[J]. Physical Review A, 1992, 45(6): 3403-3415.

[282] Kim E Y, Kim M S, Lee S K. Identification of the Impact Location in a Gas Duct System Based on Acoustic Wave Theory and the Time Frequency[J]. Experimental Mechanics, 2011, 51(6): 947-958.

[283] Kirkpatrick S, Gelatt C D, Vecchi M P. Optimization by Simulated Annealing, Science, 1983.

[284] Koh E, MaidmentD. Microcomputer Programs for Designing Water System [J]. Journal of American Water Works Association, 1984, 76(7): 62-65.

[285] Koivusalo M, Pukkala E, Vartiainen T. Drinking Water Chlorination and Cancer-a Historical Cohort Study in Finland[J]. Cancer Causes Control, 1997, 8: 192-200.

[286] Kool J B, Parker J C. Analysis of the Inverse Problem for Transient Unsaturated Flow[J]. Water Resources Research, 1988, 24(6): 817-830.

[287] Kurek W, OstfeldA. Multi-Objective Water Distribution Systems Control of Pumping Cost, Water Quality, and Storage-Reliability Constraints[J]. J. Water Resource. Planning & Management, 2014, 140(2): 184-193.

[288] Lansey K. E., Mays L W. Optimization Model: For Design of Water Distribution System Design [J]. Reliability of Water Distribution System, ASCE, 1989: 37-84.

[289] Laskov P. Feasible direction decomposition algorithms for training support vector machines[J]. Machine Learning, 2002, 46 (1-3): 315-349.

[290] Lertpalangsunti N, Chan C W, Mason R, et al. A toolset for construction of hybrid intelligent forecasting systems: application for water demand prediction[J]. Artificial Intelligence in Engineering, 1999, 13(1): 21-42.

[291] Liang J, Sun S. Site effects on Seismic behavior of pipelines[J]. Journal of Pressure Vessel Technology, 2000, 122(4): 469-475.

[292] Lipponen M T T, SuutariM H, Martikainen P J. Occurrence of nitrifying bacteria and nitrification in Finnish drinking water distribution systems[J]. Water Research, 2002, 36(17) : 4319-4329.

[293] Liu H, Zhang H. Comparison of the City water consumption Shot-Term Forecasting Methods[J]. Transactions of Tianjin University, 2002, 8(3): 211-215.

[294] Liu J, Yu G. Iterative Methodology of Pressure-dependent Demand Based on EPANET for Pressure-deficient Water Distribution Analysis[J]. Journal of Water Resources Planning and Manage-

ment, 2012.

[295] Liu J, Zhang T, Yu S. Chaotic phenomenon and the maximum predictable time scale of observation of urban hourly water consumption[J]. Journal of Zhejiang University Science, 2004, 5(9): 1053-1059.

[296] Liu W, Wu H, Wang Z, et al. Investigation of assimilable organic carbon (AOC) and bacterial regrowth in drinking water distribution system[J]. Water Research, 2002, 36(4): 891-898.

[297] Maidment D R, ParzenE. Time patterns of water use in six Texas cities[J]. Journal of Water Resources Planning and Management, 1984, 110(1): 90-106.

[298] Maidment D R, MiaouS P, M. M. Crawford. Transfer function models for daily urban water use [J]. Water Resources Research, 1985, 21(4): 425-432.

[299] Males R M, Clark R M, Wehrman P J, et al. Algorithm for Mixing Problems in Water Systems [J]. J. HY, ASCE, 1985, 111(2): 206-219.

[300] Mays L W. Water distribution systems handbook[M]. New York: McGraw-Hill Professional Publishing, 2000.

[301] McNabola A, Coughlan P, Williams A. The technical and economic feasibility of energy recovery in water supply networks[A]. Proceedings of International Conferenceon Renewable Energy and Power Quality[C]. Las Palmas de Gran Canaria, Spain, 2011, 1315.

[302] Miettinen I T, Vartiainen T, Martikainen P J. Phosphorus and bacterial growth in drinking water [J]. Applied & Environmental Microbiology, 1997, 63(8) : 3242-3245.

[303] Mogan W D, Smolen J C. Climatic indicators in the estimation of municipal water demand[J]. Water resources Bulletin, 1976, 12(3): 511-518.

[304] Moss S M. On line optimal control of a water supply system[D]. Cambridge: Cambridge University, 1978.

[305] Muleski G E, Ariman T, AumenC P. A shell model of a buried pipe in a seismic environment[J]. Journal of pressure vessel Technology ASME, 1979, 101: 44-50.

[306] Nahm E S, Woo K B. Prediction of the amount of water supplied in wide-area waterworks[J]. Proceedings of the 24th Annual Conference of the IEEE, 1998, 1: 265-268.

[307] Nelson I, Weidlinger P. Dynamic seismic analysis of long segmented lifelines [J]. Pressure Vessel Technology, 1979, 101(7) : 10-20.

[308] Newmark N M. Seismic design criteria for structures and facilities, Tans-Alaska pipeline System, Proceedings US [J]. National Conference on Earthquake Engineering, 1975.

[309] Nishio N, Ukaji T, Tsukamoto K. Experimental Studies and observation of pipelineBehavior During Earthquskes[C]. Japan: Recent Advances in Lifeline Earthquake Engineering, 1980: 67-76.

[310] Nitivattananon V. SCADA system requirements for optimum pumping[C]// Proceedings National Conference on Hydraulic Engineering, 1994: 110-114.

[311] ORourke T D, Lane P A. Liquefaction hazards and their effects on buried pipelines(Technical Report)[R]. Cornell University, 1989.

[312] Ormsbee L, Lansey K. Optimal Control of Water Supply Pumping Systems[J]. J. Water Resource. Plannning & Management, 1994, 120(2): 237-252.

[313] Owen F C. Seismic analysis of buried pipelines[M]//Elliott W M, McDonough P (editor). Optimizing Post-Earthquake Lifeline System Reliability[J]. TCLEE, 1999, No. 16: 130-139.

[314] Packard N H, Crutchfield J P, Farmer J D, et al. Geometry from a time series[J]. Physical Review Letters, 1980, 45(9): 712-716.

[315] Pal N R, Bezdek J C. On cluster validity for the fuzzy c-means model[J]. IEEE Trans. FS, 1995, 3 (3) : 370-379.

[316] Parks S L, Vanbriesen J M. Booster Disinfection for Response to Contamination in Drinking Water Distribution System[J]. Journal of Water Resources Planning and Management, 2009, 135(6): 502-511.

[317] Pawlak Z. Rought set theory and its applications to data analysis[J]. Cybernetics and Systems, 1998, 29(7): 661-688.

[318] Pawlak Z. Rought sets[J]. International Journal of Copmputer & Information Sciences, 1982, 11 (5): 341-356.

[319] Pedro J L, John P, Vitkovsky P, et al. Leak Location Using the Pattern of the Frequency Response Diagram in Pipelines a Umerical Study[J]. Journal of Sound and Vibration, 2005, (284): 1051-1073.

[320] Pelletier G, Townsend R D. Optimization of the Regional Municipality of Ottawa-Carleton's water supply system operations. II. Model results and analyses[J]. Canadian Journal of Civil Engineering, 1996, 23(2) : 358-372.

[321] Perry P F. Demand forecasting in water supply networks[J]. Journals of Hydraulics Division, 1981, 107(9): 1077-1087.

[322] Pinta K D M, Slawson R M. Effect of temperature and disinfection strategies on ammonia-oxidizing bacteria in a bench-scale drinking water distribution system[J]. Water Research, 2003, 37 (8): 1805-1817.

[323] Poulakis Z, Valougeorgis D, Papadimitriou C. Leakage Detection in Water Pipe Network Using a Bayesian Probabilistic Framework[J]. Probabilistic Engineering Mechanics, 2003, 18: 315-327.

[324] Pudar R, Liggett J A. Leaks in Pipe Networks[J]. Journal of Hydraulic Engineering, ASCE, 1992, 118(7): 1032-1046.

[325] Quevedo C, Valls A, Serra J. Time series modelling of water demand—a study on short-term and long-term predictions[M]//Computer applications in water supply: vol. 1-systems analysis and simulation. Research Studies Press Ltd., 1988: 268-278.

[326] Quindry G E. Optimization of Looped Water Distribution System[J]. Journal of Environmental Engineering, 1981, 107(4): 665-679.

[327] Raghavendran V C, Gonsalves T A, Rani U, et al. Design and Implementation of a Network Management System for Water Distribution Networks[C]. Advanced Computing and Communications, ADCOM 2007. International Conference, 2007: 706-713.

[328] Ramos H, A. Borga. Pumps yielding power[J]. Dam Engineering, 2000, 10(4): 197-217.

[329] Regan J M, Harrington G W, Banbeau H. Diversity of nitrifying bacteria in full-scale chloraminated distribution systems[J]. Water Research, 2003, 37(1) : 197-205.

[330] Rook J. Formation of Haloform During Chlorination of Natural Waters[J]. Water Treat Exam, 1974, 23(2): 234-243.

[331] Rosenstein M T, Collins J J, De Luca C J. A practical method for calculating largest Lyapunov exponents from small data sets [J]. Physica D, 1993, 65(1): 117-134.

[332] Salas-La Cruz J. D, Yevjevich V. Stochastic structure of water use time series[M]. Fort Collins, Colorado: Colorado State University, 1972.

[333] Sangoyomi T B, Lall U, Abarbanel H D I. Nonlinear dynamic of the great Salt Lake: dimension estimation[J]. Water Resources Research, 1996, 32(1): 149-159.

[334] Sano M, Sawada Y. Measurement of Lyapunov spectrum from a chaotic time series[J]. Physical Review Letters, 1985, 55(10): 1082-1085.

[335] Sastri T E P. A sequential method of change detection and adaptive prediction of municipal water demand[J]. International Journal of Systems Science, 1987, 18(6): 1029-1049.

[336] Savic D A, Walters G A. Genetic Algorithms for Least-Cost Design of Water Distribution Networks[J]. Journal of water resources planning and management, 1997, 123(2): 67-77.

[337] Schölkopf B, Simard P, Smola A J, et al. Prior knowledge in support vector kernels[C]. Advance in neural information processing systems, 1998: 640-646.

[338] Sebald D J, Bucklew J. Support vector machines and the multiple hypothesis testproblem[J]. IEEE Trans on Signal Processing, 2001, 49(11): 2865 - 2872.

[339] Shinozuka M, Koike T. Estimation of structural strain in underground lifeline pipes(Technical Report)[C]. ASME PVP, 1979: 31-48.

[340] Shirzad A, Tabesh M, Arjomandi P. Investigation on the Influence of Utilizing Average Hydraulic Pressure and Maximum Hydraulic Pressure for Pipe Burst Rate Prediction in Water Distribution Networks[C]. World Environmental and Water Resources Congress 2011: Bearing Knowledge for Sustainability. 2011: 42-50.

[341] Shvartser L, Shamir U, Feldman M. Forecasting hourly water demands by pattern recognition approach[J]. Journals of Water Resources Planning and Management, 1993, 119(6): 611-627.

[342] Silva R A, Buiatti C M, Cruz S L, et al. Pressure Wave Behavior and Leak Detection in Pipelines [C]. Computers and Chemical Engineering Proceedings of the 6th European Symposium on Computer Aided Process Engineering, 1996: 491-496.

[343] Simpson A R. Genetic Algorithms Compared to Other Techniques for Pipe Optimization[J]. Journal of Water Resources & Management, 1994, 120(4): 423-443.

[344] Sterling M J H, Bagiela A. Adaptive forecasting of daily water demands[M] //Bunn D. & Farmer E D. Comparative Models for Electrical Load Forecasting. New York: John Wiley, 1985.

[345] Streeter V L, Lai C. Water-hammer Analysis Including Fluid Friction[J]. Transactions of the American Society of Civil Engineers, 1963, 128(1): 1491-1523.

[346] Su Y C, Duan N, Lansey K E. Reliability Based Optimization Model for Water Distribution System[J]. Journal of Hydraulic Engineering, 1987, 113(12): 1539-1556.

[347] Sumitomo H. System analysis of earthquake damage on water supply networks in Kobe city[C]. Proceeding of the 4th International symposium on water pipe systems, 1997: 137-145.

[348] Suykens J A K，De Brabanter J，Lukas L，et al. Weighted least squares support vector machines: robustness and spare approximation[J]. Neurocomputing，2002，48 (1)：85- 105.

[349] Tachibana Y，Ohnari M. Development of prediction model of hourly water consumption in water purification plant[A]. Industrial Electronics Society. 1999. IECON'99 Proceedings. The 25th Annual Conference of the IEEE[C]，1999，2：710-715.

[350] Tachibana Y，Ohnari M. Prediction model of hourly water consumption in water purification plant through categorical approach[C]//Systems，Man，and Cybernetics，1999. IEEE SMC '99 Conference Proceedings[C]，1999，2：569-574.

[351] Takada S，Hassani N，Fukuda K. A new Proposal for simplified design on buried Steel pipes crossing active faults [J]. Earthquake Engineering & Structural Dynamics，2001，30 (8)：1243-1257.

[352] Takada S. Seismic Response Analysis of Buried Vessels and Ductile Iron pipelines[C]. The 1980 Pressure Vessels and piping conference，1980：23-32.

[353] Takens F. Detecting strange attractor in turbulence[J]. Lecture Notes in Math，1981，898：366-381.

[354] Tryby M E，Boccelli D L，Uber J G，et al. Facility Location Model for Booster Disinfection of Water Supply Networks [J]. Water Resource Planning Manage，2002，128(5)：322- 333.

[355] Tsonis A A，Elsner J B. The weather attractor over very short time scales[J]. Nature，1988，333：545-547.

[356] Vapnik V N. Statistical Learning Theory[M]. New York：John Wiley & Sons Inc. Pub.，1998：493-520.

[357] Viswanathan M N. Effect of restrictions on water consumption levels in Newcastle[R]. Australia：Hunter District Water Board，1985.

[358] Wang L R L，Wang L J. Parametric study of buried pipelines duo to large fault movement[C]. Proceedings of 3th Trilateral China-Japan-U. S. Symposium on Lifeline Earthquake Engineering，1998：165-172.

[359] Wolf A，Swift J B，Swinney H L，et al. Determining Lyapunov exponents from a time series[J]. Physica D：Nonlinear Phenomena，1985，16(3)：285-317.

[360] Wroblewski J. Finding minimal reducts using genetic algorithm[R]. Warsaw university of technology：ICS Research report，1995：16-95.

[361] Wu S，Li X，Tang S，et al. Case Study of Urban Water Distribution Networks Districting Management Based on Water Leakage Control[C]. ICPTT，2009：164-175.

[362] Wu Z J，Simpson Z A R. Competent Genetic-Evolutionary Optimization of Water Distribution Systems[J]. Journal of Water Resources and Management，2005，15(2)：89-101.

[363] Yamauchi H，Huang W. Alternative models for estimating the time series components of water consumption data[J]. Water resources Bulletin，1977，13(3)：599-610.

[364] Ye G，Fenner R A. Kalman filtering of hydraulic measurements for burst detection in water distribution systems[J]. Journal of pipeline systems engineering and practice，2010.

[365] Yeh Y H，Wang L R L. Combined effects of soil liquefaction and ground displacement to buried

pipelines[J]. ASME PVP，1985，98(4)：43-51.

[366] Zhang W，DiGiano F A. Comparison of bacterial regrowth in distribution systems using free chlorine and chloramine：a statistical study of causative factors[J]. Water Research，2002，36(6)：1469-1482.

[367] Zhou S L，McMahon T A，Walton A，et al. Forecasting daily urban water demand：a case study of Melbourne[J]. Journal of Hydrology，2000，236：153-164.

[368] Zhou S L，McMahon T A，Walton A，et al. Forecasting operational demand for an urban water supply zone[J]. Journal of Hydrology，2002，259(1)：189-202.

[369] Zhou S L，McMahon T A，Wang Q J. Frequency analysis of water consumption for metropolitan area of Melbourne[J]. Journal of Hydrology，2001，247(1)：72-84.

[370] Zhuang B，Zhao X H，Gao B，et al. Optimal Planning of Regional Water Distribution Systems：a Case Study[C]. World Environmental and Water Resources Congress，2010，4293-4302.

[371] Ziarko W. Variable precision rough set model[J]. Journal of Computer and System Sciences，1993，46(1)：39-59.

[372] Zielke W. Frequency Dependent Friction in Transient Pipe Flow[J]. Journal of Fluids Engineering，1968，90(1)：414.

[373] (日)菊池征也，安延信一，伊原阳二. 地中管路の强制沈下实验分析[C]. 第36回土木学会年次学术讲演会，1981：461-467.